U0296416

空间非合作目标操控及地面验证

袁　源　孙　冲　朱战霞
侯翔昊　李　琪　万文娅　著

科学出版社
北　京

内 容 简 介

空间操控技术是航天器在轨服务、空间碎片清理等在轨任务的基础。本书总结了航天飞行动力学技术国家级重点实验室在空间操控与地面实验领域近十年来的科研成果。本书针对空间在轨故障航天器、失效卫星、空间碎片等空间非合作目标的在轨操控进行系统论述和深入研究；介绍空间非合作目标操控的核心技术，包括目标参数识别、目标消旋、自主安全交会对接控制、非合作目标抓捕和地面实验等。另外，介绍由航天飞行动力学技术国家级重点实验室自主研发的国内唯一的地面液磁混合悬浮等效微重力效应模拟平台，以及基于此平台开展的空间操控地面实验。

本书可供空间在轨服务、空间非合作目标在轨操控及地面验证领域的科研人员和相关工程技术人员参考。

图书在版编目(CIP)数据

空间非合作目标操控及地面验证/袁源等著. —北京：科学出版社，2021.8

ISBN 978-7-03-067189-9

Ⅰ. ①空…　Ⅱ. ①袁…　Ⅲ.①航天器-飞行控制-研究　Ⅳ. ①V448.2

中国版本图书馆 CIP 数据核字（2020）第 247832 号

责任编辑：宋无汗　王婉娜／责任校对：杨　赛

责任印制：张　伟／封面设计：陈　敬

科学出版社 出版

北京东黄城根北街 16 号

邮政编码：100717

http://www.sciencep.com

北京中石油彩色印刷有限责任公司 印刷

科学出版社发行　各地新华书店经销

*

2021 年 8 月第　一　版　开本：720×1000　B5

2021 年 8 月第一次印刷　印张：13 1/2　插页：1

字数：267 000

定价：120.00 元

（如有印装质量问题，我社负责调换）

前　　言

随着空间科学技术的快速发展，空间非合作目标操控技术成为争夺未来空间制高点的重点研究方向，并且引起了世界各航天大国和组织的广泛关注。面向空间失效卫星、空间碎片等非合作目标的抓捕技术作为空间碎片清除、失效卫星维修、在轨燃料加注等多项在轨服务任务的先决关键技术，在空间科学与应用方面有着重要的意义。

不同于传统的合作航天器，大多数空间非合作目标失去了姿态轨道调整能力，而且长期处于失控状态运行，受太阳光压、重力梯度等空间摄动力矩及失效前自身残余角动量的影响，往往呈现出复杂的旋转运动，最终趋于自由翻滚运动。翻滚故障卫星的质量、质心位置、几何形状尺寸、转动惯量、转动角速度等信息未知，运动规律也较为复杂。通过外界测量手段得到的空间非合作目标状态参数通常存在参数不确定等特征。空间非合作目标的操控任务通常包括以下几个步骤：第一步，空间非合作目标参数识别；第二步，空间非合作目标消旋；第三步，空间非合作目标逼近；第四步，空间非合作目标抓捕。

本书第 1 章以空间非合作目标参数估计为研究背景，对空间非合作目标位姿质量参数进行一体化估计，以及对基于多航天器协同观测的空间非合作目标参数识别进行研究。第 2 章针对空间非合作目标消旋问题，讨论接触式消旋和非接触消旋，并提出一种基于多航天器编队的电磁非接触式消旋方法，利用多个航天器产生可控的人造磁场，实现空间非合作目标角速度的衰减。第 3 章针对面向空间翻滚目标的近距离自主安全交会对接控制问题，在综合考虑交会对接模型参数未知、外界干扰、运动约束等多种实际限制条件下，开展一系列自主交会对接控制研究，旨在增强交会对接操作的鲁棒性、安全性和可靠性。第 4 章考虑自由翻滚非合作目标所具有的运动参数不确定性和动力学模型不确定性，分析抓捕时机对抓捕过程碰撞接触力的影响，设计最优抓捕构型；考虑抓捕过程中碰撞约束/位置约束，给出一种基于外形–运动自适应仿生外包络抓捕方法。第 5 章介绍液磁混合悬浮等效微重力实验平台，并给出基于此平台开展的空间非合作目标参数识别及交会对接等空间操控地面实验。

本书是作者所在团队，在国家安全重大基础研究计划“基于 XXX 的空间目标接管控制”、国家自然科学基金重大项目“空间非合作目标交会的多约束智能自主规划与控制”(61690211) 和国家自然科学基金项目“基于仿生理论的空间故障卫星外形运动自适应抓捕研究”(11802238) 的支持下，根据多年的研究成果撰写而成。本书撰写分工如下：第 1 章由袁源、侯翔昊、赵迪撰写，第 2 章由孙冲、朱战霞、万文娅撰写，第 3 章由孙冲、李琪、宋硕撰写，第 4 章由朱战霞、孙冲、万文娅撰写，第 5 章由孙冲、朱战霞、赵迪撰写。全书由袁源、孙冲、朱战霞统稿。

感谢袁建平教授对本书相关研究工作的指导，感谢罗建军教授、方群教授在本书出版过程中提供的帮助，感谢赵迪、张鹏、李倩龙三位博士研究生和宋硕、张震、陈大禹三位硕士研究生在本书实验验证研究部分所做的工作。

目　　录

第 1 章　具有信息不完备特征的空间非合作目标在轨识别

在针对空间非合作目标的空间服务中，由于空间非合作目标在空间自由翻滚的特性，贸然触碰可能会损毁服务航天器，在对这类空间非合作目标进行操作时，首先需要对其进行非接触式的参数估计[1-5]。在非接触的情况下，服务航天器通过精确的数学模型、准确的测量和合理可靠的参数估计算法对空间目标的位置参数、姿态参数、转动惯量比值和质心位置 (后两者并称为质量参数) 进行确定。准确的参数估计能够为后续任务，如接近路径规划、抓捕后参数辨识、抓捕后控制等提供可靠基础。因此，为了保证这类处理空间非合作目标任务的顺利进行，需要对其参数进行准确、可靠的估计。

在理论研究和工程应用领域，国内外对空间目标的参数估计技术都取得了丰硕的成果。然而，传统的参数估计方法存在位姿参数估计分离、合作性需求过高、忽略质量参数估计、抗干扰能力有限等诸多不足。因此，对空间非合作目标进行一体化准确可靠的参数估计对空间操作具有重要的意义，涉及参数估计系统的可观测性分析、观测强非线性处理，以及鲁棒参数一体化估计算法等国内外研究的热点和难点问题。以空间非合作目标为研究对象，对其位姿参数、质量参数的一体化估计进行系统研究，作为对当下空间非合作目标参数估计这一热点问题的拓展，具有一定的学术价值和工程意义。

1.1　空间非合作目标位姿质量参数一体化估计

系统的可观测性是分析评价参数估计算法的重要指标，反映参数估计算法在结合一定观测输入的条件下，能否对目标的参数进行有效估计。对于空间非合作目标位姿质量参数一体化估计这一强非线性系统，在进行参数估计算法设计前，首先需要考虑参数估计算法的评价指标，即系统的可观测性与可观测度。

对一个非线性系统而言，其可观测性求解有基于局部线性化[6] 和基于微分几何[7] 两种方法。由于测量敏感器的采样频率为 2Hz，并且默认在参数估计有效时才对系统进行可观测性分析，局部线性化带来的截断误差对非线性系统的影响十分有限。此外，估计的参数较多且维数较高，基于微分几何的系统可观测性分析方法将会带来极大的星上计算与数据存储负担。考虑到后续参数算法设计内容上的延续性，可先采用局部线性化对空间非合作目标位姿质量一体化参数估计这一强非线性系统进行线性化处理，再采用适于线性系统的系统可观测性方法进行分析。

本节首先给出基于矢量对偶四元数 (dual vector quaternions，DVQ) 的空间非合作目标姿轨一体化运动学与动力学模型，并对空间非合作目标的观测进行建模分析，采用激光雷达测量敏感器，建立针对空间非合作目标的观测模型。其次，选择需要进行估计的参数，并结合基于 DVQ 的空间非合作目标姿轨一体化模型与相应的观测模型，对其进行一阶线性化处理，计算相应待估计参数的雅可比矩阵。在此基础上，通过一阶线性化近似非线性系统的方式，计算空间非合作目标位姿质量参数一体化估计系统的可观测矩阵，分析该可观测矩阵的秩和条件数，并对该矩阵进行特征值分解，建立所研究非线性系统的可观测性与可观测度的分析框架。最后，结合基于 DVQ 的空间非合作目标姿轨一体化模型与观测模型，设计基于扩展卡尔曼滤波 (extended Kalman filter，EKF) 的空间非合作目标位姿质量参数一体化估计算法，即基于矢量对偶四元数的扩展卡尔量滤波 (dual vector quaternions-extended Kalman filter，DVQ-EKF) 算法，并针对上述可观测性分析框架，对其参数估计仿真结果进行定量分析。

1.1.1　基于 DVQ 的空间非合作目标姿轨一体化运动学与动力学模型

相比采用传统 Clohessy-Wiltshire(C-W) 方程表示的空间目标相对运动模型[8]，基于 DVQ 的空间非合作目标动力学模型不仅能够突破传统 C-W 方程将目标视为质点的假设，还能克服传统姿态运动学与动力学方程不考虑相对平动的缺陷，从而同时描述空间目标的相对位置和相对姿态[9,10]。相比于传统空间相对运动的描述方法，采用 DVQ 进行姿轨一体化建模对空间目标间的相对运动具有更深层次的刻画，其运动学模型含有传统误差四元数形式的姿态运动学信息，并在此基础上描述了相对位置与相对姿态的关系，即刚体相对运动的姿轨耦合信息。形式上，基于对偶四元数的姿轨耦合动力学方程与传统的相对转动和相对平动动力学方程一致，相当于将传统的相对轨道动力学方程投影到目标本体系 $\{T\}$ 系中，但相比轨道和姿态分别建模的情形，采用对偶四元数对空间目标进行相对运动建模的形式更加简洁明了，计算效率更高[11]。

对偶四元数是实部与对偶部均为四元数的对偶数，能够描述两个坐标系之间的相对螺旋运动关系[12]。基于对偶四元数的空间非合作目标相对服务航天器的相对运动学方程为

$$\dot{\hat{\boldsymbol{q}}}_{T/B} = \frac{1}{2}\hat{\boldsymbol{\omega}}_{T/B}^{T}\hat{\boldsymbol{q}}_{T/B} \tag{1.1}$$

其中，

$$\hat{\boldsymbol{q}}_{T/B} = \hat{\boldsymbol{q}}_{T/I}\hat{\boldsymbol{q}}_{B/I}^{*} \tag{1.2}$$

为空间非合作目标与服务航天器间的相对位姿对偶四元数。单位对偶四元数 $\hat{\boldsymbol{q}}_{T/I}$ 和 $\hat{\boldsymbol{q}}_{B/I}^*$ 分别描述了空间非合作目标和服务航天器相对于地心惯性坐标系 (earth-centered inertial coordinates，ECI) 的相对位姿关系。

$$\hat{\boldsymbol{\omega}}_{T/B}^T = \widehat{\boldsymbol{\omega}}_{T/B}^T + \varepsilon \widehat{\boldsymbol{v}}_{T/B}^T \tag{1.3}$$

为空间非合作目标相对于服务航天器的速度对偶四元数。其中，

$$\widehat{\boldsymbol{\omega}}_{T/B}^T = \begin{bmatrix} 0 & \boldsymbol{\omega}_{T/B}^T \end{bmatrix}^{\mathrm{T}} \tag{1.4}$$

$$\widehat{\boldsymbol{v}}_{T/B}^T = \begin{bmatrix} 0 & \boldsymbol{v}_{T/B}^T \end{bmatrix}^{\mathrm{T}} \tag{1.5}$$

分别为空间非合作目标相对于服务航天器的角速度 $\boldsymbol{\omega}_{T/B}^T$ 与线速度 $\boldsymbol{v}_{T/B}^T$ 的扩展四元数形式矢量；ε 为对偶算子，满足 $\varepsilon^2 = 0$ 且 $\varepsilon \neq 0$。

由于在单位对偶四元数中，相对姿态的表达采用了完全形式的四元数表达，需要用 8 维单位对偶四元数形式的参数表示刚体间的螺旋运动。当参数估计过程正常时，利用一组姿态四元数的耦合特性，可以使用一组单位对偶四元数中的 3 个参数对相对姿态进行描述，同时还可以避免系统出现奇异。

1. 基于 DVQ 的空间非合作目标姿轨一体化运动学模型

定义误差对偶四元数为

$$\delta\hat{\boldsymbol{q}}_{T/B} = \hat{\hat{\boldsymbol{q}}}_{T/B}^* \hat{\boldsymbol{q}}_{T/B} = \delta\boldsymbol{q}_{T/B} + \varepsilon\frac{1}{2}\delta\boldsymbol{r}_{T/B}^T \delta\boldsymbol{q}_{T/B} \tag{1.6}$$

其中，$\hat{\hat{\boldsymbol{q}}}_{T/B}^*$ 为相对位姿对偶四元数 $\hat{\boldsymbol{q}}_{T/B}$ 在某一时刻的估计量。

将式 (1.6) 对时间微分，可得

$$\delta\dot{\hat{\boldsymbol{q}}}_{T/B} = \dot{\hat{\hat{\boldsymbol{q}}}}_{T/B}^* \hat{\boldsymbol{q}}_{T/B} + \hat{\hat{\boldsymbol{q}}}_{T/B}^* \dot{\hat{\boldsymbol{q}}}_{T/B} \tag{1.7}$$

由式 (1.1) 可知

$$\dot{\hat{\hat{\boldsymbol{q}}}}_{T/B} = \frac{1}{2}\hat{\hat{\boldsymbol{\omega}}}_{T/B}^T \hat{\hat{\boldsymbol{q}}}_{T/B} \tag{1.8}$$

将式 (1.8) 和式 (1.1) 代入式 (1.7)，可得

$$\delta\dot{\hat{\boldsymbol{q}}}_{T/B} = \left(\frac{1}{2}\hat{\hat{\boldsymbol{\omega}}}_{T/B}^T \hat{\hat{\boldsymbol{q}}}_{T/B}\right)^* \hat{\boldsymbol{q}}_{T/B} + \hat{\hat{\boldsymbol{q}}}_{T/B}^* \left(\frac{1}{2}\hat{\boldsymbol{\omega}}_{T/B}^T \hat{\boldsymbol{q}}_{T/B}\right) \tag{1.9}$$

展开化简，可得基于误差对偶四元数的空间非合作目标运动学方程:

$$\delta\dot{\hat{\boldsymbol{q}}}_{T/B} = -\frac{1}{2}\hat{\hat{\boldsymbol{\omega}}}_{T/B}^T \delta\hat{\boldsymbol{q}}_{T/B} + \frac{1}{2}\delta\hat{\boldsymbol{q}}_{T/B}\hat{\boldsymbol{\omega}}_{T/B}^T \tag{1.10}$$

当参数估计准确时，相对位姿对偶四元数估计量 $\hat{\hat{\boldsymbol{q}}}_{T/B}$ 与其真实值 $\hat{\boldsymbol{q}}_{T/B}$ 偏差较小，因此有

$$\delta \boldsymbol{q}_{T/B} = \delta \hat{\boldsymbol{q}}_{T/B,r} \doteq \begin{bmatrix} \delta \hat{\boldsymbol{q}}_{T/B,r0} & \delta \bar{\boldsymbol{q}}_{T/B} \end{bmatrix}^{\mathrm{T}} \doteq \begin{bmatrix} 1 & \delta \bar{\boldsymbol{q}}_{T/B} \end{bmatrix}^{\mathrm{T}} \tag{1.11}$$

$$\delta \boldsymbol{r}_{T/B}^{T} \doteq \begin{bmatrix} 0 & \delta \bar{\boldsymbol{r}}_{T/B}^{T} \end{bmatrix}^{\mathrm{T}} \tag{1.12}$$

$$\delta \hat{\boldsymbol{q}}_{T/B,d} = \frac{1}{2} \delta \boldsymbol{r}_{T/B}^{T} \delta \boldsymbol{q}_{T/B} = \begin{bmatrix} \delta \hat{\boldsymbol{q}}_{T/B,d0} & \delta \bar{\hat{\boldsymbol{q}}}_{T/B,d} \end{bmatrix} \tag{1.13}$$

由文献 [12] 可得

$$\delta \boldsymbol{q}_{T/B,0} = \delta \hat{\boldsymbol{q}}_{T/B,r0} = \sqrt{1 - \left\| \delta \bar{\boldsymbol{q}}_{T/B} \right\|^{2}} \tag{1.14}$$

$$\delta \boldsymbol{q}_{T/B,d0} = \frac{-\delta \bar{\boldsymbol{q}}_{T/B,r}^{T} \delta \bar{\boldsymbol{q}}_{T/B,d}}{\delta \boldsymbol{q}_{T/B,r0}} \tag{1.15}$$

将式 (1.14) 和式 (1.15) 代入式 (1.10)，得

$$\delta \dot{\bar{\hat{\boldsymbol{q}}}}_{T/B} \doteq -\bar{\hat{\boldsymbol{\omega}}}_{T/B}^{T} \times \delta \bar{\hat{\boldsymbol{q}}}_{T/B} + \frac{1}{2} \bar{\hat{\boldsymbol{\omega}}}_{T/B}^{T} \tag{1.16}$$

式 (1.16) 为基于 DVQ 的空间非合作目标姿轨一体化运动学方程。其矢量对偶实部展开为

$$\delta \dot{\boldsymbol{q}}_{T/B} = -\frac{1}{2} \tilde{\boldsymbol{\omega}}_{T/B}^{T} \delta \boldsymbol{q}_{T/B} + \frac{1}{2} \delta \boldsymbol{\omega}_{T/B}^{T} \tag{1.17}$$

2. 基于 DVQ 的空间非合作目标姿轨一体化动力学模型

根据 Brodsky 理论和动量矩定理，基于对偶四元数的空间非合作目标的修正欧拉方程为[13]

$$\frac{\mathrm{d} \hat{\boldsymbol{H}}_{T/I}^{T}}{\mathrm{d}t} + \hat{\boldsymbol{\omega}}_{T/I}^{T} \times \hat{\boldsymbol{H}}_{T/I}^{T} = \hat{\boldsymbol{f}}^{T} \tag{1.18}$$

其中，

$$\hat{\boldsymbol{H}}_{T/I}^{T} = m \widehat{\boldsymbol{v}}_{T/I}^{T} + \varepsilon (\widehat{\boldsymbol{J}}_{T} \otimes \widehat{\boldsymbol{\omega}}_{T/I}^{T}) \tag{1.19}$$

为空间非合作目标的对偶角动量，其中，

$$\widehat{\boldsymbol{J}}_{T} = \begin{bmatrix} 0 & 0 \\ 0 & \boldsymbol{J}_{T} \end{bmatrix} \tag{1.20}$$

$$\boldsymbol{J}_{T} = \begin{bmatrix} J_{T,x} & 0 & 0 \\ 0 & J_{T,y} & 0 \\ 0 & 0 & J_{T,z} \end{bmatrix} \tag{1.21}$$

为空间非合作目标的对偶转动惯量与转动惯量矩阵；

$$\hat{\boldsymbol{f}}^T = \widehat{\boldsymbol{f}}^T + \varepsilon\widehat{\boldsymbol{\tau}}^T \tag{1.22}$$

为作用在空间非合作目标上的合外力矩，其中，

$$\widehat{\boldsymbol{f}}^T = \begin{bmatrix} 0 & \boldsymbol{f}^T \end{bmatrix}^{\mathrm{T}} \tag{1.23}$$

为作用在空间非合作目标上的平动力矩；

$$\widehat{\boldsymbol{\tau}}^T = \begin{bmatrix} 0 & \boldsymbol{\tau}^T \end{bmatrix}^{\mathrm{T}} \tag{1.24}$$

为作用在空间非合作目标上的转动力矩。

将式 (1.19) 代入式 (1.18)，得

$$\frac{\mathrm{d}\left[m\widehat{\boldsymbol{v}}_{T/I}^T + \varepsilon(\widehat{\boldsymbol{J}}_T \otimes \widehat{\boldsymbol{\omega}}_{T/I}^T)\right]}{\mathrm{d}t} + \hat{\boldsymbol{\omega}}_{T/I}^T \times \hat{\boldsymbol{H}}_{T/I}^T = \hat{\boldsymbol{f}}^T \tag{1.25}$$

展开得

$$\begin{aligned} & m\dot{\widehat{\boldsymbol{v}}}_{T/I}^T + \varepsilon(\widehat{\boldsymbol{J}}_T \otimes \dot{\widehat{\boldsymbol{\omega}}}_{T/I}^T) + (\hat{\boldsymbol{\omega}}_{T/I}^T \times m\widehat{\boldsymbol{v}}_{T/I}^T) \\ & + \varepsilon[\hat{\boldsymbol{\omega}}_{T/I}^T \times (\widehat{\boldsymbol{J}}_T \otimes \widehat{\boldsymbol{\omega}}_{T/I}^T) + \widehat{\boldsymbol{v}}_{T/I}^T \times (m\widehat{\boldsymbol{v}}_{T/I}^T)] = \widehat{\boldsymbol{f}}^T + \varepsilon\widehat{\boldsymbol{\tau}}^T \end{aligned} \tag{1.26}$$

将式 (1.26) 重新组合，得

$$[m\dot{\widehat{\boldsymbol{v}}}_{T/I}^T + (\hat{\boldsymbol{\omega}}_{T/I}^T \times m\widehat{\boldsymbol{v}}_{T/I}^T)] + \varepsilon[\widehat{\boldsymbol{J}}_T \otimes \dot{\widehat{\boldsymbol{\omega}}}_{T/I}^T + \hat{\boldsymbol{\omega}}_{T/I}^T \times (\widehat{J}_T \otimes \widehat{\boldsymbol{\omega}}_{T/I}^T)] = \widehat{\boldsymbol{f}}^T + \varepsilon\widehat{\boldsymbol{\tau}}^T \tag{1.27}$$

定义

$$\boldsymbol{A} = \begin{bmatrix} \boldsymbol{A}_{11} & \boldsymbol{0}_{4\times4} \\ \boldsymbol{0}_{4\times4} & \boldsymbol{A}_{22} \end{bmatrix} \tag{1.28}$$

其中，

$$\boldsymbol{A}_{11} = \begin{bmatrix} 0 & \boldsymbol{0}_{1\times3} \\ \boldsymbol{0}_{3\times1} & m\boldsymbol{I}_{3\times3} \end{bmatrix} \tag{1.29}$$

$$\boldsymbol{A}_{22} = \begin{bmatrix} 0 & \boldsymbol{0}_{1\times3} \\ \boldsymbol{0}_{3\times1} & \boldsymbol{J}_T \end{bmatrix} \tag{1.30}$$

将式 (1.28) 代入式 (1.27)，可得

$$\frac{\mathrm{d}\boldsymbol{A} \otimes \left(\hat{\boldsymbol{\omega}}_{T/I}^T\right)^{\mathrm{s}}}{\mathrm{d}t} + \hat{\boldsymbol{\omega}}_{T/I}^T \times \left[\boldsymbol{A} \otimes \left(\hat{\boldsymbol{\omega}}_{T/I}^T\right)^{\mathrm{s}}\right] = \hat{\boldsymbol{f}}^T \tag{1.31}$$

即

$$\left(\dot{\hat{\boldsymbol{\omega}}}_{T/I}^{T}\right)^{\mathrm{s}}=\boldsymbol{A}^{-1}\otimes\left[\hat{\boldsymbol{f}}^{T}-\hat{\boldsymbol{\omega}}_{T/I}^{T}\times\left(\boldsymbol{A}\otimes\left(\hat{\boldsymbol{\omega}}_{T/I}^{T}\right)^{\mathrm{s}}\right)\right] \tag{1.32}$$

式 (1.32) 为基于对偶四元数的空间非合作目标绝对姿轨一体化动力学方程。其中，s 为 swap 的缩写，表示括号内物理量的可用替代量。

由于相对对偶速度为

$$\hat{\boldsymbol{\omega}}_{T/B}^{T}=\hat{\boldsymbol{\omega}}_{T/I}^{T}-\hat{\boldsymbol{\omega}}_{B/I}^{T} \tag{1.33}$$

可得

$$\hat{\boldsymbol{\omega}}_{T/I}^{T}=\hat{\boldsymbol{\omega}}_{T/B}^{T}+\hat{\boldsymbol{\omega}}_{B/I}^{T} \tag{1.34}$$

将式 (1.34) 代入式 (1.32)，可得

$$\left(\dot{\hat{\boldsymbol{\omega}}}_{T/B}^{T}+\dot{\hat{\boldsymbol{\omega}}}_{B/I}^{T}\right)^{\mathrm{s}}=\boldsymbol{A}^{-1}\otimes\left[\hat{\boldsymbol{f}}^{T}-\left(\hat{\boldsymbol{\omega}}_{T/B}^{T}+\hat{\boldsymbol{\omega}}_{B/I}^{T}\right)\times\left(\boldsymbol{A}\otimes\left(\hat{\boldsymbol{\omega}}_{T/B}^{T}+\hat{\boldsymbol{\omega}}_{B/I}^{T}\right)^{\mathrm{s}}\right)\right] \tag{1.35}$$

注意到

$$\left(\dot{\hat{\boldsymbol{\omega}}}_{B/I}^{T}\right)^{\mathrm{s}}=\left(\hat{\boldsymbol{q}}_{T/B}^{*}\dot{\hat{\boldsymbol{\omega}}}_{B/I}^{B}\hat{\boldsymbol{q}}_{T/B}\right)^{\mathrm{s}}+\left(\hat{\boldsymbol{\omega}}_{B/I}^{T}\times\dot{\hat{\boldsymbol{\omega}}}_{T/B}^{T}\right)^{\mathrm{s}} \tag{1.36}$$

将式 (1.36) 代入式 (1.35)，可得

$$\begin{aligned}\left(\dot{\hat{\boldsymbol{\omega}}}_{T/B}^{T}\right)^{\mathrm{s}}=\boldsymbol{A}^{-1}\otimes\Big\{&\hat{\boldsymbol{f}}^{T}-\left(\hat{\boldsymbol{\omega}}_{T/B}^{T}+\hat{\boldsymbol{\omega}}_{B/I}^{T}\right)\times\left[A\otimes\left(\hat{\boldsymbol{\omega}}_{T/B}^{T}+\hat{\boldsymbol{\omega}}_{B/I}^{T}\right)^{\mathrm{s}}\right]\\&-\left(\hat{\boldsymbol{\omega}}_{T/B}^{T}+\hat{\boldsymbol{\omega}}_{B/I}^{T}\right)\times\left[\boldsymbol{A}\otimes\left(\hat{\boldsymbol{\omega}}_{T/B}^{T}+\hat{\boldsymbol{\omega}}_{B/I}^{T}\right)^{\mathrm{s}}\right]\Big\}\\&-\left(\hat{\boldsymbol{q}}_{T/B}^{*}\dot{\hat{\boldsymbol{\omega}}}_{B/I}^{B}\hat{\boldsymbol{q}}_{T/B}\right)^{\mathrm{s}}-\left(\hat{\boldsymbol{\omega}}_{B/I}^{T}\times\hat{\boldsymbol{\omega}}_{T/B}^{T}\right)^{\mathrm{s}}\end{aligned} \tag{1.37}$$

式 (1.37) 为基于对偶四元数的空间非合作目标相对姿轨一体化动力学方程。仅采用 $\hat{\boldsymbol{\omega}}_{T/B}^{T}$ 的矢量部分，有

$$\begin{aligned}\left(\dot{\bar{\boldsymbol{\omega}}}_{T/B}^{T}\right)^{\mathrm{s}}=\bar{\boldsymbol{A}}^{-1}\bar{\otimes}\Big\{&\bar{\boldsymbol{f}}^{T}-\left(\bar{\boldsymbol{\omega}}_{T/B}^{T}+\bar{\boldsymbol{\omega}}_{B/I}^{T}\right)\times\left[\bar{\boldsymbol{A}}\bar{\otimes}\left(\bar{\boldsymbol{\omega}}_{T/B}^{T}+\bar{\boldsymbol{\omega}}_{B/I}^{T}\right)^{\mathrm{s}}\right]\\&-\bar{\boldsymbol{A}}\bar{\otimes}\left(\boldsymbol{A}_{q}\dot{\bar{\boldsymbol{\omega}}}_{B/I}^{B}\right)^{\mathrm{s}}-\bar{\boldsymbol{A}}\bar{\otimes}\left(\bar{\boldsymbol{\omega}}_{B/I}^{T}\times\bar{\boldsymbol{\omega}}_{T/B}^{T}\right)^{\mathrm{s}}\Big\}\end{aligned} \tag{1.38}$$

其中，

$$\boldsymbol{A}_{q}=\begin{bmatrix}\boldsymbol{A}(\boldsymbol{q}_{T/B}) & \boldsymbol{0}_{3\times 3}\\ \boldsymbol{0}_{3\times 3} & \boldsymbol{A}(\boldsymbol{q}_{T/B})\end{bmatrix} \tag{1.39}$$

$$\bar{\boldsymbol{A}}=\begin{bmatrix}\bar{\boldsymbol{A}}_{11} & \bar{\boldsymbol{A}}_{12}\\ \bar{\boldsymbol{A}}_{21} & \bar{\boldsymbol{A}}_{22}\end{bmatrix}=\begin{bmatrix}m\boldsymbol{I}_{3\times 3} & \boldsymbol{0}_{3\times 3}\\ \boldsymbol{0}_{3\times 3} & \boldsymbol{J}_{T}\end{bmatrix} \tag{1.40}$$

定义运算

$$\bar{\boldsymbol{A}}\bar{\otimes}\bar{\hat{\boldsymbol{a}}}=\begin{bmatrix}\bar{\boldsymbol{A}}_{11} & \bar{\boldsymbol{A}}_{12}\\ \bar{\boldsymbol{A}}_{21} & \bar{\boldsymbol{A}}_{22}\end{bmatrix}\bar{\otimes}\begin{bmatrix}\bar{\hat{\boldsymbol{a}}}_r & \bar{\hat{\boldsymbol{a}}}_d\end{bmatrix}^{\mathrm{T}}=\begin{bmatrix}\bar{\boldsymbol{A}}_{11}\bar{\hat{\boldsymbol{a}}}_r+\bar{\boldsymbol{A}}_{12}\bar{\hat{\boldsymbol{a}}}_d & \bar{\boldsymbol{A}}_{21}\bar{\hat{\boldsymbol{a}}}_r+\bar{\boldsymbol{A}}_{22}\bar{\hat{\boldsymbol{a}}}_d\end{bmatrix}^{\mathrm{T}} \tag{1.41}$$

其中，$\bar{\boldsymbol{A}}_{11}$、$\bar{\boldsymbol{A}}_{12}$、$\bar{\boldsymbol{A}}_{21}$、$\bar{\boldsymbol{A}}_{22}\in\mathbf{R}^{3\times 3}$。

式 (1.38) 为基于 DVQ 的空间非合作目标姿轨一体化动力学方程。结合式 (1.16) 和式 (1.38)，可获得基于 DVQ 的空间非合作目标相对姿轨一体化运动学与动力学模型。

1.1.2　空间非合作目标观测模型

图 1.1 为服务航天器观测空间非合作目标示意图。其中，空间非合作目标的观测点位于其本体与太阳能帆板的连接处。假设该空间非合作目标为我方故障航天器，且该连接处的三轴方向与该空间非合作目标本体主轴方向一致，非合作目标质心到该连接处的距离为 $\boldsymbol{\rho}$。服务航天器采用激光雷达测量敏感器对空间非合作目标观测点处的相对姿态和相对位置进行观测，并获得相应的观测数据 $\boldsymbol{q}_{T/B,m}$ 和 $\boldsymbol{r}_{T/B,m}^{B}$。

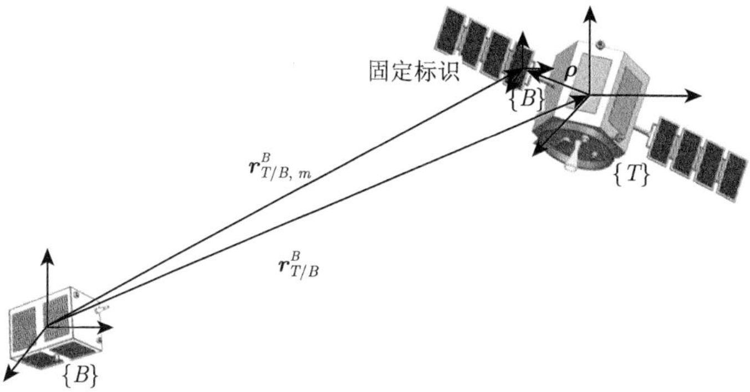

图 1.1　服务航天器观测空间非合作目标示意图

假设空间非合作目标质心相对服务航天器的位置为 $\boldsymbol{r}_{T/B}^{T}$，相对姿态为 $\boldsymbol{q}_{T/B}$，根据图 1.1 可知观测模型为

$$Z=\begin{pmatrix}\boldsymbol{q}_{T/B,m}\\ \boldsymbol{r}_{T/B,m}^{B}\end{pmatrix}=\begin{pmatrix}\boldsymbol{q}_{T/B}\\ \boldsymbol{A}^{T}\left(\boldsymbol{q}_{T/B}\right)\boldsymbol{r}_{T/B}^{T}+\boldsymbol{A}^{T}\left(\boldsymbol{q}_{T/B}\right)\boldsymbol{\rho}\end{pmatrix}+\begin{pmatrix}\boldsymbol{v}_{\boldsymbol{q}}\\ \boldsymbol{v}_{\boldsymbol{r}}\end{pmatrix} \tag{1.42}$$

其中，$\boldsymbol{\rho}$ 为观测点与空间非合作目标质心间距离；$\boldsymbol{v}_{\boldsymbol{q}}$ 和 $\boldsymbol{v}_{\boldsymbol{r}}$ 分别为测量敏感器的

相对姿态和相对位置观测噪声，为白噪声，且满足：

$$\begin{cases} E(\boldsymbol{v_q}) = E(\boldsymbol{v_r}) = \mathbf{0} \\ D(\boldsymbol{v_q}) = \boldsymbol{\sigma}_{\boldsymbol{q}}^2 \\ D(\boldsymbol{v_r}) = \boldsymbol{\sigma}_{\boldsymbol{r}}^2 \end{cases} \tag{1.43}$$

式 (1.42) 和式 (1.43) 为空间非合作目标的观测模型，记

$$\boldsymbol{R} = \begin{pmatrix} \boldsymbol{\sigma}_{\boldsymbol{q}}^2 & \\ & \boldsymbol{\sigma}_{\boldsymbol{r}}^2 \end{pmatrix} \tag{1.44}$$

为噪声协方差矩阵。

1.1.3 空间非合作目标模型线性化

由于采用了局部线性化处理非线性系统的方法分析系统的可观测性，需要先对系统进行线性化处理。在对空间非合作目标位姿质量参数选择的基础上，本小节在当前最优估计处对系统进行一阶线性化，并计算系统的雅可比矩阵。所得系统的雅可比矩阵为后续可观测性分析和参数估计算法设计奠定了基础。

1. 空间非合作目标位姿质量一体化运动学动力学模型线性化

对于空间非合作目标位姿质量一体化参数估计系统，选择待估计的位姿质量参数 (状态参数) 为

$$\boldsymbol{X} = \begin{bmatrix} \bar{\hat{\boldsymbol{q}}}_{T/B} & \bar{\hat{\boldsymbol{\omega}}}_{T/B}^{T} & \bar{\hat{\boldsymbol{p}}} & \bar{\hat{\boldsymbol{\rho}}} \end{bmatrix}^{\mathrm{T}} \tag{1.45}$$

其中，$\bar{\hat{\boldsymbol{q}}}_{T/B}$ 和 $\bar{\hat{\boldsymbol{\omega}}}_{T/B}^{T}$ 分别为 $\hat{\boldsymbol{q}}_{T/B}$ 和 $\hat{\boldsymbol{\omega}}_{T/B}^{T}$ 的矢量部分，表示 DVQ 形式的空间非合作目标与服务航天器之间的相对位姿和相对速度；$\bar{\hat{\boldsymbol{p}}}$ 和 $\bar{\hat{\boldsymbol{\rho}}}$ 统称为空间非合作目标的质量参数。

$$\bar{\hat{\boldsymbol{p}}} = \boldsymbol{p} + \varepsilon\bar{\mathbf{0}} \tag{1.46}$$

为空间非合作目标转动惯量比值的 DVQ，其中

$$\boldsymbol{p} = \begin{pmatrix} p_1 & p_2 & p_3 \end{pmatrix}^{\mathrm{T}} \tag{1.47}$$

且满足：

$$p_1 : p_2 : p_3 = \boldsymbol{J}_{Tx} : \boldsymbol{J}_{Ty} : \boldsymbol{J}_{Tz} \tag{1.48}$$

其中，$\boldsymbol{J}_{Ti}(i = x, y, z)$ 为空间非合作目标惯性主轴转动惯量。

$$\bar{\mathbf{0}} = \begin{pmatrix} 0 & 0 & 0 \end{pmatrix}^{\mathrm{T}} \tag{1.49}$$

为构造 DVQ 的零矢量。

$$\hat{\bar{\rho}} = \rho + \varepsilon\bar{0} \tag{1.50}$$

为空间非合作目标的质心位置 DVQ，其中，

$$\rho = \begin{pmatrix} \rho_x & \rho_y & \rho_z \end{pmatrix}^{\mathrm{T}} \tag{1.51}$$

$$\bar{0} = \begin{pmatrix} 0 & 0 & 0 \end{pmatrix}^{\mathrm{T}} \tag{1.52}$$

由于空间非合作目标的转动惯量比值与其质心位置不随时间变化，根据式 (1.46) 和式 (1.50)，有

$$\begin{cases} \dot{\hat{\bar{p}}} = 0_{6\times 1} \\ \dot{\hat{\bar{\rho}}} = 0_{6\times 1} \end{cases} \tag{1.53}$$

结合系统状态参数式 (1.45)，基于 DVQ 的空间非合作目标运动学与动力学方程和式 (1.53)，为了简化表达，令

$$\begin{cases} r = r_{T/B}^{T} \\ \omega = \omega_{T/B}^{T} \\ v = v_{T/B}^{T} \end{cases} \tag{1.54}$$

可得系统状态方程的雅可比矩阵:

$$\frac{\partial \dot{\hat{q}}_{T/B}}{\partial X} = \begin{bmatrix} -\left(\hat{\bar{\omega}}_{T/B}^{T}\times\right) & \frac{1}{2}I_{6\times 6} & 0_{6\times 6} & 0_{6\times 6} \end{bmatrix}_{6\times 24} \tag{1.55}$$

$$\frac{\partial \dot{\hat{\bar{\omega}}}_{T/B}^{T}}{\partial X} = \begin{bmatrix} A & D & C & 0_{6\times 6} \end{bmatrix}_{6\times 24} \tag{1.56}$$

其中，

$$A = \begin{bmatrix} 0_{3\times 3} & 0_{3\times 3} \\ 0_{3\times 3} & A_{22} \end{bmatrix} \tag{1.57}$$

且

$$\begin{aligned} A_{22} = & \frac{-\mu}{\left\|r_{T/I}\right\|^3}c - \{[J_T^{-1}(-\omega\times J\omega)]\times\}c - \{[J_T^{-1}(-\Omega\times J\omega)]\times\}c \\ & - \{[J_T^{-1}(-\omega\times J\Omega)]\times\}c - \{[J_T^{-1}(-\Omega\times J\Omega)]\times\}c \\ & - [\omega\times]([\omega\times]c) - [\omega\times]([\Omega\times]c) - [\Omega\times]([\omega\times]c) - [\Omega\times]([\Omega\times]c) \end{aligned} \tag{1.58}$$

$$D = \begin{bmatrix} D_1 & 0_{3\times 3} \\ D_2 & D_3 \end{bmatrix} \tag{1.59}$$

且

$$\boldsymbol{D}_1 = \boldsymbol{D}_{11} + \boldsymbol{D}_{12} + \boldsymbol{D}_{13} + \boldsymbol{D}_{14} \tag{1.60}$$

其中，

$$\boldsymbol{D}_{11} = \begin{bmatrix} 0 & \frac{p_2}{p_1}\omega_3 - \frac{p_3}{p_1}\omega_3 & \frac{p_2}{p_1}\omega_2 - \frac{p_3}{p_1}\omega_2 \\ \frac{p_3}{p_2}\omega_3 - \frac{p_1}{p_2}\omega_3 & 0 & \frac{p_3}{p_2}\omega_1 - \frac{p_1}{p_2}\omega_1 \\ \frac{p_1}{p_3}\omega_2 - \frac{p_2}{p_3}\omega_2 & \frac{p_1}{p_3}\omega_1 - \frac{p_2}{p_3}\omega_1 & 0 \end{bmatrix} \tag{1.61}$$

$$\boldsymbol{D}_{12} = \begin{bmatrix} 0 & -\frac{p_3}{p_1}\Omega_3 & \frac{p_2}{p_1}\Omega_2 \\ \frac{p_3}{p_2}\Omega_3 & 0 & -\frac{p_1}{p_2}\Omega_1 \\ -\frac{p_3}{p_2}\Omega_2 & \frac{p_1}{p_3}\Omega_1 & 0 \end{bmatrix} \tag{1.62}$$

$$\boldsymbol{D}_{13} = \begin{bmatrix} 0 & \frac{p_2}{p_1}\Omega_3 & -\frac{p_3}{p_1}\Omega_2 \\ -\frac{p_1}{p_2}\Omega_3 & 0 & \frac{p_3}{p_2}\Omega_1 \\ \frac{p_1}{p_3}\Omega_2 & -\frac{p_2}{p_3}\Omega_1 & 0 \end{bmatrix} \tag{1.63}$$

$$\boldsymbol{D}_{14} = [-\boldsymbol{\Omega}\times] \tag{1.64}$$

$$\boldsymbol{D}_2 = 2[\boldsymbol{v}\times] + \boldsymbol{D}_{21} + \boldsymbol{D}_{22} + \boldsymbol{D}_{23} \tag{1.65}$$

其中，

$$\boldsymbol{D}_{21} = \begin{bmatrix} -\frac{p_3}{p_2}\omega_3 r_3 + \frac{p_1}{p_2}\omega_3 r_3 + \frac{p_1}{p_3}\omega_2 r_2 - \frac{p_2}{p_3}\omega_2 r_2 & \frac{p_1}{p_3}\omega_1 r_2 - \frac{p_2}{p_3}\omega_1 r_2 & -\frac{p_3}{p_2}\omega_1 r_3 + \frac{p_1}{p_2}\omega_1 r_3 \\ -\frac{p_1}{p_3}\omega_2 r_1 + \frac{p_2}{p_3}\omega_2 r_1 & \frac{p_3}{p_1}\omega_3 r_3 - \frac{p_3}{p_1}\omega_3 r_3 - \frac{p_1}{p_3}\omega_1 r_1 + \frac{p_2}{p_3}\omega_1 r_1 & \frac{p_2}{p_1}\omega_2 r_3 - \frac{p_3}{p_1}\omega_2 r_3 \\ \frac{p_3}{p_2}\omega_3 r_1 - \frac{p_1}{p_2}\omega_3 r_1 & -\frac{p_2}{p_1}\omega_3 r_2 + \frac{p_3}{p_1}\omega_3 r_2 & -\frac{p_2}{p_1}\omega_2 r_2 + \frac{p_3}{p_1}\omega_2 r_2 + \frac{p_3}{p_1}\omega_1 r_1 - \frac{p_1}{p_2}\omega_1 r_1 \end{bmatrix} \tag{1.66}$$

$$\boldsymbol{D}_{22}=\begin{bmatrix} -\dfrac{p_3}{p_2}\varOmega_3r_3-\dfrac{p_2}{p_3}\varOmega_2r_2 & \dfrac{p_1}{p_3}\varOmega_1r_2 & \dfrac{p_1}{p_2}\varOmega_1r_3 \\ \dfrac{p_2}{p_3}\varOmega_2r_1 & -\dfrac{p_3}{p_1}\varOmega_3r_3-\dfrac{p_1}{p_3}\varOmega_1r_1 & \dfrac{p_2}{p_1}\varOmega_2r_3 \\ \dfrac{p_3}{p_2}\varOmega_3r_1 & \dfrac{p_3}{p_1}\varOmega_3r_2 & -\dfrac{p_2}{p_1}\varOmega_2r_2-\dfrac{p_1}{p_2}\varOmega_1r_1 \end{bmatrix} \tag{1.67}$$

$$\boldsymbol{D}_{23}=\begin{bmatrix} \dfrac{p_1}{p_3}\varOmega_2r_2+\dfrac{p_1}{p_2}\varOmega_3r_3 & -\dfrac{p_2}{p_3}\varOmega_1r_2 & -\dfrac{p_3}{p_2}\varOmega_1r_3 \\ -\dfrac{p_1}{p_3}\varOmega_2r_1 & \dfrac{p_2}{p_1}\varOmega_3r_3+\dfrac{p_2}{p_3}\varOmega_1r_1 & -\dfrac{p_3}{p_1}\varOmega_2r_3 \\ -\dfrac{p_1}{p_2}\varOmega_3r_1 & -\dfrac{p_2}{p_1}\varOmega_3r_2 & \dfrac{p_3}{p_1}\varOmega_2r_2+\dfrac{p_3}{p_2}\varOmega_1r_1 \end{bmatrix} \tag{1.68}$$

$$\boldsymbol{D}_3=-2[\boldsymbol{\omega}\times]-2\left[\boldsymbol{\varOmega}\times\right] \tag{1.69}$$

$$\boldsymbol{C}=\begin{bmatrix} \boldsymbol{C}_1 & \boldsymbol{0}_{3\times3} \\ \boldsymbol{C}_2 & \boldsymbol{0}_{3\times3} \end{bmatrix} \tag{1.70}$$

且

$$\boldsymbol{C}_1=\boldsymbol{C}_{11}+\boldsymbol{C}_{12}+\boldsymbol{C}_{13}+\boldsymbol{C}_{14} \tag{1.71}$$

其中，

$$\boldsymbol{C}_{11}=\begin{bmatrix} -\dfrac{p_2}{p_1^2}\omega_2\omega_3+\dfrac{p_3}{p_1^2}\omega_2\omega_3 & \dfrac{1}{p_1}\omega_2\omega_3 & -\dfrac{1}{p_1}\omega_2\omega_3 \\ -\dfrac{1}{p_2}\omega_1\omega_3 & -\dfrac{p_3}{p_2^2}\omega_1\omega_3+\dfrac{p_1}{p_2^2}\omega_1\omega_3 & \dfrac{1}{p_2}\omega_1\omega_3 \\ \dfrac{1}{p_3}\omega_1\omega_2 & -\dfrac{1}{p_3}\omega_1\omega_2 & -\dfrac{p_1}{p_3^2}\omega_1\omega_2+\dfrac{p_2}{p_3^2}\omega_1\omega_2 \end{bmatrix} \tag{1.72}$$

$$\boldsymbol{C}_{12}=\begin{bmatrix} -\dfrac{p_2}{p_1^2}\omega_3\varOmega_2+\dfrac{p_3}{p_1^2}\omega_2\varOmega_3 & \dfrac{1}{p_1}\varOmega_2\omega_3 & -\dfrac{1}{p_1}\omega_2\varOmega_3 \\ -\dfrac{1}{p_2}\varOmega_1\omega_3 & -\dfrac{p_3}{p_2^2}\omega_1\varOmega_3+\dfrac{p_1}{p_2^2}\varOmega_1\omega_3 & \dfrac{1}{p_2}\omega_1\varOmega_3 \\ \dfrac{1}{p_3}\varOmega_1\omega_2 & -\dfrac{1}{p_3}\omega_1\varOmega_2 & -\dfrac{p_1}{p_3^2}\varOmega_1\omega_2+\dfrac{p_2}{p_3^2}\omega_1\varOmega_2 \end{bmatrix} \tag{1.73}$$

$$\boldsymbol{C}_{13}=\begin{bmatrix} -\dfrac{p_2}{p_1^2}\omega_2\varOmega_3+\dfrac{p_3}{p_1^2}\varOmega_2\omega_3 & \dfrac{1}{p_1}\omega_2\varOmega_3 & -\dfrac{1}{p_1}\varOmega_2\omega_3 \\ -\dfrac{1}{p_2}\omega_1\varOmega_3 & -\dfrac{p_3}{p_2^2}\varOmega_1\omega_3+\dfrac{p_1}{p_2^2}\omega_1\varOmega_3 & \dfrac{1}{p_2}\varOmega_1\omega_3 \\ \dfrac{1}{p_3}\omega_1\varOmega_2 & -\dfrac{1}{p_3}\varOmega_1\omega_2 & -\dfrac{p_1}{p_3^2}\omega_1\varOmega_2+\dfrac{p_2}{p_3^2}\varOmega_1\omega_2 \end{bmatrix} \tag{1.74}$$

$$\boldsymbol{C}_{14}=\begin{bmatrix} -\frac{p_2}{p_1^2}\Omega_2\Omega_3+\frac{p_3}{p_1^2}\Omega_2\Omega_3 & \frac{1}{p_1}\Omega_2\Omega_3 & -\frac{1}{p_1}\Omega_2\Omega_3 \\ -\frac{1}{p_2}\Omega_1\Omega_3 & -\frac{p_3}{p_2^2}\Omega_1\Omega_3+\frac{p_1}{p_2^2}\Omega_1\Omega_3 & \frac{1}{p_2}\Omega_1\Omega_3 \\ \frac{1}{p_3}\Omega_1\Omega_2 & -\frac{1}{p_3}\Omega_1\Omega_2 & -\frac{p_1}{p_3^2}\Omega_1\Omega_2+\frac{p_2}{p_3^2}\Omega_1\Omega_2 \end{bmatrix} \tag{1.75}$$

$$\boldsymbol{C}_2=\boldsymbol{C}_{21}+\boldsymbol{C}_{22}+\boldsymbol{C}_{23}+\boldsymbol{C}_{24} \tag{1.76}$$

其中，

$$\boldsymbol{C}_{21}=\begin{bmatrix} \frac{1}{p_2}\omega_1\omega_3r_3+\frac{1}{p_3}\omega_1\omega_2r_2 & \frac{p_3}{p_2^2}\omega_1\omega_3r_3-\frac{p_1}{p_2^2}\omega_1\omega_3r_3-\frac{1}{p_3}\omega_1\omega_2r_2 & -\frac{1}{p_2}\omega_1\omega_3r_3-\frac{p_1}{p_3^2}\omega_1\omega_2r_2+\frac{p_2}{p_3^2}\omega_1\omega_2r_2 \\ \frac{p_2}{p_1^2}\omega_2\omega_3r_3-\frac{p_3}{p_1^2}\omega_2\omega_3r_3-\frac{1}{p_3}\omega_1\omega_2r_1 & \frac{1}{p_1}\omega_2\omega_3r_3+\frac{1}{p_3}\omega_1\omega_2r_1 & -\frac{1}{p_1}\omega_2\omega_3r_3+\frac{p_1}{p_3^2}\omega_1\omega_2r_1-\frac{p_2}{p_3^2}\omega_1\omega_2r_1 \\ \frac{p_2}{p_1^2}\omega_2\omega_3r_2-\frac{p_3}{p_1^2}\omega_2\omega_3r_2-\frac{1}{p_2}\omega_1\omega_3r_1 & -\frac{1}{p_1}\omega_2\omega_3r_2-\frac{p_3}{p_2^2}\omega_1\omega_3r_1+\frac{p_1}{p_2^2}\omega_1\omega_3r_1 & \frac{1}{p_1}\omega_2\omega_3r_2+\frac{1}{p_2}\omega_1\omega_3r_1 \end{bmatrix} \tag{1.77}$$

$$\boldsymbol{C}_{22}=\begin{bmatrix} \frac{1}{p_2}\Omega_1\Omega_3r_3+\frac{1}{p_3}\Omega_1\Omega_2r_2 & \frac{p_3}{p_2^2}\Omega_1\Omega_3r_3-\frac{p_1}{p_2^2}\Omega_1\Omega_3r_3-\frac{1}{p_3}\Omega_1\Omega_2r_2 & -\frac{1}{p_2}\Omega_1\Omega_3r_3-\frac{p_1}{p_3^2}\Omega_1\Omega_2r_2+\frac{p_2}{p_3^2}\Omega_1\Omega_2r_2 \\ \frac{p_2}{p_1^2}\Omega_2\Omega_3r_3-\frac{p_3}{p_1^2}\Omega_2\Omega_3r_3-\frac{1}{p_3}\Omega_1\Omega_2r_1 & \frac{1}{p_1}\Omega_2\Omega_3r_3+\frac{1}{p_3}\Omega_1\Omega_2r_1 & -\frac{1}{p_1}\Omega_2\Omega_3r_3+\frac{p_1}{p_3^2}\Omega_1\Omega_2r_1-\frac{p_2}{p_3^2}\Omega_1\Omega_2r_1 \\ \frac{p_2}{p_1^2}\Omega_2\Omega_3r_2-\frac{p_3}{p_1^2}\Omega_2\Omega_3r_2-\frac{1}{p_2}\Omega_1\Omega_3r_1 & -\frac{1}{p_1}\Omega_2\Omega_3r_2-\frac{p_3}{p_2^2}\Omega_1\Omega_3r_1+\frac{p_1}{p_2^2}\Omega_1\Omega_3r_1 & \frac{1}{p_1}\Omega_2\Omega_3r_2+\frac{1}{p_2}\Omega_1\Omega_3r_1 \end{bmatrix} \tag{1.78}$$

$$\boldsymbol{C}_{23}=\left[\begin{array}{cc}\frac{1}{p_2}\varOmega_1\omega_3r_3+\frac{1}{p_3}\varOmega_1\omega_2r_2 & \frac{p_3}{p_2^2}\omega_1\varOmega_3r_3-\frac{p_1}{p_2^2}\varOmega_1\omega_3r_3-\frac{1}{p_3}\omega_1\varOmega_2r_2\\ \frac{p_2}{p_1^2}\varOmega_2\omega_3r_3-\frac{p_3}{p_1^2}\omega_2\varOmega_3r_3-\frac{1}{p_3}\varOmega_1\omega_2r_1 & \frac{1}{p_1}\varOmega_2\omega_3r_3+\frac{1}{p_3}\omega_1\varOmega_2r_1\\ \frac{p_2}{p_1^2}\varOmega_2\omega_3r_2-\frac{p_3}{p_1^2}\omega_2\varOmega_3r_2-\frac{1}{p_2}\varOmega_1\omega_3r_1 & -\frac{1}{p_1}\varOmega_2\omega_3r_2-\frac{p_3}{p_2^2}\omega_1\varOmega_3r_1+\frac{p_1}{p_2^2}\varOmega_1\omega_3r_1\end{array}\right.$$

$$\left.\begin{array}{c}-\frac{1}{p_2}\omega_1\varOmega_3r_3-\frac{p_1}{p_3^2}\varOmega_1\omega_2r_2+\frac{p_2}{p_3^2}\omega_1\varOmega_2r_2\\ -\frac{1}{p_1}\omega_2\varOmega_3r_3+\frac{p_1}{p_3^2}\varOmega_1\omega_2r_1-\frac{p_2}{p_3^2}\omega_1\varOmega_2r_1\\ \frac{1}{p_1}\omega_2\varOmega_3r_2+\frac{1}{p_2}\omega_1\varOmega_3r_1\end{array}\right] \tag{1.79}$$

$$\boldsymbol{C}_{24}=\left[\begin{array}{cc}\frac{1}{p_2}\omega_1\varOmega_3r_3+\frac{1}{p_3}\omega_1\varOmega_2r_2 & \frac{p_3}{p_2^2}\varOmega_1\omega_3r_3-\frac{p_1}{p_2^2}\omega_1\varOmega_3r_3-\frac{1}{p_3}\varOmega_1\omega_2r_2\\ \frac{p_2}{p_1^2}\omega_2\varOmega_3r_3-\frac{p_3}{p_1^2}\varOmega_2\omega_3r_3-\frac{1}{p_3}\omega_1\varOmega_2r_1 & \frac{1}{p_1}\omega_2\varOmega_3r_3+\frac{1}{p_3}\varOmega_1\omega_2r_1\\ \frac{p_2}{p_1^2}\omega_2\varOmega_3r_2-\frac{p_3}{p_1^2}\varOmega_2\omega_3r_2-\frac{1}{p_2}\omega_1\varOmega_3r_1 & -\frac{1}{p_1}\omega_2\varOmega_3r_2-\frac{p_3}{p_2^2}\varOmega_1\omega_3r_1+\frac{p_1}{p_2^2}\omega_1\varOmega_3r_1\end{array}\right.$$

$$\left.\begin{array}{c}-\frac{1}{p_2}\varOmega_1\omega_3r_3-\frac{p_1}{p_3^2}\omega_1\varOmega_2r_2+\frac{p_2}{p_3^2}\varOmega_1\omega_2r_2\\ -\frac{1}{p_1}\varOmega_2\omega_3r_3+\frac{p_1}{p_3^2}\omega_1\varOmega_2r_1-\frac{p_2}{p_3^2}\varOmega_1\omega_2r_1\\ \frac{1}{p_1}\varOmega_2\omega_3r_2+\frac{1}{p_2}\varOmega_1\omega_3r_1\end{array}\right] \tag{1.80}$$

式 (1.58)~ 式 (1.80) 中，

$$\boldsymbol{c}=2\tilde{\boldsymbol{A}}(\boldsymbol{q}_{T/B}) \tag{1.81}$$

为空间非合作目标相对于服务航天器的姿态转移矩阵估计值的数乘；

$$\boldsymbol{\varOmega}=\boldsymbol{\omega}_{B/I}^{T} \tag{1.82}$$

为服务航天器相对于 ECI 的姿态角速度在目标系中的表达，有

$$\boldsymbol{\varOmega}=\boldsymbol{A}\left(\boldsymbol{q}_{T/B}\right)\begin{pmatrix}0 & 0 & \dot{\theta}\end{pmatrix}^{\mathrm{T}} \tag{1.83}$$

其中，$\dot{\theta}$ 为服务航天器的轨道角速度。当服务航天器运行于轨道半径为 $\|\boldsymbol{r}_{B/I}\|$ 的圆轨道上时，有

$$\dot{\theta}=\sqrt{\frac{\mu}{\left\|\boldsymbol{r}_{B/I}\right\|^3}} \tag{1.84}$$

且

$$\frac{\partial \dot{\hat{\boldsymbol{p}}}}{\partial \boldsymbol{X}}=\frac{\partial \dot{\hat{\boldsymbol{\rho}}}}{\partial \boldsymbol{X}}=\begin{bmatrix} \mathbf{0}_{6\times 6} & \mathbf{0}_{6\times 6} & \mathbf{0}_{6\times 6} & \mathbf{0}_{6\times 6} \end{bmatrix}_{6\times 24} \tag{1.85}$$

结合式 (1.55)、式 (1.56) 和式 (1.85)，可得基于 DVQ 的空间非合作目标姿轨一体化运动学动力学模型的雅可比矩阵:

$$\boldsymbol{F}=\begin{bmatrix} -\left(\bar{\hat{\boldsymbol{\omega}}}_{T/B}^{T}\times\right) & \frac{1}{2}\boldsymbol{I}_{6\times 6} & \mathbf{0}_{6\times 6} & \mathbf{0}_{6\times 6} \\ \boldsymbol{A} & \boldsymbol{D} & \boldsymbol{C} & \mathbf{0}_{6\times 6} \\ \mathbf{0}_{6\times 6} & \mathbf{0}_{6\times 6} & \mathbf{0}_{6\times 6} & \mathbf{0}_{6\times 6} \\ \mathbf{0}_{6\times 6} & \mathbf{0}_{6\times 6} & \mathbf{0}_{6\times 6} & \mathbf{0}_{6\times 6} \end{bmatrix}_{24\times 24} \tag{1.86}$$

2. 空间非合作目标观测模型线性化

结合系统状态参数 [式 (1.45)] 和空间非合作目标观测模型 [式 (1.42)]，可得系统观测方程的雅可比矩阵:

$$\begin{aligned}\boldsymbol{H}_1 &= \frac{\partial \boldsymbol{q}_{T/B}}{\partial \boldsymbol{X}} \\ &= \begin{bmatrix} \begin{bmatrix} -\bar{\tilde{\boldsymbol{q}}}_{T/B}^{T} \\ \tilde{q}_{T/B,0}\boldsymbol{I}_{3\times 3}+\left[\bar{\tilde{\boldsymbol{q}}}_{T/B}^{T}\times\right] \end{bmatrix} & \mathbf{0}_{4\times 21} \end{bmatrix}_{4\times 24}\end{aligned} \tag{1.87}$$

$$\begin{aligned}\boldsymbol{H}_2 &= \frac{\partial\left[\boldsymbol{A}^{\mathrm{T}}\left(\boldsymbol{q}_{T/B}\right)\boldsymbol{r}_{T/B}^{T}+\boldsymbol{A}^{\mathrm{T}}\left(\boldsymbol{q}_{T/B}\right)\boldsymbol{\rho}\right]}{\partial X} \\ &= \left[-2\boldsymbol{A}^{\mathrm{T}}\left(\tilde{\boldsymbol{q}}_{T/B}\right)\left([\boldsymbol{\rho}\times]+\left[\boldsymbol{r}_{T/B}^{T}\times\right]\right) \;\; 2\boldsymbol{A}^{\mathrm{T}}\left(\boldsymbol{q}_{T/B}\right)\boldsymbol{A}\left(\tilde{\boldsymbol{q}}_{T/B}\right) \;\; \mathbf{0}_{3\times 15} \;\; \boldsymbol{A}^{\mathrm{T}}\left(\boldsymbol{q}_{T/B}\right)\right]_{3\times 24}\end{aligned} \tag{1.88}$$

结合式 (1.87) 和式 (1.88)，可得空间非合作目标观测模型的雅可比矩阵:

$$\boldsymbol{H}=\begin{bmatrix} \boldsymbol{H}_1 \\ \boldsymbol{H}_2 \end{bmatrix}_{7\times 24} \tag{1.89}$$

1.1.4 空间非合作目标位姿质量参数一体化估计可观测性分析

本小节首先给出针对空间非合作目标位姿质量参数一体化估计这一特定系统的可观测性矩阵的求解方法，该求解方法基于局部线性化理论；其次给出三个分析系统可观测度的指标：① 系统可观测矩阵的秩；② 系统可观测矩阵的条件数；③ 系统可观测矩阵的特征值与特征向量的关系。

1. 空间非合作目标位姿质量参数一体化估计可观测性矩阵

将基于 DVQ 的空间非合作目标相对运动学与动力学模型和空间非合作目标观测模型，抽象为状态方程与观测方程的形式，即

$$\begin{cases} \dot{\boldsymbol{X}} = f(\boldsymbol{X}) \\ \boldsymbol{Z} = h(\boldsymbol{X}) + \boldsymbol{v} \end{cases} \tag{1.90}$$

其中，各参数的定义如 1.1.1 小节和 1.1.2 小节所述。

采用 1.1.3 小节中的状态方程和观测方程的线性化结果，将式 (1.90) 在当前最优状态估计 $\boldsymbol{X} = \tilde{\boldsymbol{X}}$ 处线性化，可得

$$\begin{cases} \delta\dot{\boldsymbol{X}} = F(\boldsymbol{X})\big|_{\boldsymbol{X}=\tilde{\boldsymbol{X}}} \\ \delta\boldsymbol{Z} = H(\boldsymbol{X})\big|_{\boldsymbol{X}=\tilde{\boldsymbol{X}}} \end{cases} \tag{1.91}$$

其中，$\delta\boldsymbol{X} = \boldsymbol{X} - \tilde{\boldsymbol{X}}$；$\delta\boldsymbol{Z} = \boldsymbol{Z} - \tilde{\boldsymbol{Z}} = h(\boldsymbol{X}) - h\left(\tilde{\boldsymbol{X}}\right)$。结合式 (1.90) 和式 (1.91)，可得离散状态下的系统状态方程:

$$\boldsymbol{X}_{k+1} = \boldsymbol{\Phi}_{k+1,k}\boldsymbol{X}_k \tag{1.92}$$

其中，

$$\boldsymbol{\Phi}_{k+1,k} = \boldsymbol{I}_{24\times 24} + \boldsymbol{F}\boldsymbol{T}\big|_{\boldsymbol{X}=\tilde{\boldsymbol{X}}} \tag{1.93}$$

为系统的状态转移矩阵。系统状态方程的线性化形式在状态参数 $\boldsymbol{X}$ 的最优状态估计 $\tilde{\boldsymbol{X}}$ 处获得；$\boldsymbol{T}$ 为系统的离散化步长。

由文献 [14] 可知，式 (1.90) 表示的非线性时变系统的线性化可观测矩阵为

$$\mathrm{OG} = \sum_{k=1}^{m} \boldsymbol{\Phi}(t_k, t_0)\boldsymbol{H}_k^{\mathrm{T}}\boldsymbol{R}_k^{-1}\boldsymbol{H}_k\boldsymbol{\Phi}^{\mathrm{T}}(t_k, t_0) \tag{1.94}$$

其中，

$$\boldsymbol{\Phi}(t_k, t_0) = \boldsymbol{\Phi}_{k,k-1}\boldsymbol{\Phi}_{k-1,k-2}\cdots\boldsymbol{\Phi}_{2,1}\boldsymbol{\Phi}_{1,0} \tag{1.95}$$

为 $t_0 \sim t_k$ 时刻的累积状态转移矩阵；m 为参数估计过程中的仿真总步数。

式 (1.94) 为基于 DVQ 的空间非合作目标运动学与动力学模型 (状态方程) 和空间非合作目标观测模型 (观测方程) 所组成系统的可观测格拉姆 (observability Gramian，OG) 矩阵。可以看到，该可观测矩阵为方阵，且与系统在 t_k 时刻的状态转移矩阵、测量噪声矩阵和观测一阶线性化矩阵有关。在相同的状态方程和测量方程条件下，不同参数估计算法的结果对 OG 矩阵有直接影响；同时，不同的观测噪声也会直接影响 OG 矩阵。因此，空间非合作目标位姿质量参数一体化估计系统的可观测性同时受到观测量、观测干扰和参数估计算法三重影响。

2. 空间非合作目标位姿质量参数一体化估计可观测度分析方法

在获得系统 OG 矩阵的基础上,继续分析其可观测性与可观测度。由文献 [15] 可知，一个非线性时变系统如果完全可观测，那么 OG 矩阵在 $t_0 \sim t_k$ 保持满秩，如式 (1.90) 表示的系统状态参数估计量与初始状态值无关，即

$$\begin{cases} \text{rank(OG)} = n, & \text{系统完全可观测} \\ \text{rank(OG)} < n, & \text{系统不完全可观测} \end{cases} \tag{1.96}$$

然而,OG 矩阵满秩只是判定对应线性系统完全可观测的充分条件,当一个非线性系统的 OG 矩阵不满秩时，只能说明其不完全可观测，并不能代表对应系统在观测输入的条件下不能获得对应参数的准确估计量。因此，单纯分析系统 OG 矩阵的秩确定对应系统的可观测性远远不够。在判断一个系统是否完全可观测的基础上，更重要的是分析系统的可观测度。尤其对于空间非合作目标，可观测的信息十分有限且需要估计的参数相对较多。因此，分析系统的可观测度远比分析系统是否完全可观测更具有实际意义 (在有限的观测条件下，系统极有可能不完全可观测)。对式 (1.94) 计算的 OG 矩阵进行特征值分解，有

$$\text{OG} = \boldsymbol{USU}^{\text{T}} \tag{1.97}$$

其中，

$$\boldsymbol{S} = \begin{pmatrix} \lambda_1 & & & \\ & \lambda_2 & & \\ & & \ddots & \\ & & & \lambda_n \end{pmatrix} \tag{1.98}$$

为 OG 矩阵的特征值矩阵。若系统完全可观测，则 OG 矩阵满秩，有

$$\lambda_i \neq 0 \, (i = 1, 2, \cdots, n) \tag{1.99}$$

若系统不完全可观测，则 OG 矩阵不满秩，即含有等于 0 的特征值，有

$$\begin{cases} \lambda_i \neq 0 \, (i = 1, 2, \cdots, m) \\ \lambda_k = 0 \, (k = m+1, m+2, \cdots, n) \end{cases} \tag{1.100}$$

式 (1.97) 中，$\boldsymbol{U}$ 为正交矩阵且包含了 OG 矩阵对应特征值的特征向量，有

$$\boldsymbol{U} = \begin{bmatrix} \boldsymbol{x}_1 & \boldsymbol{x}_2 & \cdots & \boldsymbol{x}_m \end{bmatrix} \tag{1.101}$$

即非 0 特征值 $\lambda_i \neq 0\,(i=1,2,\cdots,m)$ 才有对应的特征向量 $\boldsymbol{x}_i(i=1,2,\cdots,m)$。若 OG 矩阵满秩，则 $m=n$；否则，$\boldsymbol{U}$ 的维度就会退化，OG 矩阵的特征向量会落入 m 维空间的子空间中。

基于式 (1.99) 和式 (1.101)，定义系统的可观测度为

$$\mathrm{ob}=\frac{1}{\mathrm{cond(OG)}} \tag{1.102}$$

其中，$\mathrm{cond}\,(\cdot)$ 为对应矩阵的条件数，定义为

$$\mathrm{cond}\,(\boldsymbol{A})=\frac{\lambda_{\boldsymbol{A}\,\max}}{\lambda_{\boldsymbol{A}\,\min}} \tag{1.103}$$

当 $\mathrm{cond}\,(\boldsymbol{A})$ 较大时，说明对应矩阵 $\boldsymbol{A}$ 最大最小特征值的差值较大，矩阵病态严重；反之则说明矩阵状态良好。基于此定义，可以看到，式 (1.102) 对应系统可观测度的取值范围为

$$0<\mathrm{ob}\leqslant 1 \tag{1.104}$$

当 $\mathrm{ob}\to 0$ 时，说明对应系统可观测度低，即系统的状态参数估计量更依赖状态初值；当 $\mathrm{ob}\to 1$ 时，说明对应系统可观测度高，即系统的状态参数估计量更能独立于状态初值。

确定了系统的可观测度后，还需要对系统中哪个 (哪几个) 状态参数 (状态参数的线性组合) 最具有可观测性进行分析。假设 OG 矩阵的最大特征值为 λ_i，其对应的特征向量为 $\boldsymbol{x}_i$。根据文献 [7]，$\boldsymbol{x}_i$ 中较大元素 (或其线性组合) 对应的状态为最可观测状态。

综上所述，通过式 (1.94)、式 (1.96)、式 (1.102) 和特征向量分析，空间非合作目标位姿质量参数一体化估计过程中系统的可观测性、可观测度，以及哪个 (哪几个) 状态参数具有最高 (最低) 的可观测度，都能够得到定性且定量的分析。

1.1.5　基于 EKF 的空间非合作目标位姿质量参数一体化估计

根据基于 DVQ 的空间非合作目标姿轨一体化运动学与动力学模型和空间非合作目标观测模型，本小节将设计基于 EKF 的状态参数估计算法，对空间非合作目标的位姿质量参数进行一体化估计，并对系统的可观测性与可观测度进行分析。首先给出 EKF 的参数估计算法框架，其次进行一组具有较大初始误差的空间非合作目标位姿质量参数一体化估计数学仿真，最后结合仿真结果对系统进行可观测性分析。

1. 空间非合作目标位姿质量参数一体化估计算法设计

结合空间非合作目标姿轨一体化动力学模型、观测模型和线性化可观测矩阵，考虑空间干扰力矩对空间非合作目标位姿的干扰，空间非合作目标状态方程与观

测方程可以表示为

$$\begin{cases} \dot{\boldsymbol{X}} = f\left(\boldsymbol{X}\right) + \boldsymbol{w} \\ \boldsymbol{Z} = h\left(\boldsymbol{X}\right) + \boldsymbol{v} \end{cases} \tag{1.105}$$

其中，$\boldsymbol{X}$ 为状态参数，其定义见式 (1.45)；$\boldsymbol{w}$ 为由空间干扰力矩产生的过程噪声，其噪声形式为白噪声，且满足：

$$\begin{cases} \boldsymbol{w} = \begin{bmatrix} 0 & 0 & \boldsymbol{w}_{\boldsymbol{\omega}}^{\mathrm{T}} & \boldsymbol{w}_{\boldsymbol{v}}^{\mathrm{T}} & 0 & 0 & 0 & 0 \end{bmatrix}^{\mathrm{T}} \\ E\left(\boldsymbol{w}_{\boldsymbol{\omega}}\right) = E\left(\boldsymbol{w}_{\boldsymbol{v}}\right) = 0 \\ D\left(\boldsymbol{w}_{\boldsymbol{\omega}}\right) = \boldsymbol{\sigma}_{\boldsymbol{\omega}}^2 \\ D\left(\boldsymbol{w}_{\boldsymbol{v}}\right) = \boldsymbol{\sigma}_{\boldsymbol{v}}^2 \end{cases} \tag{1.106}$$

由式 (1.106) 可知，空间干扰力矩通过对相对加速度产生干扰，从而影响其他状态参数。

根据式 (1.86)、式 (1.89) 和式 (1.92)，离散形式的空间非合作目标状态方程与观测方程可以表示为

$$\begin{cases} \boldsymbol{X}_k = \boldsymbol{\Phi}_{k,k}\boldsymbol{X}_k + \boldsymbol{W}_k \\ \boldsymbol{Z}_k = h(\boldsymbol{X}_k) + \boldsymbol{v}_k \end{cases} \tag{1.107}$$

其中，$\boldsymbol{W}_k$ 为离散后的过程噪声 $\boldsymbol{w}_k$，均值为 0，协方差为 $\boldsymbol{Q}_k$。根据文献 [16]，有

$$\boldsymbol{Q}_k = \boldsymbol{C}_k\boldsymbol{D}_k^{-1} \tag{1.108}$$

其中，

$$\begin{gathered} \begin{pmatrix} \boldsymbol{C}_k \\ \boldsymbol{D}_k \end{pmatrix} = \exp\left\{\begin{pmatrix} \boldsymbol{F} & \boldsymbol{Q}_c \\ 0 & -\boldsymbol{F}^T \end{pmatrix}\boldsymbol{T}\right\}\begin{pmatrix} \boldsymbol{0} \\ \boldsymbol{I} \end{pmatrix} \\ \boldsymbol{Q}_c = \begin{bmatrix} \boldsymbol{0}_{6\times6} & & & & \\ & \boldsymbol{\sigma}_{\boldsymbol{\omega}}^2 & & & \\ & & \boldsymbol{\sigma}_{\boldsymbol{v}}^2 & & \\ & & & \boldsymbol{0}_{6\times6} & \\ & & & & \boldsymbol{0}_{6\times6} \end{bmatrix} \end{gathered} \tag{1.109}$$

基于离散后的状态方程与观测方程，可将基于 EKF 的空间非合作目标位姿质量参数一体化估计算法分为时间更新、测量更新和状态更新三大部分，完整的算法如下：

(1) 时间更新。更新公式为

$$\boldsymbol{X}_{k/k-1} = \boldsymbol{\Phi}_k\boldsymbol{X}_{k-1/k-1} \tag{1.110}$$

$$\boldsymbol{P}_{k/k-1}=\boldsymbol{\Phi}_k\boldsymbol{P}_{k-1/k-1}\boldsymbol{\Phi}_k^{\mathrm{T}}+\boldsymbol{Q}_k \tag{1.111}$$

(2) 测量更新。更新公式为

$$\boldsymbol{K}_k=\boldsymbol{P}_{k/k-1}\boldsymbol{H}_k^{\mathrm{T}}\left(\boldsymbol{H}_k\boldsymbol{P}_{k/k-1}\boldsymbol{H}_k^{\mathrm{T}}+\boldsymbol{R}_k\right)^{-1} \tag{1.112}$$

$$\delta\boldsymbol{X}_k=\boldsymbol{K}_k\left[\boldsymbol{Z}_k-h\left(\boldsymbol{X}_{k/k-1}\right)\right] \tag{1.113}$$

$$\boldsymbol{P}_k=\left(\boldsymbol{I}-\boldsymbol{K}_k\boldsymbol{H}_k\right)\boldsymbol{P}_{k/k-1} \tag{1.114}$$

(3) 状态更新。测量更新给出的是系统状态参数的增量，因此需要对状态进行状态更新，测量更新后的状态参数增量可表示为

$$\delta\boldsymbol{X}_k=\begin{bmatrix}\delta\bar{\hat{\boldsymbol{q}}}_{T/B,k} & \delta\bar{\hat{\boldsymbol{\omega}}}_{T/B,k}^{T} & \delta\bar{\hat{\boldsymbol{p}}}_k & \delta\bar{\hat{\boldsymbol{\rho}}}_k\end{bmatrix}^{\mathrm{T}} \tag{1.115}$$

姿态四元数满足乘性更新准则 (加性更新会使其突破模值为 1 的限制，从而需要重新归一化)，因此状态更新分为 DVQ 更新与其他状态参数更新两部分：

(1) DVQ 更新。更新公式为

$$\bar{\hat{\boldsymbol{q}}}_{T/B,k}=\bar{\hat{\boldsymbol{q}}}_{T/B,k-1}\delta\bar{\hat{\boldsymbol{q}}}_{T/B,k} \tag{1.116}$$

其中，

$$\begin{cases}\delta\hat{\boldsymbol{q}}_{T/B,k}=\delta\boldsymbol{q}_{T/B,k}+\delta\boldsymbol{q}'_{T/B,k}\\[2ex] \delta\boldsymbol{q}_{T/B,k}=\left[\sqrt{1-\left\|\delta\bar{\boldsymbol{q}}_{T/B,k}\right\|^2}\delta\bar{\boldsymbol{q}}_{T/B,k}\right]\\[2ex] \delta\boldsymbol{q}'_{T/B,k}=\left[\dfrac{-\delta\bar{\boldsymbol{q}}_{T/B,k}\delta\bar{\boldsymbol{q}}'^{*}_{T/B,k}}{\sqrt{1-\left\|\delta\bar{\boldsymbol{q}}_{T/B,k}\right\|^2}}\delta\bar{\boldsymbol{q}}'_{T/B,k}\right]\end{cases} \tag{1.117}$$

(2) 其他状态参数更新。更新公式为

$$\boldsymbol{X}_{k/k}=\boldsymbol{X}_{k/k-1}+\delta\boldsymbol{X}_k \tag{1.118}$$

式 (1.110)~ 式 (1.118) 为基于 EKF 的空间非合作目标位姿质量参数一体化估计算法的完整形式，算法的状态方程基于 DVQ，因此称其为 DVQ-EKF。在式 (1.110)~ 式 (1.118) 中，状态参数 $\boldsymbol{X}$ 的选取如式 (1.45) 所示；$\boldsymbol{P}$ 为系统状态参数的估计误差协方差矩阵；其他矩阵的计算如式 (1.54)~ 式 (1.89) 和式 (1.93) 所示。

2. DVQ-EKF 仿真及可观测性分析

对设计的 DVQ-EKF 进行数学仿真验证，并对基于 DVQ-EKF 的空间非合作目标位姿质量参数一体化估计系统的可观测性与可观测度进行分析。仿真平台采用 Matlab 2014 平台，参考文献 [17]，服务航天器与空间非合作目标的初始参数如下：

空间非合作目标质心到观测点距离 (m) 为

$$\boldsymbol{\rho} = \begin{pmatrix} 0.5 & 0.5 & 0.5 \end{pmatrix}^{\mathrm{T}} \tag{1.119}$$

空间非合作目标的转动惯量 $(\mathrm{kg}\cdot\mathrm{m}^2)$ 为

$$\boldsymbol{J}_T = \begin{bmatrix} 70 & & \\ & 70 & \\ & & 40 \end{bmatrix} \tag{1.120}$$

服务航天器和空间非合作目标的运行轨道高度 (km) 为

$$\left\|\boldsymbol{r}_{T/I}\right\| \doteq \left\|\boldsymbol{r}_{B/I}\right\| = 400 \tag{1.121}$$

且运行在同一平面的圆轨道内。

空间非合作目标相对角速度 (rad/s) 初值为

$$\boldsymbol{\omega}_{T/B}^{T}(0) = \begin{pmatrix} 0.2 & 0.1 & 0.1 \end{pmatrix}^{\mathrm{T}} \tag{1.122}$$

空间非合作目标相对线速度 (m/s) 初值为

$$\boldsymbol{v}_{T/B}^{T}(0) = \begin{pmatrix} 0.001 & 0.1 & 0.003 \end{pmatrix}^{\mathrm{T}} \tag{1.123}$$

服务航天器与空间非合作目标质心相对姿态初值为

$$\boldsymbol{q}_{T/B}(0) = \begin{pmatrix} 1 & 0 & 0 & 0 \end{pmatrix}^{\mathrm{T}} \tag{1.124}$$

服务航天器与空间非合作目标质心相对距离 (m) 初值为

$$\boldsymbol{r}_{T/B}^{T}(0) = \begin{pmatrix} 50 & 50 & 0 \end{pmatrix}^{\mathrm{T}} \tag{1.125}$$

空间环境干扰力矩对空间非合作目标的相对角速度与相对线速度的干扰误差强度为

$$\sigma_{\omega}^2 = 5 \times 10^{-4}(\mathrm{rad/s^2})^2 \tag{1.126}$$

$$\sigma_v^2 = 1 \times 10^{-3} (\mathrm{m/s^2})^2 \tag{1.127}$$

服务航天器的观测干扰误差强度为

$$\sigma_q^2 = 0.01 \tag{1.128}$$

$$\sigma_r^2 = 0.1\mathrm{m}^2 \tag{1.129}$$

且服务航天器上的测量敏感器的观测频率为 2Hz。

DVQ-EKF 仿真初始参数如表 1.1 所示。

表 1.1　DVQ-EKF 仿真初始参数

状态参数	仿真初值
$\boldsymbol{q}_{T/B}$	$\begin{pmatrix} 0.5 & 0.5 & 0.5 & 0.5 \end{pmatrix}^{\mathrm{T}}$
$\boldsymbol{r}_{T/B}^T$	$\begin{pmatrix} 55 & 55 & 55 \end{pmatrix}^{\mathrm{T}}$
$\boldsymbol{\omega}_{T/B}^T$	$\begin{pmatrix} 0.1 & 0.1 & 0.1 \end{pmatrix}^{\mathrm{T}}$
$\boldsymbol{v}_{T/B}^T$	$\begin{pmatrix} 0.1 & 0.1 & 0.1 \end{pmatrix}^{\mathrm{T}}$
$\boldsymbol{p}$	$\begin{pmatrix} 1 & 1 & 1 \end{pmatrix}^{\mathrm{T}}$
$\boldsymbol{\rho}$	$\begin{pmatrix} 0 & 0 & 0 \end{pmatrix}^{\mathrm{T}}$
$\boldsymbol{P}$	$\boldsymbol{I}_{24\times 24}$
$T_{\mathrm{simulation}}$	300

注：$\boldsymbol{q}_{T/B}$ 表示空间非合作目标姿态四元数；$\boldsymbol{r}_{T/B}^T$ 表示目标的相对位置矢量 (m)；$\boldsymbol{\omega}_{T/B}^T$ 表示目标相对角速度 (rad/s)；$\boldsymbol{v}_{T/B}^T$ 表示相对线速度 (m/s)；$\boldsymbol{p}$ 表示转动惯量比值矢量；$\boldsymbol{\rho}$ 表示观测点相对目标质心的位置矢量 (m)；$\boldsymbol{P}$ 表示系统状态参数的估计误差协方差矩阵；$T_{\mathrm{simulation}}$ 表示仿真运动时间 (s)。

为了使系统的可观测性与可观测度有意义，首先需要对系统的状态参数进行标准化，有

$$\boldsymbol{X}_{\mathrm{norm}} = \mathrm{diag}\left(\frac{1}{\left\|\bar{\hat{\boldsymbol{q}}}_{T/B}\right\|}, \quad \frac{1}{\left\|\bar{\hat{\boldsymbol{\omega}}}_{T/B}^T\right\|}, \quad \frac{1}{\left\|\bar{\hat{\boldsymbol{p}}}\right\|}, \quad \frac{1}{\left\|\bar{\hat{\boldsymbol{\rho}}}\right\|} \right) \boldsymbol{X} \tag{1.130}$$

同时，为了保证数值仿真的有效性，在 OG 矩阵的特征值分解计算中设置阈值:

$$\mathrm{tol} = \max(\lambda_i) \times \max(\mathrm{size}(\mathrm{OG})) \times \mathrm{eps} \tag{1.131}$$

其中，size(OG) 为可观测 OG 矩阵的维数；eps 为机器精度。

图 1.2 为 OG 矩阵条件数曲线，表征了系统的可观测性。在 300s 的仿真时间内，针对空间非合作目标的位姿质量参数一体化估计系统不满秩，即该系统不完全可观测。对于空间非合作目标这类特殊目标，需要估计的参数较多，而所能获得的观测量又相对有限。因此，对该系统而言，不能保证在任意初始条件下均

能获得有效的参数估计量。由图 1.2 可知，针对空间非合作目标的位姿质量参数一体化估计系统的可观测矩阵的条件数在 10^5 量级。通过分析可知，较大的可观测 OG 矩阵条件数表明对应系统的可观测度较低。当系统的可观测度较低时，易受到干扰的影响。

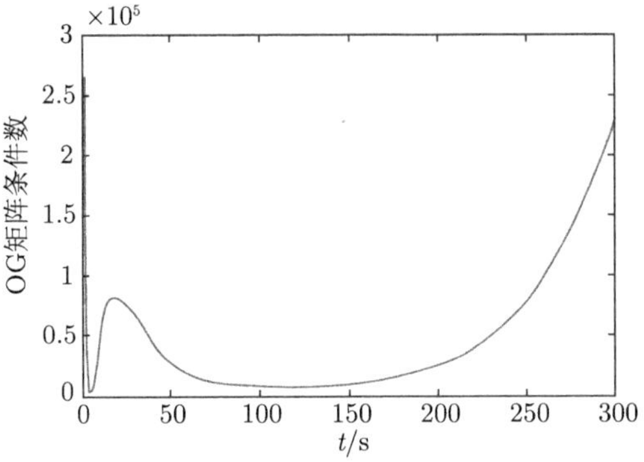

图 1.2　OG 矩阵条件数曲线

因此，由图 1.2 可知空间非合作目标的位姿质量参数一体化估计系统是一个不完全可观测且可观测度较低的系统，系统的初始状态偏差及过程扰动均会严重影响参数估计的结果。根据参考文献 [17] 设置的初始条件，本小节设计的 DVQ-EKF 能够在更大的初始误差条件下对空间非合作目标位姿质量参数进行有效估计。大多数空间非合作目标的运动学参数均在文献 [17] 考虑的范围内。因此，在该初始条件下，DVQ-EKF 的参数估计结果具有一定的实际意义。

对空间非合作目标位姿质量参数一体化估计系统的 OG 矩阵进行特征值分解。表 1.2 为 OG 矩阵特征值及对应特征向量，由于该可观测 OG 矩阵的秩为 9，只有 9 个特征值超过式 (1.131) 所设的阈值，按特征值的大小进行排序。表 1.3 为 OG 矩阵特征向量中各状态参数的对应值，反映了该状态参数的观测性。

表 1.2　OG 矩阵特征值及对应特征向量

特征值	特征向量	特征值	特征向量	特征值	特征向量
1.4×10^9	$\boldsymbol{V}_1$	1×10^6	$\boldsymbol{V}_4$	6×10^3	$\boldsymbol{V}_7$
1.1×10^9	$\boldsymbol{V}_2$	6×10^5	$\boldsymbol{V}_5$	6×10^3	$\boldsymbol{V}_8$
6×10^8	$\boldsymbol{V}_3$	5×10^5	$\boldsymbol{V}_6$	6×10^3	$\boldsymbol{V}_9$

通过表 1.2 和表 1.3 可以看到，最大特征值对应的特征向量中，最大值对应的参数为相对距离参数，其次为相对姿态参数；最小特征值对应的特征向量中，最大值对应的参数为空间非合作目标质心位置参数。因此，由 1.1.4 小节分析可知，空间非合作目标位姿质量参数一体化估计系统中最具有可观测度的参数首先为相对距

表 1.3　OG 矩阵特征向量中各状态参数的对应值

状态参数	$\boldsymbol{V}_1$	$\boldsymbol{V}_2$	$\boldsymbol{V}_3$	$\boldsymbol{V}_4$	$\boldsymbol{V}_5$	$\boldsymbol{V}_6$	$\boldsymbol{V}_7$	$\boldsymbol{V}_8$	$\boldsymbol{V}_9$
$q_{T/B,1}$	-1.6×10^{-2}	2×10^{-3}	-1×10^{-2}	5×10^{-2}	-8.1×10^{-1}	-5.8×10^{-1}	3×10^{-4}	1.4×10^{-3}	-1×10^{-2}
$q_{T/B,2}$	7×10^{-4}	1.3×10^{-2}	1.2×10^{-2}	-2.7×10^{-1}	5.5×10^{-1}	-8×10^{-1}	3×10^{-4}	-1×10^{-2}	2×10^{-3}
$q_{T/B,3}$	1×10^{-4}	-1.5×10^{-2}	-1.1×10^{-2}	-9.6×10^{-1}	-2×10^{-1}	1.88×10^{-1}	8×10^{-4}	9×10^{-4}	5×10^{-3}
$r_{T/B,x}^T$	8.38×10^{-2}	-9.22×10^{-1}	-3.75×10^{-1}	1.3×10^{-2}	1.4×10^{-2}	-1.6×10^{-2}	-3×10^{-6}	-2×10^{-4}	4×10^{-5}
$r_{T/B,y}^T$	-4.33×10^{-1}	3.058×10^{-1}	-8.48×10^{-1}	2×10^{-3}	1.7×10^{-2}	4×10^{-3}	3×10^{-5}	-1×10^{-4}	3×10^{-4}
$r_{T/B,z}^T$	8.974×10^{-1}	2.338×10^{-1}	-3.74×10^{-1}	3×10^{-4}	-7×10^{-2}	-7×10^{-3}	1.4×10^{-5}	2×10^{-6}	-1×10^{-4}
$\omega_{T/B,x}^T$	0	0	0	0	0	0	0	0	0
$\omega_{T/B,y}^T$	0	0	0	0	0	0	0	0	0
$\omega_{T/B,z}^T$	0	0	0	0	0	0	0	0	0
$v_{T/B,x}^T$	0	0	0	0	0	0	0	0	0
$v_{T/B,y}^T$	0	0	0	0	0	0	0	0	0
$v_{T/B,z}^T$	0	0	0	0	0	0	0	0	0
p_1	0	0	0	0	0	0	0	0	0
p_2	0	0	0	0	0	0	0	0	0
p_3	0	0	0	0	0	0	0	0	0
ρ_x	-2.4×10^{-5}	1.15×10^{-5}	-3.3×10^{-5}	3×10^{-3}	6.7×10^{-2}	1.2×10^{-3}	6.46×10^{-1}	5.584×10^{-1}	-5.2×10^{-1}
ρ_y	2.85×10^{-5}	-8×10^{-5}	-1.3×10^{-6}	3×10^{-3}	4×10^{-4}	-6×10^{-3}	-4×10^{-1}	8.284×10^{-1}	4×10^{-1}
ρ_z	-3.3×10^{-5}	3.6×10^{-5}	-1×10^{-4}	3×10^{-3}	6×10^{-3}	5.6×10^{-3}	-6.5×10^{-1}	4.35×10^{-2}	-7.6×10^{-1}

离，其次为相对姿态，最后为质心位置。同时，通过表 1.3 可知，除了相对距离参数与相对姿态参数，虽然空间非合作目标的质心位置具有一定可观测度，但是与相对距离和相对姿态相差较大。即使如此，质心位置仍然比相对速度与空间非合作目标的转动惯量比值更具有可观测性。综上分析，当系统受到初值偏差干扰和噪声干扰时，最具有鲁棒性的为相对距离与相对姿态估计量，其次为质心位置估计量，而相对速度估计量与转动惯量比值则对扰动较为敏感。此外，系统的观测量为观测点的相对姿态与相对距离，而观测点与空间非合作目标质心之间仅有平移 (ρ)。因此，相对距离、相对姿态与空间非合作目标质心位置，相对其他参数具有更好的可观测度，也更容易定性理解，原因在于它们均在观测量中有直接或间接表示。后续的参数估计结果也反映了可观测性分析的结论。

姿态四元数误差 eq 曲线和相对位置误差 er 曲线分别如图 1.3 和图 1.4 所示，以描述 DVQ-EKF 对空间非合作目标的相对位姿估计量与真实值之间的误差。通过图 1.3 和图 1.4 可以看到，在设定的初始偏差条件下，采用 DVQ-EKF 对空间非合作目标相对姿态四元数的估计误差小于 0.1，相对位置的估计误差小于 1m。图 1.5 和图 1.6 分别展示了相对角速度误差 eω 曲线和相对线速度误差 ev 曲线，以描述 DVQ-EKF 对空间非合作目标的相对速度估计量与真实值之间的误差。通过图 1.5 和图 1.6 可以看到，在设定的初始偏差条件下，采用 DVQ-EKF 对空间非合作目标相对角速度的估计误差小于 0.05rad/s，相对线速度的估计误差小于 0.2m/s。图 1.7 和图 1.8 分别展示了转动惯量比值误差 ep 曲线和目标质心位置误差 eρ 曲线，以描述 DVQ-EKF 对空间非合作目标的质量参数估计量与真实值之间的误差。通过图 1.7 和图 1.8 可以看到，在设定的初始偏差条件下，采用 DVQ-EKF 对空间非合作目标的转动惯量比值的估计误差小于 0.2，目标质心位置的估计误差小于 0.1m。

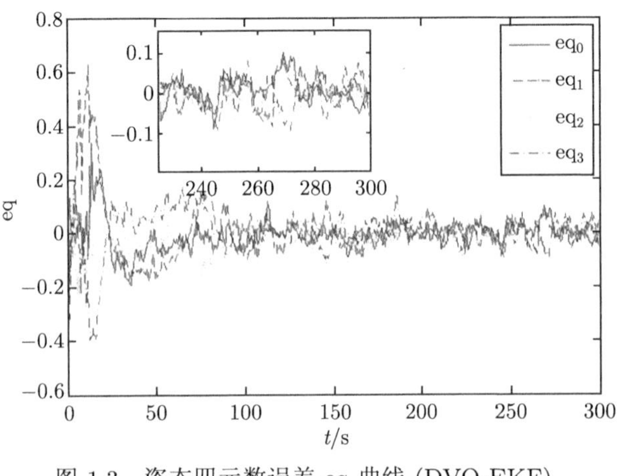

图 1.3　姿态四元数误差 eq 曲线 (DVQ-EKF)

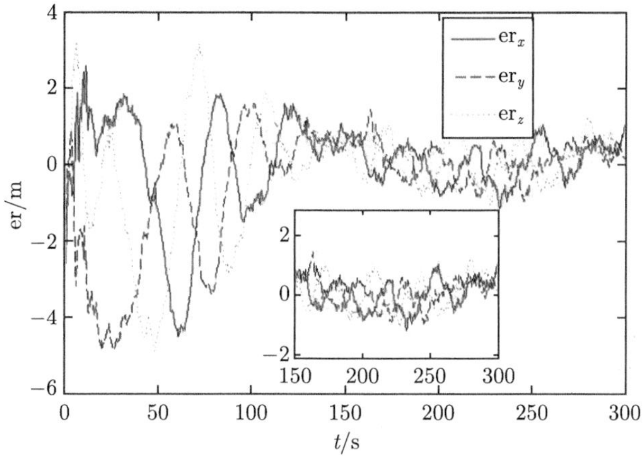

图 1.4　相对位置误差 er 曲线 (DVQ-EKF)

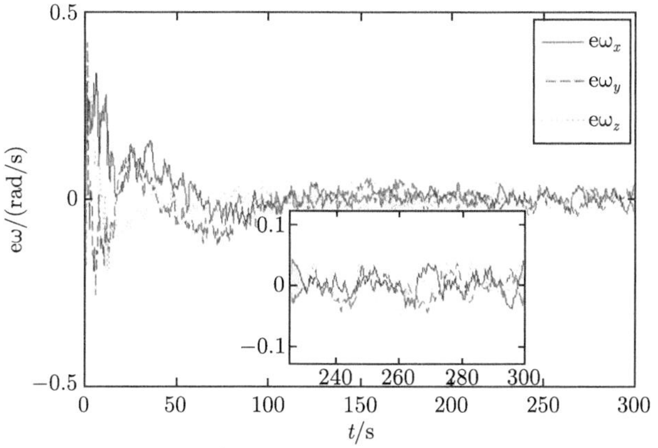

图 1.5　相对角速度误差 eω 曲线 (DVQ-EKF)

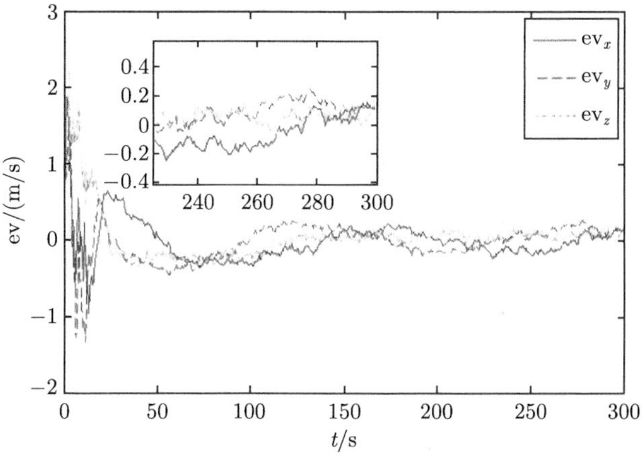

图 1.6　相对线速度误差 ev 曲线 (DVQ-EKF)

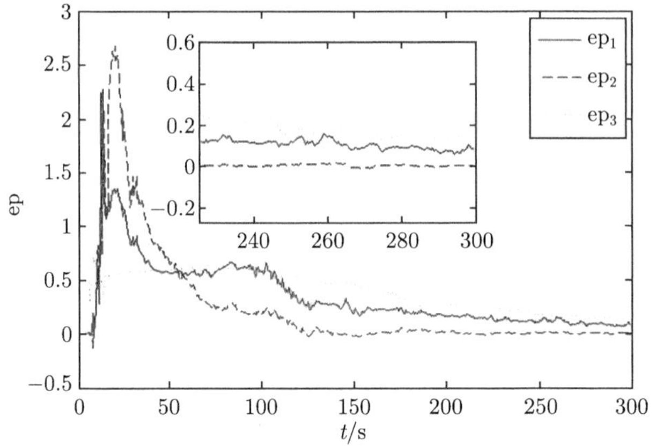

图 1.7　转动惯量比值误差 ep 曲线 (DVQ-EKF)

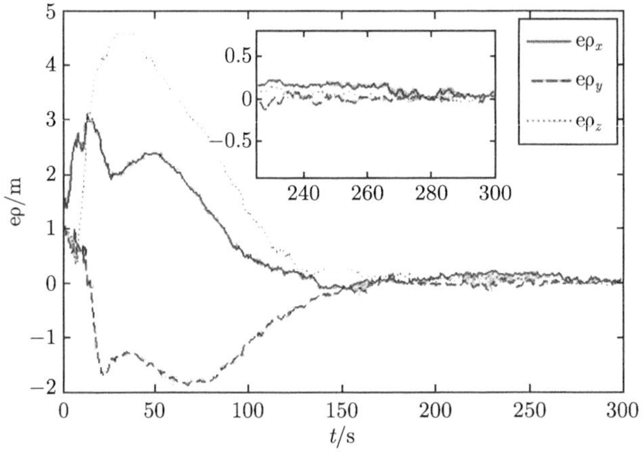

图 1.8　目标质心位置误差 eρ 曲线 (DVQ-EKF)

由上述分析可知，基于设置的仿真初值，采用 DVQ-EKF 对空间非合作目标位姿质量参数进行一体化估计的过程中，相对位姿参数的估计误差最小，其次是相对角速度和空间非合作目标的质心位置参数，而相对线速度和空间非合作目标的转动惯量比值的误差较大，尤其是相对线速度误差与其初始误差较大。结合空间非合作目标位姿质量参数一体化估计系统可观测性的分析结论，图 1.3~图 1.8 的仿真结果完全符合可观测性分析的结论，唯一例外的是其相对角速度的估计误差较低，这是由于相对角速度包含于运动学方程中，而该方程又以线性形式存在。因此，相对角速度的估计可以看作是相对位姿线性组合的估计量，估计误差较小在情理之中。

1.2　基于自适应两步滤波的一体化估计算法

对空间非合作目标位姿质量参数一体化估计而言，需估计的空间非合作目标的参数较多，而服务航天器相对空间非合作目标的观测量却十分有限 (仅有相对姿态与相对位置)。因此，空间非合作目标位姿质量参数一体化估计系统不是一个完全可观测的系统，即状态参数的初始偏差对其估计值有严重影响。此情况下，能否充分利用服务航天器获得的有限观测量对状态参数的估计结果至关重要。由式 (1.42) 及其线性化形式 [式 (1.87)～式 (1.89)] 可知，观测方程中，待估计状态参数存在严重的非线性耦合现象。在这种情况下，对观测方程的线性化处理会带来较大的线性化误差，从而影响观测方程的精度，进而影响参数的估计结果。因此，对观测方程进行技术处理十分必要。

基于 1.1.1 小节和 1.1.2 小节中构造的基于 DVQ 的空间非合作目标姿轨一体化运动学与动力学模型及空间非合作目标观测模型，本节提出一种基于增广状态和正则化高斯–牛顿迭代的自适应两步滤波空间非合作目标位姿质量参数一体化估计算法[18]。该算法由两部分构成：① 对观测量的增广状态处理，从而消除观测方程中的非线性因素，使观测量不受线性化误差的影响；② 对增广状态进行自适应高斯–牛顿迭代处理，从而提取出系统的状态参数。

1.2.1　基于自适应两步滤波的空间非合作目标参数估计算法

文献 [19] 提出了针对线性状态方程和非线性观测方程构成系统的两步滤波参数估计算法，并应用该两步滤波算法在观测量充足的条件下对空间合作目标的姿态参数进行了估计。该两步滤波算法的步骤如下：① 合并系统的观测量和状态参数向量，生成增广向量，从而将系统线性化，并利用卡尔曼滤波对该增广向量进行求解；② 使用高斯–牛顿迭代对所得的增广向量进行处理，从而提取出系统的状态参数。虽然这种处理观测方程的方式能够有效解决观测方程强非线性的情况，但是文献 [19] 提出的两步滤波算法不能用于空间非合作目标位姿质量参数一体化估计，原因如下：

(1) 文献 [19] 提出的两步滤波算法针对的是线性状态方程和非线性观测方程构成的系统。然而空间非合作目标位姿质量参数一体化估计系统为完全非线性系统，即状态方程和观测方程均为非线性；

(2) 文献 [19] 提出的两步滤波算法使用高斯–牛顿迭代，从第一步获得的增广状态中提取状态参数。该文献针对的是空间合作目标，对其观测量充足，采用传统的高斯–牛顿迭代能够满足状态参数提取要求。然而，空间非合作目标观测量十分有限，因此传统的高斯–牛顿迭代不能直接用于推导观测方程，否则极易出现迭代过程不稳定，甚至出现迭代结果发散的情况。

基于上述分析，考虑到空间非合作目标观测方程的强非线性和传统两步滤波算法在空间合作目标中的成功应用先例，本小节设计基于自适应两步滤波的空间非合作目标位姿质量参数一体化估计算法。首先，针对基于 DVQ 的空间非合作目标姿轨一体化运动学与动力学模型的非线性表达形式，采用一阶线性化对其进行近似，使其能够满足文献 [19] 中状态方程为线性的要求。虽然一阶线性化会引入截断误差，但是状态方程中的干扰噪声强度远小于观测噪声，并且测量敏感器采样间隔较小，因此线性化后的状态方程能够满足精度要求。其次，本小节提出一种自适应的正则化高斯–牛顿迭代算法用于从增广状态中提取状态参数。通过向传统高斯–牛顿迭代算法中加入可以自主调节的正则化因子来自适应的调节迭代算法，使其能够有效适用于空间非合作目标位姿质量参数一体化的参数提取过程，从而避免迭代过程不稳定或迭代结果发散现象。

1. 第一步增广状态卡尔曼滤波算法设计

考虑如下形式的非线性系统：

$$\begin{cases} \dot{\boldsymbol{X}} = f(\boldsymbol{X}) + \boldsymbol{w} \\ \boldsymbol{Z} = h(\boldsymbol{X}) + \boldsymbol{v} \end{cases} \tag{1.132}$$

其中，$\boldsymbol{X}$ 为状态参数；$\boldsymbol{Z}$ 为观测量；$f(\cdot)$ 为状态方程；$h(\cdot)$ 为观测方程；$\boldsymbol{w}$ 和 $\boldsymbol{v}$ 分别为过程噪声和观测噪声，有

$$\begin{cases} E(\boldsymbol{w}) = E(\boldsymbol{v}) = 0 \\ D(\boldsymbol{w}) = \boldsymbol{\sigma}_{\boldsymbol{w}}^2 \\ D(\boldsymbol{v}) = \boldsymbol{R}_k = \boldsymbol{\sigma}_{\boldsymbol{v}}^2 \end{cases} \tag{1.133}$$

对其状态方程进行一阶线性化，线性化后的状态方程为

$$\boldsymbol{X}_k = \boldsymbol{\Phi}_{k/k-1}\boldsymbol{X}_{k-1} + \boldsymbol{W}_k \tag{1.134}$$

其中，

$$\boldsymbol{\Phi}_{k/k-1} = \boldsymbol{I} + \boldsymbol{F}\Delta T \tag{1.135}$$

为状态转移矩阵；$\boldsymbol{F}$ 为状态方程的雅可比矩阵；ΔT 为观测敏感器采样时间间隔。并且离散过程噪声 $\boldsymbol{W}_k$ 满足：

$$\begin{cases} E(\boldsymbol{W}_k) = 0 \\ D(\boldsymbol{W}_k) = \boldsymbol{Q}_k = \boldsymbol{\sigma}_{\boldsymbol{W}_k}^2 \end{cases} \tag{1.136}$$

则由式 (1.134) 表示的离散线性状态方程和式 (1.132) 中的观测方程组成的系统为

$$\begin{cases} \boldsymbol{X}_k = \boldsymbol{\Phi}_{k/k-1}\boldsymbol{X}_{k-1} + \boldsymbol{W}_k \\ \boldsymbol{Z}_k = h(\boldsymbol{X}_k) + \boldsymbol{v} \end{cases} \tag{1.137}$$

则式 (1.137) 所表示的系统满足文献 [19] 中所要求的状态方程线性且观测方程非线性的情形，因此能够进行两步滤波处理，从而解决观测方程强非线性的问题。

定义增广状态为

$$\boldsymbol{y}_k = f_y \begin{pmatrix} \boldsymbol{X}_k \\ h(\boldsymbol{X}_k) \end{pmatrix} \tag{1.138}$$

将式 (1.138) 代入式 (1.137)，则式 (1.137) 所示的系统观测方程可以改写为

$$\boldsymbol{Z}_k = \boldsymbol{Y}_k \boldsymbol{y}_k + \boldsymbol{V}_k \tag{1.139}$$

其中，

$$\boldsymbol{Y}_k = \begin{bmatrix} \boldsymbol{0}_{24\times 24} & \boldsymbol{0}_{7\times 7} \\ \boldsymbol{0}_{7\times 24} & \boldsymbol{I}_{7\times 7} \end{bmatrix} \tag{1.140}$$

$$\boldsymbol{V}_k = \begin{bmatrix} \boldsymbol{0}_{24\times 1} & \boldsymbol{v} \end{bmatrix}^{\mathrm{T}} \tag{1.141}$$

结合式 (1.137)~ 式 (1.141)，与文献 [19] 相似，增广状态 $\boldsymbol{y}_k$ 的第一步卡尔曼滤波算法如下：

(1) 时间更新。更新公式为

$$\boldsymbol{X}_{k/k-1} = \boldsymbol{\Phi}_{k/k-1} \boldsymbol{X}_{k-1/k-1} \tag{1.142}$$

$$\boldsymbol{P}_{k/k-1} = \boldsymbol{\Phi}_{k/k-1} \boldsymbol{P}_{k-1/k-1} \boldsymbol{\Phi}_{k/-1}^{\mathrm{T}} + \boldsymbol{Q}_k \tag{1.143}$$

$$\boldsymbol{y}_{k/k-1} = \boldsymbol{y}_{k-1/k-1} + f_y\left(\boldsymbol{X}_{k/k-1}\right) - f_y\left(\boldsymbol{X}_{k-1/k-1}\right) \tag{1.144}$$

$$\boldsymbol{P}_{y,k/k-1} = \boldsymbol{P}_{y,k-1/k-1} + \boldsymbol{F}_{k/k-1} \boldsymbol{P}_{k/k-1} \boldsymbol{F}_{k/k-1}^{\mathrm{T}} - \boldsymbol{F}_{k-1/k-1} \boldsymbol{P}_{k/k-1} \boldsymbol{F}_{k-1/k-1}^{\mathrm{T}} \tag{1.145}$$

(2) 测量更新。更新公式为

$$\boldsymbol{K}_k = \boldsymbol{P}_{Y,k/k-1} \boldsymbol{Y}_k^{\mathrm{T}} \left(\boldsymbol{Y}_k \boldsymbol{P}_{y,k/k-1} \boldsymbol{Y}_k^{\mathrm{T}} + \boldsymbol{R}_k\right)^{-1} \tag{1.146}$$

$$\boldsymbol{y}_{k/k} = \boldsymbol{y}_{k/k-1} + \boldsymbol{K}_k \left(\boldsymbol{Z}_k - \boldsymbol{Y}_k \boldsymbol{y}_{k/k-1}\right) \tag{1.147}$$

$$\boldsymbol{P}_{y,k/k} = (\boldsymbol{I} - \boldsymbol{K}_k \boldsymbol{Y}_k) \boldsymbol{P}_{y,k-1} (\boldsymbol{I} - \boldsymbol{K}_k Y_k)^{\mathrm{T}} + \boldsymbol{K}_k \boldsymbol{R}_k \boldsymbol{K}_k^{\mathrm{T}} \tag{1.148}$$

式 (1.142)~ 式 (1.148) 为第一步增广状态卡尔曼滤波估计算法。由式 (1.147) 和式 (1.148) 可获得当前时刻的增广状态估计量和增广状态协方差矩阵估计量。

2. 第二步自适应正则化高斯–牛顿迭代状态参数估计算法设计

通过式 (1.147) 和式 (1.148) 获得了当前时刻观测条件下的增广状态估计量和增广状态协方差矩阵估计量。然而，原始系统的状态参数 $\boldsymbol{X}$ 的估计量并没有直接获得，因此，需要对第一步得出的增广状态进行处理，提取系统所需的状态参数。由于增广状态是系统原始状态参数的函数，可以通过最优估计的方法提取。

定义损失函数为

$$J_y=\frac{1}{2}\left[\boldsymbol{y}_{k/k}-f_y\left(\boldsymbol{X}_k\right)\right]^{\mathrm{T}}\boldsymbol{P}_{y,k/k}^{-1}\left[\boldsymbol{y}_{k/k}-f_y\left(\boldsymbol{X}_k\right)\right] \tag{1.149}$$

式 (1.149) 定义了增广状态估计量与通过状态参数计算的增广状态量之间的误差。当此误差最小时，J_y 达到最优，即式 (1.149) 满足:

$$\frac{\partial J_y}{\partial \boldsymbol{X}_k}=0 \tag{1.150}$$

当系统原始状态参数 $\boldsymbol{X}_k$ 达到最优估计时，增广状态的估计量误差最小。

为了从式 (1.149) 中解算出最优的状态参数 $\boldsymbol{X}_k$，需要使用数值迭代算法。文献 [19] 采用了传统的高斯–牛顿迭代算法，即

$$\boldsymbol{X}_k^{(k+1)}=\boldsymbol{X}_k^{(k)}-\left(\boldsymbol{G}_k^{(k)}\right)^{-1}\left(\boldsymbol{g}_k^{(k)}\right)^{\mathrm{T}} \tag{1.151}$$

其中，

$$\boldsymbol{g}_k^{(k)}=\frac{\partial J_y}{\partial \boldsymbol{X}_k^{(k)}} \tag{1.152}$$

$$\boldsymbol{G}_k^{(k)}=\frac{\partial^2 J_y}{\partial^2 \boldsymbol{X}_k^{(k)}} \tag{1.153}$$

分别为当前时刻损失函数 J_y 对第 k 步迭代的状态参数 $\boldsymbol{X}_k^{(k)}$ 的第 k 次雅可比矩阵和黑塞矩阵。

然而，由式 (1.151) 可以看到，传统的高斯–牛顿迭代算法包含了 $\boldsymbol{G}_k^{(k)}$ 的求逆运算。当 J_y 中零元素过多时 (如观测量的数量远小于状态参数的数量)，$\boldsymbol{G}_k^{(k)}$ 会趋近于病态，从而导致对其的求逆运算产生不稳定甚至发散的现象。为了保证迭代过程的稳定与收敛，本小节提出了基于自适应正则化高斯–牛顿迭代状态参数估计算法，有

$$\boldsymbol{X}_k^{(k+1)}=\boldsymbol{X}_k^{(k)}-\left(\boldsymbol{G}_k^{(k)}+\alpha^{(k)}\boldsymbol{I}\right)^{-1}\left(\boldsymbol{g}_k^{(k)}\right)^{\mathrm{T}} \tag{1.154}$$

其中，$\alpha^{(k)}$ 为自适应正则化因子。

为了简化 J_y 关于状态参数 $\boldsymbol{X}_k$ 的雅可比矩阵与黑塞矩阵的求解过程，采用类似文献 [19] 中的算法，$\boldsymbol{g}_k^{(k)}$ 和 $\boldsymbol{G}_k^{(k)}$ 的求解方式分别为

$$\boldsymbol{g}_k^{(k)} = \frac{\partial J_y}{\partial \boldsymbol{X}_k^{(k)}} = -\left[\boldsymbol{y}_{k/k} - f_y\left(\boldsymbol{X}_k^{(k)}\right)^{\mathrm{T}}\right]\boldsymbol{P}_{y,k/k}^{-1}\boldsymbol{F'}_k^{(k)} \tag{1.155}$$

$$\boldsymbol{G}_k^{(k)} = \frac{\partial^2 J_y}{\partial^2 \boldsymbol{X}_k^{(k)}} \doteq -\left(\boldsymbol{F'}_k^{(k)}\right)^{\mathrm{T}}\boldsymbol{P}_{y,k/k}^{-1}\boldsymbol{F'}_k^{(k)} \tag{1.156}$$

其中，

$$\boldsymbol{F'}_k^{(k)} = \frac{\partial f_y}{\partial \boldsymbol{X}_k^{(k)}} = \begin{bmatrix} \boldsymbol{I}_{24\times 24} \\ \dfrac{\partial h}{\partial \boldsymbol{X}_k^{(k)}} \end{bmatrix} \tag{1.157}$$

为增广状态 $\boldsymbol{y}_k$ 关于第 k 步迭代的原始状态参数 $\boldsymbol{X}_k^{(k)}$ 的一阶偏导数。

由式 (1.154) 可以看到，当 J_y 中零元素过多而导致其相对于状态参数 $\boldsymbol{X}_k$ 的黑塞矩阵 $\boldsymbol{G}_k^{(k)}$ 病态时，可通过给该黑塞矩阵 $\boldsymbol{G}_k^{(k)}$ 添加自适应正则化项 $\alpha^{(k)}\boldsymbol{I}$，强制其不会产生奇异。

矩阵 $\boldsymbol{G}_k^{(k)}$ 的条件数为

$$\eta = \left\|\frac{\lambda_{\max}}{\lambda_{\min}}\right\| \tag{1.158}$$

表明 $\boldsymbol{G}_k^{(k)}$ 病态的程度。当 η 较小时，证明 $\boldsymbol{G}_k^{(k)}$ 病态程度低，此时 $\left(\boldsymbol{G}_k^{(k)}\right)^{-1}$ 容易得到；而当 η 较大时，证明 $\boldsymbol{G}_k^{(k)}$ 病态程度高，此时 $\left(\boldsymbol{G}_k^{(k)}\right)^{-1}$ 容易发散。因此，通过对矩阵 $\boldsymbol{G}_k^{(k)}$ 的条件数进行判断，即调整不同时刻自适应正则化因子 $\alpha^{(k)}$ 的值，使基于式 (1.154) 的迭代更具有计算效率。可以通过如下方式设置自适应正则化因子 $\alpha^{(k)}$ 的值，使得 $\boldsymbol{G}_k^{(k)}$ 的条件数 η 小于其设定的阈值 ξ：

(1) 当 $\lambda_{\max}^{(k)} \geqslant 0$ 时，有

$$\alpha^{(k)} \geqslant \frac{\left|\lambda_{\max}^{(k)}\right| - \xi\left|\lambda_{\min}^{(k)}\right|}{|\xi - 1|} \tag{1.159}$$

(2) 当 $\lambda_{\max}^{(k)} < 0$ 时，有

$$\alpha^{(k)} \geqslant \frac{\left|\lambda_{\max}^{(k)}\right| - \xi\left|\lambda_{\min}^{(k)}\right|}{|\xi + 1|} \tag{1.160}$$

由式 (1.159) 和式 (1.160) 可获得在给定 $\boldsymbol{G}_k^{(k)}$ 条件数 η 的阈值 ξ 的情况下，自适应正则化因子 $\alpha^{(k)}$ 的值。值得注意的是，由于式 (1.159) 和式 (1.160) 仅规

定了 $\alpha^{(k)}$ 的下限，在迭代过程中仍需要根据迭代时间和迭代精度对 $\alpha^{(k)}$ 的具体值进行调试。

当连续两次迭代步骤中的状态参数 $\boldsymbol{X}_k^{(k+1)}$ 和 $\boldsymbol{X}_k^{(k)}$ 满足精度关系：

$$\left\|\boldsymbol{X}_k^{(k+1)} - \boldsymbol{X}_k^{(k)}\right\| \leqslant \gamma \tag{1.161}$$

则停止此次迭代，得到当前时刻的状态参数值。式 (1.161) 中，γ 为设定的迭代停止条件。

结合式 (1.142)~ 式 (1.148) 和式 (1.154)~ 式 (1.161)，并将基于 DVQ 的空间非合作目标姿轨一体化运动学动力学模型与空间非合作目标观测模型的线性化参数 [式 (1.45)、式 (1.86) 和式 (1.89)] 代入，即可获得基于 DVQ 的自适应两步滤波 (dual vector quaternions based adaptive extended two-step filter，DVQ-AETSF) 算法，用于空间非合作目标位姿质量参数一体化估计，其流程图如图 1.9 所示。

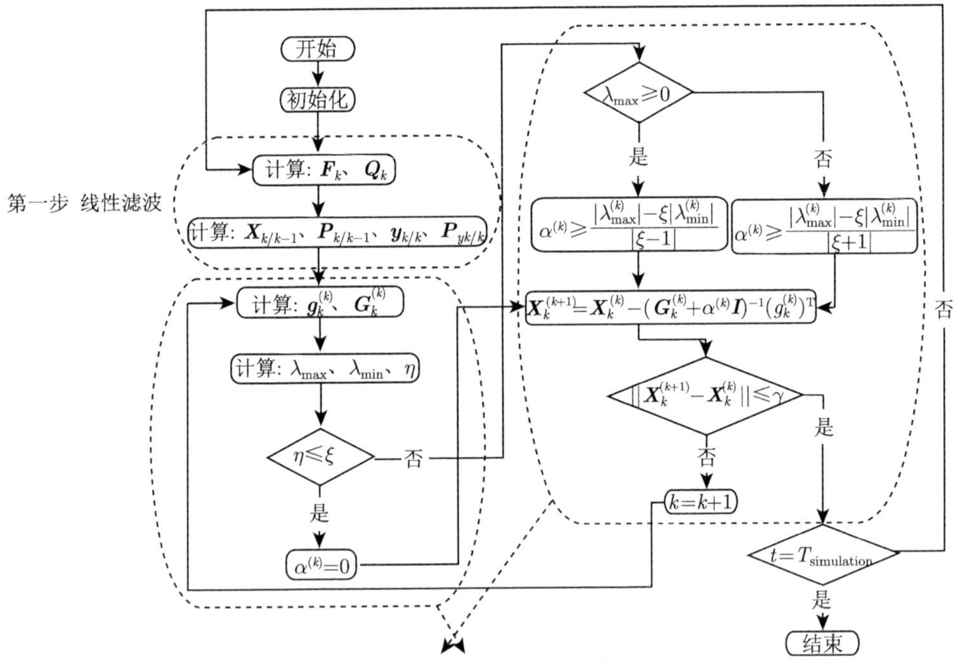

图 1.9　DVQ-AETSF 算法流程图

1.2.2　DVQ-AETSF 仿真分析

本小节对 1.2.1 小节设计的 DVQ-AETSF 算法进行数学仿真验证。在仿真过程中，服务航天器与目标航天器的假设和仿真初始值设定与 1.1.5 小节一致。为了进一步说明 DVQ-AETSF 的优势，可将仿真结果与相同条件下的 DVQ-EKF 仿真结果进行对比。

DVQ-AETSF 的仿真初始参数如表 1.4 所示。

表 1.4　DVQ-AETSF 的仿真初始参数

状态参数	仿真初值
$\boldsymbol{q}_{T/B}$	$\begin{pmatrix} 0.5 & 0.5 & 0.5 & 0.5 \end{pmatrix}^{\mathrm{T}}$
$\boldsymbol{r}_{T/B}^{T}$	$\begin{pmatrix} 55 & 55 & 55 \end{pmatrix}^{\mathrm{T}}$
$\boldsymbol{\omega}_{T/B}^{T}$	$\begin{pmatrix} 0.1 & 0.1 & 0.1 \end{pmatrix}^{\mathrm{T}}$
$\boldsymbol{v}_{T/B}^{T}$	$\begin{pmatrix} 0.1 & 0.1 & 0.1 \end{pmatrix}^{\mathrm{T}}$
$\boldsymbol{p}$	$\begin{pmatrix} 1 & 1 & 1 \end{pmatrix}^{\mathrm{T}}$
$\boldsymbol{\rho}$	$\begin{pmatrix} 0 & 0 & 0 \end{pmatrix}^{\mathrm{T}}$
$\boldsymbol{P}$	$\boldsymbol{I}_{24\times 24}$
$T_{\text{simulation}}$	300

注：表中相关状态参数的含义和单位同表 1.1。

DVQ-AETSF 的参数估计仿真结果如图 1.10～图 1.15 所示。图 1.10 和图 1.11 分别展示了姿态四元数误差 eq 曲线和相对位置误差 er 曲线，以描述 DVQ-AETSF 对空间非合作目标的相对位姿估计量与真实值之间的误差。通过图 1.10 和图 1.11 可以看到，在设定的初始偏差条件下，采用 DVQ-AETSF 对空间非合作目标相对姿态四元数的估计误差小于 0.01，相对位置的估计误差小于 0.5m。相对角速度误差 eω 曲线和相对线速度误差 ev 曲线分别如图 1.12 和图 1.13 所示，

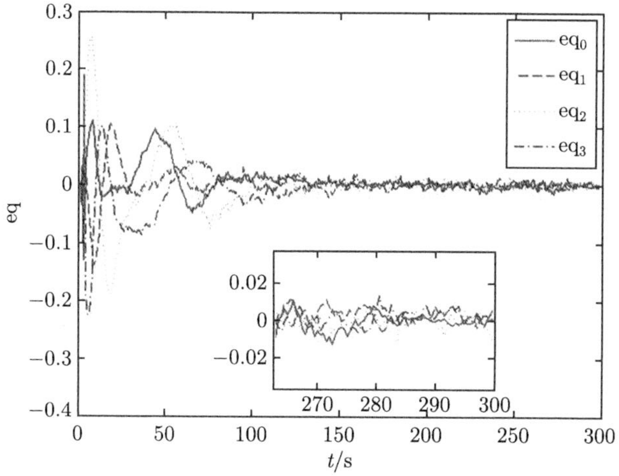

图 1.10　姿态四元数误差 eq 曲线 (DVQ-AETSF)

以描述 DVQ-AETSF 对空间非合作目标的相对速度估计量与真实值之间的误差。通过图 1.12 和图 1.13 可以看到，在设定的初始偏差条件下，采用 DVQ-AETSF 对空间非合作目标相对角速度的估计误差小于 0.01rad/s，相对线速度的估计误差小于 0.1m/s。图 1.14 和图 1.15 分别展示了转动惯量比值误差 ep 曲线和目标质心位置误差 eρ 曲线，以描述 DVQ-AETSF 对空间非合作目标的质量参数估计量与真实值之间的误差。通过图 1.14 和图 1.15 可以看到，在设定的初始偏差条件下，采用 DVQ-AETSF 对空间非合作目标的转动惯量比值的估计误差小于 0.1，目标质心位置的估计误差小于 0.05m。

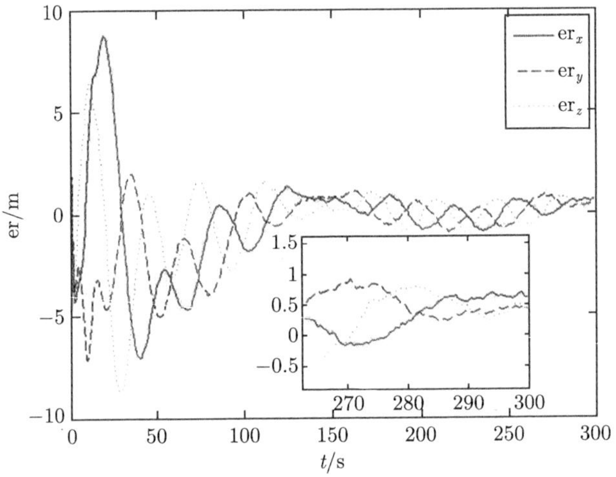

图 1.11　相对位置误差 er 曲线 (DVQ-AETSF)

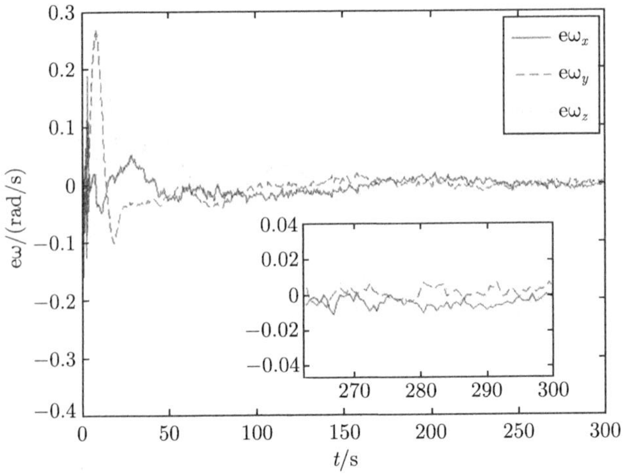

图 1.12　相对角速度误差 eω 曲线 (DVQ-AETSF)

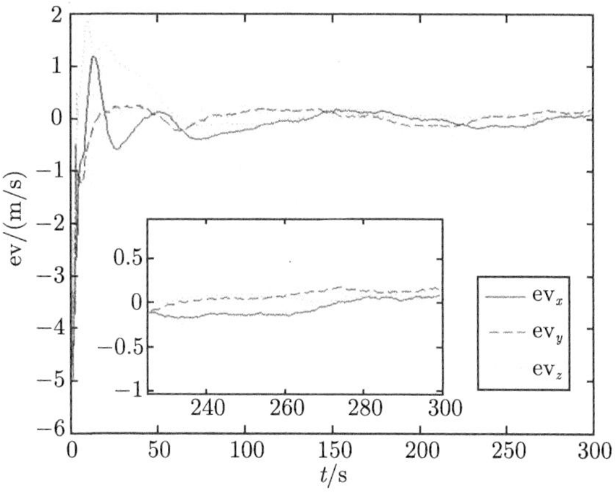

图 1.13 相对线速度误差 ev 曲线 (DVQ-AETSF)

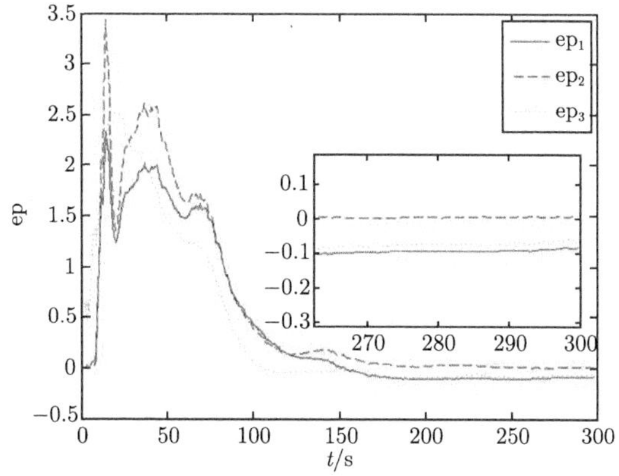

图 1.14 转动惯量比值误差 ep 曲线 (DVQ-AETSF)

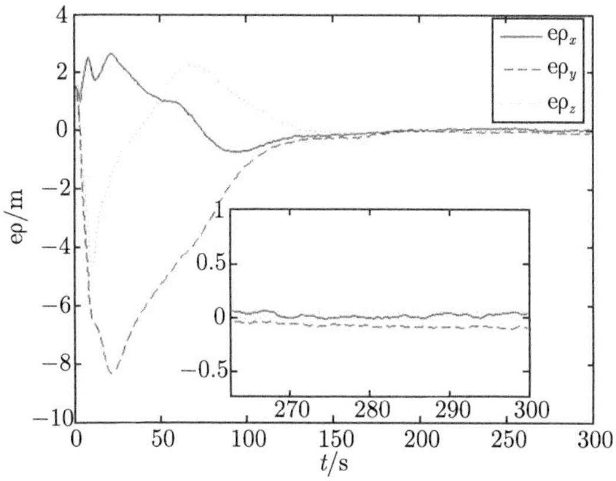

图 1.15 目标质心位置误差 eρ 曲线 (DVQ-AETSF)

图 1.16～图 1.21 给出了 DVQ-AETSF 与 DVQ-EKF 对空间非合作目标位姿质量参数一体化估计的各类参数误差 2 范数曲线。可以看到，由于对非线性观测方程进行了技术处理，DVQ-AETSF 明显具有更高的估计精度与平滑性，更适用于空间非合作目标位姿质量参数一体化估计。

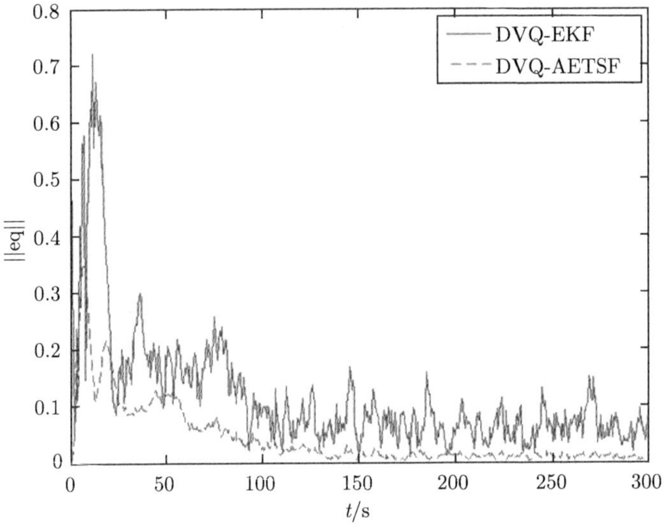

图 1.16　姿态四元数误差 2 范数 ||eq|| 曲线

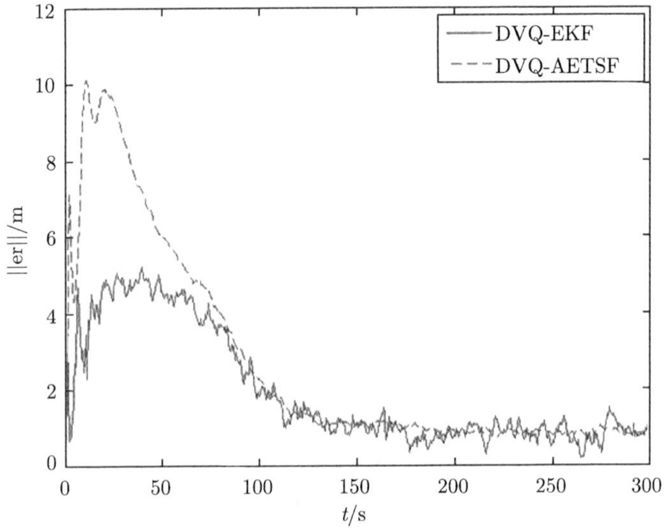

图 1.17　相对位置误差 2 范数 ||er|| 曲线

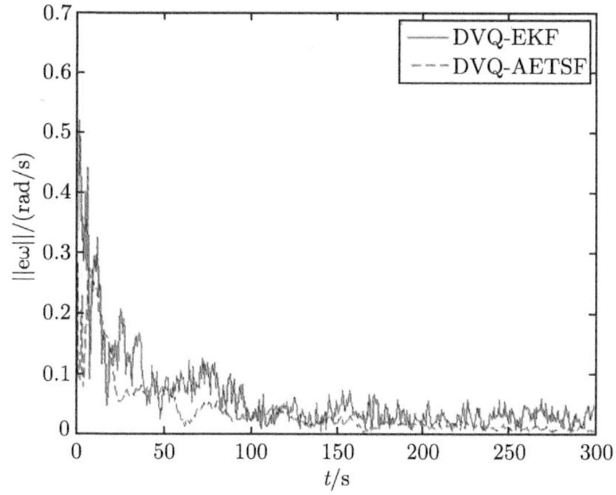

图 1.18　相对角速度误差 2 范数 ||eω|| 曲线

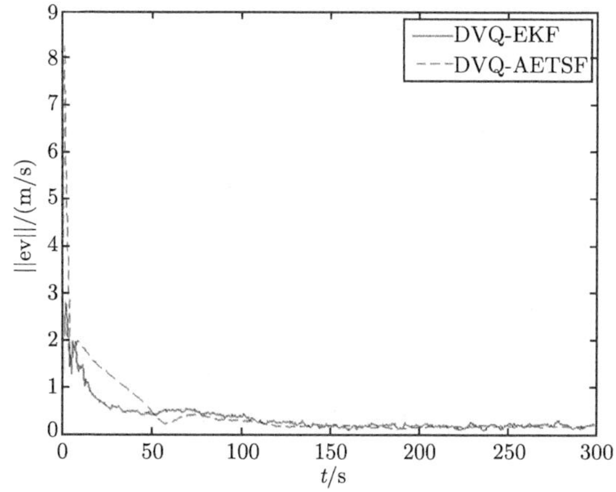

图 1.19　相对线速度误差 2 范数 ||ev|| 曲线

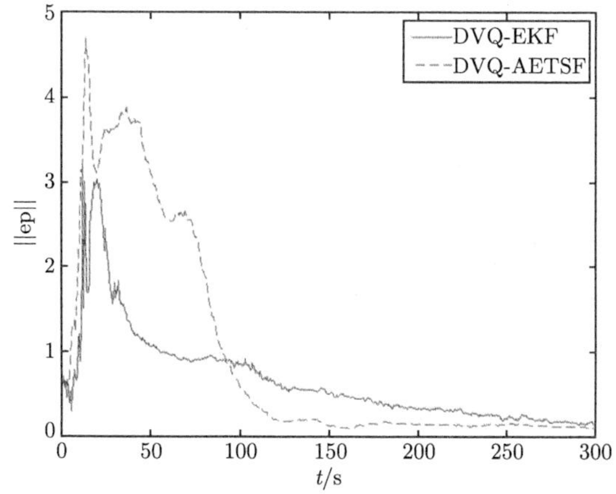

图 1.20　转动惯量比值误差 2 范数 ||ep|| 曲线

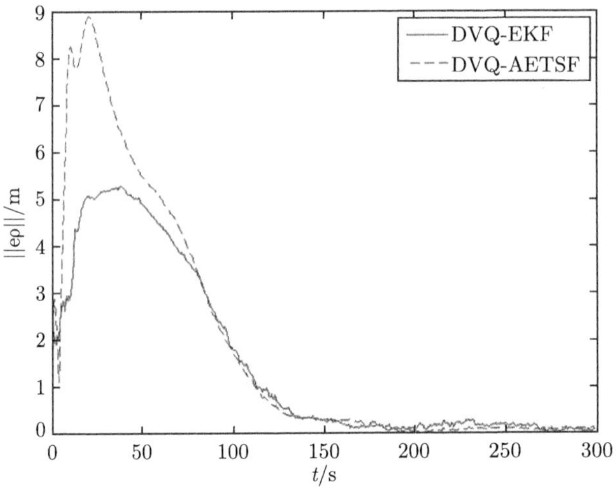

图 1.21　目标质心位置误差 2 范数 ||eρ|| 曲线

1.3　基于深度混合神经网络的参数估计算法

由于空间非合作目标自身不提供有效观测信息，并且空间复杂光照环境极易对服务航天器的光学测量敏感器产生干扰，对空间非合作目标的观测量极易出现失效情况。若观测失效持续时间较短，则可以通过降低失效观测量权重或者冗余数据融合的方式，降低失效观测量对系统状态参数的影响，实现对空间非合作目标位姿质量参数的有效估计。然而，当系统的观测量存在长时间观测失效的情况时，这两种方式都将不再有效：前者是长时间观测失效导致大量的状态估计量失效，从而使有效状态估计量难以修正失效观测带来的影响；后者则是长时间观测失效导致两颗微小卫星均不能获得有效的状态估计，不论信息以何种方式融合，由无效估计量生成的融合后的状态估计量仍然处于无效状态。事实上，贝叶斯滤波算法 (如 EKF、UKF、PF 等) 均基于类似的框架，即先进行状态更新，再进行测量更新。其中测量更新步骤需要准确的观测量，否则该时刻的状态估计量会出现偏差。虽然可以通过对贝叶斯滤波的基本框架进行改良，使其能够处理一些观测失效的情况，但是这种数学改良方法终究不能改变其基本原理。因此，针对复杂空间环境可能引起的对空间非合作目标观测量的长时间干扰情况，必须跳出贝叶斯滤波的框架，寻找新的解决思路。

基于这一考虑，结合人工神经网络 (artificial neural network，ANN)、逆向传播 (back propagation，BP) 神经网络和深度卷积神经网络 (deep convolutional neural networks，DCNN) 的特点，并根据所涉及的空间非合作目标位姿质量参数一体化估计任务，本节提出一种基于矢量对偶四元数的混合神经网络估计算法 (dual vector quaternions based mixed artificial neural network estimating algorithm, DVQ-MANN)[20]。首先，针对 24 维的状态参数，设计一种典型的 3 层 BP 神经网络对其进行估计。该 BP 神经网络具有 1 个输入层 (24 个神经元)、一个隐藏层 (10 个神经元) 和一个输出层 (24 个神经元)。其次，针对 (24×24) 维的状态协方差矩阵，设计一个含有 7 层的 DCNN 对其进行估计。该 DCNN 共包含 1 个输入层、3 个卷积层和 3 个池化层。并且，DCNN 的最后一层采用了全局平均池化代替传统的全连接层，从而有效减少 DCNN 中需要训练的参数个数，保证其在轨更新的可行性。在对空间非合作目标位姿质量参数进行一体化估计时，首先采用训练数据对 BP 神经网络和 DCNN 进行训练。待训练完成后，当系统观测有效时，DVQ-MANN 中的 DVQ-EKF 对空间非合作目标位姿质量参数进行一体化估计，并且将有效的估计量作为新的训练数据对 BP 神经网络和 DCNN 进行在线更新；当系统观测失效时，DVQ-MANN 中的 BP 神经网络与 DCNN 对空间非合作目标位姿质量参数进行一体化估计，并且采用所获得的系统状态参数估计量和状态协方差矩阵估计量对 DVQ-EKF 进行更新。基于上述分析，本节设计的 DVQ-MANN 能够在观测有效或观测失效的条件下对空间非合作目标位姿质量参数进行一体化估计。

1.3.1 BP 神经网络设计

近年来，人工智能 (artificial intelligence, AI) 技术的兴起吸引了许多科研工作者的注意。尤其是 AI 中的 ANN，能够将系统视为“黑箱”，并且不依靠外界输入就能对系统参数进行识别，因此在参数估计领域广受关注。在 ANN 中，最受关注且最为广泛使用的是采用误差逆向传播算法训练的多层前馈神经网络，即 BP 神经网络。BP 神经网络唯一需要的是前期通过有效的输入数据和输出数据对其内部参数进行训练。当 BP 神经网络训练完成后，在相同的条件下，给定一组新的输入，BP 神经网络会根据其内部结构输出一组输出参数。BP 神经网络训练之后不需要额外数据辅助，仅凭输入数据就能得到有效输出的特性，研究人员将其用于系统状态参数的估计中。通过对 BP 神经网络进行良好的训练，即可在相同情况下，基于新的输入条件进行相应的参数估计，而不管测量值是否有效。

1. BP 神经网络结构设计

当观测失效情况发生时，由于 DVQ-EKF 缺乏有效观测量而不能对当前时刻的状态进行测量更新。在长时间观测失效的情况下，DVQ-EKF 长时间不能得到有效的测量更新状态量而精度降低，甚至导致 DVQ-EKF 发散。由式 (1.112)~式 (1.114) 可知，DVQ-EKF 测量更新的输出量为状态参数 $\boldsymbol{X}_{k/k}$ 和状态参数的协方差矩阵 $\boldsymbol{P}_{k/k}$。因此，将该时刻的状态更新量及其协方差矩阵 $\boldsymbol{X}_{k/k-1}$、$\boldsymbol{P}_{k/k-1}$

作为输入量，测量更新状态参数及其协方差矩阵 $\boldsymbol{X}_{k/k}$、$\boldsymbol{P}_{k/k}$ 作为输出量，采用 ANN 建立输入与输出之间的关系并直接跳过 DVQ-EKF 参数估计中必需的状态方程、观测方程和有效观测的限制，是解决长时间观测失效问题情况下空间非合作目标位姿质量参数一体化估计的有效手段。本小节先详细讨论如何设计 $\boldsymbol{X}_{k/k-1}$ 与 $\boldsymbol{X}_{k/k}$ 之间的 ANN 估计算法，即用于状态参数估计的 BP 神经网络算法。

由式 (1.45) 可知，空间非合作目标位姿质量参数一体化估计系统的状态参数共 24 维。因此，一个含有 24 个神经元的输入层、10 个神经元的隐藏层和 24 个神经元的输出层的典型 3 层 BP 神经网络，就能够模拟 $\boldsymbol{X}_{k/k-1}$ 到 $\boldsymbol{X}_{k/k}$ 的映射关系。该 3 层 BP 神经网络基于训练数据组进行训练，待训练完成后即可在新的输入数据驱动下，输出当前时刻的状态参数估计量。该 3 层 BP 神经网络结构图如图 1.22 所示。

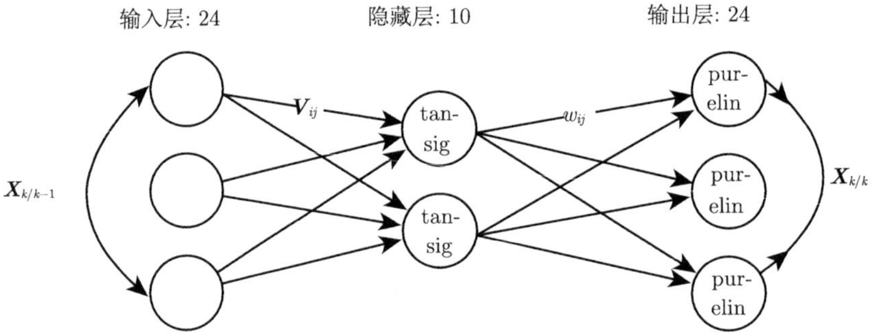

图 1.22　3 层 BP 神经网络结构图

由图 1.22 可知，第 j 个输出 $\boldsymbol{X}_{k/k,j}$ 与输入 $\boldsymbol{X}_{k/k-1}$ 之间的关系为

$$\boldsymbol{X}_{k/k,j} = O\left[\sum_{i=1}^{24} w_i f\left(\boldsymbol{V}^{\mathrm{T}}\boldsymbol{X}_{k/k-1} + b_{1,i}\right) + b_{2,j}\right] \tag{1.162}$$

其中，$\boldsymbol{V} \in \mathbf{R}^{24\times 10}$ 为隐藏层与输入层之间的权重矩阵；w_i 为第 i 个输出层的权重系数；$f(\cdot)$ 为隐藏层的激活函数；$O(\cdot)$ 为输出层的激活函数；$b_{1,i}$ 为第 i 个隐藏层神经元的偏置量；$b_{2,j}$ 为第 j 个输出层神经元的偏置量。

2. BP 神经网络激活函数

由于空间非合作目标位姿质量参数的状态估计量均含有正数与负数，对隐藏层和输出层的激活函数选择如下：

(1) 隐藏层的激活函数为

$$\mathrm{tansig}(m)=\frac{\mathrm{e}^{m}-\mathrm{e}^{-m}}{\mathrm{e}^{m}+\mathrm{e}^{-m}} \tag{1.163}$$

其中，m 为隐藏层神经元的输入。

(2) 输出层的激活函数为

$$\mathrm{purelin}(n)=n \tag{1.164}$$

其中，n 为输出层神经元的输入。

3. BP 神经网络训练

采用 BP 算法对 BP 神经网络进行训练，训练数据采用离线获得的 DVQ-EKF 在观测有效情况下输出的测量更新状态参数 $\hat{\boldsymbol{X}}_{k/k,\mathrm{offboard}}$。当 BP 神经网络完成离线训练后，在空间中使用观测有效情况下的 DVQ-EKF 在线测量更新状态参数 $\hat{\boldsymbol{X}}_{k/k,\mathrm{onboard}}$ 进行在线更新，从而修正 BP 神经网络的内部参数，使其更贴近真实空间环境。在离线训练及在线更新过程中，对 BP 神经网络进行训练的损失函数分别为

$$\mathrm{MSE}_{\mathrm{offboard}}=\frac{1}{N}\sum_{i=1}^{24}\left\|\hat{\boldsymbol{X}}_{k/k,\mathrm{offboard}}-\boldsymbol{X}_{k/k}\right\|^{2} \tag{1.165}$$

$$\mathrm{MSE}_{\mathrm{onboard}}=\frac{1}{N}\sum_{i=1}^{24}\left\|\hat{\boldsymbol{X}}_{k/k,\mathrm{onboard}}-\boldsymbol{X}_{k/k}\right\|^{2} \tag{1.166}$$

通过对式 (1.165) 和式 (1.166) 进行最小化，采用 $\hat{\boldsymbol{X}}_{k/k,\mathrm{offboard}}$ 与 $\hat{\boldsymbol{X}}_{k/k,\mathrm{onboard}}$ 对 BP 神经网络的权值进行迭代更新，即可完成对 BP 神经网络的离线训练或在线更新训练。在训练过程中，学习率设置为 $\eta=0.025$。

BP 神经网络不可能完全取代传统的贝叶斯滤波算法而成为参数估计领域的全新统治级算法。首先，BP 神经网络是否具有有效的输出量取决于其训练数据的有效性，即在完全相同的条件下，获得良好训练的 BP 神经网络能够针对新输入量获得可靠的输出量。然而，训练环境和真实的参数估计环境很难保持 100% 的一致。因此，在这种条件下，训练好的 BP 神经网络必须在线进行更新，从而消除真实参数估计环境与训练环境的差别。其次，BP 神经网络本身也存在其不可避免的问题，即当系统的维数较高时，需要训练的 BP 神经网络参数激增。从而导致在一定训练数据的驱动下，BP 神经网络会面临过拟和或者欠拟和的问题而失效。而且，当系统的状态维数过高时，对 BP 神经网络进行在线更新对计算平台同样是个巨大的挑战。针对空间非合作目标这类特殊的目标，BP 神经网络

的直接使用会受到严重限制。首先，采用地面模拟的空间环境获得的训练数据训练出的 BP 神经网络与空间真实环境中的系统有一定的差距，因此训练好的 BP 神经网络必须在空间中依靠有效状态估计量进行在线更新。其次，在空间非合作目标参数估计任务中，BP 神经网络的应用离不开传统的贝叶斯滤波，二者相辅相成。然而对空间非合作目标而言，需估计的状态参数较多，其协方差矩阵的维数呈平方倍增长。针对如此多的参数，单纯使用 BP 神经网络极易出现过拟合或者欠拟合问题，从而导致参数估计失效。因此，对于输入量维数较高的系统，BP 神经网络不能满足参数估计的需求，必须寻找其他形式的 ANN。

1.3.2 DCNN 设计

DCNN 是一种与经典前馈神经网络有着完全不同架构的全新 ANN。基于其核心“卷积层”“池化层”，DCNN 能够在采用很少待训练参数的同时处理高维输入数据。基于这种优良特性，DCNN 被广泛应用于图像信息的处理中，其中典型代表包括 LeNet-5、GoogLeNet 等 DCNN 拥有十层甚至数十层网络，常用来处理高维图像信息。基于 DCNN 能够处理高维输入信息的优良特性，本小节针对空间非合作目标位姿质量参数一体化估计任务设计相应的 DCNN。考虑到所针对的系统共有 24 维状态参数，从而具有 (24×24) 维的状态协方差矩阵，可将该状态协方差矩阵看作 (24×24) 维的图像，以利用 DCNN 处理图像信息的优势对该状态协方差矩阵进行估计。

1. DCNN 结构设计

当网络的输入维度较高时，BP 神经网络极有可能出现过拟合或者欠拟合问题，从而严重影响网络的输出精度。当系统状态参数的维数为 24 维时，其状态协方差矩阵的维数为 (24×24) 维。如此数量众多的高维输入采用 BP 神经网络，明显不能满足参数估计的可靠性和准确性需求。然而，(24×24) 维的状态协方差矩阵可以视为 (24×24) 维的灰度图像，从而针对性地设计 DCNN，以获得可靠准确的状态参数协方差矩阵估计量。针对状态协方差矩阵估计的 DCNN 结构如图 1.23 所示。

由图 1.23 可见，本小节设计的 DCNN 共有 7 层，其中包含 1 个输入层、3 个卷积层和 3 个池化层。该 DCNN 的输入层为空间非合作目标状态参数的协方差矩阵状态更新量 $\boldsymbol{P}_{k/k-1}$，维数为 (24×24) 维。由式 (1.45) 可知，空间非合作目标的状态中，每一个状态参数包含其矢量实部与矢量对偶部，且维数均为 3 维。因此，为了提取各个参数的特征，第一个卷积核的大小设置为 3×3，对应的卷积步长为 3。并且，由式 (1.45) 可知，一共有 6 个参数需要被估计，因此选择 6 个卷积核对 $\boldsymbol{P}_{k/k-1}$ 进行卷积操作，从而生成 6 个特征图。对每一个特征图，第一个卷积层的输出为

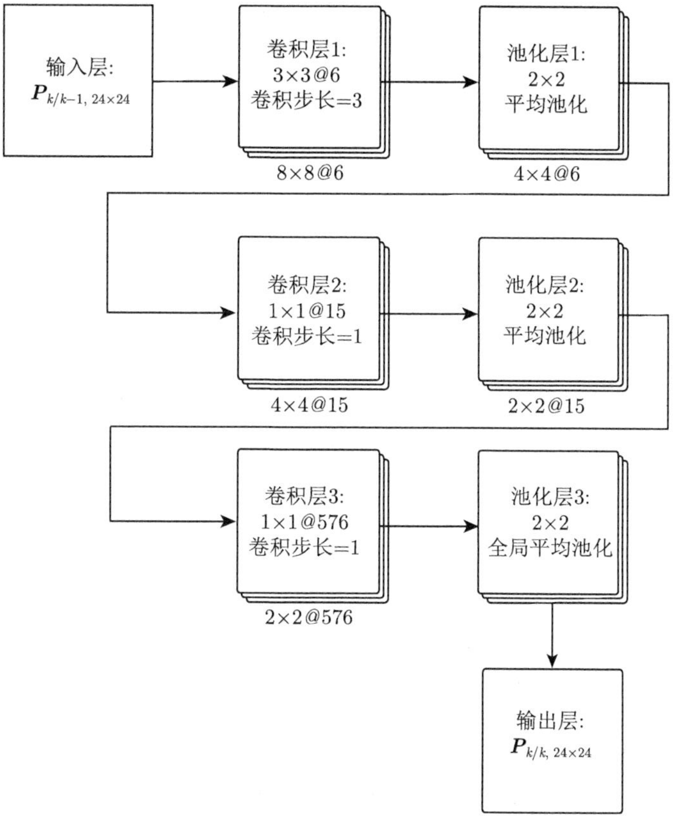

图 1.23　针对状态协方差矩阵估计的 DCNN 结构图

可以看到，经过第一个卷积层处理后，输入参数的维数由 (24×24) 维降为 (8×8) 维。

$$C_{1,j} = f_1\left(\sum_{i=j}^{j+2}\sum_{k=j}^{j+2} P_{k/k-1,ik} w_{1,ik} + b_1\right) \tag{1.167}$$

其中，$C_{1,j}$ 是第一个卷积层第 j 个元素的值；$P_{k/k-1,ik}$ 是 $\boldsymbol{P}_{k/k-1}$ 的第 i 行、第 k 列的元素；$w_{1,ik}$ 是第一个卷积核第 i 行、第 k 列的权重；b_1 是第一个卷积层卷积核的偏置；f_1 是第一个卷积核的激活函数。

在第一个卷积层之后，是第一个池化层，本小节采用 2×2 的平均池化层对第一层卷积层的输出进行处理。对于第一个卷积层的每一个特征图，第一个池化层的输出为

$$P_{1,j} = \frac{1}{4}\left(\sum_{j}^{j+1}\sum_{i}^{i+1} C_{1,ji}\right) \tag{1.168}$$

其中，$P_{1,j}$ 是第一个池化层第 j 个元素的值；$C_{1,ji}$ 是第一个卷积层输出的第 j 行、第 i 列的值。由式 (1.168) 可以看出，采用平均池化后，第一个池化层的输出共有 6 个特征图，每个特征图的维数为 (4×4) 维。

第二组卷积层和池化层组合可用来提取状态协方差矩阵状态更新值 $\boldsymbol{P}_{k/k-1}$ 更深层的信息。第二个卷积层采用 1×1 的卷积核，并且卷积步长为 1。采用该卷积核能够对第一个池化层输出的每一个“像素”的信息进行提取。第二个卷积层共输出 15 个特征图，对每一个特征图，第二个卷积层的输出为

$$C_{2,j}=f_2\left(P_{1,j}w_2+b_2\right) \tag{1.169}$$

其中，$C_{2,j}$ 是第二个卷积层第 j 个元素的值；$P_{1,j}$ 是第一个池化层第 j 个元素的值；w_2 是第二个卷积层的权重；b_2 为第二个卷积层卷积核的偏置；f_2 是第二个卷积核的激活函数。采用第二个卷积层对第一个池化层的输出进行处理后，第二个卷积层输出 15 个特征图，每个特征图的维数为 (4×4) 维。

之后，第二个池化层对上一层的输出进行操作。与第一个池化层一样，第二个池化层也为平均池化层，对于第二个卷积层的每一个特征图，第二个池化层的输出为

$$P_{2,j}=\frac{1}{4}\left(\sum_{j}^{j+1}\sum_{i}^{i+1}C_{2,ji}\right) \tag{1.170}$$

其中，$P_{2,j}$ 是第二个池化层第 j 个元素的值；$C_{2,ji}$ 是第二个卷积层输出的第 j 行、第 i 列的值。由式 (1.170) 可以看出，采用平均池化后，第二个池化层的输出共有 15 个特征图，每个特征图的维数为 (2×2) 维。

通过第一组和第二组卷积层、池化层组合，可以看到原始输入 $\boldsymbol{P}_{k/k-1}$ 的维数已经由 1 个 (24×24) 维的输入降至 15 个 (2×2) 维的输出。接下来的第三组卷积层和池化层组合能够更深化 DCNN，挖掘更多的深层信息，并且还能够替代传统的全连接层，从而大幅减少网络中待训练的参数个数。

同第二个卷积层一样，第三个卷积层采用 1×1 的卷积核，并且卷积步长为 1。第三个卷积层共输出 576 个特征图，对每一个特征图，第三个卷积层的输出为

$$C_{3,j}=f_3\left(P_{2,j}w_3+b_3\right) \tag{1.171}$$

其中，$C_{3,j}$ 是第三个卷积层第 j 个元素的值；$P_{2,j}$ 是第二个池化层第 j 个元素的值；w_3 是第三个卷积层的权重；b_3 为第三个卷积层卷积核的偏置；f_3 是第三个卷积核的激活函数。采用第三个卷积层对第二个池化层的输出进行处理后，第三个卷积层输出 576 个特征图，每个特征图的维数为 (2×2) 维。

然后，第三个池化层对上一层的输出进行操作。第三个池化层为全局平均池

化层，对于第三个卷积层的每一个特征图，第三个池化层的输出为

$$P_{k/k,j} = \frac{1}{2}\left(C_{3,j,11} + C_{3,j,12}\right) \tag{1.172}$$

其中，$P_{k/k,j}$ 是第三个池化层输出的最终状态协方差矩阵更新量 $\boldsymbol{P}_{k/k}$ 第 j 个元素的值；$C_{3,j,11}$、$C_{3,j,12}$ 是第三个卷积层输出的第 j 个特征图的两个元素的值。由式 (1.172) 可以看出，采用全局平均池化后，最终的输出量为 (24×24) 维的状态协方差矩阵更新量 $\boldsymbol{P}_{k/k}$。

由式 (1.167)~ 式 (1.172) 可以看到，采用 DCNN 的卷积层、池化层和全局平均池化技术后，相对于传统全连接网络，DCNN 中待训练的参数数量大幅减少，因此能够进行在线实时更新。

2. DCNN 激活函数

对所设计的 DCNN 的卷积层采用相同的激活函数 tanh，有

$$\tanh(n) = \frac{\sinh(n)}{\cosh(n)} \tag{1.173}$$

其中，n 是激活函数的输入。

3. DCNN 训练

采用 BP 算法对 DCNN 进行训练，训练数据采用离线获得的 DVQ-EKF 在观测有效情况下输出的测量更新状态参数 $\hat{\boldsymbol{P}}_{k/k,\text{offboard}}$。当 DCNN 完成离线训练后，在空间中使用观测有效情况下的 DVQ-EKF 在线测量更新状态参数 $\hat{\boldsymbol{P}}_{k/k,\text{onboard}}$ 进行在线更新，从而修正 DCNN 的内部参数，使其更贴近真实空间环境。在离线训练和在线更新过程中，对 DCNN 进行训练的损失函数分别为

$$\text{MSE}_{\text{offboard}} = \frac{1}{N}\sum_{i=1}^{N}\left\|\hat{\boldsymbol{P}}_{k/k,\text{offboard}} - \boldsymbol{P}_{k/k}\right\|^2 \tag{1.174}$$

$$\text{MSE}_{\text{onboard}} = \frac{1}{N}\sum_{i=1}^{N}\left\|\hat{\boldsymbol{P}}_{k/k,\text{onboard}} - \boldsymbol{P}_{k/k}\right\|^2 \tag{1.175}$$

采用 Adam 算法[21] 对式 (1.174)、式 (1.175) 进行最小化，通过 $\hat{\boldsymbol{P}}_{k/k,\text{offboard}}$ 与 $\hat{\boldsymbol{P}}_{k/k,\text{onboard}}$ 对 DCNN 的权值进行迭代更新，即可完成对 DCNN 的离线训练或在线更新训练。在训练过程中，学习率设置为 $\eta = 0.0001$。

1.3.3 DVQ-MANN 算法设计

1.3.1 小节和 1.3.2 小节分别在长时间测量失效条件下，针对空间非合作目标状态参数的更新量和状态参数误差协方差矩阵的更新量，设计了基于 ANN 的

估计算法。本小节基于上述内容，设计基于深度混合神经网络的空间非合作目标位姿质量参数一体化估计算法：DVQ-MANN，其包括两部分，即 DVQ-EKF 和基于 ANN 的参数估计算法。当未发生测量失效时，DVQ-EKF 仍然是最佳参数估计算法，这是由于其运算量小且不用进行先期训练。当测量长时间失效情况发生时，将采用基于 ANN 的参数估计算法进行参数估计。DVQ-MANN 结构图如图 1.24 所示。

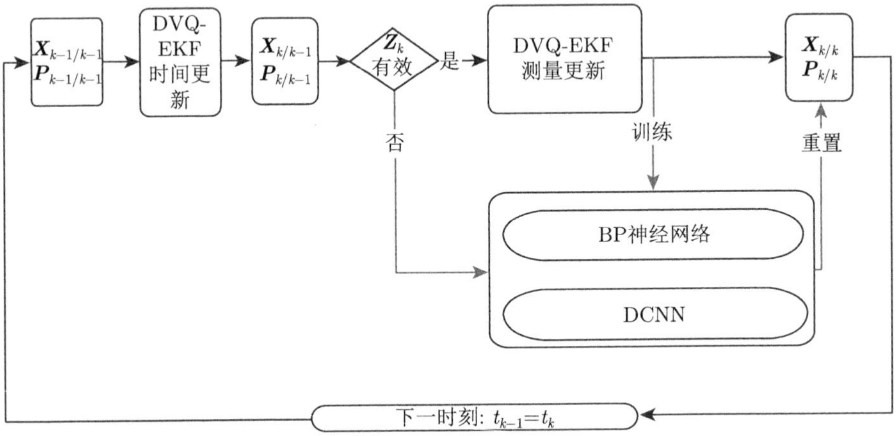

图 1.24 DVQ-MANN 结构图

由图 1.24 可知，在进行参数估计之前，首先 DVQ-MANN 对测量信息是否失效进行判定。若判定测量有效，则 DVQ-MANN 使用 DVQ-EKF 的估计量作为最终估计结果，并用此估计量对 DVQ-MANN 中的 ANN 进行更新；若判定测量失效，则选择 ANN 对空间非合作目标的位姿质量参数进行估计，并基于该估计量对 DVQ-EKF 进行重置。

1.3.4 DVQ-MANN 仿真分析

本小节对 DVQ-MANN 进行数学仿真验证。首先基于 600 组良好估计量的训练数据对设计的 ANN 进行离线训练。在该仿真过程中，服务航天器与目标航天器的假设和仿真初始值设定与 1.1.5 小节中 DVQ-EKF 仿真初始值设定一致，当观测有效时，服务航天器的观测干扰误差强度为

$$\sigma_q^2 = 0.01 \tag{1.176}$$

$$\sigma_r^2 = 0.01\,\mathrm{m}^2 \tag{1.177}$$

且服务航天器上的测量敏感器的观测频率为 2Hz。假定观测失效发生在 200~300s，观测失效设定为向理论观测噪声协方差矩阵中加入干扰量，并且观测在 300s 之后恢复正常。DVQ-MANN 的仿真初值设置如表 1.5 所示。

表 1.5　DVQ-MANN 的仿真初值

状态参数	仿真初值
$\boldsymbol{q}_{T/B}$	$\begin{pmatrix} 0.5 & 0.5 & 0.5 & 0.5 \end{pmatrix}^{\mathrm{T}}$
$\boldsymbol{r}_{T/B}^{T}$	$\begin{pmatrix} 55 & 55 & 55 \end{pmatrix}^{\mathrm{T}}$
$\boldsymbol{\omega}_{T/B}^{T}$	$\begin{pmatrix} 0.5 & 0.5 & 0.5 \end{pmatrix}^{\mathrm{T}}$
$\boldsymbol{v}_{T/B}^{T}$	$\begin{pmatrix} 0.1 & 0.1 & 0.1 \end{pmatrix}^{\mathrm{T}}$
$\boldsymbol{p}$	$\begin{pmatrix} 1 & 1 & 1 \end{pmatrix}^{\mathrm{T}}$
$\boldsymbol{\rho}$	$\begin{pmatrix} 0 & 0 & 0 \end{pmatrix}^{\mathrm{T}}$
$\boldsymbol{P}$	$\boldsymbol{I}_{24\times 24}$
$T_{\text{simulation}}$	350

注: 表中相关状态参数的含义和单位同表 1.1。

图 1.25 和图 1.26 分别展示了姿态四元数误差 eq 曲线和相对位置误差 er 曲线，以描述 DVQ-MANN 对空间非合作目标的相对位姿估计量与真实值之间的误差。在长时间观测失效条件下，通过图 1.25 和图 1.26 可以看到，在设定的初始偏差条件下，采用 DVQ-MANN 对空间非合作目标相对姿态四元数的估计误差小于 0.02，相对位置的估计误差小于 0.5m。相对角速度误差 eω 曲线和相对线速度误差 ev 曲线分别如图 1.27 和图 1.28 所示，以描述 DVQ-MANN 对空间非合作目标的相对速度估计量与真实值之间的误差。通过图 1.27 和图 1.28 可以看到，在设定的初始偏差条件下，采用 DVQ-MANN 对空间非合作目标相对角速度的估计误差小于 0.005rad/s，相对线速度的估计误差小于 0.1m/s。图 1.29 和

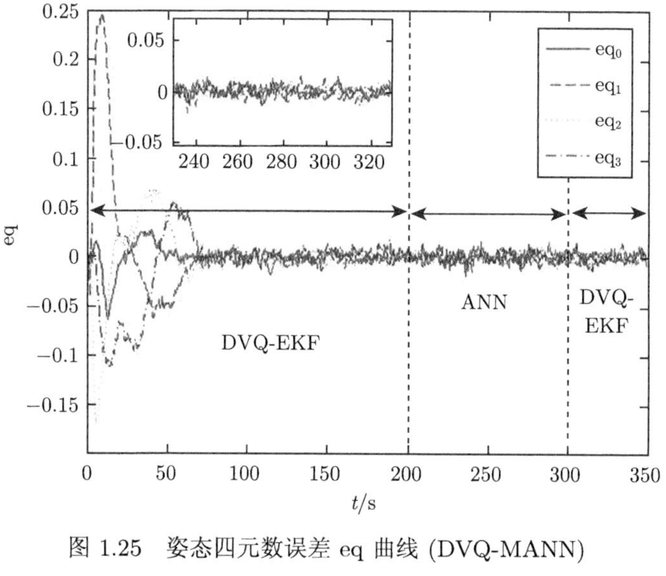

图 1.25　姿态四元数误差 eq 曲线 (DVQ-MANN)

图 1.30 分别展示了转动惯量比值误差 ep 曲线和目标质心位置误差 eρ 曲线，以描述 DVQ-MANN 对空间非合作目标的质量参数估计量与真实值之间的误差。通过图 1.29 和图 1.30 可以看到，在设定的初始偏差条件下，采用 DVQ-AETSF 对空间非合作目标的转动惯量比值的估计误差小于 0.05，目标质心位置的估计误差小于 0.02m。

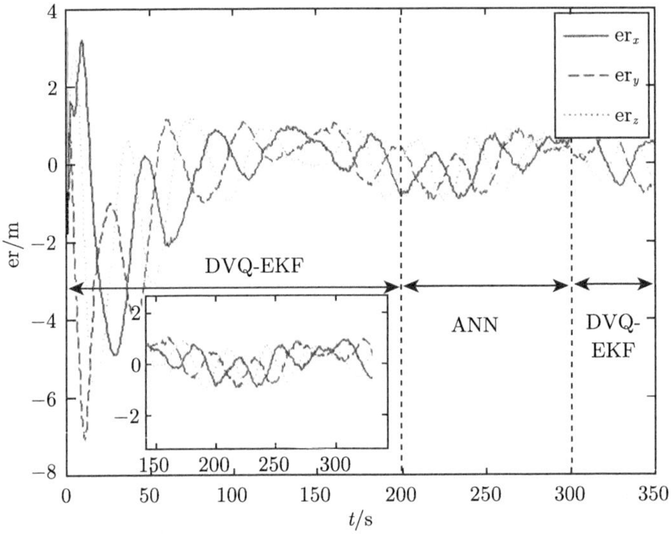

图 1.26　相对位置误差 er 曲线 (DVQ-MANN)

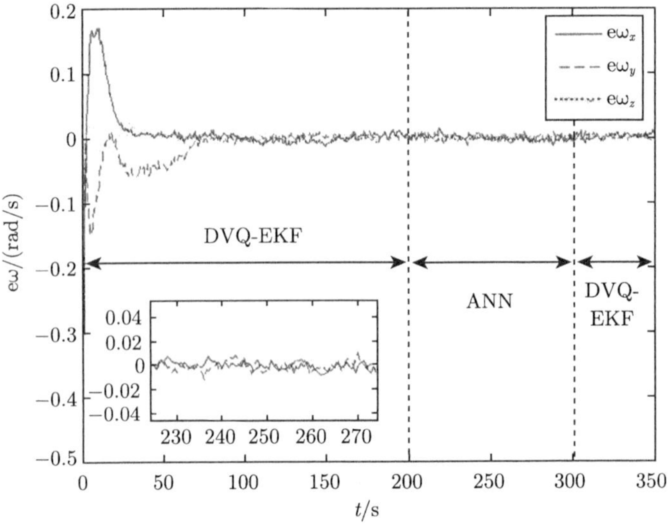

图 1.27　相对角速度误差 eω 曲线 (DVQ-MANN)

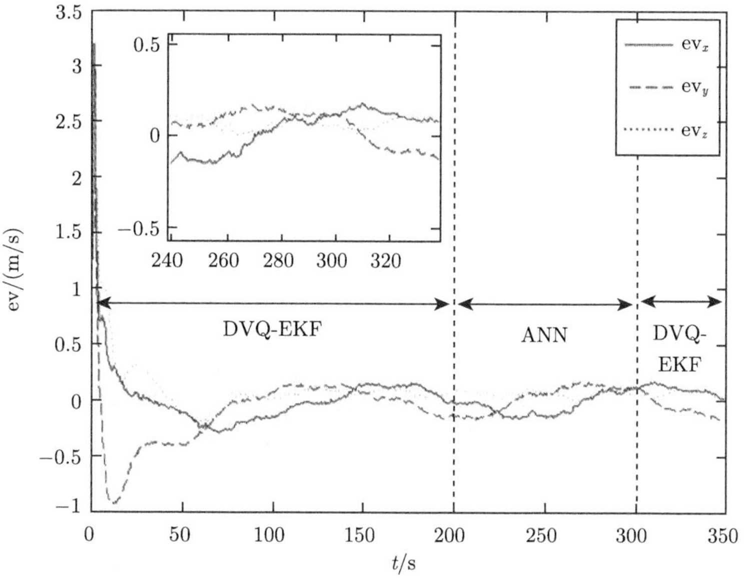

图 1.28　相对线速度误差 ev 曲线 (DVQ-MANN)

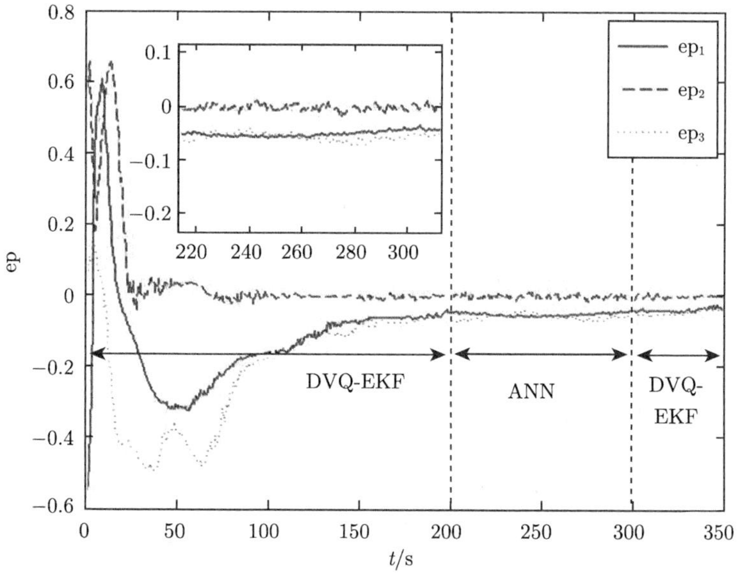

图 1.29　转动惯量比值误差 ep 曲线 (DVQ-MANN)

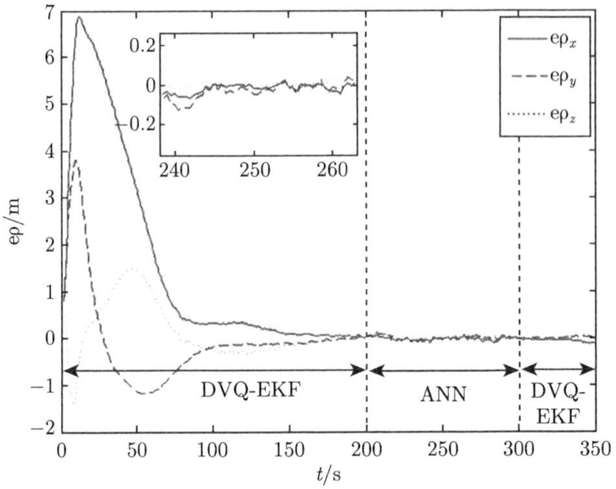

图 1.30　目标质心位置误差 eρ 曲线 (DVQ-MANN)

1.4　基于多航天器协同观测的空间非合作目标参数识别

在针对空间非合作目标的状态估计任务中，由于视觉感知的被动特性，基于视觉的方法在非合作目标相对状态估计研究中日益受到人们的关注和重视。目前，针对已知目标模型或部分信息的非合作目标的视觉测量已有广泛研究，但应用于真正的非合作目标的算法却很少[22-25]。对于完全空间非合作目标，由于缺少相关的几何构型等先验知识，也没有可用于合作的人工标记，传统的算法可能不再适用，这给相对状态估计带来了很大的挑战。此外，对于空间非合作目标，考虑到空间环境干扰造成的不良观测工况和目标旋转运动引起的遮蔽问题，在观测过程中不可避免地会出现特征点丢失和测量缺失等情况。一旦出现这种情况，仅采用卡尔曼滤波算法只能基于系统的预测模型 (状态方程) 预测系统状态，而无法基于观测值进行状态更新，从而导致卡尔曼滤波器状态的估计精度不足。针对这一问题，目前虽然已有一些相关的研究，但尚无良好的解决方法[26-28]。

在观测方式方面，已有的针对空间目标观测的方法大多基于单一观测航天器对目标实施观测[29,30]。针对无合作标识点的空间翻滚目标，考虑空间光照等复杂空间环境的影响和遮蔽现象，难以保证单一观测航天器能够长期处于良好的观测位置。一旦航天器观测位置不佳，基于单一观测航天器上的观测方式会受到观测干扰且难以进行校正和消除。

考虑到空间非合作目标参数识别具有先验模型信息未知且特征点跟踪困难的特点，本节提出基于多航天器多视点协同观测参数识别的方法。该方法的主要思路是基于各观测时间帧多航天器协同观测得到的多视点视觉信息，对目标进行三维重建，进一步基于相邻时间帧之间的特征和点云匹配，解算目标的姿态变化量，并利用 EKF 进行滤波，实现对空间非合作目标的姿态和角速度估计。

1.4.1 多航天器协同观测及空间非合作目标信息提取

在空间环境下，由于非合作目标自身轨道姿态控制能力丧失和外界干扰力的作用，会在空间中自行的慢速旋转。在旋转过程中，目标惯性主轴和旋转轴之间的耦合效应会造成章动现象的出现，最终导致空间非合作目标处于自由翻滚状态[31]。

目前，针对空间非合作目标的观测多采用基于单一航天器配置单目或多目相机的观测方式，鲜有采用多个航天器对单一目标进行协同观测的相关观测约束和编队控制研究。

1. 基于多颗卫星编队协作的多视点观测方法

基于上述分析，以及对观测航天器轨道机动和姿态调整能力的考虑，本节提出采用多个航天器从不同视点对空间非合作目标进行协同观测的多视点观测方法。针对空间非合作目标，划定其可能的活动空间，采用多颗卫星进行伴飞，并从中选择适当数量和位置的航天器构成观测编队对目标进行协作观测。

1) 多颗卫星协作观测约束分析

针对可能活动空间范围已知的空间非合作目标，从多颗卫星中选择合适的卫星以构成目标观测编队的约束分析如下。

(1) 基于目标可能活动空间和相机的有效观测距离，观测航天器应处于有效观测位置。首先，受限于相机性能，必然存在一个最大的有效观测距离，具体值可以参考单目相机的最大有效观测距离，如 150m 左右。其次，考虑到相机视场应尽可能涵盖目标的活动区域，还存在最小有效观测距离的限制，即

$$d_{\min} > \lambda \frac{R_{\text{target}}}{\tan(\text{Fov}/2)}, \quad \lambda \approx 1 \tag{1.178}$$

其中，$d_{\min}$ 为最小有效观测距离；R_{target} 为目标活动区域尺度半径；Fov 为相机视场角。

(2) 基于目标可能活动空间和相机的有效视场，观测航天器应处于有效观测姿态。从各观测航天器出发到目标可能活动区域中心，构成各航天器的理想观测视线，各航天器负载相机的光轴和其理想观测视线之间的夹角，应小于一定的角度阈值，以保证目标活动区域尽可能在相机视场内。

(3) 考虑到各个视点获取的图像间相互匹配的需求，各观测航天器所负载相机的光轴之间的夹角，应处于一定的角度阈值范围之内，各观测航天器间的相对位姿应满足相应的约束。

(4) 考虑到可能的最佳通信距离限制，各观测航天器之间的距离应小于有效通信距离阈值。

上述约束条件保证了所选卫星都处于合适的观测位置和观测姿态，并可以进行协作观测。

2) 对空间非合作目标协作观测的卫星编队构型设计

在规划过程中，采用多颗卫星编队对待辨识的空间非合作目标进行伴飞，解算各航天器和目标可能活动区域间的相对位姿关系，基于上述协作观测约束条件初步筛选出满足约束的观测航天器。若可选择的观测航天器数量不足，则应基于最小燃料消耗准则，对航天器集群进行轨道机动和姿态调整，以保证足够数量的航天器满足协作观测约束条件。

在观测过程中，实时解算各航天器姿轨运动状态，按照上述约束条件和判定规则，检索并激活满足协作观测约束条件的航天器组合，最终实现如图 1.31 所示的协作观测构型。对空间非合作目标进行观测，整合时序变化的观测相机序列和获取的目标图像信息，构建关于目标的时序观测数据集。

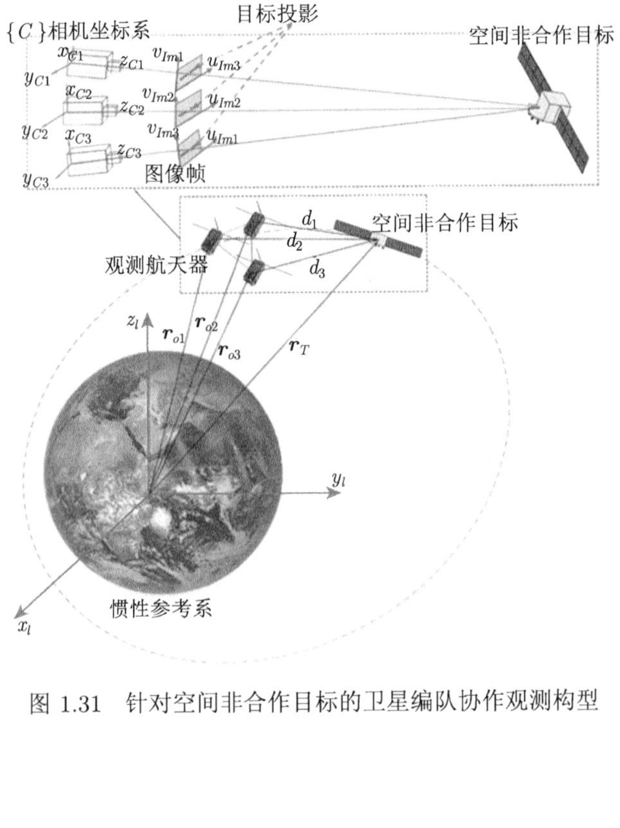

图 1.31　针对空间非合作目标的卫星编队协作观测构型

2. 多视点协同观测数据处理

针对协同观测获取的关于目标的协作观测数据，整个数据处理流程可分为两个部分：各时间帧上基于多视点图像的空间目标三维重建和基于时间帧间三维重建结果的目标姿态变量解算。

目前，三维重建的基本理论和原理，乃至一般的重建流程都非常明确。为了从多视点图像序列中获取目标的帧间姿态变化量，本小节采用一种基于特征点的多视图重建方法，包括以下步骤：

(1) 对图像数据集按时间帧进行分组，并对各时间帧的图像组分别进行特征检测和特征匹配；

(2) 基于配对的特征点，结合各视图间已知的相对位姿信息，恢复各个时间帧特征点的深度信息和三维坐标信息；

(3) 在前后两个时间帧的图像组间，基于已检测到的特征点进行特征点匹配；

(4) 基于前后两个时间帧的图像组间配对的特征点对应的空间坐标变换，解算目标的姿态变化。

3. 基于多视图的三维重建

针对各个观测视点获取的图像，选择尺度不变特征变换 (scale invariant feature transform, SIFT) 算子 [32] 的改进形式加速稳健特征 (speeded up robust features, SURF) 算子 [33] 进行特征提取，SURF 算子在保留 SIFT 算子对图像变换的稳定性和不变性优点的同时，提高了计算速度。除了特征点位置外，SURF 检测器还为每个特征点赋予了一个 64 维的局部特征描述符，以用于图像间的特征匹配。

在图像间的特征匹配过程中，使用近似最近邻 (approximate nearest neighbor, ANN) 算法进行主匹配。相机 A 获取的图像 m 中的第 i 个点 ${}^{(m)}\boldsymbol{p}_i$ 和相机 B 获取的图像 n 中的第 j 个点 ${}^{(n)}\boldsymbol{p}_j$ 的匹配判定条件设定如下：

(1) 在图像 n 的所有特征点中，点 ${}^{(n)}\boldsymbol{p}_j$ 的描述符和点 ${}^{(m)}\boldsymbol{p}_i$ 的描述符之间的距离 (如欧氏距离) 最小；

(2) 最小距离要一定程度的小于第二小的距离，以欧氏距离为例，有 $d_{\text{1st}} < \lambda d_{\text{2nd}}$，$0 < \lambda < 1$。

考虑到协作相机间的相对位姿已知，可利用极线约束减小搜索区域，去除异常值：

$$ {}^{(m)}\boldsymbol{p}_i^{\mathrm{T}}\boldsymbol{F}\,{}^{(n)}\boldsymbol{p}_j = 0 \tag{1.179} $$

式 (1.179) 含义为给定图像 m 上的一个特征点，其在另一幅图像 n 上的匹配视图一定在对应的极线上。其中，${}^{(m)}\boldsymbol{p}_i$ 和 ${}^{(n)}\boldsymbol{p}_j$ 分别为图像 m 和 n 上匹配特征

点的正则化坐标；$\boldsymbol{F}$ 为基础矩阵，有

$$\boldsymbol{F}=\left(\boldsymbol{K}_A^{-1}\right)^{\mathrm{T}}\boldsymbol{E}\left(\boldsymbol{K}_B^{-1}\right) \tag{1.180}$$

其中，$\boldsymbol{K}_A$ 和 $\boldsymbol{K}_B$ 分别为相机 A 和 B 的内参矩阵；$\boldsymbol{E}$ 为本质矩阵，有 $\boldsymbol{E}=\boldsymbol{t}_{AB}^{\times}\boldsymbol{R}_{AB}$，$\boldsymbol{R}_{AB}$ 和 $\boldsymbol{t}_{AB}$ 为两相机坐标系间的相对位姿关系。

随后，基于匹配的特征和各视点相机的位姿信息，利用三角测量方法进行三维重建，得到目标的特征点云。三角测量方法的基本原理可简要描述如下。

对空间中点 $\boldsymbol{\rho}$，其三维坐标的齐次形式为 $\boldsymbol{\rho}=(X\ Y\ Z\ 1)^{\mathrm{T}}$，在相机 A 获得的图像 m 中，像素齐次坐标为 ${}^{(m)}\boldsymbol{p}=\left({}^{(m)}x\ {}^{(m)}y\ 1\right)^{\mathrm{T}}$，在相机 B 获得的图像 n 中，像素齐次坐标为 ${}^{(n)}\boldsymbol{p}=\left({}^{(n)}x\ {}^{(n)}y\ 1\right)^{\mathrm{T}}$，基于匹配的特征点 ${}^{(m)}\boldsymbol{p}$ 和 ${}^{(n)}\boldsymbol{p}$，可构建相应的方程组：

$$\begin{cases}{}^{(m)}\boldsymbol{p}^{\times}\boldsymbol{K}_A\boldsymbol{M}_A\boldsymbol{\rho}=0\\{}^{(n)}\boldsymbol{p}^{\times}\boldsymbol{K}_B\boldsymbol{M}_B\boldsymbol{\rho}=0\end{cases} \tag{1.181}$$

其中，$\boldsymbol{M}_A$ 和 $\boldsymbol{M}_B$ 分别为相机 A 和 B 的外参矩阵，表示世界坐标系在相机坐标系下的描述，有 $\boldsymbol{M}=[\boldsymbol{R}|\boldsymbol{T}]$。

不同于双目或多目相机形式的立体视觉，由于各视点间相对较远的基线距离和不同的观测姿态，无法利用基线信息简化运算。此外，考虑基线距离较远带来的误差增大现象，可以采用引入多个视点的方法提高解算精度。当 $N_{\mathrm{cam}}(N_{\mathrm{cam}}>2)$ 个视点获取的图像间存在匹配的特征点时，方程组 (1.181) 可随着视点数目的增加而任意扩展：

$$\begin{cases}{}^{(m)}\boldsymbol{p}^{\times}\boldsymbol{K}_A\boldsymbol{M}_A\boldsymbol{\rho}=0\\{}^{(n)}\boldsymbol{p}^{\times}\boldsymbol{K}_B\boldsymbol{M}_B\boldsymbol{\rho}=0\\\qquad\vdots\end{cases} \tag{1.182}$$

方程组 (1.182) 显然为超定方程组，使用加权最小二乘法对匹配特征点对应的空间点坐标进行求解，依据的求取准则为

$$J\left(\hat{\rho}\right)=\sum_{\mathrm{cam}=1}^{N_{\mathrm{cam}}}W_{\mathrm{cam}}\left\|{}^{(\mathrm{cam})}\boldsymbol{p}^{\times}\boldsymbol{K}_{\mathrm{cam}}\boldsymbol{M}_{\mathrm{cam}}\hat{\boldsymbol{\rho}}\right\|\to\min \tag{1.183}$$

其中，W_{cam} 为各相机相应的正定加权系数，表征各个视点的相机的置信度权重。

记

$$W_{\hat{\rho}}=\frac{\min J\left(\hat{\boldsymbol{\rho}}\right)}{N_{\mathrm{cam}}} \tag{1.184}$$

为该空间点的置信度权重。

考虑到可能存在误匹配现象，引入偏差阈值 ε_ρ，依据约束条件：

$$W_{\hat{\rho}}<\varepsilon_\rho \tag{1.185}$$

去除偏差过大的空间点。

4. 帧间目标姿态变量确定

首先，在前后两个时间帧的图像组间，基于检测到的特征点进行特征匹配。依次选择各个相机作为主相机，使用近似最近邻算法进行主匹配，匹配判定条件设定如下：

(1) 满足主相机前后两个时间帧获取的图像间的特征点匹配判定条件；

(2) 和主相机视图的特征点对应的辅助相机，在不同时间帧图像上的特征点间同样满足匹配判定条件。

基于匹配的特征点，构建出随着时间帧变化的 3D 特征点云，整合各个相机作为主相机时获得的空间点云序列，并更新各相机的权重：

$$W_{\text{cam}} = \frac{1 + N_{\rho,\text{cam}}}{N_{\text{cam,total}} + N_{\rho,\text{total}}} \tag{1.186}$$

其中，$N_{\rho,\text{cam}}$ 是相机 cam 为主相机时获得的空间点总数；$N_{\rho,\text{total}}$ 为最终获得的空间点总数；$N_{\text{cam,total}}$ 为参与观测的相机总数。

其次，考虑空间点云中可能存在重复和邻近现象，引入邻近判定条件：

$$\begin{aligned} \text{dis}_{i,j} = \left\| \rho_i^{(t)} - \rho_j^{(t)} \right\|_2^2 + \left\| \rho_i^{(t+\Delta t)} - \rho_j^{(t+\Delta t)} \right\|_2^2 < \varepsilon_{\text{dis}} \\ i \neq j \quad i,j = 1,2,\cdots,N_{\rho,\text{total}} \end{aligned} \tag{1.187}$$

依据空间点的置信度去除邻近空间点中置信度相对较低的点，避免出现病态现象。

空间点云在前后两个时间帧的变化形式可描述为 RT 变换形式，即

$$\boldsymbol{\rho}_i^{(t+\Delta t)} = \left[\boldsymbol{R}_{(t)}^{(t+\Delta t)} | \boldsymbol{T}_{(t)}^{(t+\Delta t)} \right] \boldsymbol{\rho}_i^{(t)} \tag{1.188}$$

其中，$\boldsymbol{\rho}_i^{(t)}$ 和 $\boldsymbol{\rho}_i^{(t+\Delta t)}$ 分别为匹配的特征点 i 在 t 和 $t+\Delta t$ 时刻对应的空间坐标的齐次形式。

RT 矩阵中共计 12 个元素，考虑到 $\left\| \boldsymbol{R}_{(t)}^{(t+\Delta t)} \right\| = 1$ 的约束，待求解的未知量共计 11 个。因此，当配对的特征点数量达到 4 对时，即可构建一个超定方程组。利用加权最小二乘法，依据准则：

$$J(\boldsymbol{R}|\boldsymbol{T}) = \sum_{i=1}^{N_\rho} W_{\boldsymbol{\rho}_i} \left\| \boldsymbol{\rho}_i^{(t+\Delta t)} - [\boldsymbol{R}|\boldsymbol{T}]\, \boldsymbol{\rho}_i^{(t)} \right\|^2 \to \min \tag{1.189}$$

解得两个时间帧之间的姿态变化量 $\boldsymbol{R}_{(t)}^{(t+\Delta t)}$ 和位置变化量 $\boldsymbol{T}_{(t)}^{(t+\Delta t)}$。其中，$W_{\boldsymbol{\rho}_i}$ 为匹配特征点 i 对应的空间点 $\boldsymbol{\rho}_i$ 的置信度，有

$$W_{\boldsymbol{\rho}_i} = \frac{W_{\boldsymbol{\rho}_i}^{(t)} + W_{\boldsymbol{\rho}_i}^{(t+\Delta t)}}{2} \tag{1.190}$$

最后，在特征点配对数量超过所需对数的前提下，考虑特征匹配中可能存在误匹配现象，可使用随机抽样一致性 (random sample consensus, RANSAC) 算法[34] 排除离群匹配。

1.4.2 基于 EKF 的空间非合作目标姿态解算

扩展 EKF 是标准 EKF 在非线性情形下的一种扩展形式，作为一种高效率的递归滤波器，EKF 在空间目标运动学和动力学参数估计中有着广泛应用。

对于包含待估计参数量的状态向量 $\boldsymbol{x}$，其估计模型，即状态转移方程为

$$\boldsymbol{x}_k = f\left(\boldsymbol{x}_{k-1}\right) + \boldsymbol{s}_k \tag{1.191}$$

测量模型，即观测方程为

$$\boldsymbol{z}_k = h\left(\boldsymbol{x}_k\right) + v_k \tag{1.192}$$

基于连续形式下的估计模型和测量模型，EKF 对状态量的估计和更新流程如下。

估计 (传播)：

$$\boldsymbol{x}_k' = f\left(\boldsymbol{x}_{k-1}\right) + \boldsymbol{s}_k \tag{1.193}$$

$$\boldsymbol{P}_k' = \boldsymbol{F}_{k-1}\boldsymbol{P}_{k-1}\boldsymbol{F}_{k-1}^{\mathrm{T}} + \boldsymbol{Q} \tag{1.194}$$

更新 (校正)：

$$\boldsymbol{S}_k = \boldsymbol{H}_k\boldsymbol{P}_k'\boldsymbol{H}_k^{\mathrm{T}} + \boldsymbol{R} \tag{1.195}$$

$$\boldsymbol{K}_k = \boldsymbol{P}_k'\boldsymbol{H}_k^{\mathrm{T}}\boldsymbol{S}_k^{-1} \tag{1.196}$$

$$\boldsymbol{x}_k = \boldsymbol{x}_k' + \boldsymbol{K}_k\left[\boldsymbol{z}_k - h\left(\boldsymbol{x}_k'\right)\right] \tag{1.197}$$

$$\boldsymbol{P}_k = \boldsymbol{P}_k' - \boldsymbol{K}_k\boldsymbol{S}_k\boldsymbol{K}_k^{\mathrm{T}} \tag{1.198}$$

其中，$\boldsymbol{F}_{k-1}$ 和 $\boldsymbol{H}_k$ 分别为函数 $f\left(\boldsymbol{x}\right)$ 和 $h\left(\boldsymbol{x}\right)$ 在 $\boldsymbol{x}_{k-1}$ 和 $\boldsymbol{x}_k'$ 处的雅可比矩阵，有

$$\boldsymbol{F}_{k-1} = \left.\frac{\partial f}{\partial \boldsymbol{x}}\right|_{x_{k-1}}, \boldsymbol{H}_k = \left.\frac{\partial h}{\partial \boldsymbol{x}}\right|_{x_k'} \tag{1.199}$$

1. 估计模型

状态向量定义为

$$\boldsymbol{x}=\left[\boldsymbol{q}^{\mathrm{T}}\ \boldsymbol{\omega}^{\mathrm{T}}\right]^{\mathrm{T}} \tag{1.200}$$

其中，$\boldsymbol{q}$ 为目标的姿态四元数，定义为

$$\boldsymbol{q}=\left[q_0\ q_1\ q_2\ q_3\right]^{\mathrm{T}}=\left[\cos\frac{\theta}{2}\ \alpha_1\sin\frac{\theta}{2}\ \alpha_2\sin\frac{\theta}{2}\ \alpha_3\sin\frac{\theta}{2}\right]^{\mathrm{T}} \tag{1.201}$$

其中，α_1、α_2、α_3 为旋转轴的单位向量的分量；θ 为旋转角度。四元数形式的运动学方程为

$$\dot{\boldsymbol{q}}=\frac{1}{2}\boldsymbol{Q}(\boldsymbol{q})\boldsymbol{\omega} \tag{1.202}$$

其中，

$$\boldsymbol{Q}(\boldsymbol{q})=\begin{bmatrix}-q_1 & -q_2 & -q_3\\ q_0 & -q_3 & q_2\\ q_3 & q_0 & -q_1\\ -q_2 & q_1 & q_0\end{bmatrix} \tag{1.203}$$

$\boldsymbol{\omega}=\left[\omega_1\ \omega_2\ \omega_3\right]^{\mathrm{T}}$ 为目标航天器的角速度，不考虑外力矩影响，其动力学方程为

$$\dot{\boldsymbol{\omega}}=-\boldsymbol{J}^{-1}\boldsymbol{\omega}^{\times}\boldsymbol{J}\boldsymbol{\omega} \tag{1.204}$$

其中，$\boldsymbol{J}$ 为目标的转动惯量张量阵；$\boldsymbol{\omega}^{\times}$ 表示 $\boldsymbol{\omega}$ 的叉乘矩阵，有

$$\boldsymbol{\omega}^{\times}=\begin{bmatrix}0 & -\omega_3 & \omega_2\\ \omega_3 & 0 & -\omega_1\\ -\omega_2 & \omega_1 & 0\end{bmatrix} \tag{1.205}$$

2. 测量模型

假定 $\boldsymbol{P}_i$ 为空间目标上的特征点，$\boldsymbol{\rho}_i$ 为其在视觉参考系中相应的坐标向量，即

$$\boldsymbol{\rho}_i=\boldsymbol{\rho}_0+\boldsymbol{D}(\boldsymbol{q})\boldsymbol{P}_i \tag{1.206}$$

其中，$\boldsymbol{\rho}_0$ 为目标质心的相对位置坐标；$\boldsymbol{D}(\boldsymbol{q})$ 为目标本体坐标系相对于观测坐标系的坐标变换矩阵，即目标的姿态矩阵。

考虑空间目标的非合作性，即缺乏合作标识，特征点在目标本体坐标系中的位置可能未知。然而，通过多视点三维重建，特征点在观测空间中的坐标是可知

的。出于这一考虑，选择前后两个不同时间帧同一特征点 $\boldsymbol{P}_i$ 在观测坐标系中的坐标表达式构建方程组：

$$\begin{cases} \boldsymbol{\rho}_i^t = \boldsymbol{\rho}_0^t + \boldsymbol{D}\left(\boldsymbol{q}^t\right)\boldsymbol{P}_i \\ \boldsymbol{\rho}_i^{t+\Delta t} = \boldsymbol{\rho}_0^{t+\Delta t} + \boldsymbol{D}\left(\boldsymbol{q}^{t+\Delta t}\right)\boldsymbol{P}_i \end{cases} \tag{1.207}$$

消去 $\boldsymbol{P}_i$，整理可得

$$\boldsymbol{\rho}_i^{t+\Delta t} = \Delta\boldsymbol{\Phi}\boldsymbol{\rho}_i^t + \boldsymbol{B} \tag{1.208}$$

其中，$\Delta\boldsymbol{\Phi}$ 为目标的姿态变化矩阵，有

$$\Delta\boldsymbol{\Phi} = D\left(\boldsymbol{q}^{t+\Delta t}\right)D^{-1}\left(\boldsymbol{q}^t\right) = D\left(\Delta\boldsymbol{q}\right) \tag{1.209}$$

其中，$\Delta\boldsymbol{q}$ 为姿态四元数变量，有

$$\Delta\boldsymbol{q}\boldsymbol{q}^t = \boldsymbol{q}^{t+\Delta t} \tag{1.210}$$

显然，通过前后不同时间帧中同一组特征点在观测坐标系中的位置坐标，即目标的点云信息，计算目标的姿态变化量，并以此构建观测量，可以避免特征点在目标本体坐标系中坐标未知或存在不确定性的问题。

1.4.3 仿真分析

1. 航天器协同观测编队构型设计

图 1.32 为参考“风云一号”的目标仿真模型。假定光照环境良好，并忽略卫星的外表材料等因素可能导致的过曝现象，以图 1.33 为例，相应的协同观测方案设计如下。

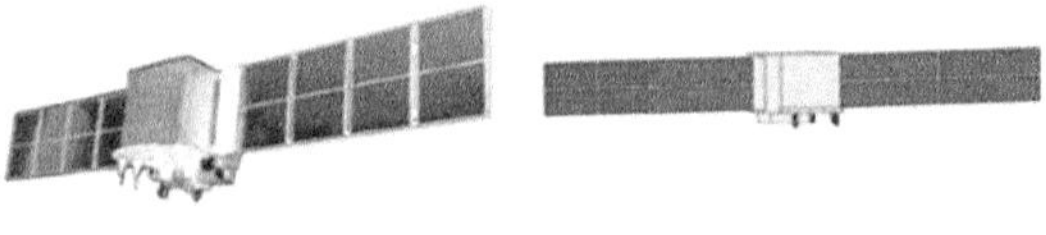

图 1.32　参考“风云一号”的目标仿真模型

多颗观测卫星上分别安装一个 CCD 相机，从不同位置和角度对目标进行观测。虽然更多的视点可以获得更为优良的结果，但出于简化问题以便于模拟仿真考虑，仅选择三个视点进行协同观测，并同双视点协同观测进行对照。后续的仿真结果也表明，三视点的协同观测可以一定程度地满足精度需要。基于同样的考虑，虽然在实际观测工况中，各个视点相对于目标的距离和观测角度不可避免地存在差异和波动，但是为了在模拟仿真中简化问题，假定三个相机视点构成一个正

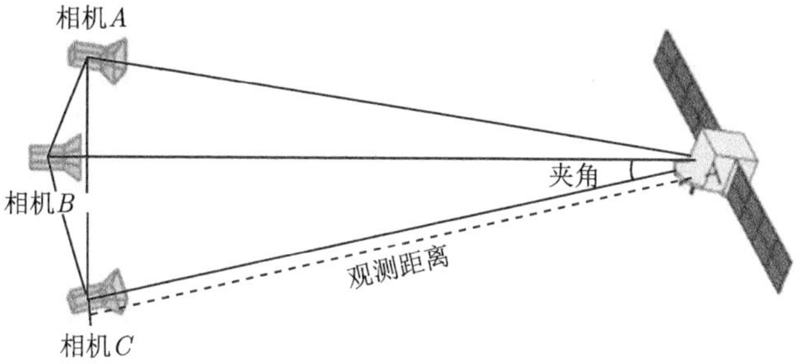

图 1.33　基于三视点的协同观测方案

三角形，各个相机均始终正对目标，且和目标的距离一致，即目标和三个视点构成一个正三棱锥。通过调节观测距离和视线夹角 (即各相机光轴之间的夹角)，对相机位置和姿态进行一致性的确定和调整：基于设定的观测距离和观测视线夹角确定虚拟相机的观测位置，然后考虑相机视线固定指向目标模型，确定虚拟相机的观测姿态。设定目标模型的初始姿态和姿态变化量，通过各个虚拟相机获取相应的映射图像，构成姿态随时间变化的图像序列集。

2. 协同观测构型设计及优化

分别选择双视点和三视点对目标模型进行协同观测，基于从 $5^\circ \sim 20^\circ$ 变化的视线夹角和 30~100m 的观测距离进行虚拟相机位置和姿态设置。选用蒙特卡罗打靶方法，设定目标模型从 100 个不同的初始姿态出发，连续进行 10 次姿态变换，每次姿态角变量 (°) 为 $\boldsymbol{\Delta\theta} = (0.5\ 0.5\ 0.5)^{\mathrm{T}}$。获取姿态变换过程中各视点的图像，并构成图像序列集。以此为基础进行姿态变量解算，并将解算得到的平均姿态角变量 $\Delta\hat{\boldsymbol{\theta}}$ 同设定姿态变量进行对比，计算绝对误差：

$$e_{\Delta\boldsymbol{\theta}} = \left\|\Delta\hat{\boldsymbol{\theta}} - \Delta\boldsymbol{\theta}\right\| \tag{1.211}$$

统计蒙特卡罗打靶结果，结果如图 1.34 和图 1.35 所示，分别为基于双视点和三视点协同观测的姿态角解算误差。

可以看到，当使用双视点对目标进行协同观测时，其解算的姿态变量相对于设定的姿态变量存在着较大的误差。仅当观测距离十分接近时，绝对误差在 0.2° 左右，随着观测距离的增大，其绝对误差普遍在 0.6° 左右，甚至存在超过 1° 的绝对误差波动。相比而言，使用三视点对目标进行协同观测的表现良好，其在距离较近时的解算误差小于 0.2°，且大多情况下，解算精度能保持在 0.2° 左右，仅在距离较远时出现了少量的 0.6° 左右的误差结果。

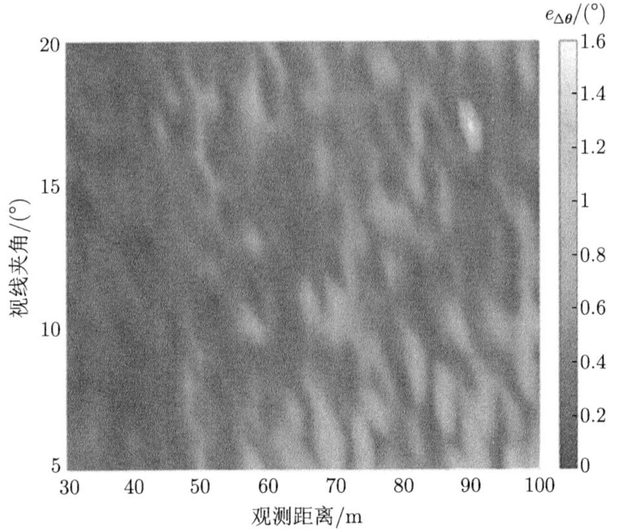

图 1.34　基于双视点协同观测的姿态角解算误差 (后附彩图)

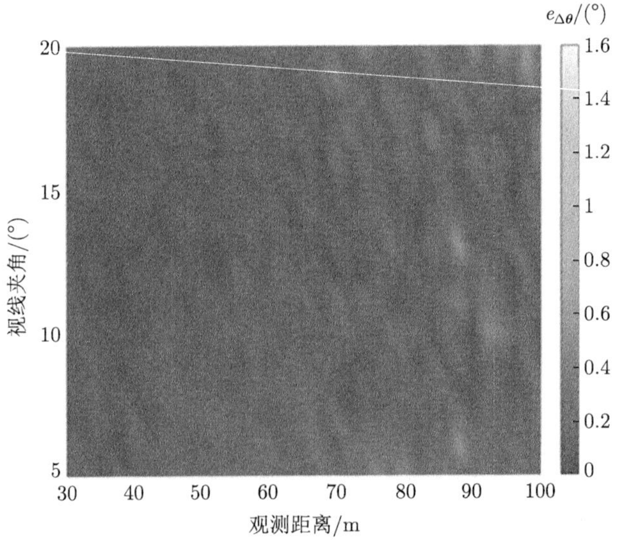

图 1.35　基于三视点协同观测的姿态角解算误差 (后附彩图)

当使用双视点的相机进行协同观测时，仅能实现对深度信息的解算，一旦出现匹配误差较大乃至误匹配的现象，会造成深度信息解算错误。此时，由于缺乏源于第三方观测的校正，观测系统无法实现对误匹配的消除和修正，最终的观测结果会存在较大的错误。三视点协同观测的方式通过彼此间的相互校正，最终可以获得更好的观测精度。

3. 多视角信息融合的 EKF 仿真结果分析

目标初始姿态和角速度 [(°)/s] 设定为

$$\begin{cases} \boldsymbol{q}_0 = (1\ 0\ 0\ 0)^{\mathrm{T}} \\ \boldsymbol{\omega}_0 = (5\ 5\ 5)^{\mathrm{T}} \end{cases} \tag{1.212}$$

滤波器的初始条件根据高斯分布给出，即

$$\hat{\boldsymbol{x}}_0 \sim N(\boldsymbol{x}_0, \boldsymbol{Q}) \tag{1.213}$$

其中，$\boldsymbol{Q}$ 为人工设定的初始协方差矩阵，$\boldsymbol{Q} = \mathrm{diag}\left(\sigma_q^2, \sigma_\omega^2\right)$；设定 $\boldsymbol{\sigma}_q = (1\ 1\ 1\ 1)^{\mathrm{T}} \times 10^{-1}$，$\boldsymbol{\sigma}_\omega = (1\ 1\ 1)^{\mathrm{T}} \times 10^{-1}$。

选择姿态四元数作为观测量，基于姿态角解算结果中的姿态角解算误差，在姿态四元数中添加测量噪声 R 以构建观测数据，测量噪声 R 设定为零均值高斯白噪声，模拟表示多视点协同观测姿态角解算误差，其协方差矩阵可根据多视点协同观测结果误差利用 UT 法[35] 演算求得。

根据图 1.34 和图 1.35 所示的姿态角观测解算误差分布，对应基于双视点和三视点进行协同观测的普遍绝对误差，选择协同观测姿态角解算误差为 0.2° 和 0.6° 两种工况，分别进行 EKF。相应的滤波结果如图 1.36 和图 1.37 所示。

可以看到，当协同观测姿态角解算误差设定为 0.2° 时，可以取得相对良好的收敛结果，无论是姿态四元数误差的四个分量，还是角速度误差的三个分量，都可以快速收敛到指定阈值内。然而当协同观测姿态角解算误差设定为 0.6° 时，系统表现出了无法收敛的现象，姿态四元数误差和角速度误差的波动范围普遍超出了设定的阈值范围。

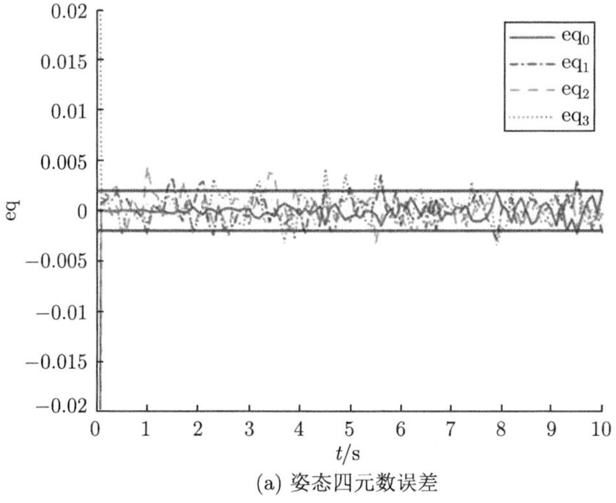

(a) 姿态四元数误差

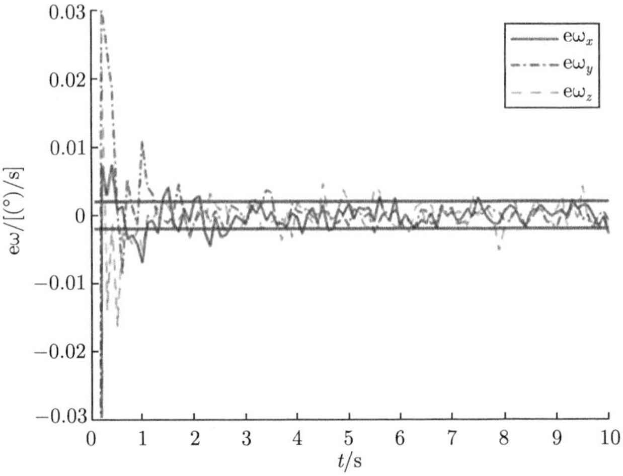

(b) 角速度误差

图 1.36 协同观测姿态角解算误差为 0.2° 对应的 EKF 结果

选用蒙特卡罗打靶法进一步分析和证明，对姿态角误差定义为

$$\mathrm{e}\theta = \sqrt{\left(\hat{\theta}_1 - \theta_1\right)^2 + \left(\hat{\theta}_2 - \theta_2\right)^2 + \left(\hat{\theta}_3 - \theta_3\right)^2} \tag{1.214}$$

角速度误差定义为

$$\mathrm{e}\omega = \sqrt{\left(\hat{\omega}_1 - \omega_1\right)^2 + \left(\hat{\omega}_2 - \omega_2\right)^2 + \left(\hat{\omega}_3 - \omega_3\right)^2} \tag{1.215}$$

其中，$\hat{\theta}$ 和 $\hat{\omega}$ 分别表示 θ 和 ω 的 EKF 估计结果。

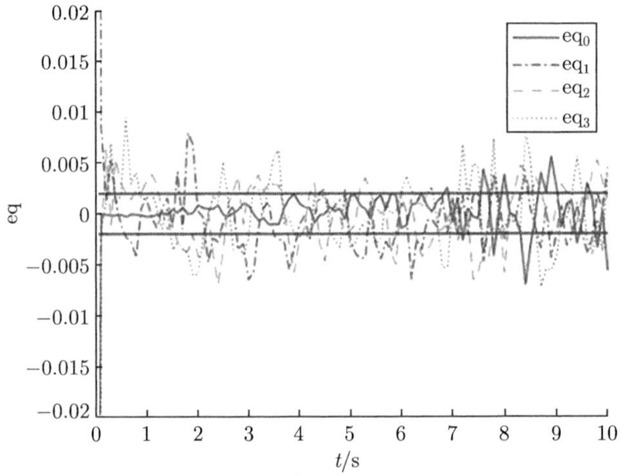

(a) 姿态四元数误差

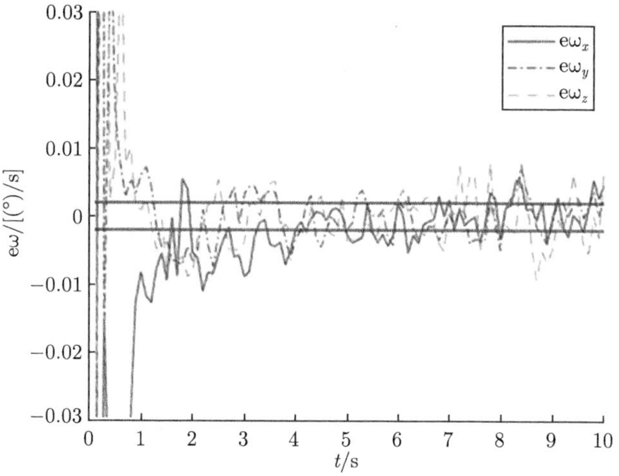

(b) 角速度误差

图 1.37　协同观测姿态角解算误差为 0.6° 的 EKF 结果

首先，针对随机的滤波初始条件进行蒙特卡罗打靶。由于滤波的初始条件是高斯分布给出的，而其对滤波过程和滤波结果有重要的影响，单次的滤波仿真不足以进行收敛性的证明和判定。针对 0.2° 和 0.6° 两个不同的协同观测姿态角解算误差，进行 100 次蒙特卡罗打靶实验。图 1.38 和图 1.39 为其中的 10 次典型结果。

可以看到，当协同观测姿态角解算误差设定为 0.2° 时，可以取得良好的收敛结果，基于不同初始条件的多次滤波结果，无论是姿态角误差，还是角速度误差，

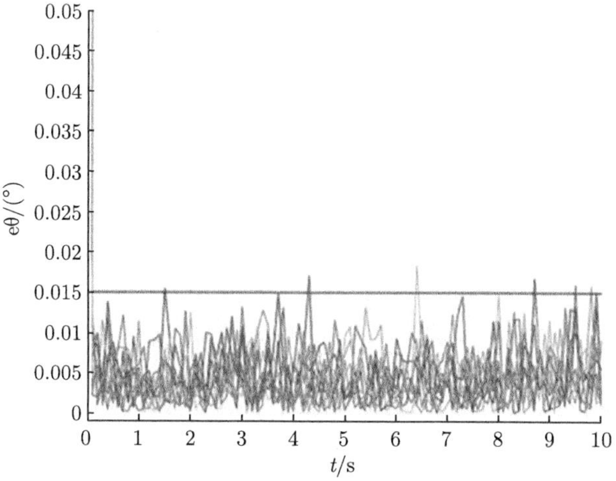

(a) 姿态角误差

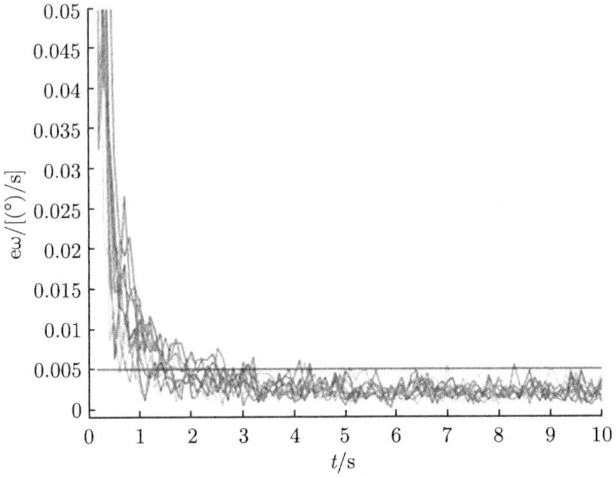

(b) 角速度误差

图 1.38　协同观测姿态角解算误差为 0.2° 的蒙特卡罗结果

都可以快速收敛到指定阈值内。然而，当协同观测姿态角解算误差设定为 0.6° 时，系统表现出了收敛不稳定和难以收敛的现象，大多初始条件的姿态误差和角速度误差无法收敛到指定阈值范围内。

进一步地，针对不同的协同观测姿态角解算误差进行蒙特卡罗打靶实验。协同观测的仿真结果表明，不同观测距离和观测视线夹角下的观测解算误差存在差异和波动。选定观测距离为 40～80m，观测视线夹角为 10° ～ 15° 的观测区间，参照图 1.34 和图 1.35 所示的观测解算误差，对应双视点和三视点观测的观测姿态角

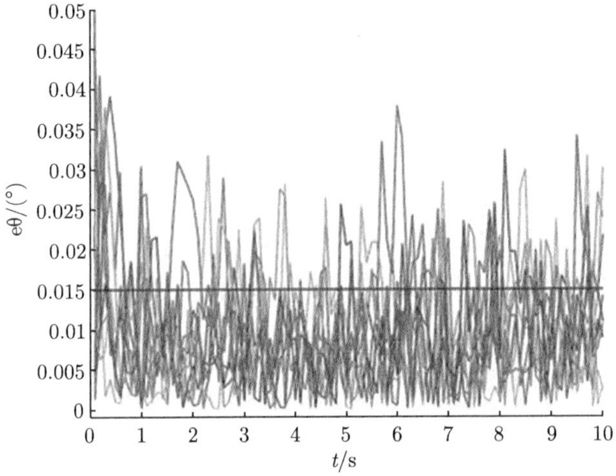

(a) 姿态角误差

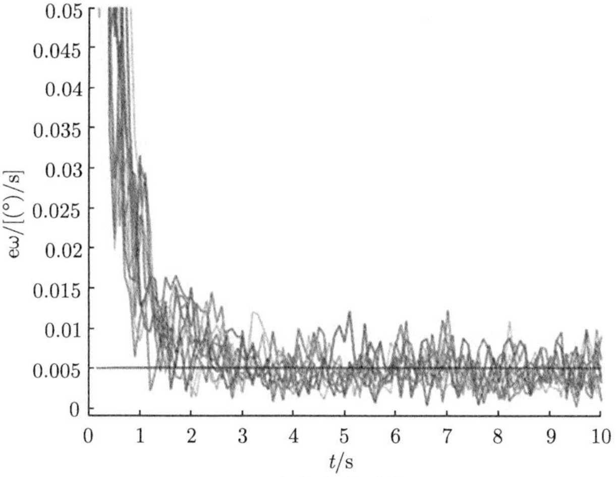

(b) 角速度误差

图 1.39　协同观测姿态角解算误差为 0.6° 的蒙特卡罗结果

解算误差分别为 0.03° ∼ 0.85° (双视点) 和 0.025° ∼ 0.35° (三视点)，分别进行 100 次蒙特卡罗打靶实验。图 1.40 和图 1.41 为其中的 10 次典型结果。

可以看到，在观测距离为 40∼80m，观测视线夹角为 10° ∼ 15° 的观测区间内，当选择三视点进行协同观测时，其观测姿态角解算误差范围为 0.025° ∼0.35°，在此区间内的 EKF 均取得良好的收敛结果。蒙特卡罗打靶结果表明，无论是姿态角误差，还是角速度误差，大多可以收敛到指定阈值内，仅存在少量的超出阈值的现象。当选择双视点进行协同观测时，其观测姿态角解算误差范围为 0.03° ∼

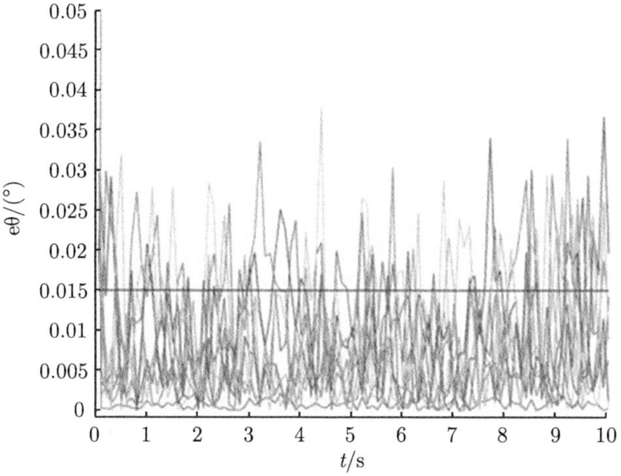

(a) 姿态角误差

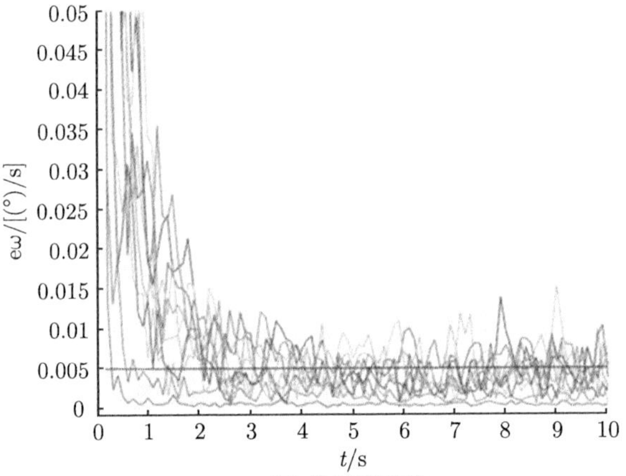

(b) 角速度误差

图 1.40　对应双视点观测的观测姿态角解算误差为 0.03° ~ 0.85° 的蒙特卡罗结果

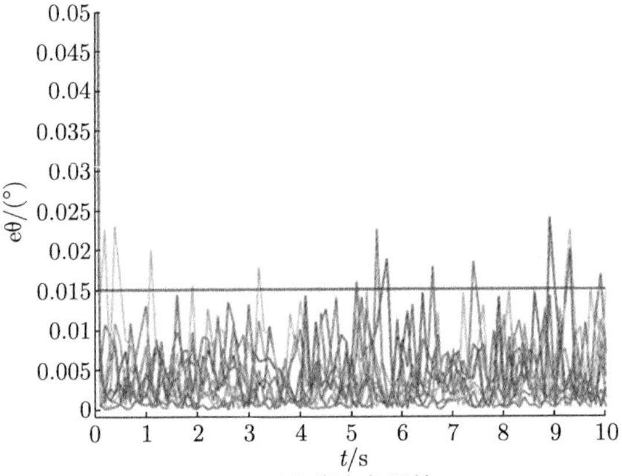

(a) 姿态角误差

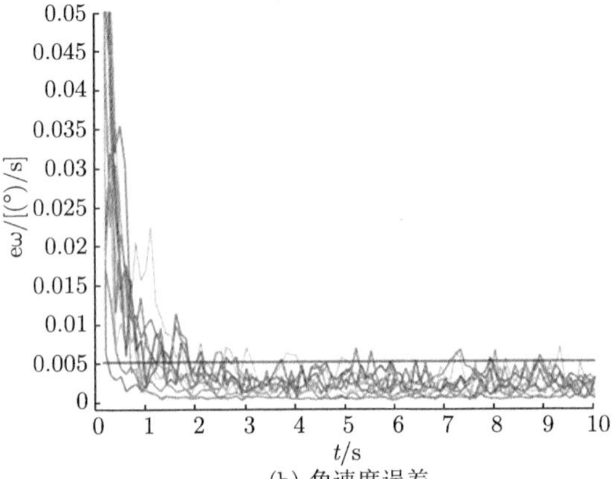

(b) 角速度误差

图 1.41　对应三视点观测的观测姿态角解算误差为 0.025° ~ 0.35° 的蒙特卡罗结果

0.85°，在此区间的 EKF 收敛性能不足。蒙特卡罗打靶结果表明，虽然存在少量的收敛情况，但大多数情况下，姿态角误差和角速度误差无法收敛到指定阈值范围之内。

参 考 文 献

[1] BONNAL C, RUAULT J M, DESJEAN M C. Active debris removal: Recent progress and current trends[J]. Acta Astronautica, 2013, 85(4): 51-60.

[2] FLORES-ABAD A, OU M, PHAM K, et al. A review of space robotics technologies for on-orbit servicing[J]. Progress in Aerospace Sciences, 2014, 68(8): 1-26.

[3] BARNHART D, HUNTER R, WESTON A, et al. XSS-10 micro-satellite demonstration[C]. AIAA Defense & Civil Space Programs Conference & Exhibit, Huntsville, 1998: 339-346.

[4] OBERMARK J, HOWARD R T, RICHARDS R D, et al. SUMO/FREND: Vision system for autonomous satellite grapple[C]. SPIE-The International Society for Optical Engineering, Orlando, 2007: 1-11.

[5] KROLIKOWSKI A, DAVID E. Commercial on-orbit satellite servicing: National and international policy considerations raised by industry proposals[J]. New Space, 2013, 1(1): 29-41.

[6] FRIEDMAN A M, FRUEH C. Determining characteristics of artificial near-Earth objects using observability analysis[J]. Acta Astronautica, 2018, 144(3): 405-421.

[7] 于正湜. 火星进入段自主导航方案设计与优化方法研究 [D]. 北京: 北京理工大学，2015.

[8] CLOHESSY W H, WILTSHIRE R S. Terminal guidance system for satellite rendezvous[J]. Journal of the Astronautical Sciences, 1960, 27(9): 653-678.

[9] HOU X H, MA C, WANG Z, et al. Adaptive pose and inertial parameters estimation of free-floating tumbling space objects using dual vector quaternions[J]. Advances in Mechanical Engineering, 2017, 9(10): 1-17.

[10] YUAN J, HOU X, SUN C, et al. Fault-tolerant pose and inertial parameters estimation of an uncooperative spacecraft based on dual vector quaternions[J]. Proceedings of the Institution of Mechanical Engineers, 2019, 233(4):1250-1269.

[11] 张力军. 椭圆轨道近距离相对导航与姿轨一体化控制方法研究 [D]. 长沙: 国防科技大学, 2016.

[12] FILIPE N, KONTITSIS M, TSIOTRAS P, et al. Extended kalman filter for spacecraft pose estimation using dual quaternions[J]. Journal of Guidance Control and Dynamics, 2015, 38(9): 1625-1641.

[13] FILIPE N, TSIOTRAS P. Adaptive position and attitude tracking controller for satellite proximity operations using dual quaternions[J]. Journal of Guidance Control and Dynamics, 2015, 38(4): 566-577.

[14] CHAVES-JIMENEZ A, GUO J, GILL E, et al. Impact of atmospheric coupling between orbit and attitude in relative dynamics observability[J]. Journal of Guidance Control and Dynamics, 2017, 40(12): 3274-3281.

[15] ZANETTI R, SOUZA C N. Observability analysis and filter design for the orion earth-moon attitude filter[J]. Journal of Guidance Control and Dynamics, 2016, 39(2): 201-213.

[16] 秦永元, 张洪钺, 王叔华. 卡尔曼滤波与组合导航原理 [M]. 西安: 西北工业大学出版社, 2012.

[17] AGHILI F. A prediction and motion-planning scheme for visually guided robotic capturing of free-floating tumbling objects with uncertain dynamics[J]. IEEE Transactions on Robotics, 2012, 28(3): 634-649.

[18] HOU X , YUAN J . Novel dual vector quaternions based adaptive extended two-step filter for pose and inertial parameters estimation of a free-floating tumbling space target[J]. Proceedings of the Institution of Mechanical Engineers, 2019, 233(7):2570-2591.

[19] HAUPT G T, KASDIN N J, KEISER G M, et al. Optimal recursive iterative algorithm for discrete nonlinear least-squares estimation[J]. Journal of Guidance Control and Dynamics, 1996, 19(3): 643-649.

[20] HOU X, YUAN J, MA C, et al. Parameter estimations of uncooperative space targets using novel mixed artificial neural network[J]. Neurocomputing, 2019, 339(28):232-244.
[21] KINGMA D P, BA J. Adam: A method for stochastic optimization[J]. Computer Science, 2014, 1: 1-15.
[22] TERUI F, KAMIMURA H, NISHIDA S I, et al. Motion estimation to a failed satellite on orbit using stereo vision and 3D model matching[C]. The 9th IEEE International Conference on Control, Automation, Robotics and Vision, Singapore, 2006: 1-8.
[23] OPROMOLLA R, FASANO G, RUFINO G, et al. Pose estimation for spacecraft relative navigation using model-based algorithms[J]. IEEE Transactions on Aerospace and Electronic Systems, 2017, 53(1): 431-447.
[24] BIONDI G, MAURO S, MOHTAR T, et al. Attitude recovery from feature tracking for estimating angular rate of non-cooperative spacecraft[J]. Mechanical Systems & Signal Processing, 2017, 83(1): 321-336.
[25] ZHANG X, JIANG Z, ZHANG H, et al. Vision-based pose estimation for textureless space objects by contour points matching [J]. IEEE Transactions on Aerospace and Electronic Systems, 2018, 54(5): 2342-2355.
[26] OUMER N W, PANIN G. 3D point tracking and pose estimation of a space object using stereo images[C]. The 21st IEEE International Conference on Pattern Recognition, Tokyo, 2013: 796-800.
[27] LI Y, WANG Y, XIE Y. Using consecutive point clouds for pose and motion estimation of tumbling non-cooperative target[J]. Advances in Space Research, 2019, 63(5): 1576-1587.
[28] FENG Q, LIU Y, ZHU Z H, et al. Vision-based relative state estimation for a non-cooperative target[C]. The 2018 AIAA Guidance, Navigation, and Control Conference, Kissimmee, 2018: 1-7.
[29] YU F, HE Z, QIAO B, et al. Stereo-vision-based relative pose estimation for the rendezvous and docking of noncooperative satellites[J]. Mathematical Problems in Engineering, 2014, 2014: 1-12.
[30] SHARMA S, D'AMICO S. Comparative assessment of techniques for initial pose estimation using monocular vision[J]. Acta Astronautica, 2016, 123 (6): 435-445.
[31] HILLENBRAND U, LAMPARIELLO R. Motion and parameter estimation of a free-floating space object from range data for motion prediction[C]. The 8th ESA International Symposium on Artificial Intelligence, Robotics and Automation in Space, Munich, 2005: 1-10.
[32] LOWE D G. Distinctive image features from scale-invariant keypoints[J]. International Journal of Computer Vision, 2004, 60(2): 91-110.
[33] BAY H, ESS A, TUYTELAARS T, et al. Speeded-up robust features (SURF)[J]. Computer Vision and Image Understanding, 2008, 110(3): 346-359.
[34] FISCHLER M A, BOLLES R C. Random sample consensus: A paradigm for model fitting with applications to image analysis and automated cartography [J]. Communications of the ACM, 1981, 24(6): 381-395.
[35] JULIER S J, UHLMANN J K, DURRANT-WHYTE H F. A new approach for filtering nonlinear systems[C]. The 1995 American Control Conference, Seattle, 1995: 1628-1632.

第 2 章　基于多航天器编队的电磁非接触式消旋

空间非合作目标 (如火箭末级、失效卫星) 通常不具备姿态调整能力，且长期处于失控状态，加之受太阳光压、重力梯度等空间摄动力矩和失效前自身残余角动量等因素的影响，往往会呈现出翻滚运动的形式。如果直接对翻滚空间非合作目标实施捕获甚至在轨维修，无疑存在着极大的碰撞风险。为降低风险系数，采取先消旋后捕获的策略是较为合适的方式。

本章首先对国内外已经提出的空间非合作目标消旋方法进行综述，分析现有消旋方法的优缺点，并对未来空间非合作目标消旋的发展方向进行展望；其次基于对现有消旋方法的分析，提出一种基于多航天器编队的电磁非接触式消旋方法。

2.1　空间非合作目标消旋方法

对空间非合作目标进行消旋，实质是利用外部控制力矩来衰减目标的角速度。基于不同的标准，许多学者对空间非合作目标消旋方法进行了分类。比较常见的分类方法有两种：第一种是从能量的角度，将消旋方法分为基于能量转移的消旋方法和基于能量损耗的消旋方法；第二种是按照消旋力/力矩是否与目标接触，将消旋方法分为接触式消旋方法和非接触式消旋方法。其中，基于能量转移的消旋方法是把目标与消旋机构看成一个能量守恒的总体，将目标的角动量转移到消旋机构上以达到衰减目标角速度的目的，此时，系统的总能量不变；而在基于能量损耗的消旋方法中，通过消旋机构对目标施加一定的力/力矩来耗损目标的动能和角动量，从而抑制目标的旋转运动。接触式消旋方法是利用消旋机构在空间非合作目标表面上施加具有缓冲作用的力/力矩，从而实现对目标的消旋；非接触式消旋方法是在安全距离外对空间非合作目标施加静电力、电磁力等非接触力，实现目标转速的衰减。本节选取第二种分类方法，对空间非合作目标的消旋现状进行综述。

2.1.1　接触式消旋方法

接触式消旋方法适用于较大目标的快速消旋，主要分为机械臂消旋和附着式消旋两类。其中，机械臂消旋是利用其末端执行器与非合作目标接触产生的力矩进行消旋；附着式消旋则是先将消旋机构附着在非合作目标上，然后通过自带的发动机产生力矩实现消旋。

1. 机械臂消旋

根据末端执行器的不同，机械臂消旋又可以进一步分为机械脉冲消旋和减速刷消旋等。

1) 机械脉冲消旋

机械脉冲消旋的主要原理是对空间非合作目标施加离散的外部接触力以实现消旋。Kawamoto 等[1] 总结了机械脉冲消旋的主要操作步骤，指出其主要优点是不需要事先估计非合作目标的自旋姿态和角速度，也不需要实时反馈控制力矩，只需要调整脉冲作用力的作用点，就可以实现对自由翻滚非合作目标的消旋控制。这种方法的消旋力矩很大，作用效果明显，但是操作过程存在一定危险，可能会产生新的碎片。产生机械脉冲的方式有许多种，如利用机械臂末端的软垫式执行器、发动机羽流、机械臂关节处的磁流变阻尼器等。

为了避免机械臂与非合作目标之间发生刚性碰撞，并且不影响非合作目标自旋的稳定性，Matunaga 等[2] 设计了一种软垫式阻尼器消旋方法。通过在机械臂末端安装一个利用内部均匀压强展开的柔软材质的球状缓冲器，使机械臂在抓捕非合作目标时，在缓冲器与目标之间产生阻力，具体为机械臂末端执行器与目标之间由于相对滑动产生的摩擦力和与目标自旋方向相反的推力，能够减小目标自旋的角动量。消旋力矩的大小主要取决于碰撞时刻球状缓冲器的形变程度。采用软垫式阻尼器消旋与直接抓捕相比冲击较小，但对消旋力矩建模时需要获取碰撞点相对于目标质心的位置矢量。当目标转速较快时，根据目标角动量矢量方向辨识作用点位置和规划脉冲路径，对机械臂末端控制提出了很高的要求。事实上，Matunaga 等建立的是基于恒定压力弹性球的冲击模型，属于完全弹性碰撞模型。但在冲击过程中，随着变形量的增加，弹性球体积减小、压力增大，材料刚度等参数发生了非线性改变，进一步影响碰撞力的大小。马睿等 [3] 在 Matunaga 等研究的基础上，设计了变压力柔性冲击末端，以弹性阻尼器作为柔性末端的核心创新点，针对外太空温度极端、微重力、强辐射和强电磁等复杂环境，球膜材料可选择乙丙橡胶，其密度低、可填充，具有良好的耐天候、耐臭氧和耐热性能。采用法兰将柔性末端固定于空间机械臂上，通过控制机械臂实现消旋冲击。

利用发动机羽流减小目标自旋角速度是另一种机械脉冲消旋方法。Nakajima 等[4] 在 2016 年提出了利用推进器燃烧产生的羽流对非合作目标施加控制力矩，从而达到减小非合作目标转速的目的。该方法避免了服务航天器与非合作目标之间的接触，降低了两者之间的碰撞危险；而且具有结构简单的优点，即只需多携带一些燃料即可。但是，羽流会造成空间环境的二次污染，影响卫星的性能。2020

年，Nakajima 等[5] 对发动机羽流消旋进行了进一步的研究，提出了利用发动机羽流消旋空间碎片时的制导方法。具体而言，他们提出了一种基于 e/i 矢量分离椭球轨道的速率阻尼方法。该轨道是一条安全的轨迹，意外情况下碰撞风险低。此外，它在减少碎片的旋转运动方面提供了更高的效率，这是由于碎片清除卫星在碎片周围绕飞，可以从不同的方向注入推进器的羽流。

磁流变阻尼器消旋方法是利用关节处安装有磁流变阻尼器的空间机械臂抓捕空间自旋目标，并保持其稳定的方法[6]。磁流变阻尼器由一种智能材料构成，这种材料通常情况下是液体；当磁场出现时，会固化成糊状；当磁力消失时，又会重新液化。而且，该糊化状态可由加在其上的电流大小加以控制。磁流变阻尼器可以在不知道机械臂和目标动力学信息的条件下减小自旋目标的角动量，并且使其和基座呈相对静止关系。

机械脉冲消旋在接触瞬间可提供较大的制动力，控制力矩模型也更为精确，制动效率更高，但碰撞风险也随之增大。机械脉冲消旋效果是建立在对目标表面、质心特征充分辨识和机械臂对目标点跟踪能力的基础上，受制于在轨辨识效率和机械臂末端执行器控制精度，适用于转速较低目标的消旋。

2) 减速刷消旋

减速刷消旋以安装在机械臂末端由柔性材料做成的刷子形状的机构为执行器，在抓捕目标之前，利用此刷子形状的执行器轻触非合作目标表面，在不影响目标稳定性的情况下使其自旋角速度逐渐减小，从而达到消旋的目的。由于减速刷与非合作目标是面接触作用，故只能提供单自由度的控制力，适用于目标单轴自旋的情况。

Nishida 等[7] 提出了一种接触式目标自旋衰减方法，以直径为 2m 的火箭壳体为研究对象，利用附着在机械臂末端的弹性减速刷与目标壳体之间的摩擦力衰减目标转速。

近年来，国内的学者在减速刷消旋方面也进行了大量的研究。段文杰等[8] 研究了减速刷消旋过程中的接触动力学，将消旋过程分为接触段和非接触段，以线弹性材料变形力和库仑摩擦模型为基础建立了柔性杆与帆板之间的接触动力学模型，并基于此设计了前馈与反馈相结合的控制方法。吴昊等[9] 和孙晟昕等[10] 设计了一种柔性减速刷消旋机构，将其安装于 7 自由度机械臂的末端，通过与翻滚目标帆板之间的接触碰撞进行消旋。

相比于抓捕后对组合体进行消旋的方式，利用减速刷与目标间的弹性接触力在抓捕前对目标进行消旋带来的冲击更小，有利于后续的捕获操作。但这类消旋方式实施前需要服务航天器进行复杂的变轨绕飞，从而可以接近目标，最终停靠在距目标非常近的位置处。对于做圆锥运动的翻滚目标，利用该方法进行消旋时需要精确控制机械臂与接触表面的相对位置，以提供稳定的接触制动力，且制动力的大小取决于减速刷刚度。

2. 附着式消旋

常见的消旋附着机构是纳卫星和立方星，此外有触须粘附式机构、吸附式质量块等消旋附着机构。

1) 纳卫星附着式消旋

卿金瑜等[11] 提出了一种简单、直接的附着式连续小推力消旋方法，在目标合适的位置附着纳卫星，利用纳卫星自带的动力装置对目标转速进行衰减。此方法通过分步消旋的策略研究空间目标的消旋，首先探讨了轴对称目标的消旋方法，其次在轴对称目标消旋方法的启发下，研究了更为普遍的一般目标消旋方法，给出了消旋步骤。通过给定的消旋顺序和方向作用控制力矩，消旋目标能有效降低旋转速度，实现消旋目的。

2) 立方星附着式消旋

Nadoushan 等[12] 针对小行星采矿任务，提出了使用一群立方星对小行星进行消旋的方法。其中，每颗立方星都配备一个低推力推进器。每个立方星在椭球形小行星上的着陆位置和方向可以通过遗传算法确定，即根据所需立方星的最小数量来设计最佳立方星的配置。

3) 触须粘附式消旋

结合国内外对仿壁虎微纳米刚毛阵列的研究进展，针对大尺寸、非合作、高速旋转的空间非合作目标，江左[13] 提出了一种触须粘附式的空间非合作目标快速消旋方案。此方案采用触须式飞网提高对消旋目标外形的适应能力，使用触须末端的仿生吸附材料提高附着力矩，通过惯导测量信息和姿控发动机配合实现对空间非合作目标的快速消旋。

4) 吸附式质量块消旋

袁建平等[14] 提出了一种利用吸附式质量块改变转动惯量分布的空间碎片消旋装置和消旋方法，该装置包括安装有太阳能帆板的服务航天器主体，服务航天器主体表面上分布有吸附式质量块和弹射装置；吸附式质量块位于弹射装置顶部能够被弹出，各个表面均匀地分布着用于和目标连接的吸附组件。通过向目标上特定位置发射吸附式质量块，改变目标的转动惯量分布，从而改变目标的角加速度，进而改变目标的角速度，在尽可能减小对服务航天器影响的要求下，实现对目标的快速消旋。

3. 其他接触式消旋

1) 空间绳系机器人消旋

文献[15] ～ [18] 提出了一种基于空间绳系机器人的翻滚非合作目标姿态稳定控制方法。对于目标质量和转动惯量等参数未知的目标，既可在线辨识目标质量和转动惯量参数[16,18]，也可采用改进的基于动态逆的自适应控制器快速稳定目标姿态[17]，同时可有效降低执行器的饱和程度。

Hovell 等[19] 提出了利用黏弹性绳系附着到旋转非合作目标表面上，通过系绳拉力和变形时的阻尼力控制目标转速直至其姿态稳定。借助空间绳系机器人本体推进器和系绳拉力，空间绳系机器人可对非合作目标施加自由度控制力矩，衰减目标三轴转速。

陈诗瑜等[20] 提出了一种基于双绳系卫星的空间碎片消旋捕获方案，主要消旋过程：首先双绳系卫星接近旋转的空间非合作目标，用绳子弹射回收装置自目标的两边弹射可吸附绳，将绳头吸盘、辅助吸盘吸附在目标上后，由于其旋转运动吸附绳会绕在目标上；其次启动绳子弹射回收系统向回拉扯吸附绳，通过力传感器测定数值，临近设定的承力阈值时放松，如此往复直至目标转速下降至一定范围内；最后由卫星主体上的机械臂将其捕获。

空间绳系机器人虽然增加了系统柔性，但是由于在消旋之前需要直接抓捕目标或将系绳附着到目标表面，如何避免抓捕失败同时防止系绳缠绕还需要进一步研究。

2) 杆件消旋

为了简化消旋装置结构，提高消旋方案的可操作性，袁建平等设计了一种利用杆件折叠变形实现非合作目标消旋的方案[20,21]。杆件的一端与空间服务航天器固连，杆件主体上间隔加工有许多槽口，作用是便于杆件主体进行折叠；另一端用于接触空间非合作目标，非合作目标姿态的变化带动杆件主体通过槽口进行多次折叠，在杆件主体形变能的反作用下实现消旋。这种方法将旋转非合作目标的旋转动能传递到杆件上，通过杆件折叠吸收能量，减小空间非合作目标的转速。

2.1.2 非接触式消旋方法

由于非接触式消旋无须与目标相接触，减小了碰撞的危险。根据作用方式的不同，对非接触式消旋方法进行介绍。

1. 静电力消旋

静电力消旋的过程如下：服务航天器通过向非合作目标喷射电子使目标带负电荷，同时可以向空间喷射正离子或电子实现对自身带电荷的正负和电荷量的控制，从而控制自身电场；带有负电荷的非合作目标由于本身的旋转，电荷在其表面呈现出不均匀分布，当其在服务航天器形成的电场中旋转时，库仑力的合力矩作用会产生阻尼力矩，从而实现目标的消旋。

赵一鸣[22] 提出了一种基于库仑力的消旋方法，指出库仑力的大小主要取决于服务航天器与目标之间的距离、两者的相对几何结构和相对位置关系。同时，还对航天器在轨道切线方向飞行及消旋过程中可能产生的扰动和所涉及的编队飞行进行了讨论。

为了验证发射电子束产生库仑力对目标进行消旋方法的有效性，Bombardelli 等[23] 分析了对目标发射电子束时产生的动量与库仑力阻碍目标运动的动量之间的关系，通过仿真分析得到了前者幅值的数量级低于后者的结论，说明该方法有效。

上述研究方案都没有考虑电子电荷在服务航天器与非合作目标之间的转移问题。当非合作目标的结构不对称时，静电力的强度将随服务航天器姿态的变化发生显著的变化，原因在于目标的不对称性使得电荷发生了再分布。而且电子束消旋方法的基本要求是服务航天器与目标之间的相对位置距离很短，在这种情况下由目标发射的二次电荷 (如紫外辐射诱发的光电子、空间环境中等离子体粒子的合成等) 都会影响静电力的强度。为了提高静电力消旋的效率，文献 [24] 和 [25] 在考虑上述问题的情况下，根据目标的自旋角速度和几何结构，设计了服务航天器的几何尺寸和形状，并且提出了位置固定反馈控制算法。

2. 电磁消旋

航天器大多含有铝合金、钛合金等导体材料，当目标在磁场中运动时，根据法拉第电磁感应定律，目标导体内部会感生出涡流，在涡流场与外部磁场的相互作用下产生电磁力，阻碍两者间的相对运动；同时，对于翻滚航天器消旋这一任务，电磁消旋作为一种非接触的消旋方法，对目标的翻滚速度没有上下限的制约，有利于在任务中保护失效航天器，以防因碰撞产生不可控的消极影响。电磁消旋主要分为被动式和主动式两种，依据磁场是由地磁场提供还是人造磁场提供来进行区分。

Gómez 等[26] 通过理论方法证明了电磁消旋方法的可行性。针对单轴旋转的非合作目标，Sugai 等[27] 提出可利用导电目标转动时与外部磁场源之间的相对运动产生的涡流力来衰减目标运动，可以模拟不同初始转速的消旋过程。针对空间非合作目标因存在章动角而做翻滚运动的情况，Sugai 等[28] 又设计了基于涡流力矩的消旋控制方案，先消除目标自旋的章动角，将非合作目标从翻滚运动变为单轴自旋，然后将外部磁场的方向调整为与自旋轴垂直的方向，消除目标自旋角速度。

我国关于电磁消旋的研究相对较少。骆光照等[29] 针对目标自由翻滚的情况，将 3 组相互垂直的线圈分别放在垂直于目标 3 个本体坐标轴的方向上，通过设置线圈电流的大小实现对目标三轴转动的控制。袁建平等[30] 提出了一种利用涡流效应实现空间碎片消旋的小卫星编队设计方法，根据碎片相对于航天器平台的位置和碎片的外形尺寸, 对航天器平台发射的小卫星进行编队。由航天器平台释放 4 颗小卫星在目标碎片周围，小卫星展开通电螺线圈和太阳能帆板，通过控制小卫星释放时的位置和速度，使它们以目标碎片为中心形成自然的圆或椭圆编队。通过姿态控制使各小卫星的通电螺线圈都正对目标碎片，对螺线圈通电产生磁场，太阳能帆板提供所需电量，对碎片进行消旋，减小碎片翻滚的角速度，实现高速旋转空间碎片的快速消旋。石永康等[31] 针对消除空间旋转目标姿态旋转的问题，将第二代高温超导技术与涡流制动技术相结合，提出了超导式涡流消旋的概念，并采用电磁张量理论，建立了电磁–涡流作用机理的精确磁场和涡流力矩模型，最后对典型的高速旋转目标、低速旋转目标，以及复合旋转目标的消旋进行了动力学仿真研究，并验证了所提方法的有效性。

电磁消旋的优点是服务航天器与非合作目标之间非直接接触，不会有碰撞的危险；只要是磁场静止目标自旋的情况，那么产生电磁涡流力矩就能起到对目标消旋的作用，而且不会出现起旋现象。此方法的缺点是消旋力矩小，消旋时间长。

3. 气体冲击消旋

气体冲击消旋是利用喷射的气体对目标运动的阻碍作用消除目标翻滚运动。Nakajima 等 [4] 提出了一种利用气体冲击喷射在目标表面特定区域产生作用力进行消旋的方法，所计算的消旋力矩与喷气推力大小、目标表面形状、相对距离、方位角等因素有关。Peters 等[32] 提出可利用气体脉冲作用于翻滚非合作目标太阳帆板上来提供消旋力矩的消旋方法。

气体冲击消旋优势在于服务航天器只需要额外携带消旋所需燃料，通过自身发动机喷管喷射到目标表面即可实现消旋，无须额外携带消旋专用的末端执行装置。当服务航天器相对目标位置固定时，气体冲击力矩只能衰减目标 2 个方向的角速度分量，而且与气体喷射方向平行的角速度分量需要服务航天器进行绕飞，改变相对于目标的位姿才能达到完全衰减。消旋过程中，气体自喷管喷出后会在空间发散，从而加剧携带气体的耗散。

4. 激光消旋

Massimo 等[33] 提出了一种通过激光烧蚀控制空间碎片旋转运动的方法，即在瞬时角速度的方向上施加最大控制扭矩，而在其他方向上不期望使用控制分量。万雄等[34] 提出了一种用于空间碎片的自适应激光消旋方法。该方法是在自适应激光消旋系统上实现的，包括碎片追踪、自动对焦、碎片降速和消旋、平动降速实时评估、自适应平动降速、消旋实时评估和自适应消旋七个步骤。碎片追踪实现碎片分布分析且确定兴趣碎片目标；在自动对焦的基础上进行碎片降速和消旋；基于平动降速实时评估进行自适应平动降速；在消旋实时评估的基础上进行自适应消旋。

2.1.3 其他消旋方法

除了上述提到的接触式消旋方法和非接触式消旋方法，还有 yo-yo 消旋装置消旋和反作用飞轮消旋等消旋方法。

1. yo-yo 消旋装置消旋

yo-yo 消旋装置于 1961 年由加州理工学院喷气推进实验室提出[35]，可以对空间飞行器消旋，已经应用到美国国家航空航天局的探空火箭 “SIERRA”“黎明号” 中[36]。yo-yo 系统末端系有一定质量重物的两根绳索，对称地围绕在载荷的外侧，重物被释放后，由于离心力的作用，绳索慢慢展开，逐渐远离载荷的转轴，使得载荷的角动量转移到重物上，衰减载荷的自旋角速度，最终绳索断开，重物从载荷上脱落。yo-yo 消旋装置的主要参数是绳索长度和重物质量，由角动量守恒原理可知，绳索越长，所需重物质量越轻。但是绳索过长时，会增加重物展开过程的时间，因此需要对系统参数进行合理的设计。

2. 反作用飞轮消旋

为确保捕获机械臂、服务航天器和组合体在捕获过程中的稳定性，Yoshida 等[37] 提出了一种抓捕过程中或抓捕后对非合作目标消旋的方案。在抓捕卫星基座上安装反作用飞轮，将目标的角动量转换为反作用飞轮的动量，从而实现对目标的消旋。由于无外力作用在系统上，此方法的本质是将目标自旋的角动量转移到服务航天器的反作用飞轮上，没有能量的消耗。

因为空间非合作目标的翻滚运动形式复杂，所以对空间翻滚非合作目标实施主动消旋是对现有在轨捕获方法的有效补充。对于难以直接抓捕的空间翻滚非合作目标，在捕获前进行消旋处理可降低捕获难度，以保证后续任务安全、有效进行。消旋的目的是能够安全、稳定地捕获空间非合作目标，因此期望消旋过程能够快速、有效进行。从目前的各种方案来看，接触式消旋方法能提供较大的控制力矩，快速稳定目标姿态。当目标运动情况复杂时，利用气体冲击、静电力、电磁力等非接触力进行消旋可以有效减少碰撞风险，在安全间距外衰减目标三轴转速。

在将来的空间非合作目标在轨捕获任务中，空间环境会进一步恶化，任务难度将会大大提升，因此对空间非合作目标消旋控制提出了更高的要求。需要对空间非合作目标的姿态信息进行快速、精确地在轨辨识，针对无法获取空间非合作目标测量信息的情况，可以采取电磁消旋的方式；针对一次发射需要清除多个空间非合作目标的情况，可以使用绳网消旋的方式。若消旋装置同时兼具捕获、辅助离轨功能 (如机械臂)，也将大大提高空间非合作目标在轨捕获的效率。

2.2　多航天器协同电磁非接触式消旋

本节基于对现有消旋方法的分析，提出一种基于多航天器编队的电磁非接触式消旋方法[38]。如图 2.1 所示，在空间非合作目标周围布置多个携带电磁线圈的服务航天器，这些携带电磁线圈的服务航天器可以提供人造磁场，进而实现对空间非合作目标的消旋。针对提出的消旋方法，本节以对空间非合作目标运动形式的分析为基础，首先制订消旋策略，其次设计期望的编队构型以实现制订的消旋策略，再次对编队进行动力学建模并设计反馈控制律以实现并保持期望的编队构型，最后利用数值仿真对所提方法进行验证。

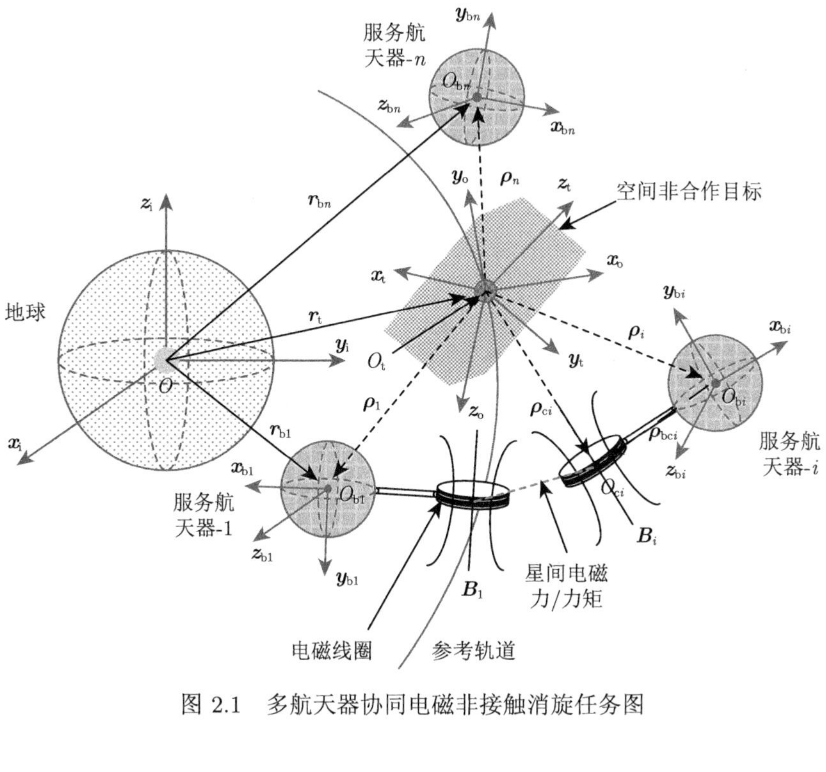

图 2.1　多航天器协同电磁非接触消旋任务图

2.2.1　问题描述

受自身残余角动量和空间摄动、太阳光压等因素的影响，空间非合作目标通常处于自由翻滚状态，其运动遵循欧拉方程[39]：

$$\boldsymbol{J}_{\mathrm{t}}\dot{\boldsymbol{\omega}}_{\mathrm{t}}+\boldsymbol{\omega}_{\mathrm{t}}\times\boldsymbol{J}_{\mathrm{t}}\boldsymbol{\omega}_{\mathrm{t}}=\boldsymbol{\tau}_{\mathrm{t}} \tag{2.1}$$

根据式 (2.1)，对空间非合作目标进行消旋，即施加主动控制力矩 $\boldsymbol{\tau}_{\rm t}$，使得 $\boldsymbol{\omega}_{\rm t} \to 0$。如图 2.1 所示，采用多个携带电磁线圈的服务航天器提供人造磁场，使得空间非合作目标上产生涡流力矩。涡流力矩作为消旋力矩，可使空间非合作目标的角速度衰减，实现消旋的目的。

为了完成消旋任务，做出如下假设：

假设 2.1　空间非合作目标的状态信息可以通过测量和计算得到。

假设 2.2　消旋磁场是定常磁场。

虽然空间非合作目标的信息通常含有不确定性甚至未知，但受益于现有技术的发展，已经提出了很多种确定空间非合作目标信息的技术手段，因此假设 2.1 是合理的。假设 2.2 是为了保证消旋过程可连续、安全进行，本质是服务航天器和空间非合作目标之间的构型 (包括相对位置和相对姿态) 保持问题，只要在消旋过程中服务航天器携带的电磁线圈相对空间非合作目标的位置和指向保持不变，就可以提供假设 2.2 要求的消旋磁场。

基于以上分析，多航天器协同电磁非接触式消旋问题可以分解为两个子问题：① 根据空间非合作目标的运动状态，制订相应的消旋策略，进而计算期望的消旋磁场；② 根据期望的消旋磁场，先设计服务航天器和非合作目标之间的期望编队构型，然后设计控制律实现期望编队构型。

2.2.2　理论推导

为方便进行理论推导，定义如下坐标系。

(1) 地心惯性系 $\Sigma_{\rm i} \triangleq \{O_{\rm i}, \boldsymbol{x}_{\rm i}, \boldsymbol{y}_{\rm i}, \boldsymbol{z}_{\rm i}\}$：原点位于地球质心 $O_{\rm i}$，其中 $\boldsymbol{x}_{\rm i}$ 轴指向春分点，$\boldsymbol{z}_{\rm i}$ 轴垂直于赤道面指向北极，$\boldsymbol{y}_{\rm i}$ 轴由右手定则确定。

(2) 空间非合作目标轨道坐标系 $\Sigma_{\rm o} \triangleq \{O_{\rm t}, \boldsymbol{x}_{\rm o}, \boldsymbol{y}_{\rm o}, \boldsymbol{z}_{\rm o}\}$：原点位于编队系统质心 $O_{\rm t}$，其中 $\boldsymbol{x}_{\rm o}$ 轴沿轨道径向由 $O_{\rm i}$ 指向 $O_{\rm t}$，$\boldsymbol{y}_{\rm o}$ 轴在轨道面内垂直于 $\boldsymbol{x}_{\rm o}$ 轴并指向运动方向，$\boldsymbol{z}_{\rm o}$ 轴沿轨道面法向，并满足右手定则。

(3) 空间非合作目标固连系 $\Sigma_{\rm t} \triangleq \{O_{\rm t}, \boldsymbol{x}_{\rm t}, \boldsymbol{y}_{\rm t}, \boldsymbol{z}_{\rm t}\}$：原点位于空间非合作目标的质心 $O_{\rm t}$，坐标轴固连于非合作目标的转动惯量主轴，并满足右手定则。

(4) 第 i 个服务航天器固连系 $\Sigma_{{\rm b}i} \triangleq \{O_{{\rm b}i}, \boldsymbol{x}_{{\rm b}i}, \boldsymbol{y}_{{\rm b}i}, \boldsymbol{z}_{{\rm b}i}\}$：原点位于第 i 个服务航天器的质心 $O_{{\rm b}i}$，坐标轴固连于第 i 个服务航天器的转动惯量主轴，并满足右手定则。

1. 消旋策略

为了保证消旋效率和消旋过程的安全性，制订如下消旋准则。

准则 2.1　服务航天器产生的人造磁场除了衰减空间非合作目标的角速度外，不能对空间非合作目标造成其他影响。

准则 2.2　各个服务航天器产生的叠加磁场应当垂直于空间非合作目标的旋转角速度。

准则 2.1 和准则 2.2 保证了各服务航天器产生的人造磁场对衰减空间非合作目标角速度的影响是积极的。为了实现以上两个消旋准则，对电磁线圈的开关机时间提出以下要求：

要求 2.1　只有当服务航天器或者其携带的电磁线圈到达期望的位置和姿态时，电磁线圈才会通电，消旋过程才会开始。

要求 2.2　当空间非合作目标的角度 $\boldsymbol{\omega}_{\mathrm{t}}$ 小于一个给定的小量 ε_{t} 时，对非合作目标的消旋完成，电磁线圈断电，消旋过程结束。

如图 2.2 所示，空间非合作目标的典型运动可以分为绕最小转动惯量轴的自旋运动 [图 2.2 (a)]、绕最大转动惯量轴的平旋运动 [图 2.2 (b)] 和存在章动角的翻滚运动 [图 2.2 (c)]。

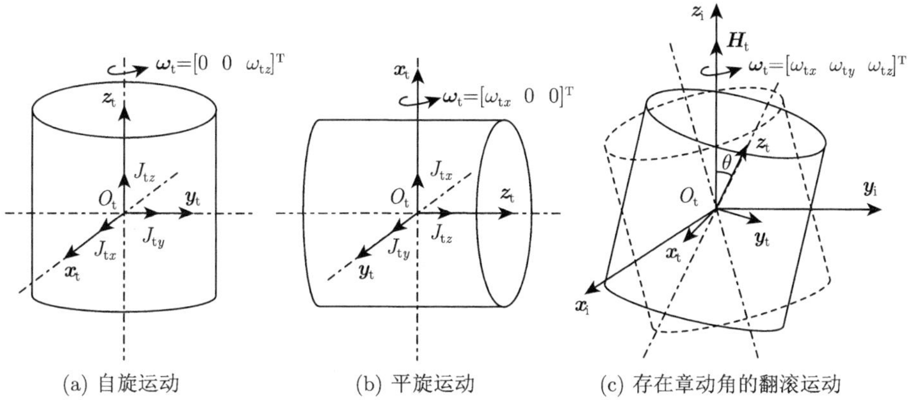

图 2.2　空间非合作目标典型运动形式图

基于消旋准则，消旋磁场必须垂直于空间非合作目标的旋转角速度。不失一般性，仅以单轴自旋运动和平旋运动为例进行理论推导。非合作目标角速度 $\boldsymbol{\omega}_{\mathrm{t}}$ 和期望总磁场强度 $\boldsymbol{B}^{\mathrm{d}}$ 满足：

$$\boldsymbol{\omega}_{\mathrm{t}} \cdot \boldsymbol{B}^{\mathrm{d}} = 0 \tag{2.2}$$

其中，$\boldsymbol{B}^{\mathrm{d}} = \sum\limits_{i=1}^{n} \boldsymbol{B}_i^{\mathrm{d}}$。$\boldsymbol{B}_i^{\mathrm{d}}$ 是第 i 个服务航天器携带的电磁线圈期望产生的磁场强度。以三星编队为例，如图 2.3 所示，针对单轴旋转的情形，为简单起见，可设图中服务航天器携带的电磁线圈的中心轴线均与服务航天器的旋转轴重合，此时有

$$\boldsymbol{\omega}_{\mathrm{t}} \cdot \boldsymbol{B}_i^{\mathrm{d}} = 0 \tag{2.3}$$

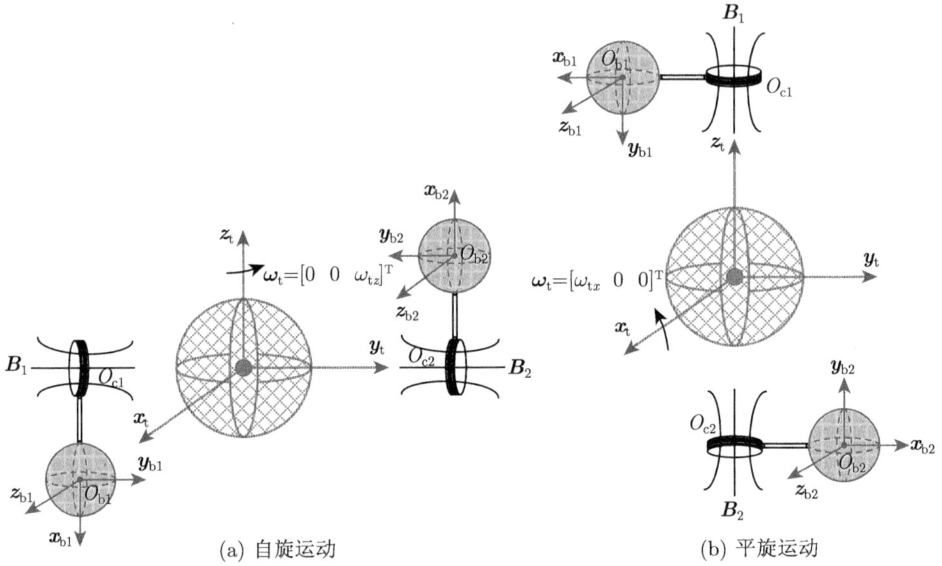

图 2.3　空间非合作目标单轴旋转消旋策略 (以三星编队为例)

具体的，电磁线圈中心与空间非合作目标质心之间的期望相对位置矢量 $\boldsymbol{\rho}_{\mathrm{c}i}^{\mathrm{d}}$，应该与 Σ_{t} 中除自旋轴外两个轴中的任意一个重合。针对图 2.3 中的两种情形，$\boldsymbol{\rho}_{\mathrm{c}i}^{\mathrm{d}}$ 的可行值为

$$\text{自旋运动:}\quad \begin{cases} \boldsymbol{\rho}_{\mathrm{c}i}^{\mathrm{d}} = \begin{bmatrix} \rho_i^{\mathrm{d}} & 0 & 0 \end{bmatrix}^{\mathrm{T}} \\ \boldsymbol{\rho}_{\mathrm{c}i}^{\mathrm{d}} = \begin{bmatrix} 0 & \rho_i^{\mathrm{d}} & 0 \end{bmatrix}^{\mathrm{T}} \end{cases} \tag{2.4}$$

$$\text{平旋运动:}\quad \begin{cases} \boldsymbol{\rho}_{\mathrm{c}i}^{\mathrm{d}} = \begin{bmatrix} 0 & \rho_i^{\mathrm{d}} & 0 \end{bmatrix}^{\mathrm{T}} \\ \boldsymbol{\rho}_{\mathrm{c}i}^{\mathrm{d}} = \begin{bmatrix} 0 & 0 & \rho_i^{\mathrm{d}} \end{bmatrix}^{\mathrm{T}} \end{cases} \tag{2.5}$$

用四元数 $\boldsymbol{q}_i^{\mathrm{d}}$ 表示空间非合作目标与第 i 个服务航天器之间的期望相对姿态，与电磁线圈在服务航天器上的安装位置和 $\boldsymbol{\rho}_{\mathrm{c}i}^{\mathrm{d}}$ 有关。因此，$\boldsymbol{q}_i^{\mathrm{d}}$ 通常不唯一。仍然以图 2.3 中的两种情形为例，$\boldsymbol{q}_i^{\mathrm{d}}$ 的一组可行值为

$$\text{自旋运动:}\quad \begin{cases} \boldsymbol{q}_1^{\mathrm{d}} = \begin{bmatrix} 0 & -\dfrac{\sqrt{2}}{2} & 0 & \dfrac{\sqrt{2}}{2} \end{bmatrix}^{\mathrm{T}} \\ \boldsymbol{q}_2^{\mathrm{d}} = \begin{bmatrix} \dfrac{\sqrt{2}}{2} & 0 & \dfrac{\sqrt{2}}{2} & 0 \end{bmatrix}^{\mathrm{T}} \end{cases} \tag{2.6}$$

平旋运动：
$$\begin{cases} \boldsymbol{q}_1^{\mathrm{d}} = \left[\begin{array}{cccc} \dfrac{1}{2} & -\dfrac{1}{2} & \dfrac{1}{2} & \dfrac{1}{2} \end{array} \right]^{\mathrm{T}} \\ \boldsymbol{q}_2^{\mathrm{d}} = \left[\begin{array}{cccc} -\dfrac{1}{2} & -\dfrac{1}{2} & -\dfrac{1}{2} & \dfrac{1}{2} \end{array} \right]^{\mathrm{T}} \end{cases} \tag{2.7}$$

由于 $\boldsymbol{q}_i^{\mathrm{d}}$ 是常数，空间非合作目标与第 i 个服务航天器之间的期望相对角速度为 0，即

$$\boldsymbol{\omega}_i^{\mathrm{d}} = \boldsymbol{0} \tag{2.8}$$

一旦确定编队系统的期望构型，便可得到期望的人造磁场，相应的消旋力矩也可以计算出来。第 i 个服务航天器携带的电磁线圈的磁场强度为

$$\boldsymbol{B}_i^{\mathrm{d}} = \boldsymbol{B}_i^{\mathrm{axis}} = \frac{\mu_0 N_i i_i R_i^2}{2(d_i^2 + R_i^2)^{3/2}} \tag{2.9}$$

其中，R_i 为线圈半径；$\mu_0 = 4\pi \times 10^{-7}(\mathrm{T \cdot m/A})$ 为真空磁导率；N_i 为超导电磁线圈的匝数；i_i 为导线中的电流；$d_i = \left\| \boldsymbol{\rho}_{\mathrm{c}i}^{\mathrm{d}} \right\|$。

空间非合作目标几何外形的复杂性和金属材料各向异性，使得涡流力矩难以计算。对于不规则的目标，一般采取有限元方法；对于球形、圆柱形、盘形等规则目标，Gómez 等[26] 给出了涡流力矩的解析计算式，采用 Gómez 等提出的电磁张量理论，根据激励磁场强度可直接求出涡流力矩。为简单起见，以我国某经典卫星作为消旋目标，该卫星是一个 72 面体，仿真模型中将其近似为球体，球壳材料为硬铝合金。对于单个服务航天器携带的电磁线圈，其作用在该目标上的涡流力矩为

$$\boldsymbol{\tau}_{\mathrm{t}i} = \frac{2\pi}{3} \sigma_{\mathrm{t}} \left(R_{\mathrm{t}} \right)^4 e_{\mathrm{t}} \left(\boldsymbol{\omega}_{\mathrm{t}} \times \boldsymbol{B}_i^{\mathrm{d}} \right) \times \boldsymbol{B}_i^{\mathrm{d}} \tag{2.10}$$

其中，σ_{t} 为目标电导率；R_{t} 为目标半径；e_{t} 为目标厚度。

进一步地，作用在该目标上的总涡流力矩 $\boldsymbol{\tau}_{\mathrm{t}}$ 是各服务航天器携带的电磁线圈作用之和：

$$\boldsymbol{\tau}_{\mathrm{t}} = \sum \boldsymbol{\tau}_{\mathrm{t}i} \tag{2.11}$$

2. 编队相对动力学建模

为了得到期望的人造磁场，必须建立由空间非合作目标与各服务航天器组成编队系统的动力学模型。

1) 6 自由度相对平动动力学

空间非合作目标与第 i 个服务航天器之间的相对平动动力学方程为[40]

$$\begin{cases} \ddot{x}_i - 2\dot{\theta}\dot{y}_i - \ddot{\theta}y_i - \dot{\theta}^2 x_i + \dfrac{\mu\left(r_{\mathrm{t}} + x_i\right)}{\gamma_i} - \dfrac{\mu}{r_{\mathrm{t}}^2} = f_{ix} \\ \ddot{y}_i + 2\dot{\theta}\dot{x}_i + \ddot{\theta}x_i - \dot{\theta}^2 y_i + \dfrac{\mu y_i}{\gamma_i} = f_{iy} \\ \ddot{z}_i + \dfrac{\mu z_i}{\gamma_i} = f_{iz} \end{cases} \tag{2.12}$$

其中，x_i、y_i 和 z_i 是 $\boldsymbol{\rho}_i$ 的三个分量；μ 是地心引力常数；空间非合作目标在参考轨道坐标系中的位置矢量为 $\boldsymbol{r}_{\mathrm{t}} = [r_{\mathrm{t}}\ 0\ 0]^{\mathrm{T}}$；$f_{ix}$、$f_{iy}$ 和 f_{iz} 是作用在第 i 个航天器上的控制加速度 $\boldsymbol{f}_i$ 的分量；$\dot{\theta}$ 和 $\ddot{\theta}$ 分别是空间非合作目标轨道角速度和轨道角加速度，分别由式 (2.13) 和式 (2.14) 给出；γ_i 由式 (2.15) 确定。

$$\dot{\theta} = \frac{n(1 + e\cos\theta)^2}{(1 - e^2)^{\frac{3}{2}}}, n = \sqrt{\frac{\mu}{a_{\mathrm{t}}^3}} \tag{2.13}$$

$$\ddot{\theta} = \frac{-2n^2 e\sin\theta(1 + e\cos\theta)^3}{(1 - e^2)^3} \tag{2.14}$$

$$\gamma_i = \left|\boldsymbol{r}_{\mathrm{t}} + \boldsymbol{\rho}_i\right|^3 = \left[\left(r_{\mathrm{t}} + x_i\right)^2 + y_i^2 + z_i^2\right]^{\frac{3}{2}} \tag{2.15}$$

其中，e 为空间非合作目标轨道偏心率；θ 为空间非合作目标真近点角；a_{t} 为轨道半长轴。

进一步地，空间非合作目标和第 i 个服务航天器携带的电磁线圈之间的 6 自由度相对动力学平动方程为[41]

$$\begin{aligned} &\ddot{x}_{\mathrm{c}i} - 2\dot{\theta}\left[\dot{y}_{\mathrm{c}i} - \left(\omega_{iz}x_{\mathrm{bc}i} - \omega_{ix}z_{\mathrm{bc}i}\right)\right] - \ddot{\theta}\left(y_{\mathrm{c}i} - y_{\mathrm{bc}i}\right) - \dot{\theta}^2\left(x_{\mathrm{c}i} - x_{\mathrm{bc}i}\right) \\ &\quad - \left(\dot{\omega}_{iy}z_{\mathrm{bc}i} - \dot{\omega}_{iz}y_{\mathrm{bc}i}\right) - \left[\omega_{iy}\left(\omega_{ix}y_{\mathrm{bc}i} - \omega_{iy}x_{\mathrm{bc}i}\right) - \omega_{iz}\left(\omega_{iz}x_{\mathrm{bc}i} - \omega_{ix}z_{\mathrm{bc}i}\right)\right] \\ =& -\frac{\mu\left(r_{\mathrm{t}} + x_{\mathrm{c}i} - x_{\mathrm{bc}i}\right)}{\gamma_i} + \frac{\mu}{r_{\mathrm{t}}^2} + f_{ix} \end{aligned} \tag{2.16}$$

$$\begin{aligned} &\ddot{y}_{\mathrm{c}i} + 2\dot{\theta}\left[\dot{x}_{\mathrm{c}i} - \left(\omega_{iy}z_{\mathrm{bc}i} - \omega_{iz}y_{\mathrm{bc}i}\right)\right] + \ddot{\theta}\left(x_{\mathrm{c}i} - x_{\mathrm{bc}i}\right) - \dot{\theta}^2\left(y_{\mathrm{c}i} - y_{\mathrm{bc}i}\right) \\ &\quad - \left(\dot{\omega}_{iz}x_{\mathrm{bc}i} - \dot{\omega}_{ix}z_{\mathrm{bc}i}\right) - \left[\omega_{iz}\left(\omega_{iy}z_{\mathrm{bc}i} - \omega_{iz}y_{\mathrm{bc}i}\right) - \omega_{ix}\left(\omega_{ix}y_{\mathrm{bc}i} - \omega_{iy}x_{\mathrm{bc}i}\right)\right] \\ =& -\frac{\mu\left(y_{\mathrm{c}i} - y_{\mathrm{bc}i}\right)}{\gamma_i} + f_{iy} \end{aligned} \tag{2.17}$$

$$\begin{aligned} &\ddot{z}_{\mathrm{c}i} - \left(\dot{\omega}_{ix}y_{\mathrm{bc}i} - \dot{\omega}_{iy}x_{\mathrm{bc}i}\right) - \left[\omega_{ix}\left(\omega_{iz}x_{\mathrm{bc}i} - \omega_{ix}z_{\mathrm{bc}i}\right) - \omega_{iy}\left(\omega_{iy}z_{\mathrm{bc}i} - \omega_{iz}y_{\mathrm{bc}i}\right)\right] \\ =& -\frac{\mu\left(z_{\mathrm{c}i} - z_{\mathrm{bc}i}\right)}{\gamma_i} + f_{iz} \end{aligned} \tag{2.18}$$

其中，

$$\gamma_i = \left[\left(r_{\mathrm{t}} + x_{\mathrm{c}i} - x_{\mathrm{bc}i}\right)^2 + \left(y_{\mathrm{c}i} - y_{\mathrm{bc}i}\right)^2 + \left(z_{\mathrm{c}i} - z_{\mathrm{bc}i}\right)^2\right]^{\frac{3}{2}} \tag{2.19}$$

定义状态变量 $\boldsymbol{X}_{\mathrm{t}i}$ 如下：

$$\boldsymbol{X}_{\mathrm{t}i}=\begin{bmatrix} x_{\mathrm{c}i} & y_{\mathrm{c}i} & z_{\mathrm{c}i} & \dot{x}_{\mathrm{c}i} & \dot{y}_{\mathrm{c}i} & \dot{z}_{\mathrm{c}i}\end{bmatrix}^{\mathrm{T}}\in\mathbf{R}^{6\times 1} \tag{2.20}$$

那么，空间非合作目标和第 i 个服务航天器携带的电磁线圈之间的 6 自由度相对平动动力学方程可以改写为

$$\dot{\boldsymbol{X}}_{\mathrm{t}i}=\boldsymbol{A}_{\mathrm{t}i}\boldsymbol{X}_{\mathrm{t}i}+\boldsymbol{B}_{\mathrm{t}i}\boldsymbol{U}_{\mathrm{t}i}+\boldsymbol{D}_{\mathrm{t}i} \tag{2.21}$$

其中，$\boldsymbol{A}_{\mathrm{t}i}$、$\boldsymbol{B}_{\mathrm{t}i}$ 和 $\boldsymbol{D}_{\mathrm{t}i}$ 的表达式分别见式 (2.22)、式 (2.23) 和式 (2.24)；$\boldsymbol{U}_{\mathrm{t}i}$ 是控制输入，且 $\boldsymbol{U}_{\mathrm{t}i}=\boldsymbol{f}_i=\begin{bmatrix} f_{ix} & f_{iy} & f_{iz}\end{bmatrix}^{\mathrm{T}}$。

$$\boldsymbol{A}_{\mathrm{t}i}=\begin{bmatrix} 0 & 0 & 0 & 1 & 0 & 0\\ 0 & 0 & 0 & 0 & 1 & 0\\ 0 & 0 & 0 & 0 & 0 & 1\\ \dot{\theta}^2-\dfrac{\mu}{\gamma_i} & \ddot{\theta} & 0 & 0 & 2\dot{\theta} & 0\\ -\ddot{\theta} & \dot{\theta}^2-\dfrac{\mu}{\gamma_i} & 0 & -2\dot{\theta} & 0 & 0\\ 0 & 0 & -\dfrac{\mu}{\gamma_i} & 0 & 0 & 0 \end{bmatrix} \tag{2.22}$$

$$\boldsymbol{B}_{\mathrm{t}i}=\begin{bmatrix} 0 & 0 & 0\\ 0 & 0 & 0\\ 0 & 0 & 0\\ 1 & 0 & 0\\ 0 & 1 & 0\\ 0 & 0 & 1 \end{bmatrix} \tag{2.23}$$

$$\boldsymbol{D}_{\mathrm{t}i}=\begin{bmatrix} 0 & 0 & 0 & D_{\mathrm{t}i4} & D_{\mathrm{t}i5} & D_{\mathrm{t}i6}\end{bmatrix}^{\mathrm{T}} \tag{2.24}$$

$$\begin{cases} D_{\mathrm{t}i4}=-2\dot{\theta}\left(\omega_{iz}x_{\mathrm{bc}i}-\omega_{ix}z_{\mathrm{bc}i}\right)-\ddot{\theta}y_{\mathrm{bc}i}-\dot{\theta}^2x_{\mathrm{bc}i}+\left(\dot{\omega}_{iy}z_{\mathrm{bc}i}-\dot{\omega}_{iz}y_{\mathrm{bc}i}\right)\\ \qquad +\left[\omega_{iy}\left(\omega_{ix}y_{\mathrm{bc}i}-\omega_{iy}x_{\mathrm{bc}i}\right)-\omega_{iz}\left(\omega_{iz}x_{\mathrm{bc}i}-\omega_{ix}z_{\mathrm{bc}i}\right)\right]-\dfrac{\mu\left(r_{\mathrm{t}}-x_{\mathrm{bc}i}\right)}{\gamma_i}+\dfrac{\mu}{r_{\mathrm{t}}^2}\\ D_{\mathrm{t}i5}=2\dot{\theta}\left(\omega_{iy}z_{\mathrm{bc}i}-\omega_{iz}y_{\mathrm{bc}i}\right)+\ddot{\theta}x_{\mathrm{bc}i}-\dot{\theta}^2y_{\mathrm{bc}i}+\left(\dot{\omega}_{iz}x_{\mathrm{bc}i}-\dot{\omega}_{ix}z_{\mathrm{bc}i}\right)\\ \qquad +\left[\omega_{iz}\left(\omega_{iy}z_{\mathrm{bc}i}-\omega_{iz}y_{\mathrm{bc}i}\right)-\omega_{ix}\left(\omega_{ix}y_{\mathrm{bc}i}-\omega_{iy}x_{\mathrm{bc}i}\right)\right]+\dfrac{\mu y_{\mathrm{bc}i}}{\gamma_i}\\ D_{\mathrm{t}i6}=\left(\dot{\omega}_{ix}y_{\mathrm{bc}i}-\dot{\omega}_{iy}x_{\mathrm{bc}i}\right)+\left[\omega_{ix}\left(\omega_{iz}x_{\mathrm{bc}i}-\omega_{ix}z_{\mathrm{bc}i}\right)-\omega_{iy}\left(\omega_{iy}z_{\mathrm{bc}i}-\omega_{iz}y_{\mathrm{bc}i}\right)\right]+\dfrac{\mu z_{\mathrm{bc}i}}{\gamma_i} \end{cases} \tag{2.25}$$

2) 相对姿态动力学

空间非合作目标和第 i 个服务航天器携带的电磁线圈之间的 6 自由度相对平动动力学方程 (2.21) 与空间非合作目标和第 i 个服务航天器之间的相对姿态动力学方程耦合。空间非合作目标和第 i 个服务航天器之间的相对姿态动力学方程为[41]

$$\boldsymbol{J}_{\mathrm{t}}\dot{\boldsymbol{\omega}}_i=\boldsymbol{J}_{\mathrm{t}}\boldsymbol{T}_i\boldsymbol{J}_{\mathrm{b}i}^{-1}\left[\boldsymbol{\tau}_i-\boldsymbol{T}_i^{\mathrm{T}}\left(\boldsymbol{\omega}_i+\boldsymbol{\omega}_{\mathrm{t}}\right)\times\boldsymbol{J}_{\mathrm{b}i}\boldsymbol{T}_i^{\mathrm{T}}\left(\boldsymbol{\omega}_i+\boldsymbol{\omega}_{\mathrm{t}}\right)\right]-\boldsymbol{J}_{\mathrm{t}}\boldsymbol{\omega}_{\mathrm{t}}\times\boldsymbol{\omega}_i-\left[\boldsymbol{\tau}_{\mathrm{t}}-\boldsymbol{\omega}_{\mathrm{t}}\times\boldsymbol{J}_{\mathrm{t}}\boldsymbol{\omega}_{\mathrm{t}}\right] \tag{2.26}$$

其中，$\boldsymbol{T}_i(\boldsymbol{q}_i)$ 表示 $\Sigma_{\mathrm{b}i}$ 到 Σ_{t} 的坐标变换矩阵，具体形式见式 (2.27)；$\boldsymbol{q}_i$ 表示非合作目标和第 i 个服务航天器之间的姿态四元数，其与相对角速度$\boldsymbol{\omega}_i=\begin{bmatrix}\omega_{ix} & \omega_{iy} & \omega_{iz}\end{bmatrix}^{\mathrm{T}}$ 之间的关系见式 (2.28)。

$$\boldsymbol{T}_i(\boldsymbol{q}_i)=\begin{bmatrix} q_{i1}^2-q_{i2}^2-q_{i3}^2+q_{i4}^2 & 2\left(q_{i1}q_{i2}+q_{i3}q_{i4}\right) & 2\left(q_{i1}q_{i3}-q_{i2}q_{i4}\right) \\ 2\left(q_{i1}q_{i2}-q_{i3}q_{i4}\right) & -q_{i1}^2+q_{i2}^2-q_{i3}^2+q_{i4}^2 & 2\left(q_{i2}q_{i3}+q_{i1}q_{i4}\right) \\ 2\left(q_{i1}q_{i3}+q_{i2}q_{i4}\right) & 2\left(q_{i2}q_{i3}-q_{i1}q_{i4}\right) & -q_{i1}^2-q_{i2}^2+q_{i3}^2+q_{i4}^2 \end{bmatrix} \tag{2.27}$$

$$\dot{\boldsymbol{q}}_i=\frac{1}{2}\begin{bmatrix} q_4 & -q_3 & q_2 \\ q_3 & q_4 & -q_1 \\ -q_2 & q_1 & q_4 \\ -q_1 & -q_2 & -q_3 \end{bmatrix}\begin{bmatrix}\omega_{ix} \\ \omega_{iy} \\ \omega_{iz}\end{bmatrix} \tag{2.28}$$

基于式 (2.26)~式 (2.28)，可以得到整个编队系统的相对动力学方程。

3. 编队保持控制

为了实现上述消旋策略，磁场必须是恒定的。换句话说，期望的编队构型必须能保持住，即 $\boldsymbol{\rho}_{\mathrm{c}i}^{\mathrm{d}}$、$\boldsymbol{q}_i^{\mathrm{d}}$ 和 $\boldsymbol{\omega}_i^{\mathrm{d}}$ 在整个消旋过程中保持不变。

与普通编队系统不同，各个服务航天器之间的星间电磁力/力矩不可忽略。采用远场偶极子模型计算星间电磁力/力矩，第 i 个服务航天器和第 j 个服务航天器间的星间电磁力/力矩为

$$\begin{cases} \boldsymbol{f}_{ij}^{\mathrm{EM}}=-\dfrac{3\mu_0}{4\pi}\left[\dfrac{\boldsymbol{\mu}_i\cdot\boldsymbol{\mu}_j}{\rho_{ij}^5}\boldsymbol{\rho}_{ij}+\dfrac{\boldsymbol{\mu}_i\cdot\boldsymbol{\rho}_{ij}}{\rho_{ij}^5}\boldsymbol{\mu}_j+\dfrac{\boldsymbol{\mu}_j\cdot\boldsymbol{\rho}_{ij}}{\rho_{ij}^5}\boldsymbol{\mu}_i-5\dfrac{\left(\boldsymbol{\mu}_i\cdot\boldsymbol{\rho}_{ij}\right)\left(\boldsymbol{\mu}_j\cdot\boldsymbol{\rho}_{ij}\right)}{\rho_{ij}^7}\boldsymbol{\rho}_{ij}\right] \\ \boldsymbol{\tau}_{ij}^{\mathrm{EM}}=\boldsymbol{\mu}_i\times\boldsymbol{B}_{ij}\left(\boldsymbol{\mu}_j,\boldsymbol{\rho}_{ij}\right) \end{cases} \tag{2.29}$$

其中，

$$\boldsymbol{\rho}_{ij}=\boldsymbol{\rho}_{\mathrm{c}i}-\boldsymbol{\rho}_{\mathrm{c}j} \tag{2.30}$$

$$\boldsymbol{\mu}_i=N_i i_i S_i=\pi N_i i_i R_i^2 \tag{2.31}$$

$\boldsymbol{\mu}_i$ 为第 i 个服务航天器携带的电磁线圈的磁矩矢量；S_i 为线圈横截面面积。

$$\boldsymbol{B}_{ij}\left(\boldsymbol{\mu}_j,\boldsymbol{\rho}_{ij}\right)=\frac{\mu_0}{4\pi}\left[\frac{3\boldsymbol{\rho}_{ij}\left(\boldsymbol{\mu}_j\cdot\boldsymbol{\rho}_{ij}\right)}{\rho_{ij}^5}-\frac{\boldsymbol{\mu}_j}{\rho_{ij}^3}\right] \tag{2.32}$$

对于编队构型保持问题，可将各个服务航天器之间的星间电磁力/力矩当作扰动处理。对于第 i 个编队航天器，作用在其上的电磁力矩为

$$\boldsymbol{\tau}_i^{\mathrm{EM}}=\sum\boldsymbol{\tau}_{ij}^{\mathrm{EM}} \tag{2.33}$$

同样，相对平动动力学方程可以改写为

$$\dot{\boldsymbol{X}}_{\mathrm{t}i}=A_{\mathrm{t}i}\boldsymbol{X}_{\mathrm{t}i}+B_{\mathrm{t}i}\boldsymbol{U}_{\mathrm{t}i}+\boldsymbol{D}_{\mathrm{t}i}+\boldsymbol{F}_i^{\mathrm{EM}} \tag{2.34}$$

其中，

$$\boldsymbol{F}_i^{\mathrm{EM}}=\begin{bmatrix}\boldsymbol{0}_{3\times1}\\ \boldsymbol{f}_i^{\mathrm{EM}}\end{bmatrix},\boldsymbol{f}_i^{\mathrm{EM}}=\sum\boldsymbol{f}_{ij}^{\mathrm{EM}} \tag{2.35}$$

编队构型保持的任务是消除扰动，可以采用反馈控制保持编队构型。具体而言，控制输入 $\boldsymbol{\tau}_i$ 和 $\boldsymbol{U}_{\mathrm{t}i}$ 分别为

$$\boldsymbol{\tau}_i=-\boldsymbol{\tau}_i^{\mathrm{EM}}+\boldsymbol{T}_i^{\mathrm{T}}\left(\boldsymbol{\omega}_i+\boldsymbol{\omega}_{\mathrm{t}}\right)\times\boldsymbol{J}_{\mathrm{b}i}\boldsymbol{T}_i^{\mathrm{T}}\left(\boldsymbol{\omega}_i+\boldsymbol{\omega}_{\mathrm{t}}\right)+\boldsymbol{J}_{\mathrm{b}i}\boldsymbol{T}_i^{-1}\boldsymbol{J}_{\mathrm{t}}^{-1}\left(\boldsymbol{J}_{\mathrm{t}}\boldsymbol{\omega}_{\mathrm{t}}\times\boldsymbol{\omega}_i+\boldsymbol{\tau}_{\mathrm{t}}-\boldsymbol{\omega}_{\mathrm{t}}\times\boldsymbol{J}_{\mathrm{t}}\boldsymbol{\omega}_{\mathrm{t}}\right) \tag{2.36}$$

$$\boldsymbol{U}_{\mathrm{t}i}=-\boldsymbol{B}_{\mathrm{t}i}^{\mathrm{T}}\left(A_{\mathrm{t}i}\boldsymbol{X}_{\mathrm{t}i}-\boldsymbol{D}_{\mathrm{t}i}-\boldsymbol{F}_i^{\mathrm{EM}}\right) \tag{2.37}$$

此时，得到了消旋策略所需的人造磁场，即可以按照设想对空间非合作目标进行消旋。

2.2.3 仿真验证

本小节仍以我国某经典卫星作为目标进行消旋验证，具体仿真参数见表 2.1。针对自旋运动和平旋这两种情况分别进行仿真验证。

1. 自旋运动情形

如图 2.2 (a) 所示，对于自旋运动情形，$\boldsymbol{\omega}_{\mathrm{t}}=\begin{bmatrix}0 & 0 & \omega_{\mathrm{t}z}\end{bmatrix}^{\mathrm{T}}$。具体仿真参数见表 2.2。

图 2.4 展示了整个消旋过程。在磁场的持续作用下，空间非合作目标的自旋角速度均明显减小。具体而言，在 4h 之内，空间非合作目标的自旋角速度基本降为 0。此外，从图 2.4 (a) 可以看出，除了 z 向角速度在变化，其他两个方向的角速度在整个消旋过程中保持为 0，说明满足准则 2.1。图 2.5 展示了消旋过程中为了维持编队构型，作用在服务航天器-1 上的控制力/力矩，作用在服务航天器-2 上的控制力/力矩与作用在服务航天器-1 上的基本相同。

表 2.1　仿真参数

参数	数值	参数	数值
e_t	0.002	R_t	1
σ_t	3.6186502×10^7	$\boldsymbol{J}_\mathrm{t}$	[54 0 0;0 47.1 0;0 0 47.1]
a	7000	e	0.01
i	60	θ_0	0
$\boldsymbol{J}_{\mathrm{b}i}$	[25.2 0 0;0 36.3 0;0 0 1]	$\boldsymbol{\rho}_{\mathrm{bc}i}$	[−4;0;0]
N_i	600	i_i	15
R_i	1		

注：e_t 表示目标厚度 (m)；R_t 表示目标半径 (m)；σ_t 表示目标电导率 (S/m)；$\boldsymbol{J}_\mathrm{t}$ 和 $\boldsymbol{J}_{\mathrm{b}i}$ 分别表示目标航天器和第 i 个服务航天器的转动惯量 ($\mathrm{kg\cdot m^2}$)；a 表示轨道半长轴 (km)；e 表示轨道偏心率；i 表示轨道倾角 (°)；θ_0 表示初始相位角 (°)；$\boldsymbol{\rho}_{\mathrm{bc}i}$ 表示目标航天器和第 i 个服务航天器所携带的电磁线圈之间的相对位置矢量 (m)；N_i 表示超导电磁线圈的匝数；i_i 表示导线中的电流大小 (A)；R_i 表示线圈半径 (m)。

表 2.2　仿真参数 (自旋运动情形)

参数	数值	参数	数值
$\boldsymbol{\omega}_\mathrm{t}$	[0;0;60]	$\boldsymbol{\rho}_{\mathrm{c1}}^{\mathrm{d}}$	[0;−10;0]
$\boldsymbol{q}_1^{\mathrm{d}}$	$[0;-\sqrt{2}/2;0;\sqrt{2}/2]$	$\boldsymbol{\omega}_1^{\mathrm{d}}$	[0;0;0]
$\boldsymbol{\rho}_{\mathrm{c2}}^{\mathrm{d}}$	[0;10;0]	$\boldsymbol{q}_2^{\mathrm{d}}$	$[-\sqrt{2}/2;0;-\sqrt{2}/2;0]$
$\boldsymbol{\omega}_2^{\mathrm{d}}$	[0;0;0]		

注：$\boldsymbol{\omega}_\mathrm{t}$ 表示目标航天器的自转角速度 [(°)/s]；$\boldsymbol{\rho}_{\mathrm{c1}}^{\mathrm{d}}$ 和 $\boldsymbol{\rho}_{\mathrm{c2}}^{\mathrm{d}}$ 分别表示服务航天器 1 和 2 到目标航天器的相对位置矢量 (m)；$\boldsymbol{q}_1^{\mathrm{d}}$ 和 $\boldsymbol{q}_2^{\mathrm{d}}$ 分别表示服务航天器 1 和 2 的初始相对姿态四元数；$\boldsymbol{\omega}_1^{\mathrm{d}}$ 和 $\boldsymbol{\omega}_2^{\mathrm{d}}$ 分别表示服务航天器 1 和 2 的自转角速度 [(°)/s]。

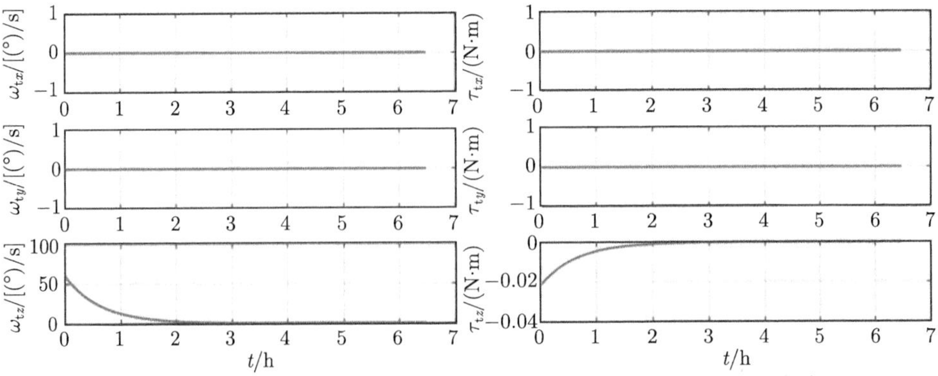

(a) 自旋角速度随时间变化　　(b) 涡流力矩随时间变化

图 2.4　整个消旋过程 (自旋运动情形)

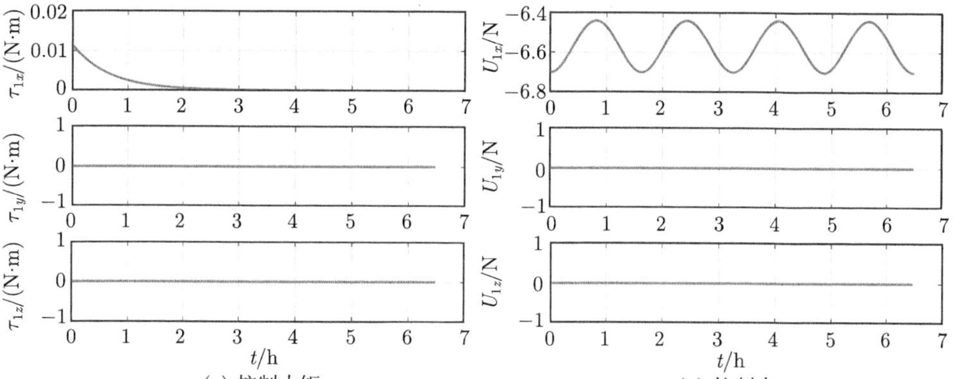

(a) 控制力矩　(b) 控制力

图 2.5　消旋过程中作用在服务航天器-1 上的控制力/力矩 (自旋运动情形)

2. 平旋运动情形

如图 2.2 (b) 所示，对于平旋运动情形，$\boldsymbol{\omega}_{\mathrm{t}}=\begin{bmatrix}\omega_{\mathrm{t}z} & 0 & 0\end{bmatrix}^{\mathrm{T}}$。具体仿真参数见表 2.3。

表 2.3　仿真参数 (平旋运动情形)

参数	数值	参数	数值
$\boldsymbol{\omega}_{\mathrm{t}}$	[100;0;0]	$\boldsymbol{\rho}_{\mathrm{c1}}^{d}$	[0;0;10]
$\boldsymbol{q}_1^{\mathrm{d}}$	[0.5;−0.5;0.5;0.5]	$\boldsymbol{\omega}_1^{\mathrm{d}}$	[0;0;0]
$\boldsymbol{\rho}_{\mathrm{c2}}^{\mathrm{d}}$	[0;0;10]	$\boldsymbol{q}_2^{\mathrm{d}}$	[−0.5;−0.5;−0.5;0.5]
$\boldsymbol{\omega}_2^{\mathrm{d}}$	[0;0;0]		

注：表中相关参数的含义和单位同表 2.2。

图 2.6 展示了整个消旋过程。与自旋运动情形类似，在磁场的持续作用下，空

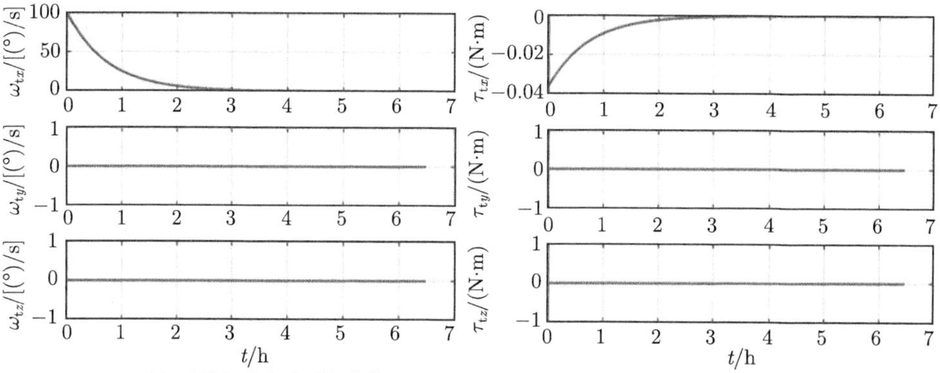

(a) 平旋角速度随时间变化　(b) 涡流力矩随时间变化

图 2.6　整个消旋过程 (平旋运动情形)

间非合作目标的平旋角速度均明显减小。具体而言，在 4h 之内，空间非合作目标的平旋角速度基本降为 0。此外，从图 2.6 (a) 可以看出，除了 x 向角速度在变化，其他两个方向的角速度在整个消旋过程中保持为 0，说明同样满足准则 2.1。图 2.7 展示了消旋过程中为了维持编队构型，作用在服务航天器-1 上的控制力/力矩，作用在服务航天器-2 上的控制力/力矩与作用在服务航天器-1 上的基本相同。

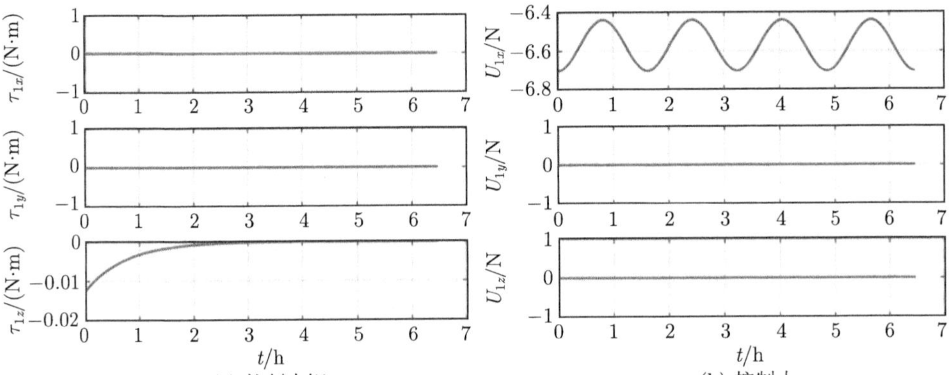

图 2.7 消旋过程中作用在服务航天器-1 控制力/力矩 (平旋运动情形)

本章提出了一种基于多航天器编队的电磁非接触式消旋方法，即在空间非合作目标周围布置多个携带电磁线圈的服务航天器，这些携带电磁线圈的服务航天器可以提供人造磁场，进而实现对空间非合作目标的消旋。本章提出的消旋方法具有以下优点：① 基于消旋策略所需的人造磁场可控；②通过编队产生的磁场可以叠加，大大提升了电磁消旋的效率。

参 考 文 献

[1] KAWAMOTO S, MATSUMOTO K, WAKABAYASHI S. Ground experiment of mechanical impulse method for uncontrollable satellite capturing[C]. 6th International Symposium on Artificial Intelligence and Robotics and Automation in Space, Quebec, 2001: 1-8.

[2] MATUNAGA S, KANZAWA T, OHKAMI Y. Rotational motion-damper for the capture of an uncontrolled floating satellite[J]. Control Engineering Practice, 2001, 9(2): 199-205.

[3] 马睿, 戴士杰, 张慧博, 等. 空间碎片消旋柔性冲击末端设计与分析 [J]. 空间控制技术与应用, 2019, 45(6): 65-72.

[4] NAKAJIMA Y, MITANI S, TANI H, et al. Detumbling space debris via thruster plume impingement[C]. AIAA/AAS Astrodynamics Specialist Conference, Long Beach, 2016: 1-20.

[5] NAKAJIMA Y, TANI H, MITANI S, et al. Efficiency improving guidance for detumbling of space debris using thruster plume impingement[C]. IEEE Aerospace Conference, Big Sky, 2020: 1-12.

[6] HUYNH T C N, SHARF I. Capture of spinning target with space manipulator using magneto rheological damper[C]. AIAA Guidance, Navigation and Control Conference, Toronto, 2010: 1-12.

[7] NISHIDA S I, KAWAMOTO S. Strategy for capturing of a tumbling space debris[J]. Acta Astronautica, 2011, 68(1-2): 113-120.

[8] 段文杰, 朱志斌, 徐拴锋. 失效卫星在轨消旋接触控制研究 [C]. 第 36 届中国控制会议, 大连, 2017: 239-244.

[9] 吴昊, 孙晟昕, 魏承, 等. 基于机器人柔性毛刷的空间翻滚目标消旋 [J]. 航空学报, 2019, 40(5): 278-286.

[10] 孙晟昕, 吴昊, 魏承, 等. 基于柔性毛刷的自旋卫星的消旋动力学分析 [J]. 中国科学：物理学 力学 天文学, 2019, 49(2): 139-146.

[11] 卿金瑜, 武海雷, 师鹏, 等. 基于刚体自由转动的连续推力消旋方法研究 [J]. 上海航天, 2018, 35(3): 81-86.

[12] NADOUSHAN M J, GHOBADI M, SHAFAEI M. Designing reliable detumbling mission for asteroid mining[J]. Acta Astronautica, 2020, 174: 270-280.

[13] 江左. 触须粘附式大尺寸非合作空间目标快速消旋方案设计与分析 [D]. 哈尔滨: 哈尔滨工业大学, 2017.

[14] 袁建平, 万文娅, 马卫华, 等. 利用吸附式质量块改变转动惯量分布的空间碎片消旋装置及方法: 201810871748.7[P]. 2020-08-04.

[15] WANG D K, HUANG P F, MENG Z J. Coordinated stabilization of tumbling targets using tethered space manipulators[J]. IEEE Transactions on Aerospace and Electronic Systems, 2015, 51(3): 2420-2432.

[16] HUANG P F, ZHANG F, MENG Z J, et al. Adaptive control for space debris removal with uncertain kinematics, dynamics and states[J]. Acta Astronautica, 2016, 128: 416-430.

[17] HUANG P F, WANG M, MENG Z J, et al. Reconfigurable spacecraft attitude takeover control in post-capture of target by space manipulators[J]. Journal of the Franklin Institute,2016, 353(9): 1985-2008.

[18] ZHANG F, SHARF I, MISRA A, et al. On-line estimation of inertia parameters of space debris for its tether-assisted removal[J]. Acta Astronautica, 2015, 107: 150-162.

[19] HOVELL K, ULRICH S. Attitude stabilization of an uncooperative spacecraft in an orbital environment using visco-elastic tethers[C]. AIAA Guidance, Navigation and Control Conference, San Diego, 2016: 1-16.

[20] 陈诗瑜, 袁建平, 乔桥, 等. 基于双绳系卫星的空间快速旋转碎片消旋抓捕系统: 201610874783.5[P]. 2017-05-10.

[21] 袁建平, 孙冲, 赵俊峰, 等. 一种空间碎片消旋杆件及消旋方法: 201710237567.4[P]. 2017-09-05.

[22] 赵一鸣. 基于库仑力的非接触式目标消旋研究 [D]. 哈尔滨: 哈尔滨工业大学, 2016.

[23] BOMBARDELLI C, PELAEZ J. Ion beam shepherd for contactless space debris removal[J]. Journal of Guidance Control and Dynamics, 2011, 34(3): 916-920.

[24] BENNETT T, STEVENSON D, HOGAN E, et al. Prospects and challenges of touchless electrostatic detumbling of small bodies[J]. Advances in Space Research, 2015, 56(3): 557-568.

[25] STEVENSON D, SCHAUB H. Electrostatic spacecraft rate and attitude control—Experimental results and performance considerations[J]. Acta Astronautica, 2016, 119: 22-33.

[26] GÓMEZ N O, WALKER S J I. Eddy currents applied to de-tumbling of space debris: Analysis and validation of approximate proposed methods[J]. Acta Astronautica, 2015, 114: 34-53.

[27] SUGAI F, ABIKO S, TSUJITA T, et al. Detumbling an uncontrolled satellite with contactless force by using an eddy current brake[C]. IEEE/RSJ International Conference on Intelligent Robots and Systems, Tokyo, 2013: 783-788.

[28] SUGAI F, ABIKO S, TSUJITA T, et al. Development of an eddy current brake system for detumbling malfunctioning satellites[C]. IEEE/SICE International Symposium on System Integration, Fukuoka, 2012: 325-330.

[29] 骆光照, 徐永强, 岳晓奎, 等. 一种空间非磁化金属碎片直流消旋磁场控制方法: 201510829251.5[P]. 2016-02-24.

[30] 袁建平, 张军华, 代洪华, 等. 利用涡流效应实现空间碎片消旋的小卫星编队设计方法: 201710428810.0[P]. 2017-11-17.

[31] 石永康, 杨乐平, 朱彦伟, 等. 空间旋转目标涡流消旋概念与仿真分析[J]. 宇航学报, 2018, 39(10): 1089-1096.

[32] PETERS T V, OLMOS D E. COBRA contactless detumbling[J]. CEAS Space Journal, 2016, 8(3): 143-165.

[33] MASSIMO V, NICOLAS T, MASSIMILIANO V. Detumbling large space debris via laser ablation[C]. IEEE Conference on Aerospace, Big Sky, 2015: 1-10.

[34] 万雄, 王泓鹏, 袁汝俊, 等. 用于空间碎片的自适应激光消旋方法: 201710544639.X[P]. 2019-09-27.

[35] FEDOR J V. Theory and design curves for a yo-yo de-spin mechanism for satellites[R]. National Aeronautics and Space Administration Greenbelt Md Goddard Space Flight Center, Washington D C, 1961.

[36] 李大伟, 刘成. 探空火箭微重力环境的实现 [J]. 电子设计工程, 2016, 24(7): 20-22.

[37] YOSHIDA K, DIMITROV D, NAKANISHI H . On the Capture of Tumbling Satellite by a Space Robot[C]. IEEE/RSJ International Conference on Intelligent Robots and Systems, Beijing, 2006: 4127-4132.

[38] SUN C, WAN W Y, WANG X L. An efficient detumbling strategy for defunct satellite using electromagnetic field formed by multi-satellites formation[C]. 71st International Astronautical Congress, Dubai, 2020: 1-9.

[39] SCHAUB H, JUNKINS J L. Analytical Mechanics of Space Systems[M]. Blacksburg: AIAA Education, 2003.

[40] WON C H, AHN H S. Nonlinear orbital dynamic equations and state-dependent riccati equation control of formation flying satellites[J]. Journal of the Astronautical sciences, 2003, 51(4): 433-449.

[41] SEGAL S, GURFIL P. Effect of kinematic rotation-translation coupling on relative spacecraft translational dynamics[J]. Journal of Guidance Control and Dynamics, 2012, 32(3): 1045-1050.

第 3 章　多约束条件下空间非合作目标自主安全交会对接控制

3.1　考虑运动约束的自主安全交会对接控制

在跟踪航天器逼近翻滚目标的过程中，除了考虑模型参数未知和外界干扰的影响，还需要考虑该过程中可能出现的多种复杂运动约束。首先，为了确保跟踪航天器和目标的安全性，在近距离自主安全交会对接过程中必须考虑两者之间的碰撞规避约束。尤其是当跟踪航天器和目标之间的距离特别近时，跟踪航天器很可能在接近过程中与目标航天器携带的某些附件（如太阳帆板、通信天线、星上载荷等）发生碰撞，从而导致交会对接任务失败。为了处理碰撞规避约束，整个交会对接空间通常划分为两部分：安全区和禁飞区。禁飞区是围绕在目标周围设立的特定区域，当跟踪航天器进入该区域内时，意味着它和目标之间发生了碰撞。禁飞区不仅包含目标上所有可能发生碰撞的附件，同时还要为跟踪航天器提供终端交会对接走廊，意味着禁飞区的形状与目标的几何外形紧密相关。在实际空间任务中，目标上的附件都不规则，并且有些附件可能会在任务执行过程中发生动态变化，使得对禁飞区的精确描述变得十分复杂。因此，现有的文献大多是采用一些简单的凸面体（如球体、椭球体、立方体等）或者它们的组合，近似描述自主安全交会对接过程中的禁飞区。其次，在近距离自主安全交会对接过程中有时还要考虑视线约束。视线约束是指跟踪航天器在接近目标的过程中时刻处于目标的传感器视场范围内，这样可以保证跟踪航天器的运动信息始终能被目标观测到，同时也能起到一定的碰撞规避作用。在现有的文献中，传感器视场约束通常被表示为沿着目标本体坐标系某一方向的一个三维空间锥面。于是，为了保证视场约束始终得到满足，跟踪航天器需要在整个自主安全交会对接过程中始终处于该空间锥面内。事实上，如何有效处理各种复杂运动约束一直都是近距离自主安全交会对接任务中的难点问题。针对存在运动约束的自主交会对接问题，目前的主要解决思路是借助已有的轨迹规划算法，规划出一条能够同时满足各种运动约束的交会对接轨迹，但是这些轨迹规划算法普遍存在计算量大、实时性差和鲁棒性差等不足。

根据上述分析，本节旨在借助人工势函数方法和滑模变结构方法，考虑模型参数未知和存在外界干扰的情况，设计一种自主安全交会对接控制律，从而实现跟踪航天器对翻滚目标的自主安全逼近。人工势函数方法作为一种典型轨迹规划算法，关键思想是在工作空间中人为构造一个虚拟的人工势场。在虚拟势场的构造过程中，保证期望位置始终处于势场的最低点，同时还要保证在距离运动约束越近的地方，势场的取值越大。因此，当物体沿着虚拟人工势场的负梯度方向移动时能够避开工作空间中的各种约束，最终到达期望位置。滑模变结构方法的核心是构造一个期望的滑模面，当系统运动到滑模面上时，滑模控制器表现出对系统内部不确定性和外界干扰的强鲁棒性。因此，本节将这两种方法结合，综合它们在处理运动约束和外界干扰方面的优势，使得所设计的控制律既能满足上述提到的运动约束，还能具有良好的鲁棒性。

本节首先对近距离自主安全交会对接过程中的运动约束和控制问题进行详细阐述。其次基于人工势函数方法和滑模变结构方法，针对模型参数已知和未知两种情况，分别设计两种自主安全交会对接控制律，并给出相应的稳定性证明。最后通过数值仿真验证所设计控制律的有效性。

3.1.1　坐标系定义与运动模型

1. 坐标系定义

本章用到的坐标系如图 3.1 所示，具体定义如下。

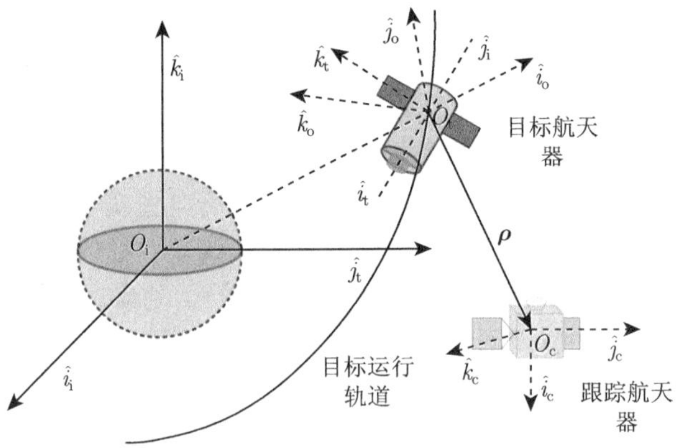

图 3.1　本章用到的坐标系示意图

(1) 地心惯性坐标系 $\mathcal{F}_{\rm i} \triangleq O_{\rm i} - \hat{i}_{\rm i}\hat{j}_{\rm i}\hat{k}_{\rm i}$：ECI 原点位于地球质心 $O_{\rm i}$，$O_{\rm i}\hat{i}_{\rm i}$ 轴指向春分点方向，$O_{\rm i}\hat{k}_{\rm i}$ 轴垂直于赤道面指向北极方向，$O_{\rm i}\hat{j}_{\rm i}$ 轴垂直于 $O_{\rm i}\hat{i}_{\rm i}\hat{k}_{\rm i}$ 平面，满足右手定则。

(2) 目标航天器当地轨道坐标系 $\mathcal{F}_{\rm o} \triangleq O_{\rm o} - \hat{i}_{\rm o}\hat{j}_{\rm o}\hat{k}_{\rm o}$：目标航天器当地轨道坐标系 (local vertical local horizontal, LVLH) 原点位于目标航天器质心 $O_{\rm o}$，$O_{\rm o}\hat{i}_{\rm o}$ 轴

由地心指向目标航天器质心，$O_o\hat{k}_o$ 轴沿目标航天器轨道角动量方向，$O_o\hat{j}_o$ 轴垂直于 $O_o\hat{i}_o\hat{k}_o$ 平面，满足右手定则。

(3) 目标航天器本体坐标系 $\mathcal{F}_t \triangleq O_t - \hat{i}_t\hat{j}_t\hat{k}_t$：目标航天器本体坐标系原点位于目标航天器质心 O_t，不失一般性，假设 $O_t\hat{i}_t$ 轴沿着目标航天器对接轴正方向，$O_t\hat{j}_t$ 和 $O_t\hat{k}_t$ 分别垂直于 $O_t\hat{i}_t$，并构成右手坐标系。

(4) 跟踪航天器本体坐标系 $\mathcal{F}_c \triangleq O_c - \hat{i}_c\hat{j}_c\hat{k}_c$：跟踪航天器本体坐标系原点位于跟踪航天器质心 O_c，不失一般性，假设 $O_c\hat{i}_c$ 轴沿着跟踪航天器对接轴负方向，$O_c\hat{j}_c$ 和 $O_c\hat{k}_c$ 分别垂直于 $O_c\hat{i}_c$，并构成右手坐标系。

2. 符号说明

$\mathbf{R}^n$ 和 $\mathbf{R}^{n\times n}$ 分别表示 n 维实矢量和 $n\times n$ 维实矩阵，上标 T 表示矢量或矩阵的转置，上标 -1 表示矩阵的逆；$\boldsymbol{I}_n\in\mathbf{R}^{n\times n}$ 和 $\mathbf{0}_n\in\mathbf{R}^{n\times n}$ 分别表示 $n\times n$ 维的单位矩阵和零矩阵；对任意的矢量 $\boldsymbol{x}=[x_1\ x_2\ x_3]^{\mathrm{T}}\in\mathbf{R}^3$，$\|\boldsymbol{x}\|_1$ 表示其 1 范数，$\|\boldsymbol{x}\|$ 表示其 2 范数，$\|\boldsymbol{x}\|_\infty$ 表示其无穷范数；$\boldsymbol{S}(\boldsymbol{x})\in\mathbf{R}^{3\times3}$ 表示一个 3×3 反对称矩阵，表达式为

$$\boldsymbol{S}(\boldsymbol{x})=\begin{bmatrix}0 & -x_3 & x_2\\ x_3 & 0 & -x_1\\ -x_2 & x_1 & 0\end{bmatrix}\tag{3.1}$$

对于任意的矢量 $\boldsymbol{y}\in\mathbf{R}^3$，满足 $\boldsymbol{x}^{\mathrm{T}}\boldsymbol{S}(\boldsymbol{x})=0$，$\|\boldsymbol{S}(\boldsymbol{x})\|=\|\boldsymbol{x}\|$，$\boldsymbol{S}(\boldsymbol{x})\boldsymbol{y}=-\boldsymbol{S}(\boldsymbol{y})\boldsymbol{x}$，$\boldsymbol{y}^{\mathrm{T}}\boldsymbol{S}(\boldsymbol{x})\boldsymbol{y}=0$；$\mathrm{diag}(x_1,x_2,x_3)\in\mathbf{R}^{3\times3}$ 表示对角矩阵，对角元素分别为 x_1、x_2 和 x_3；$\mathrm{sgn}(\boldsymbol{x})=[\mathrm{sgn}(x_1)\ \ \mathrm{sgn}(x_2)\ \ \mathrm{sgn}(x_3)]^{\mathrm{T}}\in\mathbf{R}^3$ 表示标准的符号函数，表达式为

$$\mathrm{sgn}(x_i)=\begin{cases}-1, & x_i<0\\ 0, & x_i=0\\ 1, & x_i>0\end{cases}\qquad i=1,2,3\tag{3.2}$$

对任意的 $\boldsymbol{A}\in\mathbf{R}^{n\times n}$，$\boldsymbol{A}>0$ 表示 $\boldsymbol{A}$ 是一个正定矩阵，$\|\boldsymbol{A}\|$ 表示矩阵的 2 范数，$\lambda_{\min}(\boldsymbol{A})$ 和 $\lambda_{\max}(\boldsymbol{A})$ 分别表示矩阵 $\boldsymbol{A}$ 的最小特征值和最大特征值。

3. 基于修正罗德里格斯参数的相对姿态运动模型

基于修正罗德里格斯参数的相对姿态运动方程为[1]

$$\dot{\boldsymbol{\sigma}}_e=G(\boldsymbol{\sigma}_e)\boldsymbol{\omega}_e\tag{3.3}$$

$$G(\boldsymbol{\sigma}_e)=\frac{1}{4}\left[\left(1-\boldsymbol{\sigma}_e^{\mathrm{T}}\boldsymbol{\sigma}_e\right)\boldsymbol{I}_3+2\boldsymbol{S}(\boldsymbol{\sigma}_e)+2\boldsymbol{\sigma}_e\boldsymbol{\sigma}_e^{\mathrm{T}}\right]\tag{3.4}$$

其中，$\boldsymbol{\sigma}_{\mathrm{e}}\in\mathbf{R}^3$ 是修正罗德里格斯参数，表示跟踪航天器相对于目标的姿态；$\boldsymbol{\omega}_{\mathrm{e}}\in\mathbf{R}^3$ 表示跟踪航天器相对于目标 (指目标航天器) 的角速度，表达式为

$$\boldsymbol{\omega}_{\mathrm{e}}=\boldsymbol{\omega}_{\mathrm{c}}-\boldsymbol{R}_{\mathrm{t}}^{\mathrm{c}}\boldsymbol{\omega}_{\mathrm{t}} \tag{3.5}$$

其中，$\boldsymbol{\omega}_{\mathrm{c}}\in\mathbf{R}^3$ 和 $\boldsymbol{\omega}_{\mathrm{t}}\in\mathbf{R}^3$ 分别表示跟踪航天器和空间非合作目标相对于地心惯性坐标系 $\mathcal{F}_{\mathrm{i}}$ 的角速度；$\boldsymbol{R}_{\mathrm{t}}^{\mathrm{c}}\in\mathbf{R}^{3\times3}$ 表示由目标航天器本体系 $\mathcal{F}_{\mathrm{t}}$ 到跟踪航天器本体系 $\mathcal{F}_{\mathrm{c}}$ 的姿态旋转矩阵，表达式为

$$\boldsymbol{R}_{\mathrm{t}}^{\mathrm{c}}=\boldsymbol{I}_3-\frac{4\left(1-\boldsymbol{\sigma}_{\mathrm{e}}^{\mathrm{T}}\boldsymbol{\sigma}_{\mathrm{e}}\right)}{\left(1+\boldsymbol{\sigma}_{\mathrm{e}}^{\mathrm{T}}\boldsymbol{\sigma}_{\mathrm{e}}\right)^2}\boldsymbol{S}\left(\boldsymbol{\sigma}_{\mathrm{e}}\right)+\frac{8\boldsymbol{S}\left(\boldsymbol{\sigma}_{\mathrm{e}}\right)^2}{\left(1+\boldsymbol{\sigma}_{\mathrm{e}}^{\mathrm{T}}\boldsymbol{\sigma}_{\mathrm{e}}\right)^2} \tag{3.6}$$

跟踪航天器相对于目标的姿态动力学方程为[2]

$$\boldsymbol{J}_{\mathrm{c}}\dot{\boldsymbol{\omega}}_{\mathrm{e}}=-\boldsymbol{C}_{\mathrm{r}}\boldsymbol{\omega}_{\mathrm{e}}-\boldsymbol{n}_{\mathrm{r}}+\boldsymbol{\tau}+\boldsymbol{\tau}_{\mathrm{d}} \tag{3.7}$$

$$\boldsymbol{C}_{\mathrm{r}}=\boldsymbol{J}_{\mathrm{c}}\boldsymbol{S}\left(\boldsymbol{R}_{\mathrm{t}}^{\mathrm{c}}\boldsymbol{\omega}_{\mathrm{t}}\right)+\boldsymbol{S}\left(\boldsymbol{R}_{\mathrm{t}}^{\mathrm{c}}\boldsymbol{\omega}_{\mathrm{t}}\right)\boldsymbol{J}_{\mathrm{c}}-\boldsymbol{S}\left[\boldsymbol{J}_{\mathrm{c}}\left(\boldsymbol{\omega}_{\mathrm{e}}+\boldsymbol{R}_{\mathrm{t}}^{\mathrm{c}}\boldsymbol{\omega}_{\mathrm{t}}\right)\right] \tag{3.8}$$

$$\boldsymbol{n}_{\mathrm{r}}=\boldsymbol{S}\left(\boldsymbol{R}_{\mathrm{t}}^{\mathrm{c}}\boldsymbol{\omega}_{\mathrm{t}}\right)\boldsymbol{J}_{\mathrm{c}}\boldsymbol{R}_{\mathrm{t}}^{\mathrm{c}}\boldsymbol{\omega}_{\mathrm{t}}+\boldsymbol{J}_{\mathrm{c}}\boldsymbol{R}_{\mathrm{t}}^{\mathrm{c}}\dot{\boldsymbol{\omega}}_{\mathrm{t}} \tag{3.9}$$

其中，$\boldsymbol{J}_{\mathrm{c}}\in\mathbf{R}^{3\times3}$ 表示跟踪航天器的转动惯量矩阵；$\boldsymbol{\tau}\in\mathbf{R}^3$ 和 $\boldsymbol{\tau}_{\mathrm{d}}\in\mathbf{R}^3$ 分别表示控制力矩和外部干扰力矩。

4. 相对位置运动模型

跟踪航天器相对于目标的位置定义为[2]

$$\boldsymbol{\rho}=\boldsymbol{r}_{\mathrm{c}}-\boldsymbol{R}_{\mathrm{t}}^{\mathrm{c}}\boldsymbol{r}_{\mathrm{t}} \tag{3.10}$$

其中，$\boldsymbol{r}_{\mathrm{c}}\in\mathbf{R}^3$ 表示跟踪航天器相对于惯性系的位置矢量在其本体系 $\mathcal{F}_{\mathrm{c}}$ 中的投影；$\boldsymbol{r}_{\mathrm{t}}\in\mathbf{R}^3$ 表示目标相对于惯性系的位置矢量在其本体系 $\mathcal{F}_{\mathrm{t}}$ 中的投影。

进而，跟踪航天器相对于目标的位置运动方程和动力学方程分别为[2]

$$\dot{\boldsymbol{\rho}}=\boldsymbol{v}-\boldsymbol{S}\left(\boldsymbol{\omega}_{\mathrm{e}}+\boldsymbol{R}_{\mathrm{t}}^{\mathrm{c}}\boldsymbol{\omega}_{\mathrm{t}}\right)\boldsymbol{\rho} \tag{3.11}$$

$$m_{\mathrm{c}}\dot{\boldsymbol{v}}=-m_{\mathrm{c}}\boldsymbol{S}\left(\boldsymbol{\omega}_{\mathrm{e}}+\boldsymbol{R}_{\mathrm{t}}^{\mathrm{c}}\boldsymbol{\omega}_{\mathrm{t}}\right)\boldsymbol{v}-m_{\mathrm{c}}\boldsymbol{n}_{\mathrm{t}}+\boldsymbol{f}+\boldsymbol{f}_{\mathrm{d}} \tag{3.12}$$

其中，$\boldsymbol{v}\in\mathbf{R}^3$ 表示跟踪航天器相对于目标的速度矢量在其本体系 $\mathcal{F}_{\mathrm{c}}$ 中的投影；$m_{\mathrm{c}}\in\mathbf{R}$ 表示跟踪航天器的质量；$\boldsymbol{f}\in\mathbf{R}^3$ 和 $\boldsymbol{f}_{\mathrm{d}}\in\mathbf{R}^3$ 分别表示控制力和外界干扰力；$\boldsymbol{n}_{\mathrm{t}}\in\mathbf{R}^3$，表达式为

$$\boldsymbol{n}_{\mathrm{t}}=\frac{\mu}{\left\|\boldsymbol{r}_{\mathrm{c}}\right\|^3}\boldsymbol{r}_{\mathrm{c}}-\frac{\mu}{\left\|\boldsymbol{r}_{\mathrm{t}}\right\|^3}\boldsymbol{R}_{\mathrm{t}}^{\mathrm{c}}\boldsymbol{r}_{\mathrm{t}} \tag{3.13}$$

其中，μ 为地球引力常数。

3.1.2　运动约束与问题描述

1. 碰撞规避约束

确保跟踪航天器和目标之间不发生碰撞是顺利执行后续所有在轨服务任务的先决条件。因此，为了保证近距离自主安全交会对接操作的安全性，通常需要在目标周围设立一个禁飞区。该禁飞区不仅要覆盖目标上所有可能发生碰撞的附件，还要能够为跟踪航天器提供终端交会对接走廊。根据上述分析，采用基于心形线的三维非凸曲面描述近距离接近目标过程中的禁飞区，表达式如下[3]：

$$\begin{aligned} h_1(\boldsymbol{\rho}, \boldsymbol{\sigma}_{\mathrm{e}}) &= \left\|\boldsymbol{R}_{\mathrm{c}}^{\mathrm{t}}\boldsymbol{\rho} + \boldsymbol{\Delta}\right\|^2 + \boldsymbol{a}^{\mathrm{T}}\left(\boldsymbol{R}_{\mathrm{c}}^{\mathrm{t}}\boldsymbol{\rho} + \boldsymbol{\Delta}\right) - \alpha\left\|\boldsymbol{R}_{\mathrm{c}}^{\mathrm{t}}\boldsymbol{\rho} + \boldsymbol{\Delta}\right\| \\ &= \|\boldsymbol{\rho}_{\mathrm{t}} + \boldsymbol{\Delta}\|^2 + \boldsymbol{a}^{\mathrm{T}}(\boldsymbol{\rho}_{\mathrm{t}} + \boldsymbol{\Delta}) - \alpha\|\boldsymbol{\rho}_{\mathrm{t}} + \boldsymbol{\Delta}\| \end{aligned} \tag{3.14}$$

其中，$\boldsymbol{\Delta} = [\delta_1\ 0\ 0]^{\mathrm{T}} \in \mathbf{R}^3$，$\delta_1$ 是一个小的正实数；$\boldsymbol{a} = [\alpha\ 0\ 0]^{\mathrm{T}} \in \mathbf{R}^3$；$\alpha$ 是一个正实数；$\boldsymbol{\rho}_{\mathrm{t}} = \boldsymbol{R}_{\mathrm{c}}^{\mathrm{t}}\boldsymbol{\rho} = [x_{\mathrm{t}}\ y_{\mathrm{t}}\ z_{\mathrm{t}}]^{\mathrm{T}} \in \mathbf{R}^3$ 是相对位置矢量 ρ 在目标本体系 $\mathcal{F}_{\mathrm{t}}$ 中的投影。

注 3.1　式 (3.14) 中有两个需要设计的参数。第一个参数是 δ_1，表示将禁飞区沿目标本体坐标系 $O_{\mathrm{t}}\hat{i}_{\mathrm{t}}$ 轴负方向移动 δ_1 距离，目的是防止期望对接位置位于禁飞区内。第二个参数是 α，表示禁飞区的内部结构参数，由目标的几何外形尺寸决定[4]。

图 3.2 为近距离自主安全交会对接过程中的三维禁飞区示意图，坐标系为目标本体坐标系。由图 3.2 可知，设计的禁飞区是一个关于目标本体系 $O_{\mathrm{t}}\hat{i}_{\mathrm{t}}$ 轴对称的三维非凸曲面，不仅覆盖了目标上所有可能发生碰撞的附件，还能为跟踪航天器提供终端交会对接走廊。图 3.3 为沿 $z_{\mathrm{t}} = 0$ 截面的二维禁飞区示意图，给出

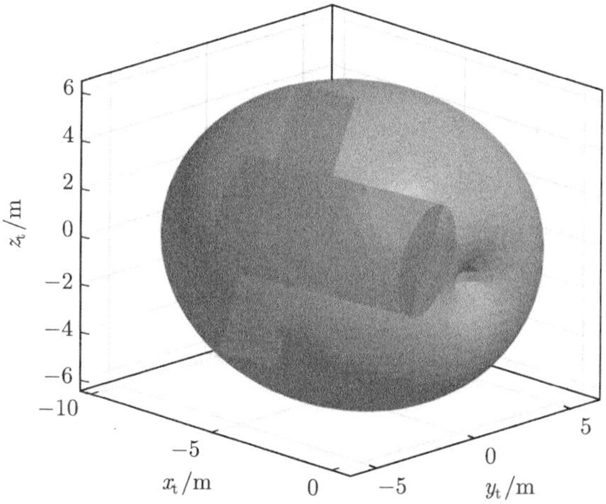

图 3.2　近距离自主安全交会对接过程中的三维禁飞区示意图

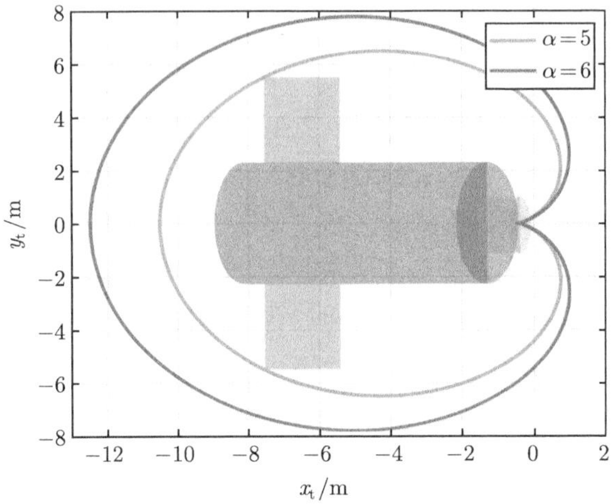

图 3.3　沿 $z_t=0$ 截面的二维禁飞区示意图

了当 α 取不同值时沿 $z_t=0$ 的禁飞区截面示意图。从图 3.3 可以看出，通过改变 α 值，就可以改变禁飞区的形状。由图 3.2 和图 3.3 可知，设计的三维禁飞区固连在目标本体坐标系中，因此当目标做翻滚运动时，禁飞区也会随之发生动态变化。

2. 视线约束

视线约束也是近距离自主安全交会对接操作中经常需要考虑的一种运动约束。其是指跟踪航天器在接近目标的过程中始终处于目标传感器视场范围内，这样目标传感器就可以实时观测到跟踪航天器的运动信息，并及时发现自主安全交会对接过程中可能出现的各种突发情况。如图 3.4 所示，在现有的相关文献中，近距离自主安全交会对接过程中的视线约束通常被描述为沿目标本体坐标系中某一方向的一个三维空间锥面。假设目标传感器视场轴线沿着目标本体坐标系 $O_t\hat{i}_t$ 方向，于是三维视场锥面可以表示为

$$h_2(\boldsymbol{\rho},\boldsymbol{\sigma}_e)=(x_t+\delta_2)^2\tan^2(\chi)-y_t^2-z_t^2,\quad x_t\geqslant-\delta_2 \tag{3.15}$$

其中，χ 表示视场轴线和锥面之间的夹角，可根据星载传感器的实际工作范围设定；δ_2 为一个很小的正实数，表示将三维视场锥面沿目标本体系 $O_t\hat{i}_t$ 轴负方向移动 δ_2 距离，从而保证期望对接位置位于锥面内。

3. 人工势函数设计

人工势函数方法作为一种常用的轨迹规划算法，能够方便、有效处理各种动态运动约束。人工势函数方法的基本思路是在实际工作空间中人为构造一个虚拟的势场。当运动物体沿着虚拟势场的负梯度方向移动时，能够避开工作空间中的

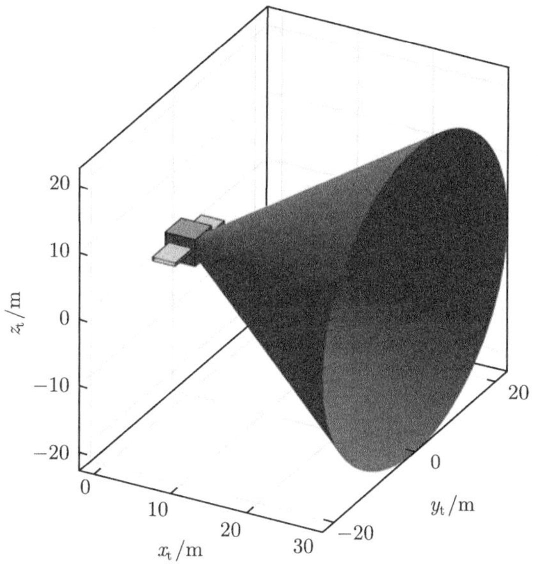

图 3.4　近距离自主安全交会对接过程中的视线约束示意图

各种障碍物，最终到达期望位置[5,6]。人工势函数通常包括两部分：引力势函数和斥力势函数。引力势函数的作用是引导物体朝期望位置移动，而斥力势函数的作用是引导物体避开工作空间中的障碍物。

根据上述分析，分别对引力势函数和斥力势函数进行设计。

为了实现近距离自主安全交会对接任务，引力势函数 $J_{\text{att}}(\boldsymbol{\rho},\boldsymbol{\sigma}_{\text{e}})$ 需要满足以下 3 个性质：① 当 $\boldsymbol{\rho}\to\infty$ 时，$J_{\text{att}}(\boldsymbol{\rho},\boldsymbol{\sigma}_{\text{e}})\to\infty$；② 当 $\boldsymbol{\rho}\to 0$ 时，$J_{\text{att}}(\boldsymbol{\rho},\boldsymbol{\sigma}_{\text{e}})\to 0$；③ $J_{\text{att}}(\boldsymbol{\rho},\boldsymbol{\sigma}_{\text{e}})$ 关于系统状态 $\boldsymbol{\rho}$ 和 $\boldsymbol{\sigma}_{\text{e}}$ 至少二阶可导。

在满足上述性质的前提下，选取如下形式的引力势函数[7]：

$$J_{\text{att}}(\boldsymbol{\rho},\boldsymbol{\sigma}_{\text{e}})=k_1\left(\sqrt{1+\boldsymbol{\rho}_{\text{t}}^{\text{T}}\boldsymbol{\rho}_{\text{t}}}-1\right)\tag{3.16}$$

其中，k_1 是一个正实数。根据文献 [7]，相比于传统的二次型引力势函数，式 (3.16) 表示的引力势函数可以减小跟踪航天器在接近目标过程中的控制力消耗。尤其是当跟踪航天器距离期望位置很远时，式 (3.16) 表示的引力势函数能够有效降低所需施加控制力的幅值。

与此同时，为了确保实时满足上述运动约束，斥力势函数 $J_{i,\text{rep}}(\boldsymbol{\rho},\boldsymbol{\sigma}_{\text{e}})$ 需满足以下 4 个性质：① 当 $h_i(\boldsymbol{\rho},\boldsymbol{\sigma}_{\text{e}})\neq 0\ (i=1,2)$ 时，$J_{i,\text{rep}}(\boldsymbol{\rho},\boldsymbol{\sigma}_{\text{e}})\geqslant 0$；② 当 $h_i(\boldsymbol{\rho},\boldsymbol{\sigma}_{\text{e}})\to 0\ (i=1,2)$ 时，$J_{i,\text{rep}}(\boldsymbol{\rho},\boldsymbol{\sigma}_{\text{e}})\to\infty$；③ 当 $\boldsymbol{\rho}=0$ 时，$J_{i,\text{rep}}(\boldsymbol{\rho},\boldsymbol{\sigma}_{\text{e}})=0\ (i=1,2)$；④ $J_{i,\text{rep}}(\boldsymbol{\rho},\boldsymbol{\sigma}_{\text{e}})$ 关于系统状态 $\boldsymbol{\rho}$ 和 $\boldsymbol{\sigma}_{\text{e}}$ 至少二阶可导。

在满足上述性质的前提下，选取如下形式的斥力势函数：

$$J_{i,\text{rep}}(\boldsymbol{\rho},\boldsymbol{\sigma}_\text{e}) = N(\boldsymbol{\rho},\boldsymbol{\sigma}_\text{e})\frac{k_2}{h_i^2(\boldsymbol{\rho},\boldsymbol{\sigma}_\text{e})}\ (i=1,2) \tag{3.17}$$

其中，k_2 是一个正实数；$N(\boldsymbol{\rho},\boldsymbol{\sigma}_\text{e})$ 的作用是确保斥力势函数在期望位置处等于零，表达式为

$$N(\boldsymbol{\rho},\boldsymbol{\sigma}_\text{e}) = \frac{1}{2}\boldsymbol{\rho}_\text{t}^\text{T}\boldsymbol{\rho}_\text{t} \tag{3.18}$$

根据式 (3.16) 和式 (3.17)，势函数可以设计为

$$J_i(\boldsymbol{\rho},\boldsymbol{\sigma}_\text{e}) = J_\text{att}(\boldsymbol{\rho},\boldsymbol{\sigma}_\text{e}) + J_{i,\text{rep}}(\boldsymbol{\rho},\boldsymbol{\sigma}_\text{e}) \quad (i=1,2) \tag{3.19}$$

为了形象地展示所设计的势函数，图 3.5 给出了考虑碰撞规避约束时的人工

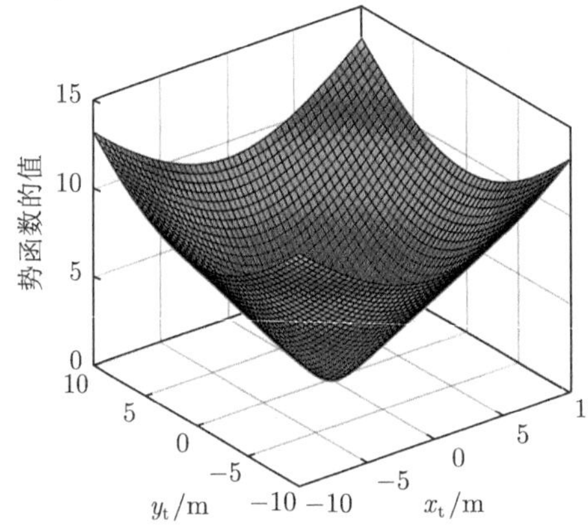

(a) 考虑碰撞规避约束的引力势函数示意图

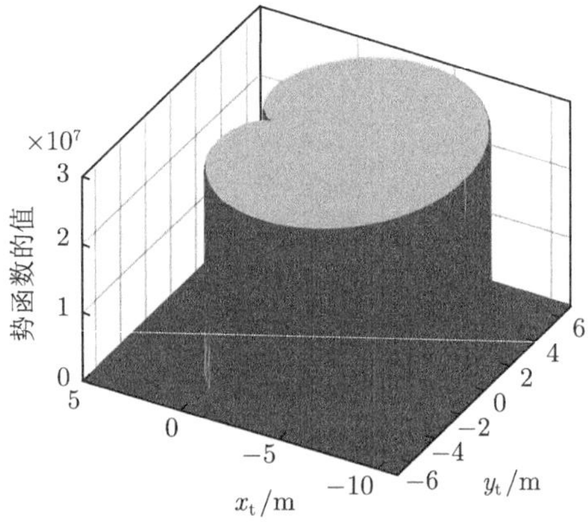

(b) 考虑碰撞规避约束的斥力势函数示意图

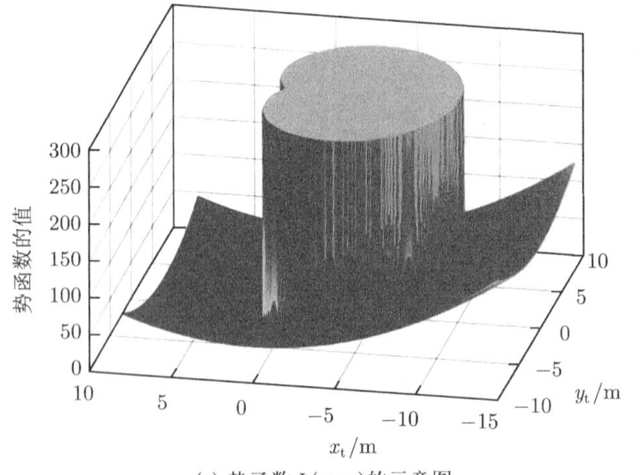

(c) 势函数$J_1(\boldsymbol{\rho},\boldsymbol{\sigma}_\text{e})$的示意图

图 3.5　考虑碰撞规避约束时的人工势函数 $J_1(\boldsymbol{\rho},\boldsymbol{\sigma}_\text{e})$ 的示意图

势函数示意图，可以看出，跟踪航天器距离禁飞区越近，势场的取值越大。尤其当跟踪航天器位于禁飞区表面时，势场会迅速趋向于无穷大。进一步分析图 3.5 可知，在整个工作空间中包含两个平衡点，一个是位于期望位置的全局稳定平衡点，另一个是鞍点。根据已有文献，位于鞍点处的物体会在任意小的干扰影响下远离该点，因此不具有稳定性。根据上述分析可知，在整个人工势场空间中只包含一个全局稳定的平衡点，因此当跟踪航天器沿着势场的负梯度方法移动时，能够在避免和目标发生碰撞的条件下到达期望对接位置。图 3.6 给出了考虑视线约束时的人工势函数示意图，可以看出，当跟踪航天器靠近视场锥面时，势函数的取值迅速增大。同时，在整个人工势场空间中只包括一个全局稳定的平衡点，因此

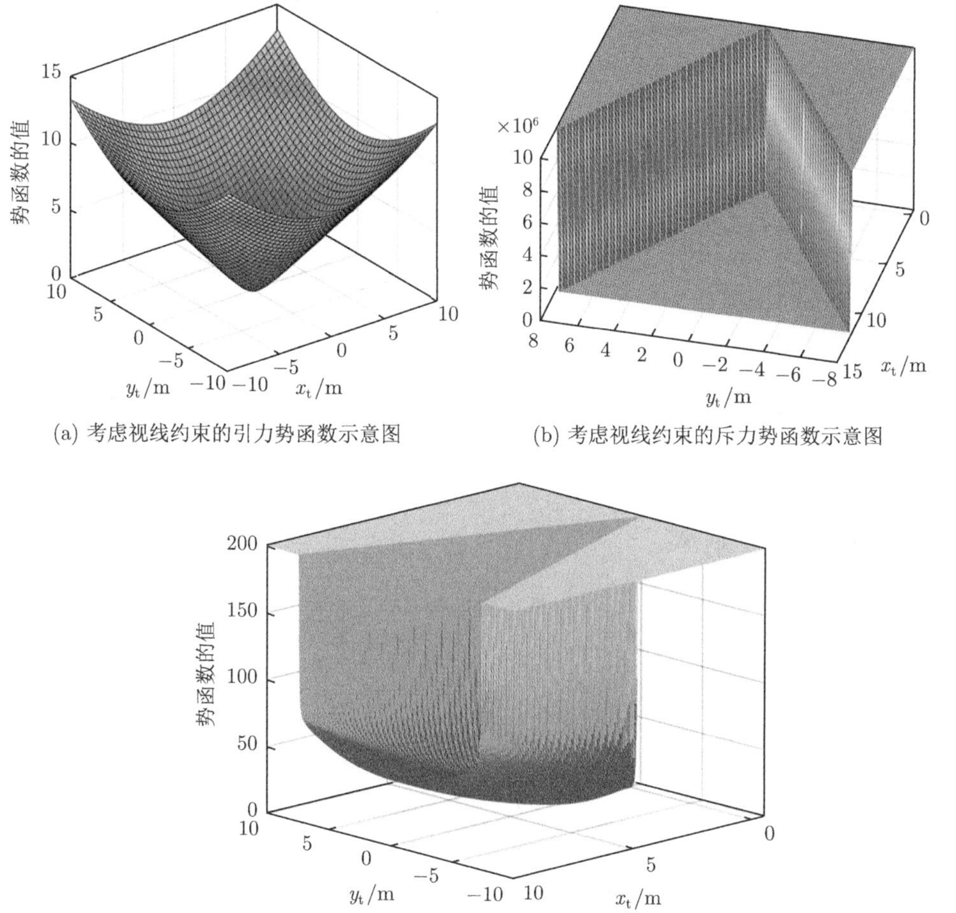

(a) 考虑视线约束的引力势函数示意图

(b) 考虑视线约束的斥力势函数示意图

(c) 势函数$J_2(\boldsymbol{\rho},\boldsymbol{\sigma}_e)$的示意图

图 3.6　考虑视线约束时的人工势函数 $J_2(\boldsymbol{\rho},\boldsymbol{\sigma}_e)$ 的示意图

当跟踪航天器沿着势场的负梯度方向移动时，能够在不违反视线约束的条件下到达期望对接位置。

针对相对姿态运动模型和相对位置运动模型，相应的控制目标包括以下两部分：① 在考虑外部干扰的情况下，设计鲁棒安全自主安全交会对接控制律，实现跟踪航天器和目标之间的姿态同步与位置跟踪；② 在整个自主安全交会对接过程中，跟踪航天器不会违反碰撞规避约束和视线约束，即当 $h_i\left[\boldsymbol{\rho}(0),\boldsymbol{\sigma}_{\mathrm{e}}(0)\right]>0\ (i=1,2)$ 时，$h_i\left[\boldsymbol{\rho}(t),\boldsymbol{\sigma}_{\mathrm{e}}(t)\right]\neq 0,\ \forall t>0$。

3.1.3　模型参数已知情况下的自主安全控制律设计

本小节假设在整个自主安全交会对接过程中跟踪航天器的质量和转动惯量矩阵都精确已知。首先借助非线性干扰观测器对外界干扰力和干扰力矩进行在线估计，并在后续的控制律中将估计得到的干扰力和干扰力矩直接前馈抵消。其次，基于上述设计的人工势函数，设计一种新的自主安全控制律[8]。

为了方便本小节控制律的设计，引入如下假设。

假设 3.1　在整个自主安全交会对接过程中，外界干扰力矩 $\boldsymbol{\tau}_{\mathrm{d}}$ 和干扰力 $\boldsymbol{f}_{\mathrm{d}}$ 是连续有界的，并且它们的导数是有界的，即 $\|\dot{\boldsymbol{\tau}}_{\mathrm{d}}\|\leqslant C_{\tau}$ 和 $\|\dot{\boldsymbol{f}}_{\mathrm{d}}\|\leqslant C_{\mathrm{f}}$，其中 C_{τ} 和 C_{f} 是两个未知的正实数。

假设 3.2　在整个自主安全交会对接过程中，目标的姿态角速度 $\boldsymbol{\omega}_{\mathrm{t}}$ 是有界的，即 $\|\boldsymbol{\omega}_{\mathrm{t}}\|\leqslant\bar{\omega}_{\mathrm{t}}$，其中 $\bar{\omega}_{\mathrm{t}}$ 是一个未知的正实数[9]。

注 3.2　在自主安全交会过程中，外界干扰力矩和干扰力主要包括 J_2 项摄动、大气阻力、太阳光压等，这些环境外界干扰力和力矩普遍满足连续可导的条件。因此假设 3.1 合理，并且已被很多文献应用[10-12]。同时，在实际交会对接任务中，目标的姿态角速度总是有界的，因此假设 3.2 也合理。

1. 相对姿态控制律设计

定义如下滑模面：

$$\boldsymbol{s}_1=\boldsymbol{\omega}_{\mathrm{e}}+\boldsymbol{\Lambda}_1\boldsymbol{\sigma}_{\mathrm{e}} \tag{3.20}$$

其中，$\boldsymbol{\Lambda}_1=\boldsymbol{\Lambda}_1^{\mathrm{T}}\in\mathbf{R}^{3\times 3}$ 是一个正定矩阵。

根据式 (3.3) 和式 (3.7)，对式 (3.20) 求导可得

$$\begin{aligned}\boldsymbol{J}_{\mathrm{c}}\dot{\boldsymbol{s}}_1&=\boldsymbol{J}_{\mathrm{c}}\dot{\boldsymbol{\omega}}_{\mathrm{e}}+\boldsymbol{J}_{\mathrm{c}}\boldsymbol{\Lambda}_1\dot{\boldsymbol{\sigma}}_{\mathrm{e}}\\&=-\boldsymbol{C}_{\mathrm{r}}\boldsymbol{\omega}_{\mathrm{e}}-\boldsymbol{n}_{\mathrm{r}}+\boldsymbol{J}_{\mathrm{c}}\boldsymbol{\Lambda}_1G\left(\boldsymbol{\sigma}_{\mathrm{e}}\right)\boldsymbol{\omega}_{\mathrm{e}}+\boldsymbol{\tau}+\boldsymbol{\tau}_{\mathrm{d}}\end{aligned} \tag{3.21}$$

在设计控制律之前，先对外部干扰力矩 $\boldsymbol{\tau}_{\mathrm{d}}$ 进行观测。根据文献 [8]，设计如下形式的非线性干扰观测器：

$$\hat{\boldsymbol{\tau}}_{\mathrm{d}}=\boldsymbol{\varepsilon}_{\tau}+\boldsymbol{K}_{\tau}J_{\mathrm{c}}\boldsymbol{\omega}_{\mathrm{e}} \tag{3.22}$$

$$\dot{\boldsymbol{\varepsilon}}_\tau = -\boldsymbol{K}_\tau\boldsymbol{\varepsilon}_\tau - \boldsymbol{K}_\tau\left(-\boldsymbol{C}_\mathrm{r}\boldsymbol{\omega}_\mathrm{e} - \boldsymbol{n}_\mathrm{r} + \boldsymbol{\tau} + \boldsymbol{K}_\tau\boldsymbol{J}_\mathrm{c}\boldsymbol{\omega}_\mathrm{e}\right) \tag{3.23}$$

其中，$\hat{\boldsymbol{\tau}}_\mathrm{d} \in \mathbf{R}^3$ 表示对干扰力矩 $\boldsymbol{\tau}_\mathrm{d}$ 的估计值；$\boldsymbol{K}_\tau = \boldsymbol{K}_\tau^\mathrm{T} \in \mathbf{R}^{3\times 3}$ 表示一个正定矩阵。

定义干扰估计误差 $\boldsymbol{\tau}_\mathrm{de} = \boldsymbol{\tau}_\mathrm{d} - \hat{\boldsymbol{\tau}}_\mathrm{d} \in \mathbf{R}^3$，并对其求导可得

$$\begin{aligned}\dot{\boldsymbol{\tau}}_\mathrm{de} &= \dot{\boldsymbol{\tau}}_\mathrm{d} - \dot{\hat{\boldsymbol{\tau}}}_\mathrm{d} \\ &= \dot{\boldsymbol{\tau}}_\mathrm{d} + \boldsymbol{K}_\tau\boldsymbol{\varepsilon}_\tau + \boldsymbol{K}_\tau\left(-\boldsymbol{C}_\mathrm{r}\boldsymbol{\omega}_\mathrm{e} - \boldsymbol{n}_\mathrm{r} + \boldsymbol{\tau} + \boldsymbol{K}_\tau\boldsymbol{J}_\mathrm{c}\boldsymbol{\omega}_\mathrm{e}\right) - \boldsymbol{K}_\tau\boldsymbol{J}_\mathrm{c}\dot{\boldsymbol{\omega}}_\mathrm{e} \\ &= \dot{\boldsymbol{\tau}}_\mathrm{d} + \boldsymbol{K}_\tau\left(\boldsymbol{\varepsilon}_\tau + \boldsymbol{K}_\tau\boldsymbol{J}_\mathrm{c}\boldsymbol{\omega}_\mathrm{e}\right) - \boldsymbol{K}_\tau\boldsymbol{\tau}_\mathrm{d} \\ &= -\boldsymbol{K}_\tau\boldsymbol{\tau}_\mathrm{de} + \dot{\boldsymbol{\tau}}_\mathrm{d}\end{aligned} \tag{3.24}$$

为了说明所设计干扰观测器的收敛性，选取如下的李雅普诺夫函数：

$$V_1 = \frac{1}{2}\boldsymbol{\tau}_\mathrm{de}^\mathrm{T}\boldsymbol{\tau}_\mathrm{de} \tag{3.25}$$

对式 (3.25) 求导，可得

$$\begin{aligned}\dot{V}_1 &= \boldsymbol{\tau}_\mathrm{de}^\mathrm{T}\dot{\boldsymbol{\tau}}_\mathrm{de} \\ &= \boldsymbol{\tau}_\mathrm{de}^\mathrm{T}\left[\dot{\boldsymbol{\tau}}_\mathrm{d} + \boldsymbol{K}_\tau\left(\boldsymbol{\varepsilon}_\tau + \boldsymbol{K}_\tau\boldsymbol{J}_\mathrm{c}\boldsymbol{\omega}_\mathrm{e}\right) - \boldsymbol{K}_\tau\boldsymbol{\tau}_\mathrm{d}\right] \\ &= -\boldsymbol{\tau}_\mathrm{de}^\mathrm{T}\boldsymbol{K}_\tau\boldsymbol{\tau}_\mathrm{de} + \boldsymbol{\tau}_\mathrm{de}^\mathrm{T}\dot{\boldsymbol{\tau}}_\mathrm{d}\end{aligned} \tag{3.26}$$

根据杨氏不等式，可得

$$\boldsymbol{\tau}_\mathrm{de}^\mathrm{T}\dot{\boldsymbol{\tau}}_\mathrm{d} \leqslant \ell_1\boldsymbol{\tau}_\mathrm{de}^\mathrm{T}\boldsymbol{\tau}_\mathrm{de} + \frac{1}{4\ell_1}\dot{\boldsymbol{\tau}}_\mathrm{d}^\mathrm{T}\dot{\boldsymbol{\tau}}_\mathrm{d} \tag{3.27}$$

其中，ℓ_1 是一个正实数。

将式 (3.27) 代入式 (3.26)，可得

$$\begin{aligned}\dot{V}_1 &\leqslant -2\left[\lambda_{\min}\left(\boldsymbol{K}_\tau\right) - \ell_1\right]V_1 + \frac{1}{4\ell_1}\dot{\boldsymbol{\tau}}_\mathrm{d}^\mathrm{T}\dot{\boldsymbol{\tau}}_\mathrm{d} \\ &\leqslant -2\left[\lambda_{\min}\left(\boldsymbol{K}_\tau\right) - \ell_1\right]V_1 + \frac{1}{4\ell_1}C_\tau^2\end{aligned} \tag{3.28}$$

根据式 (3.28)，当选取 $\boldsymbol{K}_\tau$ 使得 $\lambda_{\min}\left(\boldsymbol{K}_\tau\right) > \ell_1$ 成立时，干扰估计误差 $\boldsymbol{\tau}_\mathrm{de}$ 满足：

$$\begin{aligned}&\left\|\boldsymbol{\tau}_\mathrm{de}(t)\right\| \\ &\leqslant \sqrt{2\left\{V_1(0) - \frac{C_\tau^2}{8\ell_1\left[\lambda_{\min}\left(\boldsymbol{K}_\tau\right) - \ell_1\right]}\right\}\mathrm{e}^{-2\left[\lambda_{\min}\left(\boldsymbol{K}_\tau\right) - \ell_1\right]t} + \frac{C_\tau^2}{4\ell_1\left[\lambda_{\min}\left(\boldsymbol{K}_\tau\right) - \ell_1\right]}}\end{aligned} \tag{3.29}$$

由式 (3.29) 可知，干扰估计误差 $\boldsymbol{\tau}_{\mathrm{de}}$ 渐进指数收敛。通过调整 $\boldsymbol{K}_{\tau}$ 的取值，可以保证估计误差 $\boldsymbol{\tau}_{\mathrm{de}}$ 收敛到任意指定的精度范围内。因此，根据式 (3.29)，在整个自主安全交会对接过程中，总是存在一个正实数 D_{τ}，使得 $\|\boldsymbol{\tau}_{\mathrm{de}}(t)\| \leqslant D_{\tau}$ 成立。

根据上述分析，设计如下的相对姿态控制律：

$$\boldsymbol{\tau} = \boldsymbol{C}_{\mathrm{r}}\boldsymbol{\omega}_{\mathrm{e}} + \boldsymbol{n}_{\mathrm{r}} - \boldsymbol{J}_{\mathrm{c}}\boldsymbol{\Lambda}_1 G(\boldsymbol{\sigma}_{\mathrm{e}})\boldsymbol{\omega}_{\mathrm{e}} - \frac{1+\boldsymbol{\sigma}_{\mathrm{e}}^{\mathrm{T}}\boldsymbol{\sigma}_{\mathrm{e}}}{4}\boldsymbol{\sigma}_{\mathrm{e}} - \boldsymbol{\Upsilon}_1\boldsymbol{s}_1 - \hat{\boldsymbol{\tau}}_{\mathrm{d}} \tag{3.30}$$

其中，$\boldsymbol{\Upsilon}_1 = \boldsymbol{\Upsilon}_1^{\mathrm{T}} \in \mathbf{R}^{3\times 3}$ 是一个正定矩阵，并且满足 $\lambda_{\min}(\boldsymbol{\Upsilon}_1) > 1/2$。

定理 3.1 针对相对姿态运动方程与动力学方程，即式 (3.3) 和式 (3.7)，在非线性干扰观测器 (3.22) 和相对姿态控制律 (3.30) 作用下，闭环相对姿态系统是一致有界稳定的，并且通过选取合理的控制参数，可以将相对姿态 $\boldsymbol{\sigma}_{\mathrm{e}}$ 和相对角速度 $\boldsymbol{\omega}_{\mathrm{e}}$ 的终端误差调整到指定的精度范围内。

证明 选取如下的李雅普诺夫函数：

$$V_2 = \frac{1}{2}\boldsymbol{s}_1^{\mathrm{T}}\boldsymbol{J}_{\mathrm{c}}\boldsymbol{s}_1 + \frac{1}{2}\boldsymbol{\sigma}_{\mathrm{e}}^{\mathrm{T}}\boldsymbol{\sigma}_{\mathrm{e}} \tag{3.31}$$

对式 (3.31) 求导，可得

$$\begin{aligned}
\dot{V}_2 &= \boldsymbol{s}_1^{\mathrm{T}}\boldsymbol{J}_{\mathrm{c}}\dot{\boldsymbol{s}}_1 + \boldsymbol{\sigma}_{\mathrm{e}}^{\mathrm{T}}\dot{\boldsymbol{\sigma}}_{\mathrm{e}} \\
&= \boldsymbol{s}_1^{\mathrm{T}}\left[-\boldsymbol{C}_{\mathrm{r}}\boldsymbol{\omega}_{\mathrm{e}} - \boldsymbol{n}_{\mathrm{r}} + \boldsymbol{J}_{\mathrm{c}}\boldsymbol{\Lambda}_1 G(\boldsymbol{\sigma}_{\mathrm{e}})\boldsymbol{\omega}_{\mathrm{e}} + \boldsymbol{\tau} + \boldsymbol{\tau}_{\mathrm{d}}\right] + \boldsymbol{\sigma}_{\mathrm{e}}^{\mathrm{T}} G(\boldsymbol{\sigma}_{\mathrm{e}})\boldsymbol{\omega}_{\mathrm{e}} \\
&= \boldsymbol{s}_1^{\mathrm{T}}\left[-\boldsymbol{C}_{\mathrm{r}}\boldsymbol{\omega}_{\mathrm{e}} - \boldsymbol{n}_{\mathrm{r}} + \boldsymbol{J}_{\mathrm{c}}\boldsymbol{\Lambda}_1 G(\boldsymbol{\sigma}_{\mathrm{e}})\boldsymbol{\omega}_{\mathrm{e}} + \boldsymbol{\tau} + \boldsymbol{\tau}_{\mathrm{d}} + \frac{1+\boldsymbol{\sigma}_{\mathrm{e}}^{\mathrm{T}}\boldsymbol{\sigma}_{\mathrm{e}}}{4}\boldsymbol{\sigma}_{\mathrm{e}}\right] \\
&\quad - \frac{1+\boldsymbol{\sigma}_{\mathrm{e}}^{\mathrm{T}}\boldsymbol{\sigma}_{\mathrm{e}}}{4}\boldsymbol{\sigma}_{\mathrm{e}}^{\mathrm{T}}\boldsymbol{\Lambda}_1\boldsymbol{\sigma}_{\mathrm{e}}
\end{aligned} \tag{3.32}$$

将式 (3.31) 代入式 (3.32)，可得

$$\begin{aligned}
\dot{V}_2 &= -\boldsymbol{s}_1^{\mathrm{T}}\boldsymbol{\Upsilon}_1\boldsymbol{s}_1 + \boldsymbol{s}_1^{\mathrm{T}}\boldsymbol{\tau}_{\mathrm{de}} - \frac{1+\boldsymbol{\sigma}_{\mathrm{e}}^{\mathrm{T}}\boldsymbol{\sigma}_{\mathrm{e}}}{4}\boldsymbol{\sigma}_{\mathrm{e}}^{\mathrm{T}}\boldsymbol{\Lambda}_1\boldsymbol{\sigma}_{\mathrm{e}} \\
&\leqslant -\left[\lambda_{\min}(\boldsymbol{\Upsilon}_1) - \frac{1}{2}\right]\|\boldsymbol{s}_1\|^2 - \lambda_{\min}\left(\frac{1+\boldsymbol{\sigma}_{\mathrm{e}}^{\mathrm{T}}\boldsymbol{\sigma}_{\mathrm{e}}}{4}\boldsymbol{\Lambda}_1\right)\|\boldsymbol{\sigma}_{\mathrm{e}}\|^2 + \frac{1}{2}\|\boldsymbol{\tau}_{\mathrm{de}}\|^2 \\
&\leqslant -\mu_{\min}V_2 + \frac{1}{2}D_{\tau}^2
\end{aligned} \tag{3.33}$$

其中，

$$\mu_{\min} = \min\left\{\frac{2\boldsymbol{\lambda}_{\min}(\boldsymbol{\Upsilon}_1) - 1}{\lambda_{\max}(\boldsymbol{J}_{\mathrm{c}})}, 2\lambda_{\min}\left(\frac{1+\boldsymbol{\sigma}_{\mathrm{e}}^{\mathrm{T}}\boldsymbol{\sigma}_{\mathrm{e}}}{4}\boldsymbol{\Lambda}_1\right)\right\} \tag{3.34}$$

由式 (3.31) 和式 (3.34) 可知：

$$\frac{1}{2}\boldsymbol{s}_1^{\mathrm{T}}\boldsymbol{J}_{\mathrm{c}}\boldsymbol{s}_1 \leqslant V_2(t) \leqslant \left[V_2(0) - \frac{D_{\tau}^2}{2\mu_{\min}}\right]\mathrm{e}^{-\mu_{\min}t} + \frac{D_{\tau}^2}{2\mu_{\min}} \tag{3.35}$$

$$\frac{1}{2}\boldsymbol{\sigma}_{\mathrm{e}}^{\mathrm{T}}\boldsymbol{\sigma}_{\mathrm{e}} \leqslant V_2(t) \leqslant \left[V_2(0) - \frac{D_{\tau}^2}{2\mu_{\min}}\right]\mathrm{e}^{-\mu_{\min}t} + \frac{D_{\tau}^2}{2\mu_{\min}} \tag{3.36}$$

根据式 (3.35) 和式 (3.36)，滑模面 $\boldsymbol{s}_1$ 和相对姿态 $\boldsymbol{\sigma}_{\mathrm{e}}$ 最终会收敛到如下集合：

$$\Omega_{\boldsymbol{s}_1} = \left\{\boldsymbol{s}_1 \middle| \|\boldsymbol{s}_1\| \leqslant \sqrt{\frac{D_{\tau}^2}{\lambda_{\min}(\boldsymbol{J}_{\mathrm{c}})\mu_{\min}}}\right\} \tag{3.37}$$

$$\Omega_{\boldsymbol{\sigma}_{\mathrm{e}}} = \left\{\boldsymbol{\sigma}_{\mathrm{e}} \middle| \|\boldsymbol{\sigma}_{\mathrm{e}}\| \leqslant \sqrt{\frac{D_{\tau}^2}{\mu_{\min}}}\right\} \tag{3.38}$$

由式 (3.32) 可得

$$\|\boldsymbol{\omega}_{\mathrm{e}}\| \leqslant \|\boldsymbol{s}_1 - \boldsymbol{\Lambda}_1\boldsymbol{\sigma}_{\mathrm{e}}\| \leqslant \|\boldsymbol{s}_1\| + \|\boldsymbol{\Lambda}_1\|\,\|\boldsymbol{\sigma}_{\mathrm{e}}\| \tag{3.39}$$

进而可知，$\boldsymbol{\omega}_{\mathrm{e}}$ 最终会收敛到如下集合：

$$\Omega_{\boldsymbol{\omega}_{\mathrm{e}}} = \left\{\boldsymbol{\omega}_{\mathrm{e}} \middle| \|\boldsymbol{\omega}_{\mathrm{e}}\| \leqslant \|\boldsymbol{\Lambda}_1\|\sqrt{\frac{D_{\tau}^2}{\mu_{\min}}} + \sqrt{\frac{D_{\tau}^2}{\lambda_{\min}(\boldsymbol{J}_{\mathrm{c}})\mu_{\min}}}\right\} \tag{3.40}$$

根据式 (3.38) 和式 (3.40)，闭环相对姿态运动系统是一致有界稳定的。同时，通过选择合适的控制参数 $(\boldsymbol{\Upsilon}_1, \boldsymbol{\Lambda}_1)$，可以将相对姿态 $\boldsymbol{\sigma}_{\mathrm{e}}$ 和相对角速度 $\boldsymbol{\omega}_{\mathrm{e}}$ 的终端收敛误差调整到指定的精度范围内。

2. 相对位置控制律设计

定义如下滑模面：

$$\boldsymbol{s}_{2,i} = \boldsymbol{R}_{\mathrm{c}}^{t}\boldsymbol{S}(\boldsymbol{\omega}_{\mathrm{e}})\boldsymbol{\rho} + \boldsymbol{R}_{\mathrm{c}}^{t}\boldsymbol{v} - \boldsymbol{R}_{\mathrm{c}}^{t}\boldsymbol{S}(\boldsymbol{\omega}_{\mathrm{c}})\boldsymbol{\rho} + \boldsymbol{\Lambda}_2\nabla_{\boldsymbol{\rho}_{\mathrm{t}}}J_i \quad (i=1,2) \tag{3.41}$$

其中，$\boldsymbol{\Lambda}_2 = \boldsymbol{\Lambda}_2^{\mathrm{T}} \in \mathbf{R}^{3\times 3}$ 是一个正定矩阵；$\nabla_{\boldsymbol{\rho}_{\mathrm{t}}}J_i = \partial J_i(\boldsymbol{\rho}, \boldsymbol{\sigma}_{\mathrm{e}})/\partial\boldsymbol{\rho}_{\mathrm{t}} \in \mathbf{R}^3 \ (i=1,2)$，表达式为

$$\nabla_{\boldsymbol{\rho}_{\mathrm{t}}}J_i = k_1\frac{\boldsymbol{\rho}_{\mathrm{t}}}{\sqrt{1+\boldsymbol{\rho}_{\mathrm{t}}^{\mathrm{T}}\boldsymbol{\rho}_{\mathrm{t}}}} + k_2\left[\frac{\boldsymbol{\rho}_{\mathrm{t}}}{h_i^2(\boldsymbol{\rho},\boldsymbol{\sigma}_{\mathrm{e}})} - \frac{2N(\boldsymbol{\rho},\boldsymbol{\sigma}_{\mathrm{e}})}{h_i^3(\boldsymbol{\rho},\boldsymbol{\sigma}_{\mathrm{e}})}\nabla_{\boldsymbol{\rho}_{\mathrm{t}}}h_i\right] \tag{3.42}$$

$$\nabla_{\boldsymbol{\rho}_{\mathrm{t}}}h_1 = 2(\boldsymbol{\rho}_{\mathrm{t}} + \boldsymbol{\Delta}) + \boldsymbol{a} - \alpha\frac{\boldsymbol{\rho}_{\mathrm{t}} + \boldsymbol{\Delta}}{\|\boldsymbol{\rho}_{\mathrm{t}} + \boldsymbol{\Delta}\|} \tag{3.43}$$

$$\nabla_{\boldsymbol{\rho}_{\mathrm{t}}}h_2 = \left[2\tan^2(\chi)(x_{\mathrm{t}}+\delta_2) \quad -2y_{\mathrm{t}} \quad -2z_{\mathrm{t}}\right]^{\mathrm{T}} \tag{3.44}$$

接下来，定义如下辅助变量：

$$\begin{aligned}\boldsymbol{\Xi} = {} & \boldsymbol{R}_{\mathrm{c}}^{\mathrm{t}}\boldsymbol{S}(\boldsymbol{\omega}_{\mathrm{e}})^2\boldsymbol{\rho} + 2\boldsymbol{R}_{\mathrm{c}}^{\mathrm{t}}\boldsymbol{S}(\boldsymbol{\omega}_{\mathrm{e}})\boldsymbol{v} - 2\boldsymbol{R}_{\mathrm{c}}^{\mathrm{t}}\boldsymbol{S}(\boldsymbol{\omega}_{\mathrm{e}})\boldsymbol{S}(\boldsymbol{\omega}_{\mathrm{c}})\boldsymbol{\rho} \\ & - \boldsymbol{R}_{\mathrm{c}}^{\mathrm{t}}\boldsymbol{S}\left(\boldsymbol{R}_{\mathrm{t}}^{\mathrm{c}}\dot{\boldsymbol{\omega}}_{\mathrm{t}} + \dot{\boldsymbol{R}}_{\mathrm{t}}^{\mathrm{c}}\boldsymbol{\omega}_{\mathrm{t}}\right)\boldsymbol{\rho} - \boldsymbol{R}_{\mathrm{c}}^{\mathrm{t}}\boldsymbol{S}(\boldsymbol{\omega}_{\mathrm{c}})\boldsymbol{v} + \boldsymbol{R}_{\mathrm{c}}^{\mathrm{t}}\boldsymbol{S}(\boldsymbol{\omega}_{\mathrm{c}})^2\boldsymbol{\rho}\end{aligned} \tag{3.45}$$

对式 (3.41) 求导，可得

$$
\begin{aligned}
\dot{s}_{2,i} &= \ddot{R}_c^t \rho + \dot{R}_c^t \dot{\rho} + \dot{R}_c^t v + R_c^t \dot{v} - \dot{R}_c^t S(\omega_c)\rho - R_c^t S(\dot{\omega}_c)\rho \\
&\quad - R_c^t S(\omega_c)\dot{\rho} + \Lambda_2 \dot{\overline{\nabla_{\rho_t} J_i}} \\
&= \ddot{R}_c^t \rho + \dot{R}_c^t v - \dot{R}_c^t S(\omega_c)\rho + \dot{R}_c^t v + R_c^t \dot{v} - \dot{R}_c^t S(\omega_c)\rho \\
&\quad - R_c^t S(\dot{\omega}_c)\rho - R_c^t S(\omega_c)\dot{\rho} + \Lambda_2 \dot{\overline{\nabla_{\rho_t} J_i}} \\
&= R_c^t S(\omega_e)^2 \rho + R_c^t S(\dot{\omega}_e)\rho + 2R_c^t S(\omega_e) v - 2R_c^t S(\omega_e) S(\omega_c)\rho \\
&\quad + R_c^t \dot{v} - R_c^t S(\dot{\omega}_c)\rho - R_c^t S(\omega_c) v + R_c^t S(\omega_c)^2 \rho + \Lambda_2 \dot{\overline{\nabla_{\rho_t} J_i}} \\
&= \Xi + R_c^t \dot{v} + \Lambda_2 \dot{\overline{\nabla_{\rho_t} J_i}}
\end{aligned}
\tag{3.46}
$$

其中，$\dot{\overline{\nabla_{\rho_t} J_i}} \in \mathbf{R}^3$ 表示 $\nabla_{\rho_t} J_i$ 关于时间的导数，表达式如下：

$$
\begin{aligned}
\dot{\overline{\nabla_{\rho_t} J_i}} &= k_1 \frac{(1+\rho_t^T \rho_t)\dot{\rho}_t - (\rho_t^T \dot{\rho}_t)\rho_t}{(1+\rho_t^T \rho_t)^{3/2}} + k_2 \frac{h_i(\rho, \sigma_e)\dot{\rho}_t - 2\dot{h}_i(\rho, \sigma_e)\rho_t}{h_i^3(\rho, \sigma_e)} \\
&\quad - 2k_2 \frac{(\rho_t^T \dot{\rho}_t)}{h_i^3(\rho, \sigma_e)} \nabla_{\rho_t} h_i - 2k_2 \frac{N(\rho, \sigma_e)}{h_i^3(\rho, \sigma_e)} \dot{\overline{\nabla_{\rho_t} h_i}} \\
&\quad + 6k_2 \frac{N(\rho, \sigma_e)\dot{h}(\rho, \sigma_e)}{h_i^4(\rho, \sigma_e)} \nabla_{\rho_t} h_i
\end{aligned}
\tag{3.47}
$$

$$
\dot{h}_1(\rho, \sigma_e) = 2(\rho_t + \Delta)^T \dot{\rho}_t + a^T \dot{\rho}_t - \alpha \frac{(\rho_t + \Delta)^T \dot{\rho}_t}{\|\rho_t + \Delta\|} \tag{3.48}
$$

$$
\dot{h}_2 = \left[2\tan^2(\chi)(x_t + \delta_2) \quad -2y_t \quad -2z_t\right]^T \dot{\rho}_t \tag{3.49}
$$

$$
\dot{\overline{\nabla_{\rho_t} h_1}} = 2\dot{\rho}_t - \alpha \frac{\dot{\rho}_t}{\|\rho_t + \Delta\|} + \alpha \frac{\left[(\rho_t + \Delta)^T \dot{\rho}_t\right](\rho_t + \Delta)}{\|\rho_t + \Delta\|^3} \tag{3.50}
$$

$$
\dot{\overline{\nabla_{\rho_t} h_2}} = \mathrm{diag}\left[2\tan^2(\chi), -2, -2\right]\dot{\rho}_t \tag{3.51}
$$

$$
\dot{\rho}_t = R_c^t S(\omega_e)\rho + R_c^t v - R_c^t S(\omega_c)\rho \tag{3.52}
$$

将式 (3.11) 和式 (3.12) 代入式 (3.46)，可得

$$
\begin{aligned}
m_c \dot{s}_{2,i} &= m_c \Xi + m_c R_c^t \dot{v} + m_c \Lambda_2 \dot{\overline{\nabla_{\rho_t} J_i}} \\
&= m_c \Xi - m_c R_c^t S(\omega_e + R_t^c \omega_t) v - m_c R_c^t n_t \\
&\quad + m_c \Lambda_2 \dot{\overline{\nabla_{\rho_t} J_i}} + R_c^t f + R_c^t f_d
\end{aligned}
\tag{3.53}
$$

在设计控制律之前，先设计如下的非线性干扰观测器：

$$
\hat{f}_d = \varepsilon_f + m_c K_f v \tag{3.54}
$$

$$\dot{\boldsymbol{\varepsilon}}_{\rm f} = -\boldsymbol{K}_{\rm f}\boldsymbol{\varepsilon}_{\rm f} - \boldsymbol{K}_{\rm f}\left[-m_{\rm c}\boldsymbol{S}\left(\boldsymbol{\omega}_{\rm c}\right)\boldsymbol{v} - m_{\rm c}\boldsymbol{n}_t + \boldsymbol{f} + m_{\rm c}\boldsymbol{K}_{\rm f}\boldsymbol{v}\right] \tag{3.55}$$

其中，$\hat{\boldsymbol{f}}_{\rm d} \in \mathbf{R}^3$ 是对干扰力 $\boldsymbol{f}_{\rm d}$ 的估计值；$\boldsymbol{K}_{\rm f} = \boldsymbol{K}_{\rm f}^{\rm T} \in \mathbf{R}^{3\times 3}$ 是一个正定矩阵。

定义干扰估计误差 $\boldsymbol{f}_{\rm de} = \boldsymbol{f}_{\rm d} - \hat{\boldsymbol{f}}_{\rm d} \in \mathbf{R}^3$，并对其求导可得

$$\begin{aligned}\dot{\boldsymbol{f}}_{\rm de} &= \dot{\boldsymbol{f}}_{\rm d} - \dot{\hat{\boldsymbol{f}}}_{\rm d} \\ &= \dot{\boldsymbol{f}}_{\rm d} + \boldsymbol{K}_{\rm f}\boldsymbol{\varepsilon}_{\rm f} + \boldsymbol{K}_{\rm f}\left[-m_{\rm c}\boldsymbol{S}\left(\boldsymbol{\omega}_{\rm c}\right)\boldsymbol{v} - m_{\rm c}\boldsymbol{n}_{\rm t} + \boldsymbol{f} + m_{\rm c}\boldsymbol{K}_{\rm f}\boldsymbol{v}\right] - m_{\rm c}\boldsymbol{K}_{\rm f}\dot{\boldsymbol{v}} \\ &= \dot{\boldsymbol{f}}_{\rm d} + \boldsymbol{K}_{\rm f}\left(\boldsymbol{\varepsilon}_{\rm f} + m_{\rm c}\boldsymbol{K}_{\rm f}\boldsymbol{v}\right) - \boldsymbol{K}_{\rm f}\boldsymbol{f}_{\rm d} \\ &= -\boldsymbol{K}_{\rm f}\boldsymbol{f}_{\rm de} + \dot{\boldsymbol{f}}_{\rm d}\end{aligned} \tag{3.56}$$

为了说明所设计干扰观测器的收敛性，选取如下的李雅普诺夫函数：

$$V_3 = \frac{1}{2}\boldsymbol{f}_{\rm de}^{\rm T}\boldsymbol{f}_{\rm de} \tag{3.57}$$

对式 (3.57) 求导，并利用杨氏不等式，可得

$$\begin{aligned}\dot{V}_3 &= \boldsymbol{f}_{\rm de}^{\rm T}\dot{\boldsymbol{f}}_{\rm de} \\ &= \boldsymbol{f}_{\rm de}^{\rm T}\left[\dot{\boldsymbol{f}}_{\rm d} + \boldsymbol{K}_{\rm f}\left(\boldsymbol{\varepsilon}_{\rm f} + m_{\rm c}\boldsymbol{K}_{\rm f}\boldsymbol{v}\right) - \boldsymbol{K}_{\rm f}\boldsymbol{f}_{\rm d}\right] \\ &\leqslant -2\left[\lambda_{\min}\left(\boldsymbol{K}_{\rm f}\right) - \ell_2\right]V_3 + \frac{1}{4\ell_2}C_{\rm f}^2\end{aligned} \tag{3.58}$$

其中，ℓ_2 是一个正实数。

根据式 (3.54)，当选取 $\boldsymbol{K}_{\rm f}$ 使得 $\lambda_{\min}\left(\boldsymbol{K}_{\rm f}\right) > \ell_2$ 成立时，干扰估计误差 $\boldsymbol{f}_{\rm de}$ 满足：

$$\begin{aligned}&\left\|\boldsymbol{f}_{\rm de}\left(t\right)\right\| \\ &\leqslant \sqrt{2\left\{V_3\left(0\right) - \frac{C_{\rm f}^2}{8\ell_2\left[\lambda_{\min}\left(\boldsymbol{K}_{\rm f}\right) - \ell_2\right]}\right\}{\rm e}^{-2\left[\lambda_{\min}\left(\boldsymbol{K}_{\rm f}\right) - \ell_2\right]t} + \frac{C_{\rm f}^2}{4\ell_2\left[\lambda_{\min}\left(\boldsymbol{K}_{\rm f}\right) - \ell_2\right]}}\end{aligned} \tag{3.59}$$

由式 (3.59) 可知，干扰估计误差 $\boldsymbol{f}_{\rm de}$ 总是有界的。通过调整 $\boldsymbol{K}_{\rm f}$ 的取值，可以保证估计误差 $\boldsymbol{f}_{\rm de}$ 收敛到任意指定的范围内。根据式 (3.55)，总是存在正实数 $D_{\rm f}$ 使得 $\left\|\boldsymbol{f}_{\rm de}\left(t\right)\right\| \leqslant D_{\rm f}$ 成立。

根据上述分析，设计如下的相对位置控制律：

$$\begin{aligned}\boldsymbol{f} =& -m_{\rm c}\boldsymbol{R}_{\rm t}^{\rm c}\boldsymbol{\varXi} + m_{\rm c}\boldsymbol{S}\left(\boldsymbol{\omega}_{\rm e} + \boldsymbol{R}_{\rm t}^{\rm c}\boldsymbol{\omega}_{\rm t}\right)\boldsymbol{v} + m_{\rm c}\boldsymbol{n}_{\rm t} \\ &- \hat{\boldsymbol{f}}_{\rm d} - \boldsymbol{R}_{\rm t}^{\rm c}\boldsymbol{\varUpsilon}_2\boldsymbol{s}_{2,i} - m_{\rm c}\boldsymbol{R}_{\rm t}^{\rm c}\boldsymbol{\varLambda}_2\dot{\overline{\nabla_{\boldsymbol{\rho}_{\rm t}}J_i}}\end{aligned} \tag{3.60}$$

其中，$\boldsymbol{\varUpsilon}_2 = \boldsymbol{\varUpsilon}_2^{\rm T} \in \mathbf{R}^{3\times 3}$ 是一个正定矩阵，并且满足 $\lambda_{\min}\left(\boldsymbol{\varUpsilon}_2\right) > 1/2$。

定理 3.2 针对相对目标的位置运动方程与动力学方程，即式 (3.11) 和式 (3.12)，在非线性干扰观测器 (3.54) 和相对位置控制律 (3.60) 作用下，闭环相对位置系统是一致有界稳定的，同时在整个自主安全交会对接过程中跟踪航天器不会违反上述运动约束。

证明 选取如下的李雅普诺夫函数：

$$V_{4,i}=\frac{1}{2}\boldsymbol{s}_{2,i}^{\mathrm{T}}m_{\mathrm{c}}\boldsymbol{s}_{2,i}+J_i\left(\boldsymbol{\rho},\boldsymbol{\sigma}_{\mathrm{e}}\right)\quad(i=1,2)\tag{3.61}$$

对式 (3.61) 求导，可得

$$\begin{aligned}\dot{V}_{4,i}&=\boldsymbol{s}_{2,i}^{\mathrm{T}}m_{\mathrm{c}}\dot{\boldsymbol{s}}_{2,i}+\dot{J}_i\left(\boldsymbol{\rho},\boldsymbol{\sigma}_{\mathrm{e}}\right)\\&=\boldsymbol{s}_{2,i}^{\mathrm{T}}\left[\begin{array}{l}m_{\mathrm{c}}\boldsymbol{\varXi}-m_{\mathrm{c}}\boldsymbol{R}_{\mathrm{c}}^{\mathrm{t}}\boldsymbol{S}\left(\boldsymbol{\omega}_{\mathrm{c}}\right)\boldsymbol{v}-m_{\mathrm{c}}\boldsymbol{R}_{\mathrm{c}}^{\mathrm{t}}\boldsymbol{n}_{\mathrm{t}}\\+m_{\mathrm{c}}\boldsymbol{\varLambda}_2\dot{\overline{\nabla_{\boldsymbol{\rho}_{\mathrm{t}}}J_i}}+\boldsymbol{R}_{\mathrm{c}}^{\mathrm{t}}\boldsymbol{f}+\boldsymbol{R}_{\mathrm{c}}^{\mathrm{t}}\boldsymbol{f}_{\mathrm{d}}\end{array}\right]+\dot{J}_i\left(\boldsymbol{\rho},\boldsymbol{\sigma}_{\mathrm{e}}\right)\end{aligned}\tag{3.62}$$

将式 (3.60) 代入式 (3.62)，可得

$$\begin{aligned}\dot{V}_{4,i}&=-\boldsymbol{s}_{2,i}^{\mathrm{T}}\boldsymbol{\varUpsilon}_2\boldsymbol{s}_{2,i}+\boldsymbol{s}_{2,i}^{\mathrm{T}}\left(\boldsymbol{R}_{\mathrm{c}}^{\mathrm{t}}\boldsymbol{f}_{\mathrm{d}}-\boldsymbol{R}_{\mathrm{c}}^{\mathrm{t}}\hat{\boldsymbol{f}}_{\mathrm{d}}\right)+\dot{J}_i\left(\boldsymbol{\rho},\boldsymbol{\sigma}_{\mathrm{e}}\right)\\&=-\boldsymbol{s}_{2,i}^{\mathrm{T}}\boldsymbol{\varUpsilon}_2\boldsymbol{s}_{2,i}+\boldsymbol{s}_{2,i}^{\mathrm{T}}\boldsymbol{R}_{\mathrm{c}}^{\mathrm{t}}\boldsymbol{f}_{\mathrm{de}}+\dot{J}_i\left(\boldsymbol{\rho},\boldsymbol{\sigma}_{\mathrm{e}}\right)\end{aligned}\tag{3.63}$$

根据式 (3.19)，对人工势函数 $J_i\left(\boldsymbol{\rho},\boldsymbol{\sigma}_{\mathrm{e}}\right)$ 求导，可得

$$\begin{aligned}\dot{J}_i\left(\boldsymbol{\rho},\boldsymbol{\sigma}_{\mathrm{e}}\right)&=\frac{\partial J_i}{\partial\boldsymbol{\rho}^{\mathrm{T}}}\dot{\boldsymbol{\rho}}+\frac{\partial J_i}{\partial\boldsymbol{\sigma}_{\mathrm{e}}^{\mathrm{T}}}\dot{\boldsymbol{\sigma}}_{\mathrm{e}}\\&=\nabla_{\boldsymbol{\rho}_{\mathrm{t}}}^{\mathrm{T}}J_i\left[\boldsymbol{R}_{\mathrm{c}}^{\mathrm{t}}\boldsymbol{S}\left(\boldsymbol{\omega}_{\mathrm{e}}\right)\boldsymbol{\rho}+\boldsymbol{R}_{\mathrm{c}}^{\mathrm{t}}\boldsymbol{v}-\boldsymbol{R}_{\mathrm{c}}^{\mathrm{t}}\boldsymbol{S}\left(\boldsymbol{\omega}_{\mathrm{c}}\right)\boldsymbol{\rho}\right]\\&=\nabla_{\boldsymbol{\rho}_{\mathrm{t}}}^{\mathrm{T}}J_i\left(\boldsymbol{s}_{2,i}-\boldsymbol{\varLambda}_2\nabla_{\boldsymbol{\rho}_{\mathrm{t}}}J_i\right)\end{aligned}\tag{3.64}$$

将式 (3.64) 代入式 (3.63)，可得

$$\begin{aligned}\dot{V}_{4,i}&=-\boldsymbol{s}_{2,i}^{\mathrm{T}}\boldsymbol{\varUpsilon}_2\boldsymbol{s}_{2,i}+\boldsymbol{s}_{2,i}^{\mathrm{T}}\boldsymbol{R}_{\mathrm{c}}^{\mathrm{t}}\boldsymbol{f}_{\mathrm{de}}+\nabla_{\boldsymbol{\rho}_{\mathrm{t}}}^{\mathrm{T}}J_i\left(\boldsymbol{s}_{2,i}-\boldsymbol{\varLambda}_2\nabla_{\boldsymbol{\rho}_{\mathrm{t}}}J_i\right)\\&\leqslant-\begin{pmatrix}\boldsymbol{s}_{2,i}^{\mathrm{T}} & \nabla_{\boldsymbol{\rho}_{\mathrm{t}}}^{\mathrm{T}}J_i\end{pmatrix}\begin{pmatrix}\boldsymbol{\varUpsilon}_2-\frac{1}{2}\boldsymbol{I}_3 & -\frac{1}{2}\boldsymbol{I}_3\\-\frac{1}{2}\boldsymbol{I}_3 & \boldsymbol{\varLambda}_2\end{pmatrix}\begin{pmatrix}\boldsymbol{s}_{2,i}\\\nabla_{\boldsymbol{\rho}_{\mathrm{t}}}J_i\end{pmatrix}+\frac{1}{2}\left\|D_{\mathrm{f}}\right\|^2\end{aligned}\tag{3.65}$$

由 Schur 补引理可知，当选取的 $\boldsymbol{\varUpsilon}_2$ 满足如下条件时：

$$\boldsymbol{\varUpsilon}_2-\frac{1}{2}\boldsymbol{I}_3-\frac{1}{4}\boldsymbol{\varLambda}_2^{-1}>0\tag{3.66}$$

有

$$\boldsymbol{M}=\begin{pmatrix}\boldsymbol{\varUpsilon}_2-\frac{1}{2}\boldsymbol{I}_3 & -\frac{1}{2}\boldsymbol{I}_3\\-\frac{1}{2}\boldsymbol{I}_3 & \boldsymbol{\varLambda}_2\end{pmatrix}>0\tag{3.67}$$

由式 (3.65) 可得，滑模面 $\boldsymbol{s}_{2,i}$ 和 $\nabla_{\boldsymbol{\rho}_{\mathrm{t}}} J_i$ 会收敛到如下集合：

$$\left\{\left(\begin{array}{c}\boldsymbol{s}_{2,i} \\ \nabla_{\boldsymbol{\rho}_{\mathrm{t}}} J_i\end{array}\right) \middle| \left\|\left(\begin{array}{c}\boldsymbol{s}_{2,i} \\ \nabla_{\boldsymbol{\rho}_{\mathrm{t}}} J_i\end{array}\right)\right\|^2 \leqslant \frac{D_{\mathrm{f}}^2}{2\lambda_{\min}(\boldsymbol{M})}\right\} \tag{3.68}$$

由式 (3.68) 可知，在整个自主安全交会对接过程中，$h_i(\boldsymbol{\rho}, \boldsymbol{\sigma}_{\mathrm{e}})$ 不会等于零。根据式 (3.14) 和式 (3.15)，当跟踪航天器违反运动约束时，$h_i(\boldsymbol{\rho}, \boldsymbol{\sigma}_{\mathrm{e}})$ 会趋向于零，同时人工势函数 $J_i(\boldsymbol{\rho}, \boldsymbol{\sigma}_{\mathrm{e}})$ 和 $\nabla_{\boldsymbol{\rho}_{\mathrm{t}}} J_i$ 会趋向于无穷大。因此，跟踪航天器在整个自主安全交会对接过程中不会违反运动约束。

其次为了分析闭环相对位置系统的收敛性，定义如下的李雅普诺夫函数：

$$V_{5,i} = \frac{1}{2}\boldsymbol{s}_{2,i}^{\mathrm{T}} m_{\mathrm{c}} \boldsymbol{s}_{2,i} \quad (i = 1, 2) \tag{3.69}$$

对式 (3.69) 求导，可得

$$\begin{aligned}\dot{V}_{5,i} &\leqslant -2\lambda_{\min}(\boldsymbol{\Upsilon}_2) V_{5,i} + \frac{1}{2}\boldsymbol{s}_{2,i}^{\mathrm{T}}\boldsymbol{s}_{2,i} + \frac{1}{2}\left\|\boldsymbol{R}_{\mathrm{c}}^{\mathrm{t}}\boldsymbol{f}_{\mathrm{de}}\right\|^2 \\ &\leqslant -\left[2\lambda_{\min}(\boldsymbol{\Upsilon}_2) - 1\right] V_{5,i} + \frac{1}{2}D_{\mathrm{f}}^2\end{aligned} \tag{3.70}$$

由式 (3.66) 可得，$\boldsymbol{s}_{2,i}$ 最终会收敛到如下集合：

$$\Omega_{\boldsymbol{s}_{2,i}} = \left\{\boldsymbol{s}_{2,i} \middle| \left\|\boldsymbol{s}_{2,i}\right\| \leqslant \sqrt{\frac{D_{\mathrm{f}}^2}{m_{\mathrm{c}}\left[2\lambda_{\min}(\boldsymbol{\Upsilon}_2) - 1\right]}}\right\} \tag{3.71}$$

根据式 (3.68) 和式 (3.69)，可得

$$\dot{J}_i(\boldsymbol{\rho}, \boldsymbol{\sigma}_{\mathrm{e}}) \leqslant -\lambda_{\min}(\boldsymbol{\Lambda}_2)\left\|\nabla_{\boldsymbol{\rho}_{\mathrm{t}}} J_i\right\|\left[\left\|\nabla_{\boldsymbol{\rho}_{\mathrm{t}}} J_i\right\| - \frac{\left\|\boldsymbol{s}_{2,i}\right\|}{\lambda_{\min}(\boldsymbol{\Lambda}_2)}\right] \tag{3.72}$$

根据式 (3.68) 和式 (3.69)，$\nabla_{\boldsymbol{\rho}_{\mathrm{t}}} J_i$ 最终会满足：

$$\left\|\nabla_{\boldsymbol{\rho}_{\mathrm{t}}} J_i\right\| \leqslant \sqrt{\frac{D_{\mathrm{f}}^2}{m_{\mathrm{c}}\left[2\lambda_{\min}(\boldsymbol{\Upsilon}_2) - 1\right]\lambda_{\min}^2(\boldsymbol{\Lambda}_2)}} \tag{3.73}$$

由上述分析可知，通过选取合适的控制参数 $(\boldsymbol{\Upsilon}_2, \boldsymbol{\Lambda}_2, \boldsymbol{K}_{\mathrm{f}})$，可以将式 (3.73) 的右端项调节到任意小的范围内。这意味着跟踪航天器已经到达距离期望位置非常近的范围内，此时引力势函数起主导作用。因此，在这种情况下可以忽略斥力势函数的影响。于是，根据式 (3.16) 和式 (3.73)，相对位置 $\boldsymbol{\rho}$ 最终会收敛到如下集合：

$$\Omega_{\rho} = \left\{\boldsymbol{\rho} \middle| \left\|\boldsymbol{\rho}\right\| \leqslant \sqrt{\frac{D_{\mathrm{f}}^2}{k_1^2 m_{\mathrm{c}}\left[2\lambda_{\min}(\boldsymbol{\Upsilon}_2) - 1\right]\lambda_{\min}^2(\boldsymbol{\Lambda}_2) - D_{\mathrm{f}}^2}}\right\} \tag{3.74}$$

根据式 (3.42) 和式 (3.74)，相对线速度 $\boldsymbol{v}$ 最终会收敛到如下集合：

$$\Omega_v = \left\{ \boldsymbol{v} \middle| \|\boldsymbol{v}\| \leqslant \|\bar{\omega}_{\mathrm{t}}\| \sqrt{\frac{D_{\mathrm{f}}^2}{k_1^2 m_{\mathrm{c}} \left[2\lambda_{\min}\left(\boldsymbol{\Upsilon}_2\right) - 1\right] \lambda_{\min}^2\left(\boldsymbol{\Lambda}_2\right) - D_{\mathrm{f}}^2}} + \sqrt{\frac{D_{\mathrm{f}}^2}{m_{\mathrm{c}} \left[2\lambda_{\min}\left(\boldsymbol{\Upsilon}_2\right) - 1\right]}} + \boldsymbol{\Lambda}_2 \sqrt{\frac{D_{\mathrm{f}}^2}{m_{\mathrm{c}} \left[2\lambda_{\min}\left(\boldsymbol{\Upsilon}_2\right) - 1\right] \lambda_{\min}^2\left(\boldsymbol{\Lambda}_2\right)}} \right\} \tag{3.75}$$

由式 (3.74) 和式 (3.75) 可知，闭环相对位置系统是一致有界稳定的。同时，通过选择合适的控制参数 $\boldsymbol{\Upsilon}_2$ 和 $\boldsymbol{\Lambda}_2$，可以将相对位置 $\boldsymbol{\rho}$ 和相对线速度 $\boldsymbol{v}$ 的终端收敛误差调整到指定的范围内。

注 3.3　由式 (3.71) 可知，通过选取合适的控制参数 $(\boldsymbol{\Upsilon}_2, \boldsymbol{\Lambda}_2, \boldsymbol{K}_{\mathrm{f}})$，滑模面 $\boldsymbol{s}_{2,i}$ 最终会收敛到任意小的集合 $\Omega_{\boldsymbol{s}_{2,i}}$ 内。此时，由式 (3.41) 可得 $\dot{\boldsymbol{\rho}}_t \approx -\boldsymbol{\Lambda}_2 \nabla_{\boldsymbol{\rho}_{\mathrm{t}}} J_i$，意味着跟踪航天器将会沿着势函数 $J_i(\boldsymbol{\rho}, \boldsymbol{\sigma}_{\mathrm{e}})$ 的负梯度方向移动。由上述分析可知，构造的人工势函数只包含一个稳定的全局极小点，因此当跟踪航天器沿着势函数负梯度方向移动时，最终会到达期望位置。

3. *仿真验证*

本小节通过两组仿真算例对上述设计的控制律的有效性进行验证。算例一旨在验证所设计的控制律在处理碰撞规避约束时的控制性能。算例二针对存在视线约束情况下的自主安全交会对接控制进行仿真验证。仿真中，假定目标运行在一个椭圆轨道上，其轨道要素见表 3.1。

表 3.1　目标的轨道要素

轨道要素	取值
半长轴/km	7830
偏心率	0.13
轨道倾角/(°)	30
升交点赤经/(°)	0
近地点幅角/(°)	0
真近点角/(°)	0

同时，假定目标处于自由翻滚状态，目标的初始姿态和初始角速度 (rad/s) 分别为 $\boldsymbol{\sigma}_{\mathrm{t}}(0) = [0\ 0\ 0]^{\mathrm{T}}$ 和 $\boldsymbol{\omega}_{\mathrm{t}}(0) = [0.02\ 0.005\ \ -0.01]^{\mathrm{T}}$。目标的转动惯量 (kg·m^2) $\boldsymbol{J}_{\mathrm{t}}$ 选取和文献 [13] 相同。跟踪航天器的质量 (kg) 和转动惯量矩阵分别设为 $m_{\mathrm{c}} = 58.2$，

$$\boldsymbol{J}_{\mathrm{c}} = \begin{bmatrix} 124.4 & 22.5 & -21.5 \\ 22.5 & 163.6 & -7 \\ -21.5 & -7 & 128.3 \end{bmatrix}$$

干扰力矩 (N·m) 和外界干扰力 (N) 分别设为

$$\boldsymbol{\tau}_{\mathrm{d}}=\begin{bmatrix}[1+\sin(nt)+\cos(nt)]\times 0.1\\ [1+\sin(nt)+\cos(nt)]\times 0.3\\ [1+\sin(nt)+\cos(nt)]\times(-0.2)\end{bmatrix}$$

$$\boldsymbol{f}_{\mathrm{d}}=\begin{bmatrix}[1+\sin(nt)+\cos(nt)]\times 0.1\\ [1+\sin(nt)+\cos(nt)]\times(-0.2)\\ [1+\sin(nt)+\cos(nt)]\times 0.3\end{bmatrix}$$

其中，$n=\sqrt{\mu/\|\boldsymbol{r}_t\|^3}$。

1) 考虑碰撞规避约束的自主安全交会对接控制

仿真中，相对姿态和相对角速度的初值分别设为 $\boldsymbol{\sigma}_{\mathrm{e}}(0)=[-0.1\ \ -0.2\ 0.1]^{\mathrm{T}}$ 和 $\boldsymbol{\omega}_{\mathrm{e}}(0)=[0.02\ \ -0.1\ 0.2]^{\mathrm{T}}$。相对位置 (m) 和相对线速度 (m/s) 的初值分别设为 $\boldsymbol{\rho}(0)=[-16\ 10\ 20]^{\mathrm{T}}$ 和 $\boldsymbol{v}(0)=[0.5\ \ -0.5\ 0.1]^{\mathrm{T}}$。同时，干扰观测器的干扰力矩 (N·m) 初值和干扰力 (N) 初值分别设为 $\hat{\boldsymbol{\tau}}_{\mathrm{d}}(0)=[0.1\ 0.1\ \ -0.1]^{\mathrm{T}}$ 和 $\hat{\boldsymbol{f}}_{\mathrm{d}}(0)=[0.1\ \ -0.1\ 0.1]^{\mathrm{T}}$。控制参数设为 $\delta_1=\delta_2=0.5$，$\alpha=5$，$k_1=0.38$，$k_2=0.001$，$\boldsymbol{\Lambda}_1=\boldsymbol{\Lambda}_2=\boldsymbol{I}_3$，$\boldsymbol{K}_{\tau}=0.1\boldsymbol{I}_3$，$\boldsymbol{\Upsilon}_1=4\boldsymbol{I}_3$，$\boldsymbol{K}_{\mathrm{f}}=0.1\boldsymbol{I}_3$，$\boldsymbol{\Upsilon}_2=2\boldsymbol{I}_3$。

仿真结果如图 3.7 ~ 图 3.15 所示。图 3.7 给出了自主安全交会对接过程中相对姿态的变化曲线，图 3.8 给出了自主安全交会对接过程中相对角速度的变化曲线，从中可以看出，相对姿态和相对角速度在 150s 左右收敛到原点附近的很小区间内，意味着跟踪航天器和目标之间最终实现了姿态同步。图 3.9 给出了自主安全交会对接过程中相对位置的变化曲线，图 3.10 给出了自主安全交会对接过程中相对线速度的变化曲线，从中可以看出，相对位置和相对线速度在 200s 左右收敛到

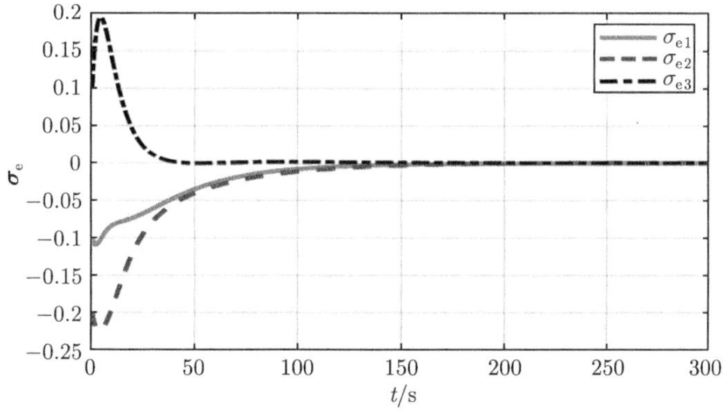

图 3.7　模型参数已知情况下考虑碰撞规避约束的自主安全交会对接相对姿态变化曲线

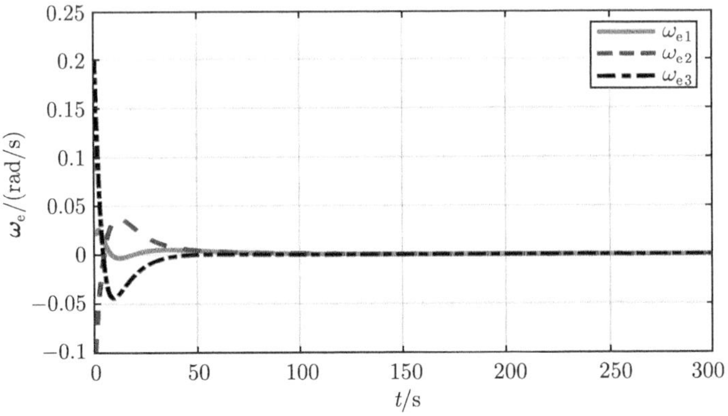

图 3.8　模型参数已知情况下考虑碰撞规避约束的自主安全交会对接相对角速度变化曲线

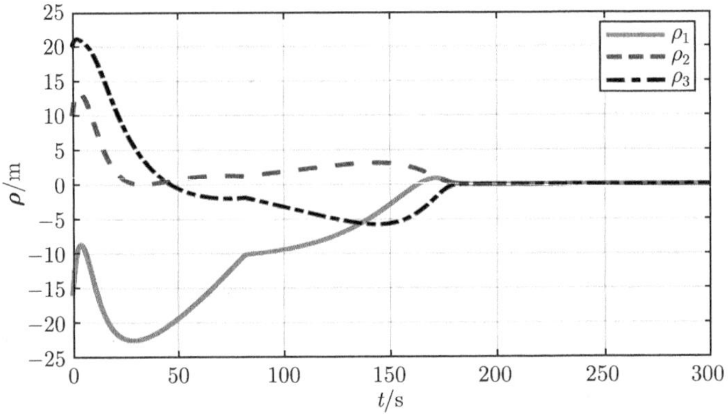

图 3.9　模型参数已知情况下考虑碰撞规避约束的自主安全交会对接相对位置变化曲线

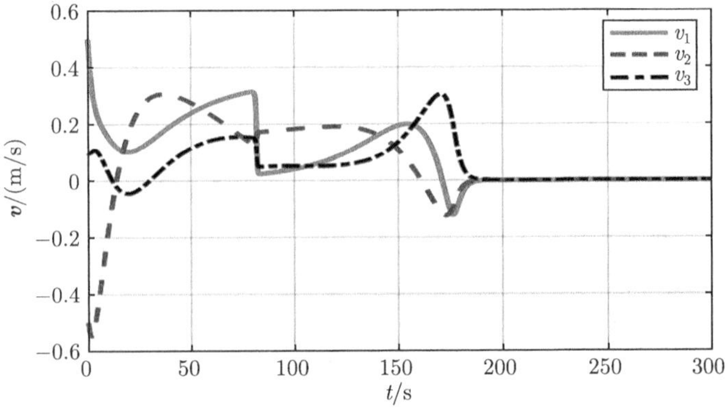

图 3.10　模型参数已知情况下考虑碰撞规避约束的自主安全交会对接相对线速度变化曲线

原点附近的很小区间内，说明跟踪航天器最终实现了对目标的位置跟踪。进一步分析图 3.9 和图 3.10 可知，尽管相对位置和相对线速度最终收敛到原点附近的很小区间内，但是它们的瞬态收敛过程变化得非常剧烈。这是由于整个自主安全交会对接过程中，一旦跟踪航天器靠近禁飞区，所设计的控制律会产生相应的斥力促使跟踪航天器改变接近速度和接近轨迹，从而避免进入禁飞区。

图 3.11 给出了所设计干扰观测器的干扰估计误差曲线，可以看出，干扰估计误差 $\boldsymbol{\tau}_{\mathrm{de}}$ 和 $\boldsymbol{f}_{\mathrm{de}}$ 在 50s 左右收敛到了原点附近的很小范围内，说明所设计的干扰观测器能够快速实现对外界干扰力矩和干扰力的高精度估计。图 3.12 给出

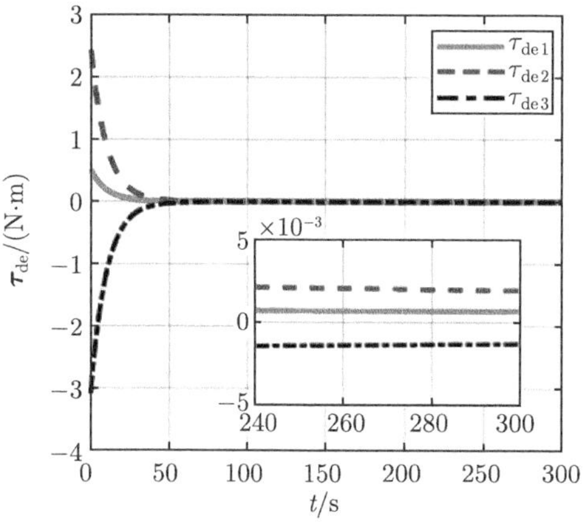

(a) 干扰估计误差$\boldsymbol{\tau}_{\mathrm{de}}$

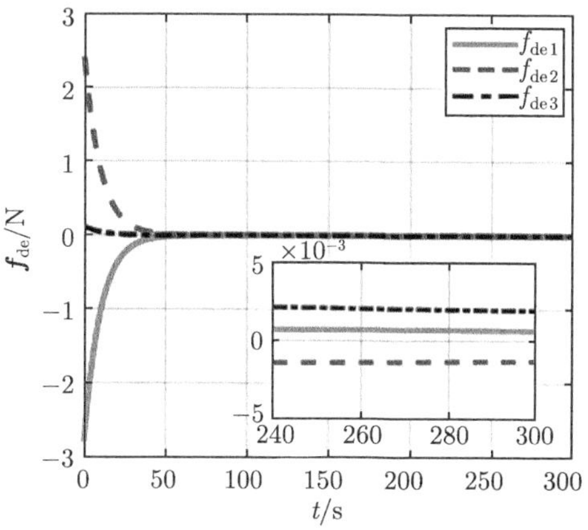

(b) 干扰估计误差$\boldsymbol{f}_{\mathrm{de}}$

图 3.11　模型参数已知情况下考虑碰撞规避约束的自主安全交会对接干扰估计误差 $\boldsymbol{\tau}_{\mathrm{de}}$ 和 $\boldsymbol{f}_{\mathrm{de}}$

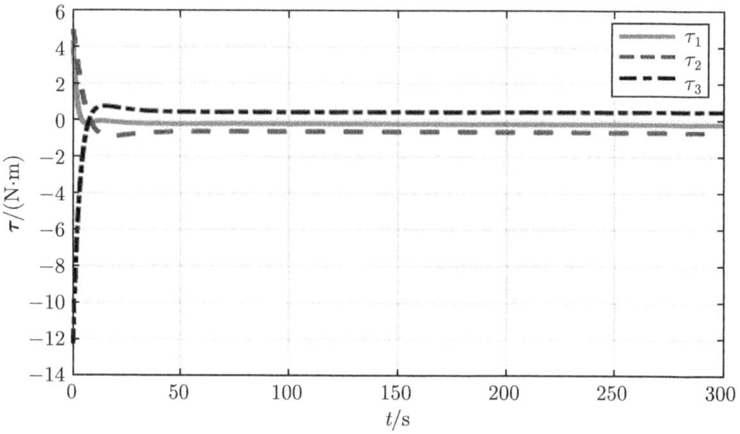

图 3.12　模型参数已知情况下考虑碰撞规避约束的自主安全交会对接控制力矩变化曲线

了控制力矩的变化曲线，图 3.13 给出了控制力的变化曲线，可以看出，控制力在 80s 和 180s 左右出现了剧烈变化。这是由于当跟踪航天器趋近禁飞区时，斥力势函数迅速增大，诱导产生很大的斥力阻止跟踪航天器穿越禁飞区。图 3.14 给出了在目标本体系下表示的三维交会对接轨迹，图 3.15 给出了 h_1 函数的变化曲线，从图 3.14 和图 3.15 可以看出，在整个自主安全交会对接过程中，跟踪航天器不会穿越禁飞区，因此不会和目标发生碰撞。进一步分析图 3.13 ~ 图 3.15 可知，跟踪航天器在初始时刻距离禁飞区很远，斥力势函数的作用很微弱，此时引力势函数起主导作用，因此跟踪航天器会在引力势函数的引导下向期望位置移动。随着跟踪航天器逐渐接近目标，距离禁飞区也越来越近，此时斥力势函数的作用越来越明显，开始起到主导作用，于是控制律 (3.60) 中由斥力势函数诱导产生的控制分量会急剧增大，从而阻止跟踪航天器穿越禁飞区。

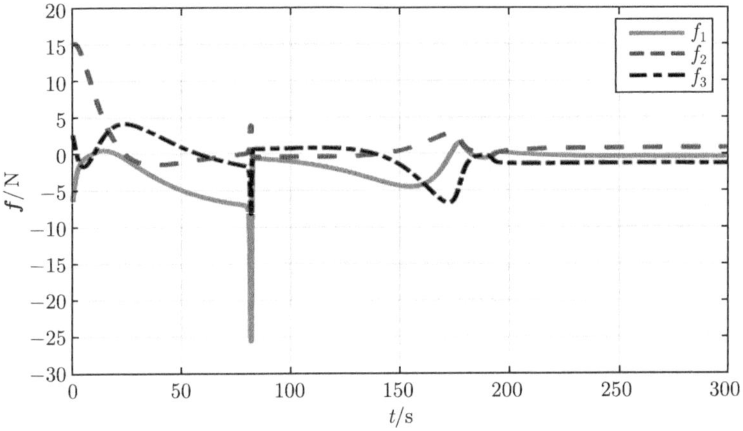

图 3.13　模型参数已知情况下考虑碰撞规避约束的自主安全交会对接控制力变化曲线

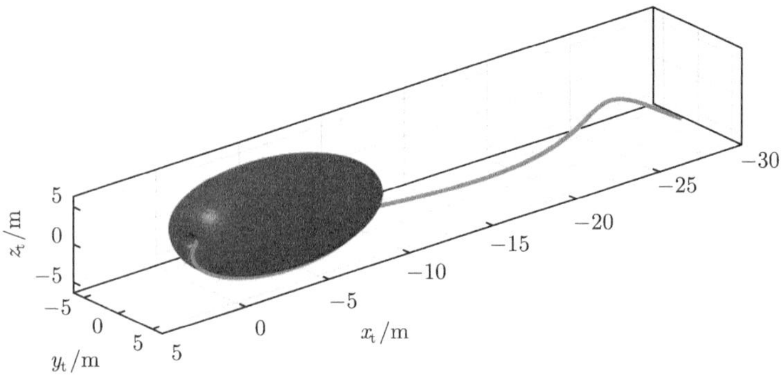

图 3.14　模型参数已知情况下考虑碰撞规避约束的自主安全交会对接目标本体系下的三维交会对接轨迹 (后附彩图)

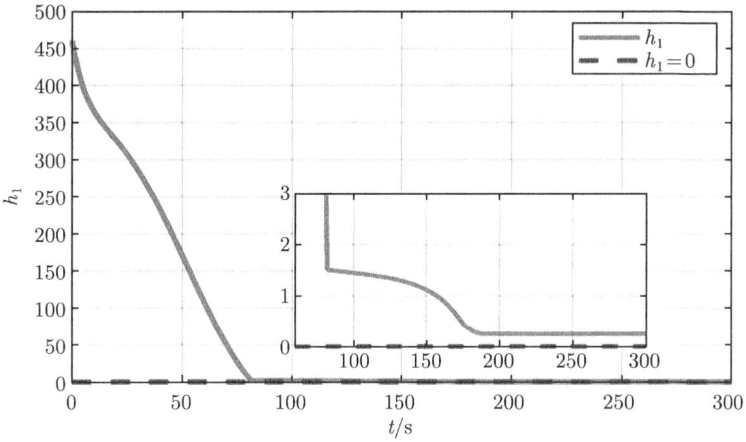

图 3.15　模型参数已知情况下考虑碰撞规避约束的自主安全交会对接 h_1 函数的变化曲线

2) 考虑视线约束的自主安全交会对接控制

仿真中，相对姿态和相对角速度 (rad/s) 的初值分别设为 $\boldsymbol{\sigma}_{\mathrm{e}}(0)=[-0.1\ \ -0.2\ \ 0.1]^{\mathrm{T}}$ 和 $\boldsymbol{\omega}_{\mathrm{e}}(0)=[0.2\ \ -0.1\ 0.1]^{\mathrm{T}}$。相对位置 (m) 和相对线速度 (m/s) 的初值分别设为 $\boldsymbol{\rho}(0)=[30\ 10\ \ -20]^{\mathrm{T}}$ 和 $\boldsymbol{v}(0)=[0.5\ \ -0.5\ 0.1]^{\mathrm{T}}$。同时，干扰观测器的干扰力矩初值 (N·m) 和干扰力初值 (N) 分别设为 $\hat{\boldsymbol{\tau}}_{\mathrm{d}}(0)=[0.1\ 0.1\ \ -0.1]^{\mathrm{T}}$ 和 $\hat{\boldsymbol{f}}_{\mathrm{d}}(0)=[0.1\ \ -0.1\ \ 0.1]^{\mathrm{T}}$。控制参数设为 $\delta_2=0.5$，$k_1=0.8$，$k_2=0.001$，$\boldsymbol{\Lambda}_1=2\boldsymbol{I}_3$，$\boldsymbol{\Lambda}_2=2\boldsymbol{I}_3$，$\boldsymbol{K}_\tau=\boldsymbol{K}_{\mathrm{f}}=0.2\boldsymbol{I}_3$，$\boldsymbol{\Upsilon}_1=4\boldsymbol{I}_3$，$\boldsymbol{\Upsilon}_2=\boldsymbol{I}_3$。

仿真结果如图 3.16 ~ 图 3.24 所示。图 3.16 和图 3.17 分别给出了自主安全交会对接过程中相对姿态和相对角速度的变化曲线，从中可以看出，相对姿态和相对角速度在 200s 左右收敛到原点附近的很小区间内。图 3.18 和图 3.19

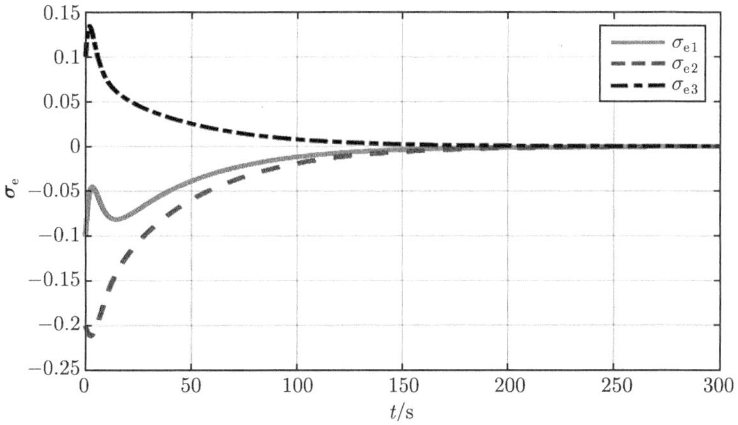

图 3.16　模型参数已知情况下考虑视线约束的自主安全交会对接相对姿态变化曲线

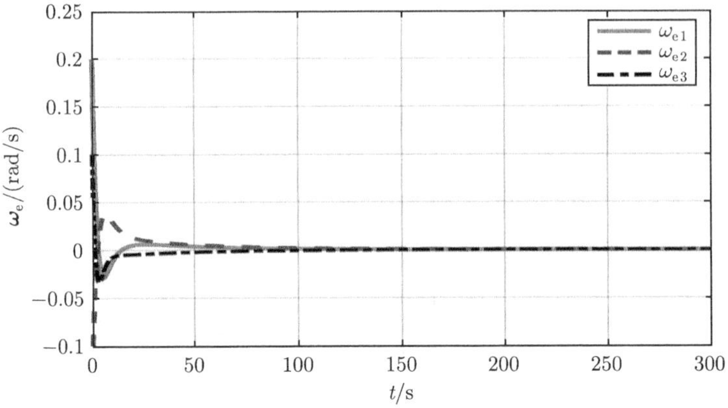

图 3.17 模型参数已知情况下考虑视线约束的自主安全交会对接相对角速度变化曲线

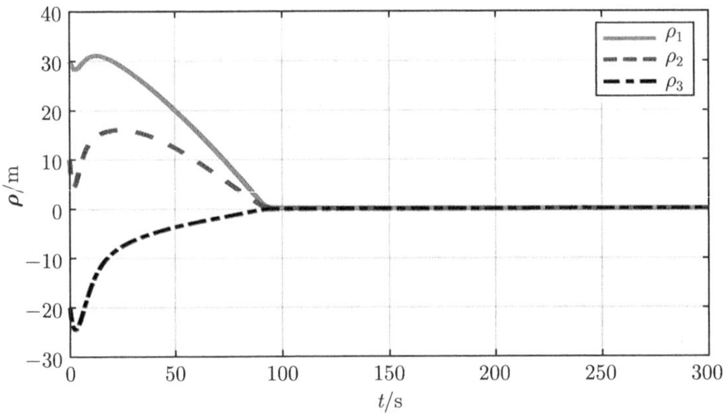

图 3.18 模型参数已知情况下考虑视线约束的自主安全交会对接相对位置变化曲线

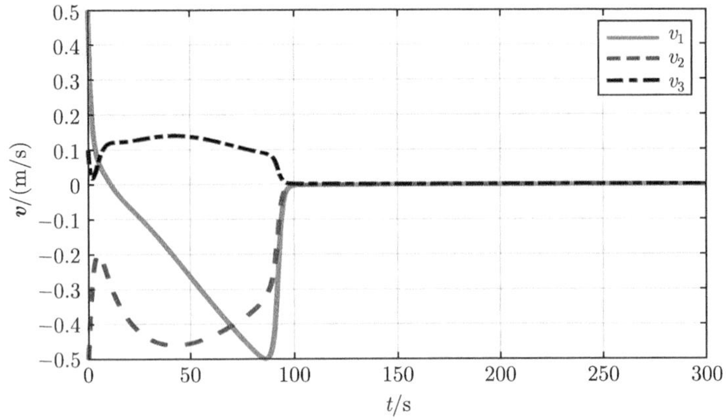

图 3.19 模型参数已知情况下考虑视线约束的自主安全交会对接相对线速度变化曲线

分别给出了相对位置和相对线速度的变化曲线，从中可以看出，相对位置和相对线速度在 100s 左右收敛到原点附近的很小区间内。

由图 3.16 ~ 图 3.19 可知，所设计的控制律最终能够实现跟踪航天器和目标之间的 6 自由度姿态同步与位置跟踪。图 3.20 给出了干扰估计误差 $\boldsymbol{\tau}_{\rm de}$ 和 $\boldsymbol{f}_{\rm de}$ 的变化曲线，从中可以看出所设计的干扰观测器能够以较高的精度实现对外界干扰力和力矩的快速在线估计。图 3.21 和图 3.22 分别给出了控制力矩和控制力的变化曲线。图 3.23 给出了在目标本体系下表示的三维交会对接轨迹。图 3.24 给出了 h_2 函数的变化曲线。由图 3.23 和图 3.24 可知，在整个自主安全交会对接过程中跟踪航天器始终处于目标视线锥面范围内。

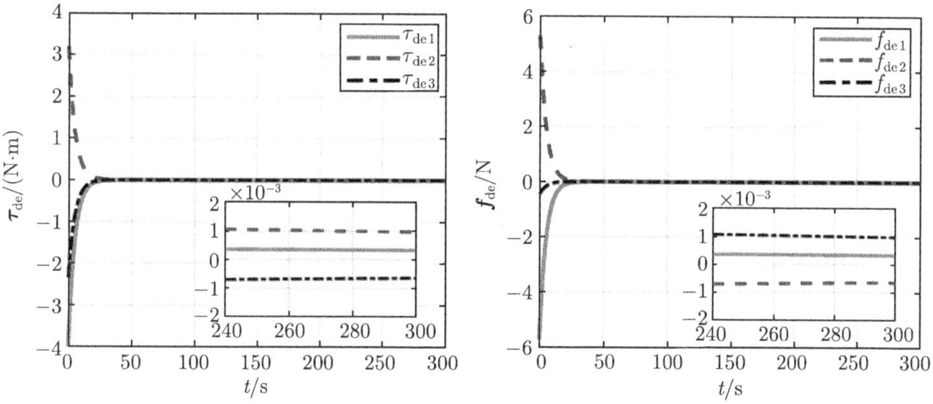

(a) 干扰估计误差$\boldsymbol{\tau}_{\rm de}$　　(b) 干扰估计误差$\boldsymbol{f}_{\rm de}$

图 3.20　模型参数已知情况下考虑视线约束的自主安全交会对接干扰估计误差 $\boldsymbol{\tau}_{\rm de}$ 和 $\boldsymbol{f}_{\rm de}$ 变化曲线

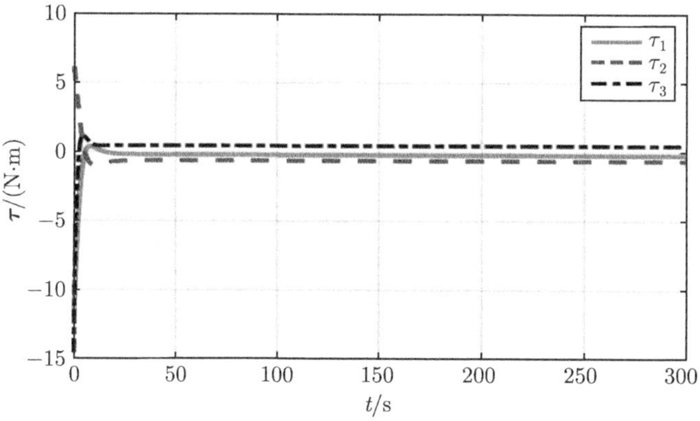

图 3.21　模型参数已知情况下考虑视线约束的自主安全交会对接控制力矩变化曲线

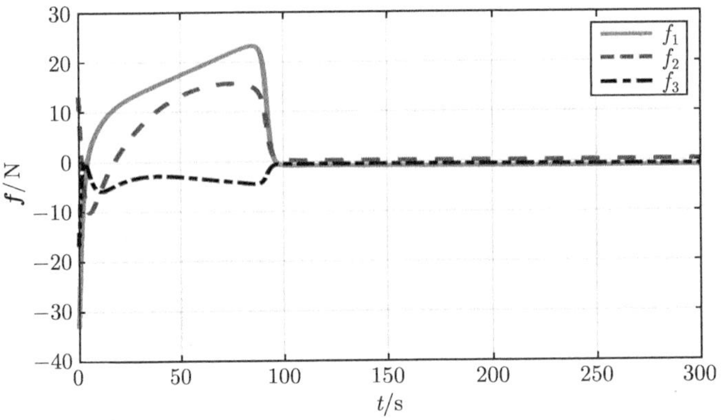

图 3.22 模型参数已知情况下考虑视线约束的自主安全交会对接控制力变化曲线

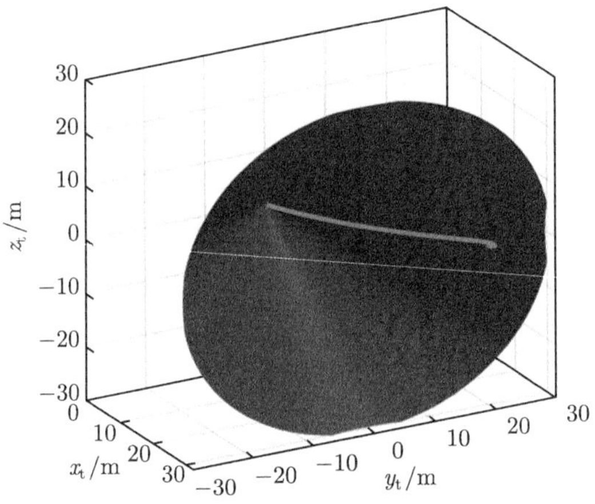

图 3.23 模型参数已知情况下考虑视线约束的自主安全交会对接目标本体系下的三维交会对接轨迹

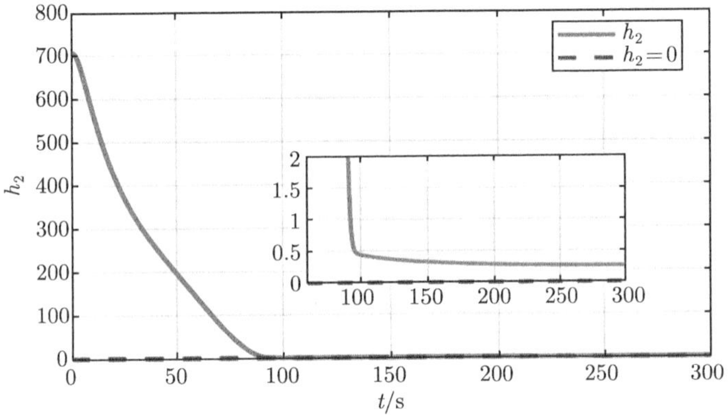

图 3.24 模型参数已知情况下考虑视线约束的自主安全交会对接 h_2 函数的变化曲线

3.1.4　模型参数未知情况下的鲁棒自适应安全控制律设计

本小节对存在模型参数未知的鲁棒自主安全交会对接控制问题进行研究。为了同时处理运动约束和模型参数未知，将人工势函数方法和滑模自适应技术相结合，设计一种鲁棒自适应安全控制律，确保交会对接任务的完成。

在控制律的设计过程中，需要用到假设 3.1，即存在两个未知正实数 $\bar{\tau}_{\mathrm{d}}$ 和 $\bar{f}_{\mathrm{d}}$，使得 $\|\boldsymbol{\tau}_{\mathrm{d}}\| \leqslant \bar{\tau}_{\mathrm{d}}$ 和 $\|\boldsymbol{f}_{\mathrm{d}}\| \leqslant \bar{f}_{\mathrm{d}}$ 成立。

1. 相对姿态控制律设计

定义如下滑模面：

$$\boldsymbol{s}_3 = \boldsymbol{\omega}_{\mathrm{e}} + \boldsymbol{\Lambda}_3 \boldsymbol{\sigma}_{\mathrm{e}} \tag{3.76}$$

其中，$\boldsymbol{\Lambda}_3 = \boldsymbol{\Lambda}_3^{\mathrm{T}} \in \mathbf{R}^{3\times 3}$ 是一个正定矩阵。

对式 (3.76) 求导，可得

$$\begin{aligned} \boldsymbol{J}_{\mathrm{c}} \dot{\boldsymbol{s}}_3 &= \boldsymbol{J}_{\mathrm{c}} \dot{\boldsymbol{\omega}}_{\mathrm{e}} + \boldsymbol{J}_{\mathrm{c}} \boldsymbol{\Lambda}_3 \dot{\boldsymbol{\sigma}}_{\mathrm{e}} \\ &= -\boldsymbol{C}_{\mathrm{r}} \boldsymbol{\omega}_{\mathrm{e}} - \boldsymbol{n}_{\mathrm{r}} + \boldsymbol{J}_{\mathrm{c}} \boldsymbol{\Lambda}_3 G(\boldsymbol{\sigma}_{\mathrm{e}}) \boldsymbol{\omega}_{\mathrm{e}} + \boldsymbol{\tau} + \boldsymbol{\tau}_{\mathrm{d}} \end{aligned} \tag{3.77}$$

为了方便自适应律的设计，引入如下形式的线性算子 $\boldsymbol{L}(\boldsymbol{x}) : \mathbf{R}^3 \to \mathbf{R}^{3\times 6}$

$$\boldsymbol{L}(\boldsymbol{x}) \triangleq \begin{bmatrix} x_1 & 0 & 0 & 0 & x_3 & x_2 \\ 0 & x_2 & 0 & x_3 & 0 & x_1 \\ 0 & 0 & x_3 & x_2 & x_1 & 0 \end{bmatrix} \quad \forall \boldsymbol{x} = [x_1\ x_2\ x_3]^{\mathrm{T}} \in \mathbf{R}^3 \tag{3.78}$$

定义跟踪航天器的转动惯量矩阵为

$$\boldsymbol{J}_{\mathrm{c}} = \begin{bmatrix} J_{\mathrm{c}11} & J_{\mathrm{c}12} & J_{\mathrm{c}13} \\ J_{\mathrm{c}12} & J_{\mathrm{c}22} & J_{\mathrm{c}23} \\ J_{\mathrm{c}13} & J_{\mathrm{c}23} & J_{\mathrm{c}33} \end{bmatrix} \tag{3.79}$$

由式 (3.78) 和式 (3.79)，可得

$$\boldsymbol{J}_{\mathrm{c}} \boldsymbol{x} = \boldsymbol{L}(\boldsymbol{x}) \boldsymbol{\theta}_{\mathrm{c}} \tag{3.80}$$

$$\boldsymbol{\theta}_{\mathrm{c}} = \begin{bmatrix} J_{\mathrm{c}11} & J_{\mathrm{c}22} & J_{\mathrm{c}33} & J_{\mathrm{c}23} & J_{\mathrm{c}13} & J_{\mathrm{c}12} \end{bmatrix}^{\mathrm{T}} \in \mathbf{R}^6 \tag{3.81}$$

根据式 (3.77) 和式 (3.80)，可得

$$\begin{aligned} -\boldsymbol{C}_{\mathrm{r}} \boldsymbol{\omega}_{\mathrm{e}} =& -\boldsymbol{J}_{\mathrm{c}} \boldsymbol{S}(\boldsymbol{R}_{\mathrm{t}}^{\mathrm{c}} \boldsymbol{\omega}_{\mathrm{t}}) \boldsymbol{\omega}_{\mathrm{e}} - \boldsymbol{S}(\boldsymbol{R}_{\mathrm{t}}^{\mathrm{c}} \boldsymbol{\omega}_{\mathrm{t}}) \boldsymbol{J}_{\mathrm{c}} \boldsymbol{\omega}_{\mathrm{e}} \\ &+ \boldsymbol{S}[\boldsymbol{J}_{\mathrm{c}}(\boldsymbol{\omega}_{\mathrm{e}} + \boldsymbol{R}_{\mathrm{t}}^{\mathrm{c}} \boldsymbol{\omega}_{\mathrm{t}})] \boldsymbol{\omega}_{\mathrm{e}} \\ =& -\boldsymbol{L}[\boldsymbol{S}(\boldsymbol{R}_{\mathrm{t}}^{\mathrm{c}} \boldsymbol{\omega}_{\mathrm{t}}) \boldsymbol{\omega}_{\mathrm{e}}] \boldsymbol{\theta}_{\mathrm{c}} - \boldsymbol{S}(\boldsymbol{R}_{\mathrm{t}}^{\mathrm{c}} \boldsymbol{\omega}_{\mathrm{t}}) \boldsymbol{L}(\boldsymbol{\omega}_{\mathrm{e}}) \boldsymbol{\theta}_{\mathrm{c}} \\ &- \boldsymbol{S}(\boldsymbol{\omega}_{\mathrm{e}}) \boldsymbol{L}(\boldsymbol{\omega}_{\mathrm{e}} + \boldsymbol{R}_{\mathrm{t}}^{\mathrm{c}} \boldsymbol{\omega}_{\mathrm{t}}) \boldsymbol{\theta}_{\mathrm{c}} \end{aligned} \tag{3.82}$$

且有

$$
\begin{aligned}
-\boldsymbol{n}_{\mathrm{r}} &= -\boldsymbol{S}\left(\boldsymbol{R}_{\mathrm{t}}^{\mathrm{c}}\boldsymbol{\omega}_{\mathrm{t}}\right)\boldsymbol{J}_{\mathrm{c}}\boldsymbol{R}_{\mathrm{t}}^{\mathrm{c}}\boldsymbol{\omega}_{\mathrm{t}} - \boldsymbol{J}_{\mathrm{c}}\boldsymbol{R}_{\mathrm{t}}^{\mathrm{c}}\dot{\boldsymbol{\omega}}_{\mathrm{t}} \\
&= -\boldsymbol{S}\left(\boldsymbol{R}_{\mathrm{t}}^{\mathrm{c}}\boldsymbol{\omega}_{\mathrm{t}}\right)\boldsymbol{L}\left(\boldsymbol{R}_{\mathrm{t}}^{\mathrm{c}}\boldsymbol{\omega}_{\mathrm{t}}\right)\boldsymbol{\theta}_{\mathrm{c}} - \boldsymbol{L}\left(\boldsymbol{R}_{\mathrm{t}}^{\mathrm{c}}\dot{\boldsymbol{\omega}}_{\mathrm{t}}\right)\boldsymbol{\theta}_{\mathrm{c}}
\end{aligned} \tag{3.83}
$$

将式 (3.82) 和式 (3.83) 代入式 (3.77)，可得

$$
\begin{aligned}
\boldsymbol{J}_{\mathrm{c}}\dot{\boldsymbol{s}}_3 =& -\boldsymbol{L}\left[\boldsymbol{S}\left(\boldsymbol{R}_{\mathrm{t}}^{\mathrm{c}}\boldsymbol{\omega}_{\mathrm{t}}\right)\boldsymbol{\omega}_{\mathrm{e}}\right]\boldsymbol{\theta}_{\mathrm{c}} - \boldsymbol{S}\left(\boldsymbol{R}_{\mathrm{t}}^{\mathrm{c}}\boldsymbol{\omega}_{\mathrm{t}}\right)\boldsymbol{L}\left(\boldsymbol{\omega}_{\mathrm{e}}\right)\boldsymbol{\theta}_{\mathrm{c}} \\
& - \boldsymbol{S}\left(\boldsymbol{\omega}_{\mathrm{e}}\right)\boldsymbol{L}\left(\boldsymbol{\omega}_{\mathrm{e}} + \boldsymbol{R}_{\mathrm{t}}^{\mathrm{c}}\boldsymbol{\omega}_{\mathrm{t}}\right)\boldsymbol{\theta}_{\mathrm{c}} - \boldsymbol{S}\left(\boldsymbol{R}_{\mathrm{t}}^{\mathrm{c}}\boldsymbol{\omega}_{\mathrm{t}}\right)\boldsymbol{L}\left(\boldsymbol{R}_{\mathrm{t}}^{\mathrm{c}}\boldsymbol{\omega}_{\mathrm{t}}\right)\boldsymbol{\theta}_{\mathrm{c}} \\
& - \boldsymbol{L}\left(\boldsymbol{R}_{\mathrm{t}}^{\mathrm{c}}\dot{\boldsymbol{\omega}}_{\mathrm{t}}\right)\boldsymbol{\theta}_{\mathrm{c}} + \boldsymbol{L}\left[\boldsymbol{\Lambda}_3 G(\boldsymbol{\sigma}_{\mathrm{e}})\boldsymbol{\omega}_{\mathrm{e}}\right]\boldsymbol{\theta}_{\mathrm{c}} + \boldsymbol{\tau} + \boldsymbol{\tau}_{\mathrm{d}}
\end{aligned} \tag{3.84}
$$

基于上述分析，设计如下的相对姿态控制律：

$$
\boldsymbol{\tau} = -\frac{1+\boldsymbol{\sigma}_{\mathrm{e}}^{\mathrm{T}}\boldsymbol{\sigma}_{\mathrm{e}}}{4}\boldsymbol{\sigma}_{\mathrm{e}} + Y\hat{\boldsymbol{\theta}}_{\mathrm{c}} - \hat{\bar{\tau}}_{\mathrm{d}}\operatorname{sgn}\left(\boldsymbol{s}_3\right) - \boldsymbol{K}_1\boldsymbol{s}_3 \tag{3.85}
$$

其中，$\boldsymbol{K}_1 = \boldsymbol{K}_1^{\mathrm{T}} \in \mathbf{R}^{3\times 3}$ 是一个正定矩阵；

$$
\begin{aligned}
\boldsymbol{Y} =& \boldsymbol{L}\left[\boldsymbol{S}\left(\boldsymbol{R}_{\mathrm{t}}^{\mathrm{c}}\boldsymbol{\omega}_{\mathrm{t}}\right)\boldsymbol{\omega}_{\mathrm{e}}\right] + \boldsymbol{S}\left(\boldsymbol{R}_{\mathrm{t}}^{\mathrm{c}}\boldsymbol{\omega}_{\mathrm{t}}\right)\boldsymbol{L}\left(\boldsymbol{\omega}_{\mathrm{e}}\right) \\
& + \boldsymbol{S}\left(\boldsymbol{\omega}_{\mathrm{e}}\right)\boldsymbol{L}\left(\boldsymbol{\omega}_{\mathrm{e}} + \boldsymbol{R}_{\mathrm{t}}^{\mathrm{c}}\boldsymbol{\omega}_{\mathrm{t}}\right) + \boldsymbol{S}\left(\boldsymbol{R}_{\mathrm{t}}^{\mathrm{c}}\boldsymbol{\omega}_{\mathrm{t}}\right)\boldsymbol{L}\left(\boldsymbol{R}_{\mathrm{t}}^{\mathrm{c}}\boldsymbol{\omega}_{\mathrm{t}}\right) \\
& + \boldsymbol{L}\left(\boldsymbol{R}_{\mathrm{t}}^{\mathrm{c}}\dot{\boldsymbol{\omega}}_{\mathrm{t}}\right) - \boldsymbol{L}\left[\boldsymbol{\Lambda}_3 G(\boldsymbol{\sigma}_{\mathrm{e}})\boldsymbol{\omega}_{\mathrm{e}}\right]
\end{aligned} \tag{3.86}
$$

设计如下的自适应律：

$$
\dot{\hat{\boldsymbol{\theta}}}_{\mathrm{c}} = -\gamma_1\boldsymbol{Y}^{\mathrm{T}}\boldsymbol{s}_3 \tag{3.87}
$$

$$
\dot{\hat{\bar{\tau}}}_{\mathrm{d}} = \gamma_2\left\|\boldsymbol{s}_3\right\| \tag{3.88}
$$

其中，γ_1 和 γ_2 是两个正实数。

定理 3.3　针对相对姿态运动方程和动力学方程，即式 (3.3) 和式 (3.7)，在相对姿态控制律 (3.85) 和自适应律 (3.87)、自适应律 (3.88) 作用下，相对姿态和相对角速度渐进趋向于零。

证明　选取如下的李雅普诺夫函数：

$$
V_6 = \frac{1}{2}\boldsymbol{s}_3^{\mathrm{T}}\boldsymbol{J}_{\mathrm{c}}\boldsymbol{s}_3 + \frac{1}{2}\boldsymbol{\sigma}_{\mathrm{e}}^{\mathrm{T}}\boldsymbol{\sigma}_{\mathrm{e}} + \frac{1}{2\gamma_1}\tilde{\boldsymbol{\theta}}_{\mathrm{c}}^{\mathrm{T}}\tilde{\boldsymbol{\theta}}_{\mathrm{c}} + \frac{1}{2\gamma_2}\tilde{\bar{\tau}}_{\mathrm{d}}\tilde{\bar{\tau}}_{\mathrm{d}} \tag{3.89}
$$

其中，$\tilde{\boldsymbol{\theta}}_{\mathrm{c}} = \hat{\boldsymbol{\theta}}_{\mathrm{c}} - \boldsymbol{\theta}_{\mathrm{c}} \in \mathbf{R}^6$，$\tilde{\bar{\tau}}_{\mathrm{d}} = \hat{\bar{\tau}}_{\mathrm{d}} - \bar{\tau}_{\mathrm{d}} \in \mathbf{R}$。

对式 (3.89) 求导，可得

$$\begin{aligned}
\dot{V}_6 &= \boldsymbol{s}_3^{\mathrm{T}}\boldsymbol{J}_{\mathrm{c}}\dot{\boldsymbol{s}}_3 + \boldsymbol{\sigma}_{\mathrm{e}}^{\mathrm{T}}\dot{\boldsymbol{\sigma}}_{\mathrm{e}} + \frac{1}{\gamma_1}\tilde{\boldsymbol{\theta}}_{\mathrm{c}}^{\mathrm{T}}\dot{\hat{\boldsymbol{\theta}}}_{\mathrm{c}} + \frac{1}{\gamma_2}\tilde{\bar{\tau}}_{\mathrm{d}}\dot{\hat{\bar{\tau}}}_{\mathrm{d}} \\
&= \boldsymbol{s}_3^{\mathrm{T}}\left[-\boldsymbol{C}_{\mathrm{r}}\boldsymbol{\omega}_{\mathrm{e}} - \boldsymbol{n}_{\mathrm{r}} + \boldsymbol{J}_{\mathrm{c}}\boldsymbol{\Lambda}_3 G(\boldsymbol{\sigma}_{\mathrm{e}})\boldsymbol{\omega}_{\mathrm{e}} + \boldsymbol{\tau} + \boldsymbol{\tau}_{\mathrm{d}}\right] \\
&\quad + \boldsymbol{\sigma}_{\mathrm{e}}^{\mathrm{T}} G(\boldsymbol{\sigma}_{\mathrm{e}})\boldsymbol{\omega}_{\mathrm{e}} + \frac{1}{\gamma_1}\tilde{\boldsymbol{\theta}}_{\mathrm{c}}^{\mathrm{T}}\dot{\hat{\boldsymbol{\theta}}}_{\mathrm{c}} + \frac{1}{\gamma_2}\tilde{\bar{\tau}}_{\mathrm{d}}\dot{\hat{\bar{\tau}}}_{\mathrm{d}} \\
&= -\frac{1+\boldsymbol{\sigma}_{\mathrm{e}}^{\mathrm{T}}\boldsymbol{\sigma}_{\mathrm{e}}}{4}\boldsymbol{\sigma}_{\mathrm{e}}^{\mathrm{T}}\boldsymbol{\Lambda}_3\boldsymbol{\sigma}_{\mathrm{e}} + \boldsymbol{s}_3^{\mathrm{T}}\left(\frac{1+\boldsymbol{\sigma}_{\mathrm{e}}^{\mathrm{T}}\boldsymbol{\sigma}_{\mathrm{e}}}{4}\boldsymbol{\sigma}_{\mathrm{e}} - \boldsymbol{Y}\boldsymbol{\theta}_{\mathrm{c}} + \boldsymbol{\tau} + \boldsymbol{\tau}_{\mathrm{d}}\right) \\
&\quad + \frac{1}{\gamma_1}\tilde{\boldsymbol{\theta}}_{\mathrm{c}}^{\mathrm{T}}\dot{\hat{\boldsymbol{\theta}}}_{\mathrm{c}} + \frac{1}{\gamma_2}\tilde{\bar{\tau}}_{\mathrm{d}}\dot{\hat{\bar{\tau}}}_{\mathrm{d}}
\end{aligned} \tag{3.90}$$

将式 (3.85) 代入式 (3.90)，可得

$$\begin{aligned}
\dot{V}_6 &= -\frac{1+\boldsymbol{\sigma}_{\mathrm{e}}^{\mathrm{T}}\boldsymbol{\sigma}_{\mathrm{e}}}{4}\boldsymbol{\sigma}_{\mathrm{e}}^{\mathrm{T}}\boldsymbol{\Lambda}_3\boldsymbol{\sigma}_{\mathrm{e}} + \boldsymbol{s}_3^{\mathrm{T}}\left[\boldsymbol{Y}\hat{\boldsymbol{\theta}}_{\mathrm{c}} - \boldsymbol{Y}\boldsymbol{\theta}_{\mathrm{c}} - \boldsymbol{K}_1\boldsymbol{s}_3 - \hat{\bar{\tau}}_{\mathrm{d}}\mathrm{sgn}\left(\boldsymbol{s}_3\right) + \boldsymbol{\tau}_{\mathrm{d}}\right] \\
&\quad + \frac{1}{\gamma_1}\tilde{\boldsymbol{\theta}}_{\mathrm{c}}^{\mathrm{T}}\dot{\hat{\boldsymbol{\theta}}}_{\mathrm{c}} + \frac{1}{\gamma_2}\tilde{\bar{\tau}}_{\mathrm{d}}\dot{\hat{\bar{\tau}}}_{\mathrm{d}} \\
&= -\frac{1+\boldsymbol{\sigma}_{\mathrm{e}}^{\mathrm{T}}\boldsymbol{\sigma}_{\mathrm{e}}}{4}\boldsymbol{\sigma}_{\mathrm{e}}^{\mathrm{T}}\boldsymbol{\Lambda}_3\boldsymbol{\sigma}_{\mathrm{e}} - \boldsymbol{s}_3^{\mathrm{T}}\boldsymbol{K}_1\boldsymbol{s}_3 + \boldsymbol{s}_3^{\mathrm{T}}\boldsymbol{\tau}_{\mathrm{d}} - \hat{\bar{\tau}}_{\mathrm{d}}\boldsymbol{s}_3^{\mathrm{T}}\mathrm{sgn}\left(\boldsymbol{s}_3\right) \\
&\quad + \boldsymbol{s}_3^{\mathrm{T}}\boldsymbol{Y}\tilde{\boldsymbol{\theta}}_{\mathrm{c}} + \frac{1}{\gamma_1}\tilde{\boldsymbol{\theta}}_{\mathrm{c}}^{\mathrm{T}}\dot{\hat{\boldsymbol{\theta}}}_{\mathrm{c}} + \frac{1}{\gamma_2}\tilde{\bar{\tau}}_{\mathrm{d}}\dot{\hat{\bar{\tau}}}_{\mathrm{d}}
\end{aligned} \tag{3.91}$$

将式 (3.87) 和式 (3.88) 代入式 (3.91)，可得

$$\begin{aligned}
\dot{V}_6 &\leqslant -\frac{1+\boldsymbol{\sigma}_{\mathrm{e}}^{\mathrm{T}}\boldsymbol{\sigma}_{\mathrm{e}}}{4}\boldsymbol{\sigma}_{\mathrm{e}}^{\mathrm{T}}\boldsymbol{\Lambda}_3\boldsymbol{\sigma}_{\mathrm{e}} - \boldsymbol{s}_3^{\mathrm{T}}\boldsymbol{K}_1\boldsymbol{s}_3 - \tilde{\bar{\tau}}_{\mathrm{d}}\left\|\boldsymbol{s}_3\right\| + \boldsymbol{s}_3^{\mathrm{T}}\boldsymbol{Y}\tilde{\theta}_{\mathrm{c}} \\
&\quad - \tilde{\theta}_{\mathrm{c}}^{\mathrm{T}}\boldsymbol{Y}^{\mathrm{T}}\boldsymbol{s}_3 + \tilde{\bar{\tau}}_{\mathrm{d}}\left\|\boldsymbol{s}_3\right\| \\
&\leqslant -\frac{1+\boldsymbol{\sigma}_{\mathrm{e}}^{\mathrm{T}}\boldsymbol{\sigma}_{\mathrm{e}}}{4}\boldsymbol{\sigma}_{\mathrm{e}}^{\mathrm{T}}\boldsymbol{\Lambda}_3\boldsymbol{\sigma}_{\mathrm{e}} - \boldsymbol{s}_3^{\mathrm{T}}\boldsymbol{K}_1\boldsymbol{s}_3 \\
&\leqslant -\lambda_{\min}\left(\frac{1+\boldsymbol{\sigma}_{\mathrm{e}}^{\mathrm{T}}\boldsymbol{\sigma}_{\mathrm{e}}}{4}\boldsymbol{\Lambda}_3\right)\boldsymbol{\sigma}_{\mathrm{e}}^{\mathrm{T}}\boldsymbol{\sigma}_{\mathrm{e}} - \lambda_{\min}(\boldsymbol{K}_1)\boldsymbol{s}_3^{\mathrm{T}}\boldsymbol{s}_3
\end{aligned} \tag{3.92}$$

由式 (3.92) 可知，V_6 满足：

$$0 \leqslant V_6\left(\infty\right) \leqslant V_6\left(t\right) \leqslant V_6\left(0\right) \leqslant \infty, \quad t \geqslant 0 \tag{3.93}$$

根据式 (3.93)，可得 $\left(\boldsymbol{\sigma}_{\mathrm{e}}, \boldsymbol{s}_3, \tilde{\theta}_{\mathrm{c}}, \tilde{\bar{\tau}}_{\mathrm{d}}\right)$ 是有界的，即 $\boldsymbol{\sigma}_{\mathrm{e}} \in L_\infty$，$\boldsymbol{s}_3 \in L_\infty$，$\tilde{\theta}_{\mathrm{c}} \in L_\infty$ 和 $\tilde{\bar{\tau}}_{\mathrm{d}} \in L_\infty$。进而根据式 (3.76) 可知 $\boldsymbol{\omega}_{\mathrm{e}}$ 是有界的，即 $\boldsymbol{\omega}_{\mathrm{e}} \in L_\infty$。由于目标处于自由翻滚状态，目标的角速度 $\boldsymbol{\omega}_{\mathrm{t}}$ 是有界的，即 $\boldsymbol{\omega}_{\mathrm{t}} \in L_\infty$ 和 $\dot{\boldsymbol{\omega}}_{\mathrm{t}} \in L_\infty$。

根据式 (3.92)，可得

$$\int_0^\infty \left\|\boldsymbol{\sigma}_{\mathrm{e}}\right\|^2 \mathrm{d}t \leqslant -\frac{1}{\lambda_{\min}\left(\dfrac{1+\boldsymbol{\sigma}_{\mathrm{e}}^{\mathrm{T}}\boldsymbol{\sigma}_{\mathrm{e}}}{4}\boldsymbol{\Lambda}_3\right)}\int_0^\infty \dot{V}_6 \mathrm{d}t \leqslant \frac{V_6\left(0\right)}{\lambda_{\min}\left(\dfrac{1+\boldsymbol{\sigma}_{\mathrm{e}}^{\mathrm{T}}\boldsymbol{\sigma}_{\mathrm{e}}}{4}\boldsymbol{\Lambda}_3\right)} < \infty \tag{3.94}$$

$$\int_{0}^{\infty}\left\|\boldsymbol{s}_3\right\|^2\mathrm{d}t\leqslant-\frac{1}{\lambda_{\min}\left(\boldsymbol{K}_3\right)}\int_{0}^{\infty}\dot{V}_6\mathrm{d}t\leqslant\frac{V_6\left(0\right)}{\lambda_{\min}\left(\boldsymbol{K}_3\right)}<\infty \tag{3.95}$$

由式 (3.94) 和式 (3.95) 可知，$\boldsymbol{\sigma}_{\mathrm{e}}$ 和 $\boldsymbol{s}_3$ 是平方可积的，即 $\boldsymbol{\sigma}_{\mathrm{e}}\in L_2$ 和 $\boldsymbol{s}_3\in L_2$。再根据式 (3.64) 和式 (3.72) 可知 $\dot{\boldsymbol{s}}_3$ 和 $\dot{\boldsymbol{\sigma}}_{\mathrm{e}}$ 是有界的，即 $\dot{\boldsymbol{s}}_3\in L_\infty$ 和 $\dot{\boldsymbol{\sigma}}_{\mathrm{e}}\in L_\infty$。于是，由 Barbalat 引理可知 $\lim\limits_{t\to\infty}\boldsymbol{\sigma}_{\mathrm{e}}=0$，$\lim\limits_{t\to\infty}\boldsymbol{s}_3=0$ 与 $\lim\limits_{t\to\infty}\boldsymbol{\omega}_{\mathrm{e}}=0$。

由上述分析可知，在相对姿态控制律 (3.85) 和自适应律 (3.87)、自适应律 (3.88) 作用下，闭环相对姿态运动系统是一致渐进稳定的。

2. 相对位置控制律设计

定义如下滑模面：

$$\boldsymbol{s}_{4,i}=\boldsymbol{R}_{\mathrm{c}}^{\mathrm{t}}\boldsymbol{S}\left(\boldsymbol{\omega}_{\mathrm{e}}\right)\boldsymbol{\rho}+\boldsymbol{R}_{\mathrm{c}}^{\mathrm{t}}\boldsymbol{v}-\boldsymbol{R}_{\mathrm{c}}^{\mathrm{t}}\boldsymbol{S}\left(\boldsymbol{\omega}_{\mathrm{c}}\right)\boldsymbol{\rho}+\boldsymbol{\Lambda}_4\nabla_{\boldsymbol{\rho}_{\mathrm{t}}}J_i\quad(i=1,2) \tag{3.96}$$

其中，$\boldsymbol{\Lambda}_4=\boldsymbol{\Lambda}_4^{\mathrm{T}}\in\mathbf{R}^{3\times3}$ 是一个正定矩阵。

对式 (3.96) 求导可得

$$\dot{\boldsymbol{s}}_{4,i}=\boldsymbol{\Xi}+\boldsymbol{R}_{\mathrm{c}}^{\mathrm{t}}\dot{\boldsymbol{v}}+\boldsymbol{\Lambda}_4\dot{\overline{\nabla_{\boldsymbol{\rho}_{\mathrm{t}}}J_i}} \tag{3.97}$$

将式 (3.11) 和式 (3.12) 代入式 (3.97)，可得

$$\begin{aligned}m_{\mathrm{c}}\dot{\boldsymbol{s}}_{4,i}=&m_{\mathrm{c}}\boldsymbol{\Xi}-m_{\mathrm{c}}\boldsymbol{R}_{\mathrm{c}}^{\mathrm{t}}\boldsymbol{S}\left(\boldsymbol{\omega}_{\mathrm{e}}+\boldsymbol{R}_{\mathrm{t}}^{\mathrm{c}}\boldsymbol{\omega}_{\mathrm{t}}\right)\boldsymbol{v}\\&-m_{\mathrm{c}}\boldsymbol{R}_{\mathrm{c}}^{\mathrm{t}}\boldsymbol{n}_{\mathrm{t}}+m_{\mathrm{c}}\boldsymbol{\Lambda}_4\dot{\overline{\nabla_{\boldsymbol{\rho}_{\mathrm{t}}}J_i}}+\boldsymbol{R}_{\mathrm{c}}^{\mathrm{t}}\boldsymbol{f}+\boldsymbol{R}_{\mathrm{c}}^{\mathrm{t}}\boldsymbol{f}_{\mathrm{d}}\end{aligned} \tag{3.98}$$

基于上述分析，设计的相对位置控制律为

$$\begin{aligned}\boldsymbol{f}=&-\hat{m}_{\mathrm{c}}\boldsymbol{R}_{\mathrm{t}}^{\mathrm{c}}\boldsymbol{\Xi}+\hat{m}_{\mathrm{c}}\boldsymbol{S}\left(\boldsymbol{\omega}_{\mathrm{e}}+\boldsymbol{R}_{\mathrm{t}}^{\mathrm{c}}\boldsymbol{\omega}_{\mathrm{t}}\right)\boldsymbol{v}+\hat{m}_{\mathrm{c}}\boldsymbol{n}_{\mathrm{t}}\\&-R_{\mathrm{t}}^{\mathrm{c}}\boldsymbol{K}_2\boldsymbol{s}_{4,i}-\boldsymbol{R}_{\mathrm{t}}^{\mathrm{c}}\hat{\bar{\boldsymbol{f}}}_{\mathrm{d}}\mathrm{sgn}\left(\boldsymbol{s}_{4,i}\right)-\hat{m}_{\mathrm{c}}\boldsymbol{R}_{\mathrm{t}}^{\mathrm{c}}\boldsymbol{\Lambda}_4\dot{\overline{\nabla_{\boldsymbol{\rho}_{\mathrm{t}}}J_i}}\end{aligned} \tag{3.99}$$

设计的自适应律为

$$\dot{\hat{m}}_{\mathrm{c}}=\gamma_3\boldsymbol{s}_{4,i}^{\mathrm{T}}\left[\boldsymbol{\Xi}-\boldsymbol{R}_{\mathrm{c}}^{\mathrm{t}}\boldsymbol{S}\left(\boldsymbol{\omega}_{\mathrm{e}}+\boldsymbol{R}_{\mathrm{c}}^{\mathrm{t}}\boldsymbol{\omega}_{\mathrm{t}}\right)\boldsymbol{v}-\boldsymbol{R}_{\mathrm{c}}^{\mathrm{t}}\boldsymbol{n}_{\mathrm{t}}+\boldsymbol{\Lambda}_4\dot{\overline{\nabla_{\boldsymbol{\rho}_{\mathrm{t}}}J_i}}\right] \tag{3.100}$$

$$\dot{\hat{\bar{f}}}_{\mathrm{d}}=\gamma_4\left\|\boldsymbol{s}_{4,i}\right\| \tag{3.101}$$

其中，$\boldsymbol{K}_2=\boldsymbol{K}_2^{\mathrm{T}}\in\mathbf{R}^{3\times3}$ 是一个正定矩阵；γ_3 和 γ_4 是两个正实数。

定理 3.4　针对相对位置运动方程和动力学方程，即式 (3.11) 和式 (3.12)，在相对位置控制律 (3.99) 和自适应律 (3.100)、自适应律 (3.101) 作用下，相对位置和相对线速度渐进趋向于零，同时在整个自主安全交会对接过程中跟踪航天器不会违反 3.1.2 小节中的运动约束。

证明　选取如下的李雅普诺夫函数：

$$V_{7,i} = \frac{1}{2}\boldsymbol{s}_{4,i}^{\mathrm{T}} m_{\mathrm{c}} \boldsymbol{s}_{4,i} + \frac{1}{2\gamma_3}\tilde{m}_{\mathrm{c}}\tilde{m}_{\mathrm{c}} + \frac{1}{2\gamma_4}\tilde{\bar{f}}_{\mathrm{d}}\tilde{\bar{f}}_{\mathrm{d}} + J_i(\boldsymbol{\rho}, \boldsymbol{\sigma}_{\mathrm{e}}) \tag{3.102}$$

其中，$\tilde{m}_{\mathrm{c}} = \hat{m}_{\mathrm{c}} - m_{\mathrm{c}}$，$\tilde{\bar{f}}_{\mathrm{d}} = \hat{\bar{f}}_{\mathrm{d}} - \bar{f}_{\mathrm{d}}$。

对式 (3.102) 求导，可得

$$\begin{aligned}\dot{V}_{7,i} &= \boldsymbol{s}_{4,i}^{\mathrm{T}} m_{\mathrm{c}} \dot{\boldsymbol{s}}_{4,i} + \frac{1}{\gamma_3}\tilde{m}_{\mathrm{c}}\dot{\hat{m}}_{\mathrm{c}} + \frac{1}{\gamma_4}\tilde{\bar{f}}_{\mathrm{d}}\dot{\hat{\bar{f}}}_{\mathrm{d}} + \dot{J}_i(\boldsymbol{\rho}, \boldsymbol{\sigma}_{\mathrm{e}}) \\ &= \boldsymbol{s}_{4,i}^{\mathrm{T}} \left[\begin{array}{c} m_{\mathrm{c}}\boldsymbol{\varXi} - m_{\mathrm{c}}\boldsymbol{R}_{\mathrm{c}}^{\mathrm{t}}\boldsymbol{S}(\boldsymbol{\omega}_{\mathrm{e}} + \boldsymbol{R}_{\mathrm{t}}^{\mathrm{c}}\boldsymbol{\omega}_{\mathrm{t}})\boldsymbol{v} - m_{\mathrm{c}}\boldsymbol{R}_{\mathrm{c}}^{\mathrm{t}}\boldsymbol{n}_{\mathrm{t}} \\ + m_{\mathrm{c}}\boldsymbol{\varLambda}_4\dot{\overline{\nabla_{\boldsymbol{\rho}_{\mathrm{t}}} J_i}} + \boldsymbol{R}_{\mathrm{c}}^{\mathrm{t}}\boldsymbol{f} + \boldsymbol{R}_{\mathrm{c}}^{\mathrm{t}}\boldsymbol{f}_{\mathrm{d}} \end{array}\right] \\ &\quad + \frac{1}{\gamma_3}\tilde{m}_{\mathrm{c}}\dot{\hat{m}}_{\mathrm{c}} + \frac{1}{\gamma_4}\tilde{\bar{f}}_{\mathrm{d}}\dot{\hat{\bar{f}}}_{\mathrm{d}} + \dot{J}_i(\boldsymbol{\rho}, \boldsymbol{\sigma}_{\mathrm{e}})\end{aligned} \tag{3.103}$$

将式 (3.99)~式 (3.102) 代入式 (3.103)，可得

$$\begin{aligned}\dot{V}_{7,i} &= \boldsymbol{s}_{4,i}^{\mathrm{T}}\left[\boldsymbol{R}_{\mathrm{c}}^{\mathrm{t}}\boldsymbol{f}_{\mathrm{d}} - \hat{\bar{\boldsymbol{f}}}_{\mathrm{d}}\mathrm{sgn}(\boldsymbol{s}_{4,i}) - \boldsymbol{K}_2\boldsymbol{s}_{4,i}\right] + \frac{1}{\gamma_3}\tilde{m}_{\mathrm{c}}\dot{\hat{m}}_{\mathrm{c}} + \frac{1}{\gamma_4}\tilde{\bar{f}}_{\mathrm{d}}\dot{\hat{\bar{f}}}_{\mathrm{d}} \\ &\quad - \tilde{m}_{\mathrm{c}}\left[\boldsymbol{s}_{4,i}^{\mathrm{T}}\boldsymbol{\varXi} - \boldsymbol{R}_{\mathrm{c}}^{\mathrm{t}}\boldsymbol{S}(\boldsymbol{\omega}_{\mathrm{e}} + \boldsymbol{R}_{\mathrm{t}}^{\mathrm{c}}\boldsymbol{\omega}_{\mathrm{t}})\boldsymbol{v} - \boldsymbol{R}_{\mathrm{c}}^{\mathrm{t}}\boldsymbol{n}_{\mathrm{t}} + \boldsymbol{\varLambda}_4\dot{\overline{\nabla_{\boldsymbol{\rho}_{\mathrm{t}}} J_i}}\right] + \dot{J}_i(\boldsymbol{\rho}, \boldsymbol{\sigma}_{\mathrm{e}}) \\ &\leqslant -\boldsymbol{s}_{4,i}^{\mathrm{T}}\boldsymbol{K}_2\boldsymbol{s}_{4,i} + \dot{J}_i(\boldsymbol{\rho}, \boldsymbol{\sigma}_{\mathrm{e}})\end{aligned} \tag{3.104}$$

又已知

$$\begin{aligned}\dot{J}_i(\boldsymbol{\rho}, \boldsymbol{\sigma}_{\mathrm{e}}) &= \frac{\partial J_i}{\partial \boldsymbol{\rho}^{\mathrm{T}}}\dot{\boldsymbol{\rho}} + \frac{\partial J_i}{\partial \boldsymbol{\sigma}_{\mathrm{e}}^{\mathrm{T}}}\dot{\boldsymbol{\sigma}}_{\mathrm{e}} \\ &= \nabla_{\boldsymbol{\rho}_{\mathrm{t}}}^{\mathrm{T}} J_i\left[\boldsymbol{R}_{\mathrm{c}}^{\mathrm{t}}\boldsymbol{S}(\boldsymbol{\omega}_{\mathrm{e}})\boldsymbol{\rho} + \boldsymbol{R}_{\mathrm{c}}^{\mathrm{t}}\boldsymbol{v} - \boldsymbol{R}_{\mathrm{c}}^{\mathrm{t}}\boldsymbol{S}(\boldsymbol{\omega}_{\mathrm{c}})\boldsymbol{\rho}\right] \\ &= \nabla_{\boldsymbol{\rho}_{\mathrm{t}}}^{\mathrm{T}} J_i(\boldsymbol{s}_{4,i} - \boldsymbol{\varLambda}_4\nabla_{\boldsymbol{\rho}_{\mathrm{t}}} J_i)\end{aligned} \tag{3.105}$$

将式 (3.105) 代入式 (3.104)，可得

$$\begin{aligned}\dot{V}_{7,i} &= -\boldsymbol{s}_{4,i}^{\mathrm{T}}\boldsymbol{K}_2\boldsymbol{s}_{4,i} + \nabla_{\boldsymbol{\rho}_{\mathrm{t}}}^{\mathrm{T}} J_i(\boldsymbol{s}_{4,i} - \boldsymbol{\varLambda}_4\nabla_{\boldsymbol{\rho}_{\mathrm{t}}} J_i) \\ &= -\left[\begin{array}{cc} \boldsymbol{s}_{4,i}^{\mathrm{T}} & \nabla_{\boldsymbol{\rho}_{\mathrm{t}}}^{\mathrm{T}} J_i \end{array}\right]\left[\begin{array}{cc} \boldsymbol{K}_2 & -\dfrac{1}{2}\boldsymbol{I}_3 \\ -\dfrac{1}{2}\boldsymbol{I}_3 & \boldsymbol{\varLambda}_4 \end{array}\right]\left[\begin{array}{c} \boldsymbol{s}_{4,i} \\ \nabla_{\boldsymbol{\rho}_{\mathrm{t}}} J_i \end{array}\right]\end{aligned} \tag{3.106}$$

根据 Schur 补引理可知，当选取的 $\boldsymbol{\varLambda}_4$ 满足：

$$\boldsymbol{\varLambda}_4 - \frac{1}{4}\boldsymbol{K}_2^{-1} > 0 \tag{3.107}$$

有

$$\begin{bmatrix} \boldsymbol{K}_2 & -\frac{1}{2}\boldsymbol{I}_3 \\ -\frac{1}{2}\boldsymbol{I}_3 & \boldsymbol{\Lambda}_4 \end{bmatrix} > 0 \tag{3.108}$$

根据式 (3.99) 和式 (3.101)，$V_{7,i}$ 和 $J_i(\boldsymbol{\rho}, \boldsymbol{\sigma}_{\mathrm{e}})$ 总是有界的。根据上述分析可知，在整个自主安全交会对接过程中，跟踪航天器不会违反 3.1.2 小节中的运动约束。

由式 (3.106) 可知，当且仅当 $\boldsymbol{s}_{4,i}=0$ 和 $\nabla_{\boldsymbol{\rho}_{\mathrm{t}}} J_i=0$ 时，$\dot{V}_{7,i}=0$。于是，可得

$$\lim_{t\to\infty} \boldsymbol{s}_{4,i} = \lim_{t\to\infty} \nabla_{\boldsymbol{\rho}_{\mathrm{t}}} J_i = 0 \tag{3.109}$$

$$\lim_{t\to\infty} \boldsymbol{\rho} = \lim_{t\to\infty} \boldsymbol{\rho}_{\mathrm{t}} = 0 \tag{3.110}$$

$$\lim_{t\to\infty} \boldsymbol{v} = \lim_{t\to\infty} \left[\boldsymbol{R}_{\mathrm{t}}^{\mathrm{c}} \boldsymbol{s}_{4,i} - \boldsymbol{S}(\boldsymbol{\omega}_{\mathrm{e}})\boldsymbol{\rho} + \boldsymbol{S}(\boldsymbol{\omega}_{\mathrm{c}})\boldsymbol{\rho} - \boldsymbol{R}_{\mathrm{t}}^{\mathrm{c}} \boldsymbol{\Lambda}_4 \nabla_{\boldsymbol{\rho}_{\mathrm{t}}} J_i\right] = 0 \tag{3.111}$$

由式 (3.109)~式 (3.111) 可知，相对位置和相对线速度最终会收敛到零。

注 3.4　由于相对姿态控制律 (3.85) 和相对位置控制律 (3.99) 中包含符号函数 $\mathrm{sgn}(\cdot)$，所设计的控制律在执行过程中会出现颤振现象。颤振现象不仅会破坏执行机构，甚至还会激发系统的高频未建模动态，因此对实际执行极为不利。为了削弱颤振现象，通常采用一个饱和函数 $\mathrm{sat}(\cdot)$ 来近似符号函数 $\mathrm{sgn}(\cdot)$，即

$$\mathbf{sat}(\boldsymbol{x}) = \left[\mathrm{sat}\left(\frac{x_1}{\eta}\right)\ \mathrm{sat}\left(\frac{x_2}{\eta}\right)\ \mathrm{sat}\left(\frac{x_3}{\eta}\right)\right]^{\mathrm{T}} \quad \forall \boldsymbol{x} = [x_1\ x_2\ x_3]^{\mathrm{T}} \tag{3.112}$$

$$\mathrm{sat}\left(\frac{x_i}{\eta}\right) = \begin{cases} \mathrm{sgn}(x_i), & |x_i| > \eta \\ x_i/\eta, & |x_i| \leqslant \eta \end{cases} \quad (i=1,2,3) \tag{3.113}$$

其中，η 是一个很小的正实数。

3. 仿真验证

本小节通过与 3.1.3 小节相同的两组仿真算例来验证所设计的控制律的有效性。仿真过程中，目标的轨道和姿态运动、跟踪航天器的质量和转动惯量矩阵，以及跟踪航天器和目标之间的初始相对状态都与 3.1.3 小节相同。

1) 考虑碰撞规避约束的自主安全交会对接控制

仿真过程中，控制参数设为 $\delta_1=0.5$，$k_1=1.2$，$k_2=0.2$，$\boldsymbol{\Lambda}_3=2\boldsymbol{I}_3$，$\gamma_1=\gamma_2=0.01$，$\boldsymbol{K}_1=\boldsymbol{I}_3$，$\boldsymbol{\Lambda}_4=\boldsymbol{I}_3$，$\gamma_3=0.01$，$\gamma_4=0.002$，$\boldsymbol{K}_2=\boldsymbol{I}_3$。自适应参数的初值分别设为 $\hat{\boldsymbol{\theta}}_{\mathrm{c}}(0)=\mathrm{diag}(120,150,115)$，$\hat{\bar{\tau}}_{\mathrm{d}}(0)=0.5$ 和 $\hat{\bar{f}}_{\mathrm{d}}=0.5$。仿真结果如图 3.25 ~ 图 3.33 所示。图 3.25 和图 3.26 分别给出了自主安全交会对接过程中相对姿态和相对角速度的变化曲线。图 3.27 和图 3.28 分别给出了相对位置和相对线速度的变化曲线。从图 3.25 ~ 图 3.28 可以看出，闭环相对姿态系统

和相对位置系统中的所有状态变量最终都趋向于零，意味着跟踪航天器和目标之间最终实现了 6 自由度姿态同步与位置跟踪。图 3.29 给出了自适应参数的估计值变化曲线，从中可以看出，自适应参数总是有界的，但是并没有趋向于其真值，这是由于仿真过程中持续激励条件很难被满足[14,15]。图 3.30 和图 3.31 分别给出了控制力矩和控制力的变化曲线。从图 3.31 可以看出，控制力曲线在 30s 和 60s 左右发生了剧烈变化，这是由于当跟踪航天器靠近禁飞区时，斥力势函数迅速增大，产生非常大的斥力阻止跟踪航天器穿越禁飞区。图 3.32 给出了在目标本体系下表示的三维交会对接轨迹。图 3.33 给出了 h_1 函数的变化曲线。由图 3.32 和图 3.33 可知，本小节所设计的控制律能够保证跟踪航天器在接近翻滚目标的过程中不会穿越禁飞区。

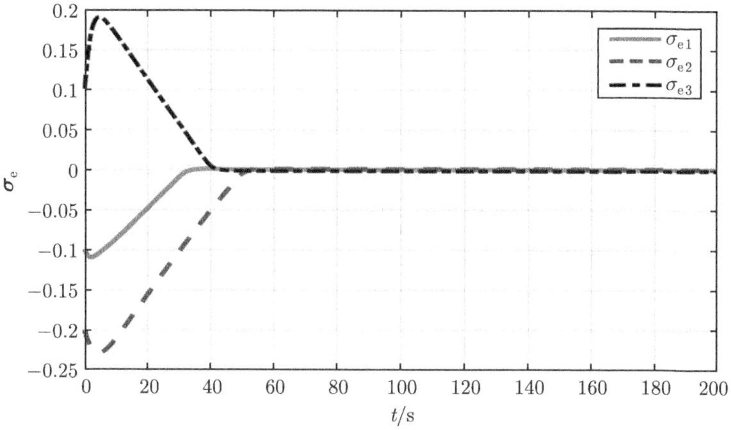

图 3.25　模型参数未知情况下考虑碰撞规避约束的自主安全交会对接相对姿态变化曲线

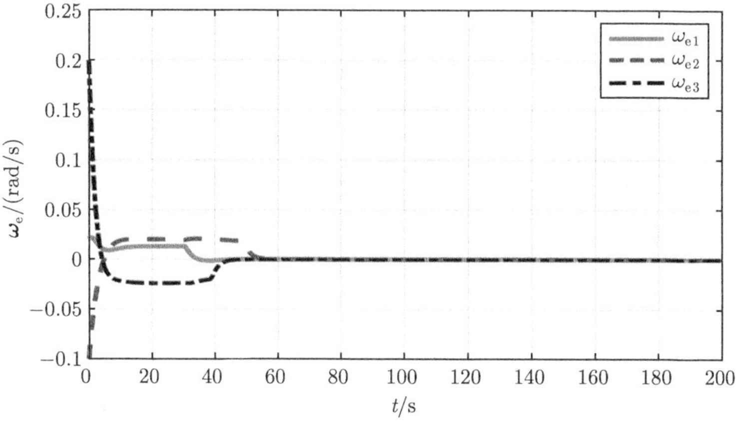

图 3.26　模型参数未知情况下考虑碰撞规避约束的自主安全交会对接相对角速度变化曲线

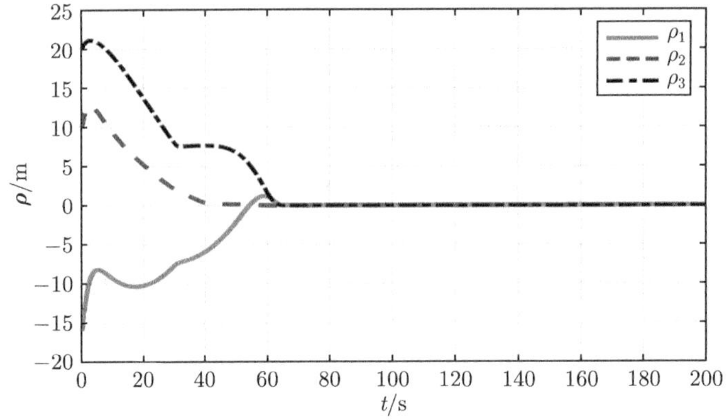

图 3.27　模型参数未知情况下考虑碰撞规避约束的自主安全交会对接相对位置变化曲线

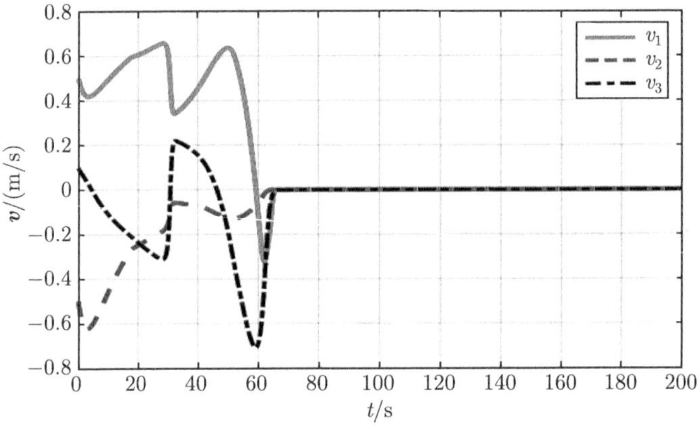

图 3.28　模型参数未知情况下考虑碰撞规避约束的自主安全交会对接相对线速度变化曲线

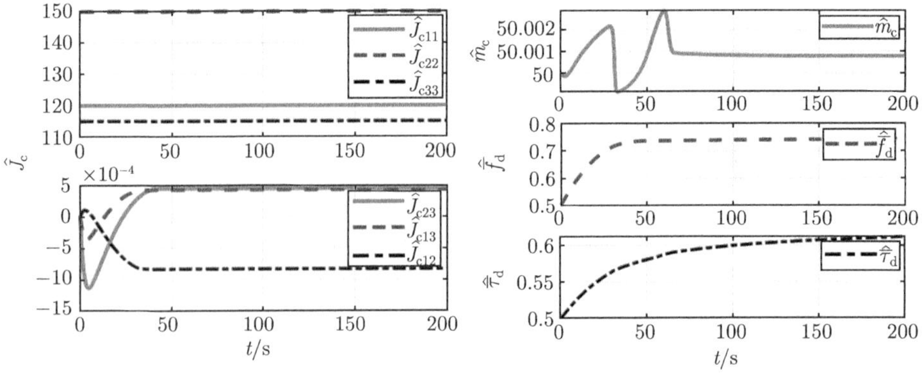

(a) 转动惯量参数估计值　　(b) 质量与控制力参数估计值

图 3.29　模型参数未知情况下考虑碰撞规避约束的自主安全交会对接自适应参数估计值变化曲线

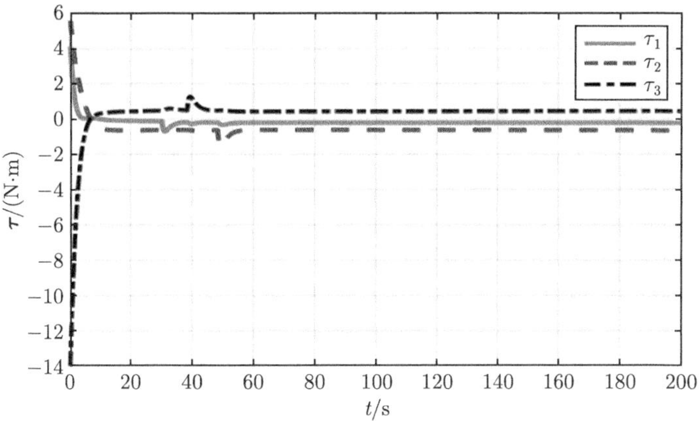

图 3.30　模型参数未知情况下考虑碰撞规避约束的自主安全交会对接控制力矩变化曲线

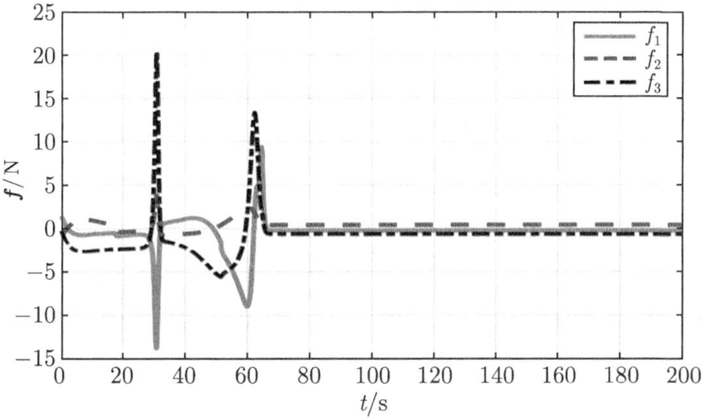

图 3.31　模型参数未知情况下考虑碰撞规避约束的自主安全交会对接控制力变化曲线

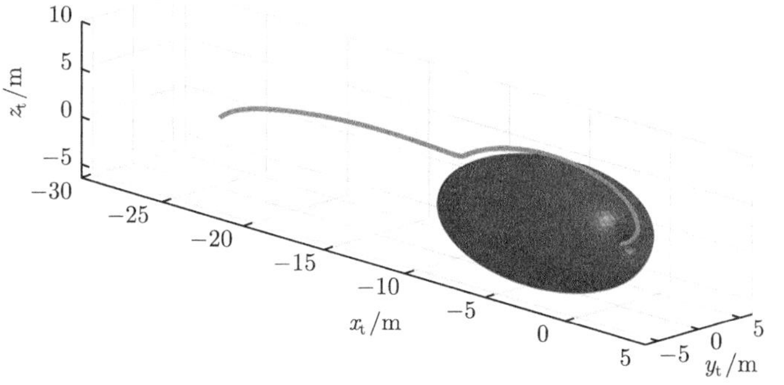

图 3.32　模型参数未知情况下考虑碰撞规避约束的自主安全交会对接目标本体系下的三维交会对接轨迹

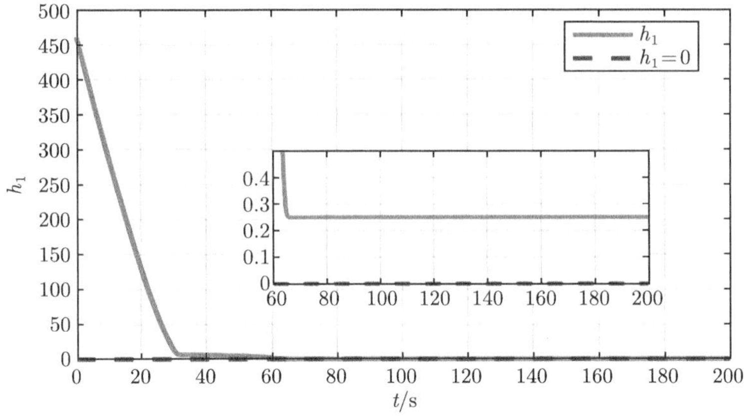

图 3.33　模型参数未知情况下考虑碰撞规避约束的自主安全交会对接 h_1 函数的变化曲线

2) 考虑视线约束的自主安全交会对接控制

仿真过程中，控制参数设为 $\delta_2 = 0.5$，$k_1 = 1.2$，$k_2 = 0.2$，$\boldsymbol{\Lambda}_3 = 3\boldsymbol{I}_3$，$\gamma_1 = \gamma_2 = 0.01$，$\boldsymbol{K}_1 = 0.8\boldsymbol{I}_3$，$\boldsymbol{\Lambda}_4 = \boldsymbol{I}_3$，$\gamma_3 = 0.01$，$\gamma_4 = 0.002$，$\boldsymbol{K}_2 = \boldsymbol{I}_3$。自适应参数的初值设为 $\hat{\boldsymbol{\theta}}_{\mathrm{c}}(0) = \mathrm{diag}(120, 150, 115)$，$\hat{\bar{\tau}}_{\mathrm{d}}(0) = 0.5$，$\hat{\bar{f}}_{\mathrm{d}} = 0.5$。仿真结果如图 3.34 ~ 图 3.42 所示。图 3.34 和图 3.35 分别给出了相对姿态和相对角速度的变化曲线，图 3.36 和图 3.37 分别给出了相对位置和相对线速度的变化曲线，从图 3.34 ~ 图 3.37 可以看出，相对姿态、相对角速度、相对位置和相对线速度最终都趋向于零，意味着跟踪航天器和翻滚目标之间最终实现了姿态同步和位置跟踪。图 3.38 给出了自适应参数的估计值变化曲线，从中可以看出它们始终保持有界，但是并没有收敛到真值。图 3.39 和图 3.40 分别给出了控制力矩和控制力的变化

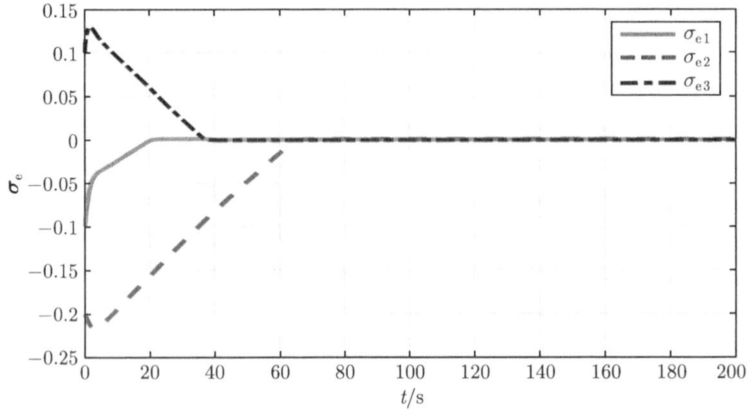

图 3.34　模型参数未知情况下考虑视线约束的自主安全交会对接相对姿态变化曲线

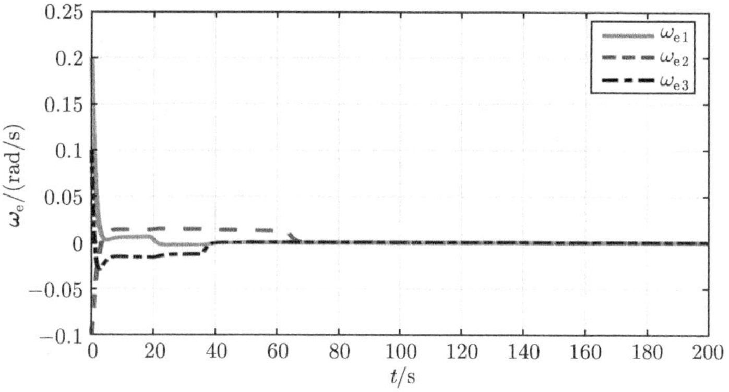

图 3.35　模型参数未知情况下考虑视线约束的自主安全交会对接相对角速度变化曲线

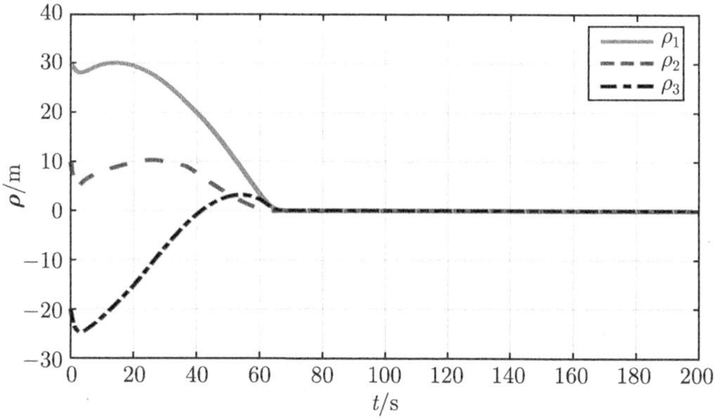

图 3.36　模型参数未知情况下考虑视线约束的自主安全交会对接相对位置变化曲线

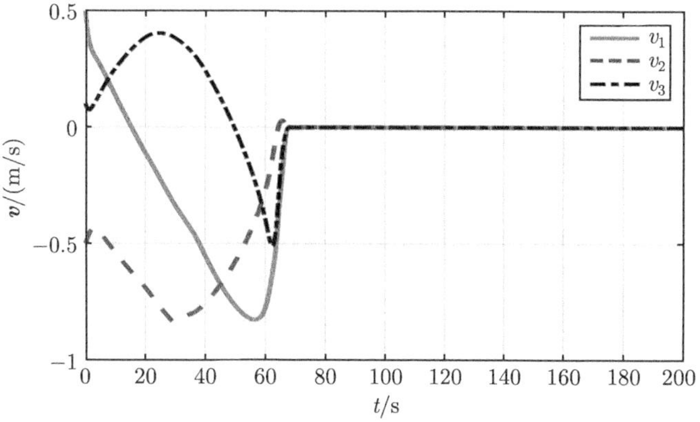

图 3.37　模型参数未知情况下考虑视线约束的自主安全交会对接相对线速度变化曲线

(a) 转动惯量参数估计值　　　　　　　　(b) 质量与控制力参数估计值

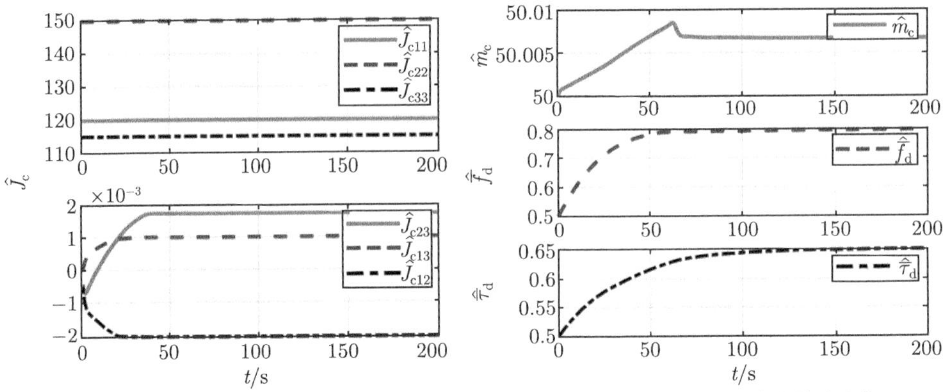

图 3.38　模型参数未知情况下考虑视线约束的自主安全交会对接自适应参数估计值变化曲线

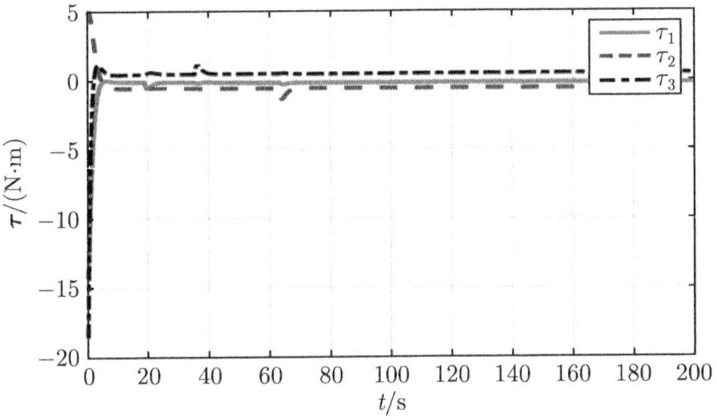

图 3.39　模型参数未知情况下考虑视线约束的自主安全交会对接控制力矩变化曲线

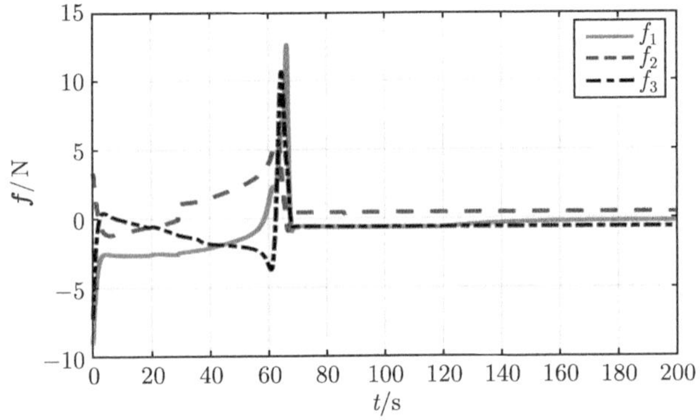

图 3.40　模型参数未知情况下考虑视线约束的自主安全交会对接控制力变化曲线

曲线。图 3.41 给出了在目标本体系下表示的三维交会对接轨迹。图 3.42 给出了 h_2 函数的变化曲线。从图 3.34 ~ 图 3.42 可知，基于所设计的控制律，跟踪航天器能够在满足视线约束的条件下实现对目标的 6 自由度自主安全交会对接操作。

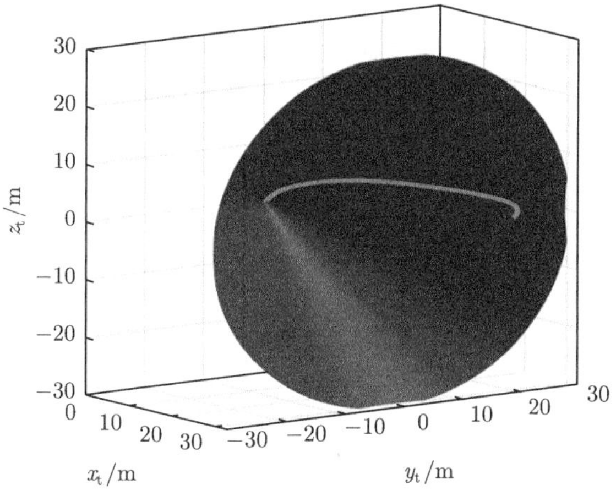

图 3.41　模型参数未知情况下考虑视线约束的自主安全交会对接目标本体系下的三维交会对接轨迹

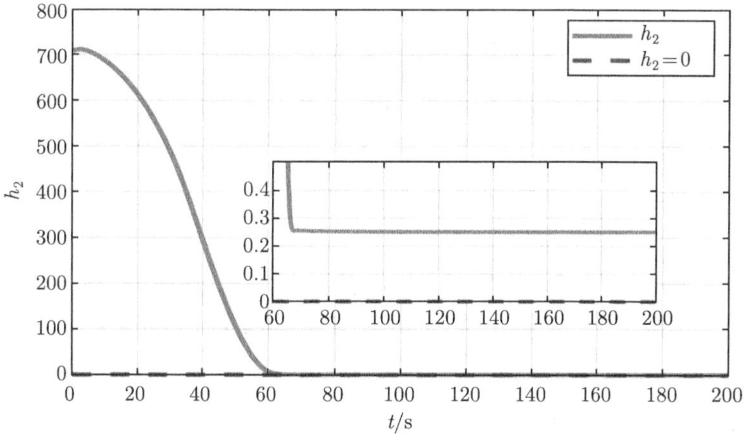

图 3.42　模型参数未知情况下考虑视线约束的自主安全交会对接 h_2 函数的变化曲线

3.2　速度级状态不可测的输出反馈自主安全交会对接控制

现有研究中，面向空间翻滚目标的自主安全交会对接控制律普遍是在全状态信息 (包括相对位置、相对线速度、相对角度和相对角速度) 可测的前提下设计得到的。因此，为了保证上述自主安全交会对接控制律的有效性和可靠性，需要多

种星载传感器 (如 GPS 模块、磁强计、陀螺仪、加速度计等) 实时提供高精度的全状态信息测量。然而，在实际的在轨操作过程中，陀螺仪和加速度计等速度级传感器经常受到严重的测量噪声影响[16]，显著降低了基于全状态反馈的自主安全交会控制律的控制性能[17]。同时，集成多种传感器的航天器导航系统在近距离自主安全交会对接过程中也可能出现传感器故障和失效，从而导致部分状态信息不可测。在这种情况下，3.1 节所设计的全状态反馈控制律不再适用，因此必须寻求并设计新的基于部分状态反馈的自主安全交会对接控制律。除此之外，如 3.1 节所述，在自主安全交会对接过程中外界干扰和模型参数未知 (即跟踪航天器的质量和转动惯量矩阵未知)，不仅会降低闭环控制系统的瞬态和稳态性能，甚至还会破坏整个系统的稳定性。因此，为了提高系统的鲁棒性和自适应性，在设计自主交会控制律的过程中必须考虑模型参数未知和外界干扰的影响。在很多实际的自主安全交会对接任务中仅仅实现闭环系统的最终稳定还不够，有时还需要对系统状态的瞬态和稳态性能 (如收敛速度、稳态精度等) 进行人为预先控制[18,19]。例如，在某些紧急情况下，需要跟踪航天器在约定的时间窗口内以指定的精度实现对翻滚目标的快速精准交会对接。

针对速度级状态不可测问题，现有研究大多是通过构造滤波器或者观测器对速度级状态进行在线估计，在此基础上基于非线性控制理论设计输出反馈控制律。和全状态反馈控制问题相比，输出反馈需要借助部分可测状态信息实现闭环系统的稳定控制，这对控制律的设计提出了严峻的挑战。在本节研究中，为了获取跟踪航天器和翻滚目标之间的相对角速度和相对线速度，考虑借助线性高增益观测器对其进行在线实时估计。相比其他非线性状态观测器，线性高增益观测器具有形式简单和调参方便的特点，并且已经广泛用于输出反馈控制设计。针对模型参数未知的问题，目前已经形成了一些有效的解决方法，比较常用的一种是神经网络方法。由全局逼近定理 (universal approximation theory) 可知，通过改变隐藏层神经元的数量，一个前馈神经网络能够以任意的精度逼近任意一个可测函数[20]。因此，本节考虑先利用径向基函数神经网络方法对包含模型参数的未知非线性项进行逼近。然后，通过自适应方法对径向基函数神经网络的最优权重参数进行在线自适应估计。针对系统状态的性能控制问题，本节借助预设性能控制 (prescribed performance control) 方法对自主安全交会对接过程中相对姿态和相对位置的瞬态和稳态性能进行预设控制。预设性能控制方法的核心是根据任务要求预先设定合适的性能函数，再通过设计相应的控制律确保系统状态始终处于预先设定的性能函数包络内[21]。

针对上述分析，本节首先对高斯径向基函数神经网络、预设性能控制方法和控制目标进行描述。其次，针对近距离相对姿态和相对位置运动模型，在相对角速度和相对线速度不可测的情况下，考虑模型参数未知和外界干扰的影响，设计一种基于输出反馈的有限时间预设性能自主交会对接控制律，并对闭环控制系统的稳定性进行证明。最后，通过数值仿真验证所设计的控制律的有效性。

3.2.1　基础介绍和问题描述

1. 径向基函数神经网络

径向基函数神经网络 (radial basis function neural network) 是一种由输入层、隐藏层和输出层组成的三层前馈神经网络模型，如图 3.43 所示。输入层由训练数据组成，作用是将训练数据传输给隐藏层。隐藏层由一系列径向基函数组成，作用是对输入数据进行非线性映射，从而将原始的线性不可分问题转化为高维度的线性可分问题。输出层是对输入数据做出响应，通常是将隐藏层的结果进行加权输出。相比于其他神经网络形式 (如 BP 神经网络)，径向基函数神经网络不仅具有结构简单、计算量小和收敛速度快的特点，而且有很强的局部映射能力和泛化能力。现有的文献已经证明，通过选取足够多的隐藏层单元，径向基函数神经网络能够以任意的精度逼近任意一个连续函数。

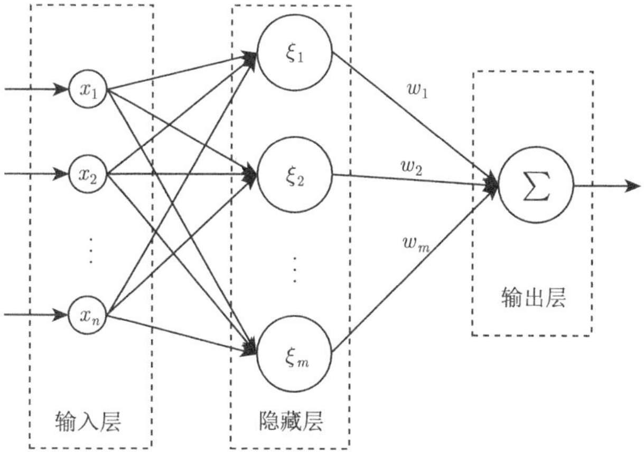

图 3.43　径向基函数神经网络示意图

给定一个任意的非线性连续函数 $f(\boldsymbol{x}):\mathbf{R}^n\to\mathbf{R}$，利用径向基函数神经网络对其进行近似，其表达式如下：

$$f(\boldsymbol{x})=\boldsymbol{W}^{*\mathrm{T}}\boldsymbol{\xi}(\boldsymbol{x})+\boldsymbol{\epsilon}(\boldsymbol{x}) \tag{3.114}$$

其中，$\boldsymbol{x}\in\mathbf{R}^n$ 表示径向基函数神经网络的输入；$\boldsymbol{W}^*\in\mathbf{R}^m$ 表示径向基函数神经网络的最优权重矢量；$\boldsymbol{\epsilon}(\boldsymbol{x})\in\mathbf{R}$ 表示径向基函数神经网络的近似误差；$\boldsymbol{\xi}(\boldsymbol{x})=[\xi_1(\boldsymbol{x})\ \xi_2(\boldsymbol{x})\ \cdots\ \xi_m(\boldsymbol{x})]^{\mathrm{T}}\in\mathbf{R}^m$ 表示高斯径向基函数，其中第 i 个高斯径向基

函数 $\xi_i(\boldsymbol{x})$ 的表达式为

$$\xi_i(\boldsymbol{x}) = \exp\left(-\frac{\|\boldsymbol{x}-\boldsymbol{c}_i\|^2}{2\eta_i^2}\right) \quad (i=1,2,\cdots,m) \tag{3.115}$$

其中，$\boldsymbol{c}_i \in \mathbf{R}^n$ 和 $\eta_i \in \mathbf{R}$ 分别表示第 i 个高斯核函数的中心和带宽参数。通常，最优权重参数 $\boldsymbol{W}^*$ 未知，可以通过如下方法优化获得

$$\boldsymbol{W}^* = \arg\min_{\hat{\boldsymbol{W}}\in\mathbf{R}^m}\left\{\sup_{x\in\Omega}\left\|f(\boldsymbol{x}) - \hat{\boldsymbol{W}}^{\mathrm{T}}\boldsymbol{\xi}(\boldsymbol{x})\right\|\right\} \tag{3.116}$$

根据现有文献，引入如下假设：

假设 3.3 高斯径向基函数神经网络的最优权重参数 $\boldsymbol{W}^*$ 是有界的，即 $\|\boldsymbol{W}^*\| \leqslant \bar{W}$，其中 $\bar{W}$ 是一个未知的正实数。

假设 3.4 高斯径向基函数神经网络的近似误差 $\boldsymbol{\epsilon}(\boldsymbol{x})$ 是有界的，即 $\|\boldsymbol{\epsilon}(\boldsymbol{x})\| \leqslant \bar{\epsilon}$，其中 $\bar{\epsilon}$ 是一个未知的正实数。

注 3.5 假设 3.3 和假设 3.4 被现有相关文献广泛采用和验证，如文献 [22]~[25] 等，因此是合理的。

2. 预设性能控制方法

预设性能控制方法由希腊学者 Bechlioulis 和 Rovithakis 于 2008 年提出。相比于其他非线性控制方法，该控制方法的优势在于能够对系统状态误差的瞬态和稳态性进行人为预先设定。在利用预设性能控制方法设计控制律的过程中，首先，根据实际任务要求设计一个预设性能函数，该函数限定了系统状态误差的瞬态和稳态性能 (如收敛速度、稳态精度等)，如图 3.44 所示。其次，通过对等映射或直接利用李雅普诺夫函数方法设计相应的预设性能控制律。所设计的控制律能够保证系统误差始终处于预先设计的性能函数包络内，这样就可以人为控制系统误差的稳态和瞬态性能。在现有文献中，预设性能函数通常由一个指数收敛的函数表示，表达式如下：

$$\rho(t) = (\rho_0 - \rho_\infty)\,\mathrm{e}^{-\beta t} + \rho_\infty \tag{3.117}$$

其中，ρ_0 和 ρ_∞ 是两个正实数，分别表示预设性能函数的初值和终值，且满足 $\rho_0 \geqslant \rho_\infty$；$\beta$ 是一个正实数，表示预设性能函数的收敛速度。基于该性能函数所设计的控制律能够保证状态误差以指定的收敛速度渐进趋向于指定的稳态误差范围内，并且在时间趋向于无穷时到达指定终端误差范围。近些年，有些学者提出了有限时间预设性能函数的概念，并推广到有限时间预设性能控制。文献 [16] 给出了有限时间预设性能函数的定义。

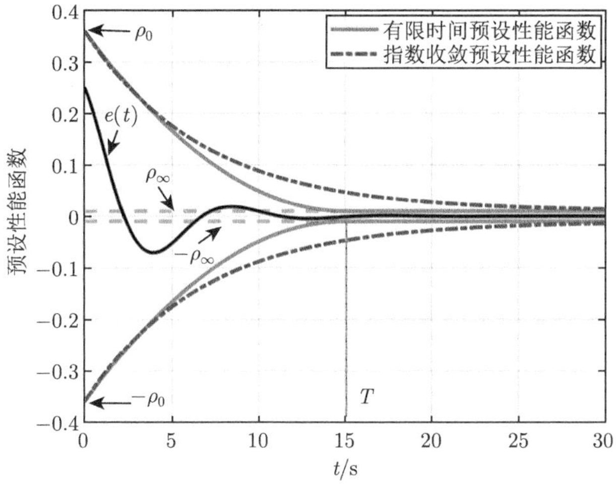

图 3.44　预设性能控制示意图

定义 3.1　一个光滑函数 $\rho(t)$ 可以称为有限时间预设性能函数，当且仅当其满足如下条件 [26]：① $\rho(t)>0$，$\dot\rho(t)\leqslant 0$；② $\lim\limits_{t\to T}\rho(t)=\rho_T>0$，且 $\rho(t)=\rho_T$，$\forall t\geqslant T$。其中，T 是预设时间，ρ_T 是一个任意小的正实数。

注 3.6　与传统的指数收敛预设性能函数相比，有限时间预设性能函数能够保证系统状态误差在约定时间内收敛到指定的精度范围内，如图 3.44 所示。同时，现有文献表示有限时间控制具有良好的抗干扰和抗参数不确定性能力。与传统的有限时间控制方法相比，预设性能控制方法不仅能够实现有限时间稳定，而且能保证系统状态误差的瞬态和稳态性能。

选取如下形式的有限时间预设性能函数：

$$\rho(t)=\begin{cases}\left(\rho_0^{\frac{1}{2}}-\dfrac{1}{2}\nu t\right)^2+\rho_\infty, & 0\leqslant t<T\\ \rho_\infty, & t\geqslant T\end{cases}\tag{3.118}$$

其中，ρ_0、ρ_∞ 和 ν 是三个正实数，且满足 $\rho_0\geqslant\rho_\infty$；$T=2\rho_0^{1/2}/\nu$ 是预设时间。

为了方便后续控制律的设计，引入如下引理和假设。

引理 3.1　假设系统输出 $y(t)$ 和其前 n 阶导数都是有界的，即 $\left\|y^k(t)\right\|<Y_k\ (k=1,2,\cdots,n)$，其中 $Y_k\ (k=1,2,\cdots,n)$ 是正实数[27]。针对线性系统：

$$\begin{cases}\varepsilon\dot{\boldsymbol{\pi}}_i=\boldsymbol{\pi}_{i+1}\quad(i=1,2,\cdots,n-1)\\ \varepsilon\dot{\boldsymbol{\pi}}_n=-\bar\lambda_1\boldsymbol{\pi}_n-\bar\lambda_2\boldsymbol{\pi}_{n-1}-\cdots-\bar\lambda_{n-1}\boldsymbol{\pi}_2-\boldsymbol{\pi}_1+y(t)\end{cases}\tag{3.119}$$

其中，ε 是任意小的正实数；$\bar\lambda_1$ 到 $\bar\lambda_{n-1}$ 的选取要使得多项式 $s^n+\bar\lambda_1 s^{n-1}+\cdots+\bar\lambda_{n-1}s+1$ 是赫尔维茨多项式。于是，可得如下两个结论。

(1) 系统输出和线性系统间存在等式关系：

$$\frac{\boldsymbol{\pi}_{k+1}}{\varepsilon^k} - y^k(t) = -\varepsilon\psi^{k+1} \quad (k = 1, 2, \cdots, n-1) \tag{3.120}$$

其中，ψ 的表达式为 $\psi = \boldsymbol{\pi}_n + \bar{\lambda}_1\boldsymbol{\pi}_{n-1} + \cdots + \bar{\lambda}_{n-1}\boldsymbol{\pi}_1$，$\psi^k$ 表示 ψ 的 k 阶导数。

(2) 存在与 Y_k、ε 和 $\bar{\lambda}_i\,(i = 1, 2, \cdots, n-1)$ 相关的正实数 t^* 和 h_k，使得当 $t > t^*$ 时满足 $\left\|\psi^k\right\| \leqslant h_k(k = 2, 3, \cdots, n)$。

引理 3.2　针对式 (3.115) 表示的高斯径向基函数[27]，如果 $\hat{\boldsymbol{x}} = \boldsymbol{x} - \gamma\boldsymbol{\varphi} \in \mathbf{R}^n$ 是高斯径向基函数的输入矢量，其中 γ 是一个正实数，$\boldsymbol{\varphi} \in \mathbf{R}^n$ 是一个有界矢量，可得

$$\xi_i(\hat{\boldsymbol{x}}) = \exp\left(-\frac{\left\|\hat{\boldsymbol{x}} - \boldsymbol{c}_i\right\|^2}{2\eta_i^2}\right), \quad i = 1, 2, \cdots, m \tag{3.121}$$

$$\boldsymbol{\xi}(\hat{\boldsymbol{x}}) = \boldsymbol{\xi}(\boldsymbol{x}) + \gamma\boldsymbol{\xi}_t \tag{3.122}$$

$$\left\|\boldsymbol{\xi}(\hat{\boldsymbol{x}})\right\| \leqslant m \tag{3.123}$$

其中，$\boldsymbol{\xi}_t \in \mathbf{R}^n$ 是一个未知有界的矢量。

引理 3.3　对于任意的 $y \in \mathbf{R}$，当其满足 $\|y\| < 1$ 时，如下不等式成立[28]：

$$\ln\frac{1}{1 - y^{2p}} < \frac{y^{2p}}{1 - y^{2p}} \tag{3.124}$$

其中，p 是任意的正整数。

假设 3.5　在整个自主安全交会对接过程中，外界干扰力矩 $\boldsymbol{\tau}_{\mathrm{d}}$ 和干扰力 $\boldsymbol{f}_{\mathrm{d}}$ 是有界的，即 $\|\boldsymbol{\tau}_{\mathrm{d}}\| \leqslant \bar{\tau}_{\mathrm{d}}$ 和 $\|\boldsymbol{f}_{\mathrm{d}}\| \leqslant \bar{f}_{\mathrm{d}}$，其中 $\bar{\tau}_{\mathrm{d}}$ 和 $\bar{f}_{\mathrm{d}}$ 是两个未知的正实数。

针对相对姿态运动方程与动力学方程 [即式 (3.3)、式 (3.7)] 和相对位置运动方程与动力学方程 [即式 (3.11)、式 (3.12)]，控制目标包括以下两部分：

(1) 在速度级状态缺失 (即相对角速度 $\boldsymbol{\omega}_{\mathrm{e}}$ 和相对线速度 $\boldsymbol{v}$ 不可测) 的情况下，考虑模型参数未知、外界干扰和输入饱和约束，设计一种输出反馈自主安全交会对接控制律，使得闭环相对姿态和相对位置系统的所有状态都是一致最终有界的，从而实现跟踪航天器和目标之间的姿态同步与位置跟踪；

(2) 在整个自主安全交会对接过程中，相对姿态 $\boldsymbol{\sigma}_{\mathrm{e}}$ 和相对位置 $\boldsymbol{\rho}$ 始终处于预先设定的有限时间预设性能函数包络内，即对相对姿态和相对位置的瞬态和稳态性能进行预设控制。

3.2.2　输出反馈控制律设计

在本小节的控制律设计过程中，假设相对角速度 $\boldsymbol{\omega}_{\mathrm{e}}$ 和相对线速度 $\boldsymbol{v}$ 未知，只有相对姿态 $\boldsymbol{\sigma}_{\mathrm{e}}$ 和相对位置 $\boldsymbol{\rho}$ 可以测得。根据 3.1 节的分析可知，在自主安全

交会对接过程中，相对位置运动会受到相对姿态运动的影响，因此本小节首先针对相对姿态运动系统设计输出反馈控制律，其次针对相对位置运动系统设计输出反馈控制律，从而实现 6 自由度姿态同步和位置跟踪控制。

1. 相对姿态控制律设计

根据引理 3.1，引入如下形式的线性高增益观测器：

$$\varrho_\tau \dot{\boldsymbol{\pi}}_1 = \boldsymbol{\pi}_2 \tag{3.125}$$

$$\varrho_\tau \dot{\boldsymbol{\pi}}_2 = -\lambda_1 \boldsymbol{\pi}_2 - \boldsymbol{\pi}_1 + \boldsymbol{\sigma}_\mathrm{e} \tag{3.126}$$

其中，ϱ_τ 是一个很小的正实数；λ_1 的选取要使得 $\lambda_1 s + 1$ 是赫尔维茨多项式。

根据式 (3.125) 和式 (3.126)，相对角速度 $\boldsymbol{\omega}_\mathrm{e}$ 可以通过如下自适应律进行估计：

$$\hat{\boldsymbol{\omega}}_\mathrm{e} = G^{-1}(\boldsymbol{\sigma}_\mathrm{e}) \frac{\boldsymbol{\pi}_2}{\varrho_\tau} \tag{3.127}$$

其中，$\hat{\boldsymbol{\omega}}_\mathrm{e} \in \mathbf{R}^3$ 表示对相对角速度 $\boldsymbol{\omega}_\mathrm{e}$ 的估计值。

定义相对角速度估计误差为 $\tilde{\boldsymbol{\omega}}_\mathrm{e} = \hat{\boldsymbol{\omega}}_\mathrm{e} - \boldsymbol{\omega}_\mathrm{e}$。根据引理 3.1 和文献 [29] 中的性质 2 可知，相对角速度估计误差 $\tilde{\boldsymbol{\omega}}_\mathrm{e}$ 始终是有界的，即存在一个正实数 $\bar{\omega}$ 使得 $\|\tilde{\boldsymbol{\omega}}_\mathrm{e}\| \leqslant \bar{\omega}$ 成立。

定义辅助变量：

$$\boldsymbol{s}_\tau = \boldsymbol{\omega}_\mathrm{e} + \alpha_\tau \boldsymbol{\sigma}_\mathrm{e} \tag{3.128}$$

其中，α_τ 是一个正实数。

根据式 (3.3) 和式 (3.7)，对式 (3.128) 求导可得

$$\begin{aligned} \boldsymbol{J}_\mathrm{c} \dot{\boldsymbol{s}}_\tau &= \boldsymbol{J}_\mathrm{c} \dot{\boldsymbol{\omega}}_\mathrm{e} + \alpha_\tau \boldsymbol{J}_\mathrm{c} \dot{\boldsymbol{\sigma}}_\mathrm{e} \\ &= -\boldsymbol{C}_\mathrm{r} \boldsymbol{\omega}_\mathrm{e} - \boldsymbol{n}_\mathrm{r} + \alpha_\tau \boldsymbol{J}_\mathrm{c} G(\boldsymbol{\sigma}_\mathrm{e}) \boldsymbol{\omega}_\mathrm{e} + \boldsymbol{\tau} + \boldsymbol{\tau}_\mathrm{d} \\ &= \boldsymbol{\hbar}_\tau(\boldsymbol{y}) + \boldsymbol{\tau} + \boldsymbol{\tau}_\mathrm{d} \end{aligned} \tag{3.129}$$

其中，$\boldsymbol{y} = \left[\boldsymbol{\sigma}_\mathrm{e}^\mathrm{T}\ \boldsymbol{\omega}_\mathrm{e}^\mathrm{T}\ \boldsymbol{\omega}_\mathrm{t}^\mathrm{T}\ \dot{\boldsymbol{\omega}}_\mathrm{t}^\mathrm{T}\right]^\mathrm{T} \in \mathbf{R}^{12}$；$\boldsymbol{\hbar}_\tau(\boldsymbol{y}) \in \mathbf{R}^3$ 的表达式如下：

$$\boldsymbol{\hbar}_\tau(\boldsymbol{y}) = -\boldsymbol{C}_\mathrm{r} \boldsymbol{\omega}_\mathrm{e} - \boldsymbol{n}_\mathrm{r} + \alpha_\tau \boldsymbol{J}_\mathrm{c} G(\boldsymbol{\sigma}_\mathrm{e}) \boldsymbol{\omega}_\mathrm{e} \tag{3.130}$$

利用高斯径向基函数神经网络对 $\boldsymbol{\hbar}_\tau(\boldsymbol{y})$ 进行近似，表达式为

$$\boldsymbol{\hbar}_\tau(\boldsymbol{y}) = \boldsymbol{W}_\tau^{*\mathrm{T}} \boldsymbol{\xi}(\boldsymbol{y}) + \boldsymbol{\epsilon}_\tau(\boldsymbol{y}) \tag{3.131}$$

其中，$\boldsymbol{W}_\tau^* \in \mathbf{R}^{m\times 3}$ 表示神经网络的最优权重矩阵；$\boldsymbol{\epsilon}_\tau(\boldsymbol{y}) \in \mathbf{R}^3$ 表示神经网络的近似误差矢量。

将式 (3.131) 代入式 (3.129)，可得

$$\boldsymbol{J}_{\mathrm{c}}\dot{\boldsymbol{s}}_{\tau}=\boldsymbol{W}_{\tau}^{*\mathrm{T}}\boldsymbol{\xi}(\boldsymbol{y})+\boldsymbol{\tau}+\boldsymbol{\tau}_{\mathrm{d}}' \tag{3.132}$$

其中，$\boldsymbol{\tau}_{\mathrm{d}}'=\boldsymbol{\tau}_{\mathrm{d}}+\boldsymbol{\epsilon}_{\tau}(\boldsymbol{y})\in\mathbf{R}^{3}$ 表示复合干扰。

基于上述分析，设计如下形式的相对姿态控制律：

$$\boldsymbol{\tau}=\mathbf{sat}(\boldsymbol{v})=[\mathrm{sat}(v_1)\ \ \mathrm{sat}(v_2)\ \ \mathrm{sat}(v_3)]^{\mathrm{T}} \tag{3.133}$$

$$\mathrm{sat}(v_i)=\begin{cases}\tau_{\max}, & v_i>\tau_{\max}\\ v_i, & -\tau_{\max}\leqslant v_i\leqslant\tau_{\max}\\ -\tau_{\max}, & v_i<-\tau_{\max}\end{cases}\quad(i=1,2,3) \tag{3.134}$$

$$\boldsymbol{v}=-\frac{1}{\rho_{\tau}}\sum_{i=1}^{3}\frac{G^{\mathrm{T}}\boldsymbol{E}_i\boldsymbol{z}_{\tau}}{1-\boldsymbol{z}_{\tau}^{\mathrm{T}}\boldsymbol{E}_i\boldsymbol{z}_{\tau}}-\hat{\boldsymbol{W}}_{\tau}^{\mathrm{T}}\boldsymbol{\xi}(\hat{\boldsymbol{y}})-k_1\hat{\boldsymbol{s}}_{\tau}+k_2\boldsymbol{\psi} \tag{3.135}$$

其中，$\tau_{\max}$ 表示跟踪航天器能提供的最大控制力矩上界；$\hat{\boldsymbol{W}}_{\tau}\in\mathbf{R}^{m\times 3}$ 表示最优权重矩阵 $\boldsymbol{W}_{\tau}^{*}$ 的估计值；ρ_{τ} 表示针对相对姿态运动系统所设计的预设性能函数；$\boldsymbol{z}_{\tau}\in\mathbf{R}^{3}$ 的表达式为 $\boldsymbol{z}_{\tau}=\boldsymbol{\sigma}_{\mathrm{e}}/\rho_{\tau}$；$\hat{\boldsymbol{s}}_{\tau}\in\mathbf{R}^{3}$ 的表达式为 $\hat{\boldsymbol{s}}_{\tau}=\hat{\boldsymbol{\omega}}_{\mathrm{e}}+\alpha_{\tau}\boldsymbol{\sigma}_{\mathrm{e}}$；$k_1$ 和 k_2 是两个正实数；$\boldsymbol{E}_i\in\mathbf{R}^{3\times 3}$ 表示一个对角矩阵，其第 i 个主对角线元素为 1，其余元素都为零；$\boldsymbol{\psi}\in\mathbf{R}^{3}$ 是一个用于处理输入饱和约束的辅助变量，其表达式如下：

$$\dot{\boldsymbol{\psi}}=\begin{cases}-k_3\boldsymbol{\psi}-\dfrac{\left\|\hat{\boldsymbol{s}}_{\tau}^{\mathrm{T}}\boldsymbol{\Delta}_{\tau}\right\|+\boldsymbol{\Delta}_{\tau}^{\mathrm{T}}\boldsymbol{\Delta}_{\tau}}{\left\|\boldsymbol{\psi}\right\|^{2}}\boldsymbol{\psi}+\boldsymbol{\Delta}_{\tau}, & \left\|\boldsymbol{\psi}\right\|\geqslant\delta\\ 0, & \left\|\boldsymbol{\psi}\right\|<\delta\end{cases} \tag{3.136}$$

其中，k_3 是一个正实数；δ 是一个很小的正实数；$\boldsymbol{\Delta}_{\tau}\in\mathbf{R}^{3}$ 的表达式为 $\boldsymbol{\Delta}_{\tau}=\boldsymbol{\tau}-\boldsymbol{v}$。

与此同时，设计如下形式的自适应律：

$$\dot{\hat{\boldsymbol{W}}}_{\tau}=\boldsymbol{\Gamma}_{\tau}\left[\boldsymbol{\xi}(\hat{\boldsymbol{y}})\hat{\boldsymbol{s}}_{\tau}^{\mathrm{T}}-\vartheta_{\tau}\hat{\boldsymbol{W}}_{\tau}\right] \tag{3.137}$$

其中，$\boldsymbol{\Gamma}_{\tau}\in\mathbf{R}^{m\times m}$ 是一个对称正定矩阵；ϑ_{τ} 是一个正实数。

定理 3.5 针对相对姿态运动方程和动力学方程 [即式 (3.3)、式 (3.7)]，在线性高增益观测器 [即式 (3.125)、式 (3.126)]、相对姿态控制律 [即式 (3.133)~式 (3.136)] 和自适应律 [即式 (3.137)] 作用下，闭环相对姿态系统是一致有界稳定的，且相对姿态 $\boldsymbol{\sigma}_{\mathrm{e}}$ 始终处于预先设计的有限时间性能函数 ρ_{τ} 包络内。

证明 选取如下形式的李雅普诺夫函数：

$$\begin{aligned}V_1&=\sum_{i=1}^{3}\frac{1}{2}\ln\frac{1}{1-z_{\tau i}^{2}}+\frac{1}{2}\boldsymbol{s}_{\tau}^{\mathrm{T}}\boldsymbol{J}_{\mathrm{c}}\boldsymbol{s}_{\tau}+\frac{1}{2}\boldsymbol{\psi}^{\mathrm{T}}\boldsymbol{\psi}+\frac{1}{2}\mathrm{tr}\left[\tilde{\boldsymbol{W}}_{\tau}^{\mathrm{T}}\boldsymbol{\Gamma}_{\tau}^{-1}\tilde{\boldsymbol{W}}_{\tau}\right]\\&=\sum_{i=1}^{3}\frac{1}{2}\ln\frac{1}{1-\boldsymbol{z}_{\tau}^{\mathrm{T}}\boldsymbol{E}_i\boldsymbol{z}_{\tau}}+\frac{1}{2}\boldsymbol{s}_{\tau}^{\mathrm{T}}\boldsymbol{J}_{\mathrm{c}}\boldsymbol{s}_{\tau}+\frac{1}{2}\boldsymbol{\psi}^{\mathrm{T}}\boldsymbol{\psi}+\frac{1}{2}\mathrm{tr}\left[\tilde{\boldsymbol{W}}_{\tau}^{\mathrm{T}}\boldsymbol{\Gamma}_{\tau}^{-1}\tilde{\boldsymbol{W}}_{\tau}\right]\end{aligned} \tag{3.138}$$

其中，$\tilde{\boldsymbol{W}}_\tau = \boldsymbol{W}_\tau^* - \hat{\boldsymbol{W}}_\tau$。对式 (3.138) 求导，可得

$$\dot{V}_1 = \sum_{i=1}^{3} \frac{\boldsymbol{z}_\tau^{\mathrm{T}} \boldsymbol{E}_i \dot{\boldsymbol{z}}_\tau}{1 - \boldsymbol{z}_\tau^{\mathrm{T}} \boldsymbol{E}_i \boldsymbol{z}_\tau} + \boldsymbol{s}_\tau^{\mathrm{T}} \boldsymbol{J}_{\mathrm{c}} \dot{\boldsymbol{s}}_\tau + \boldsymbol{\psi}^{\mathrm{T}} \dot{\boldsymbol{\psi}} - \operatorname{tr}\left[\tilde{\boldsymbol{W}}_\tau^{\mathrm{T}} \boldsymbol{\varGamma}_\tau^{-1} \dot{\hat{\boldsymbol{W}}}_\tau\right] \tag{3.139}$$

由 $\boldsymbol{z}_\tau$ 的定义，$\boldsymbol{z}_\tau$ 的导数可以表示为

$$\begin{aligned} \dot{\boldsymbol{z}}_\tau &= \frac{\dot{\boldsymbol{\sigma}}_{\mathrm{e}}}{\rho_\tau} - \frac{\dot{\rho}_\tau}{\rho_\tau} \boldsymbol{z}_\tau \\ &= \frac{G \boldsymbol{s}_\tau}{\rho_\tau} - \alpha_\tau \frac{1 + \boldsymbol{\sigma}_{\mathrm{e}}^{\mathrm{T}} \boldsymbol{\sigma}_{\mathrm{e}}}{4} \boldsymbol{z}_\tau - \frac{\dot{\rho}_\tau}{\rho_\tau} \boldsymbol{z}_\tau \end{aligned} \tag{3.140}$$

将式 (3.140) 代入式 (3.139)，可得

$$\begin{aligned} \dot{V}_1 = &-\left(\alpha_\tau \frac{1 + \boldsymbol{\sigma}_{\mathrm{e}}^{\mathrm{T}} \boldsymbol{\sigma}_{\mathrm{e}}}{4} + \frac{\dot{\rho}_\tau}{\rho_\tau}\right) \sum_{i=1}^{3} \frac{\boldsymbol{z}_\tau^{\mathrm{T}} \boldsymbol{E}_i \boldsymbol{z}_\tau}{1 - \boldsymbol{z}_\tau^{\mathrm{T}} \boldsymbol{E}_i \boldsymbol{z}_\tau} + \frac{1}{\rho_\tau} \sum_{i=1}^{3} \frac{\boldsymbol{z}_\tau^{\mathrm{T}} \boldsymbol{E}_i G \boldsymbol{s}_\tau}{1 - \boldsymbol{z}_\tau^{\mathrm{T}} \boldsymbol{E}_i \boldsymbol{z}_\tau} \\ &+ \boldsymbol{s}_\tau^{\mathrm{T}} \boldsymbol{J}_{\mathrm{c}} \dot{\boldsymbol{s}}_\tau + \boldsymbol{\psi}^{\mathrm{T}} \dot{\boldsymbol{\psi}} - \operatorname{tr}\left[\tilde{\boldsymbol{W}}_\tau^{\mathrm{T}} \boldsymbol{\varGamma}_\tau^{-1} \dot{\hat{\boldsymbol{W}}}_\tau\right] \end{aligned} \tag{3.141}$$

将式 (3.132) 代入式 (3.141)，可得

$$\begin{aligned} \dot{V}_1 = &-\left(\alpha_\tau \frac{1 + \boldsymbol{\sigma}_{\mathrm{e}}^{\mathrm{T}} \boldsymbol{\sigma}_{\mathrm{e}}}{4} + \frac{\dot{\rho}_\tau}{\rho_\tau}\right) \sum_{i=1}^{3} \frac{\boldsymbol{z}_\tau^{\mathrm{T}} \boldsymbol{E}_i \boldsymbol{z}_\tau}{1 - \boldsymbol{z}_\tau^{\mathrm{T}} \boldsymbol{E}_i \boldsymbol{z}_\tau} \\ &+ \boldsymbol{s}_\tau^{\mathrm{T}} \left\{ \boldsymbol{W}_\tau^{*\mathrm{T}} \boldsymbol{\xi}(\hat{\boldsymbol{y}}) + \boldsymbol{W}_\tau^{*\mathrm{T}} [\boldsymbol{\xi}(\boldsymbol{y}) - \boldsymbol{\xi}(\hat{\boldsymbol{y}})] + \boldsymbol{\tau} + \boldsymbol{\tau}_{\mathrm{d}}' + \frac{1}{\rho_\tau} \sum_{i=1}^{3} \frac{G^{\mathrm{T}} \boldsymbol{E}_i \boldsymbol{z}_\tau}{1 - \boldsymbol{z}_\tau^{\mathrm{T}} \boldsymbol{E}_i \boldsymbol{z}_\tau} \right\} \\ &+ \boldsymbol{\psi}^{\mathrm{T}} \dot{\boldsymbol{\psi}} - \operatorname{tr}\left[\tilde{\boldsymbol{W}}_\tau^{\mathrm{T}} \boldsymbol{\varGamma}_\tau^{-1} \dot{\hat{\boldsymbol{W}}}_\tau\right] \\ = &-\left(\alpha_\tau \frac{1 + \boldsymbol{\sigma}_{\mathrm{e}}^{\mathrm{T}} \boldsymbol{\sigma}_{\mathrm{e}}}{4} + \frac{\dot{\rho}_\tau}{\rho_\tau}\right) \sum_{i=1}^{3} \frac{\boldsymbol{z}_\tau^{\mathrm{T}} \boldsymbol{E}_i \boldsymbol{z}_\tau}{1 - \boldsymbol{z}_\tau^{\mathrm{T}} \boldsymbol{E}_i \boldsymbol{z}_\tau} \\ &+ \boldsymbol{s}_\tau^{\mathrm{T}} \left[\hat{\boldsymbol{W}}_\tau^{\mathrm{T}} \boldsymbol{\xi}(\hat{\boldsymbol{y}}) + \tilde{\boldsymbol{W}}_\tau^{\mathrm{T}} \boldsymbol{\xi}(\hat{\boldsymbol{y}}) + \boldsymbol{\tau} + \boldsymbol{\tau}_{\mathrm{d}}' + \frac{1}{\rho_\tau} \sum_{i=1}^{3} \frac{G^{\mathrm{T}} \boldsymbol{E}_i \boldsymbol{z}_\tau}{1 - \boldsymbol{z}_\tau^{\mathrm{T}} \boldsymbol{E}_i \boldsymbol{z}_\tau} \right] \\ &+ \boldsymbol{s}_\tau^{\mathrm{T}} \boldsymbol{W}_\tau^{*\mathrm{T}} [\boldsymbol{\xi}(\boldsymbol{y}) - \boldsymbol{\xi}(\hat{\boldsymbol{y}})] + \boldsymbol{\psi}^{\mathrm{T}} \dot{\boldsymbol{\psi}} - \operatorname{tr}\left[\tilde{\boldsymbol{W}}_\tau^{\mathrm{T}} \boldsymbol{\varGamma}_\tau^{-1} \dot{\hat{\boldsymbol{W}}}_\tau\right] \end{aligned} \tag{3.142}$$

将式 (3.135) 和式 (3.137) 代入式 (3.142)，可得

$$\begin{aligned}\dot{V}_1 = & -\left(\alpha_\tau \frac{1+\boldsymbol{\sigma}_\mathrm{e}^\mathrm{T}\boldsymbol{\sigma}_\mathrm{e}}{4} + \frac{\dot{\rho}_\tau}{\rho_\tau}\right)\sum_{i=1}^{3}\frac{\boldsymbol{z}_\tau^\mathrm{T}\boldsymbol{E}_i\boldsymbol{z}_\tau}{1-\boldsymbol{z}_\tau^\mathrm{T}\boldsymbol{E}_i\boldsymbol{z}_\tau} \\ & + \boldsymbol{s}_\tau^\mathrm{T}\left(\boldsymbol{\Delta}_\tau + \boldsymbol{\tau}'_\mathrm{d} - k_1\hat{\boldsymbol{s}}_\tau + k_2\boldsymbol{\psi}\right) \\ & + \boldsymbol{s}_\tau^\mathrm{T}\tilde{\boldsymbol{W}}_\tau^\mathrm{T}\boldsymbol{\xi}(\hat{\boldsymbol{y}}) + \boldsymbol{s}_\tau^\mathrm{T}\boldsymbol{W}_\tau^{*\mathrm{T}}\left[\boldsymbol{\xi}(\boldsymbol{y}) - \boldsymbol{\xi}(\hat{\boldsymbol{y}})\right] + \boldsymbol{\psi}^\mathrm{T}\dot{\boldsymbol{\psi}} \\ & - \mathrm{tr}\left[\tilde{\boldsymbol{W}}_\tau^\mathrm{T}\boldsymbol{\xi}(\hat{\boldsymbol{y}})\hat{\boldsymbol{s}}_\tau^\mathrm{T}\right] + \vartheta_\tau\mathrm{tr}\left[\tilde{\boldsymbol{W}}_\tau^\mathrm{T}\hat{\boldsymbol{W}}_\tau\right] \\ = & -\left(\alpha_\tau \frac{1+\boldsymbol{\sigma}_\mathrm{e}^\mathrm{T}\boldsymbol{\sigma}_\mathrm{e}}{4} + \frac{\dot{\rho}_\tau}{\rho_\tau}\right)\sum_{i=1}^{3}\frac{\boldsymbol{z}_\tau^\mathrm{T}\boldsymbol{E}_i\boldsymbol{z}_\tau}{1-\boldsymbol{z}_\tau^\mathrm{T}\boldsymbol{E}_i\boldsymbol{z}_\tau} \\ & + \boldsymbol{s}_\tau^\mathrm{T}\boldsymbol{\Delta}_\tau + \boldsymbol{s}_\tau^\mathrm{T}\boldsymbol{\tau}'_\mathrm{d} + k_2\boldsymbol{s}_\tau^\mathrm{T}\boldsymbol{\psi} - k_1\boldsymbol{s}_\tau^\mathrm{T}\boldsymbol{s}_\tau \\ & - k_1\boldsymbol{s}_\tau^\mathrm{T}\tilde{\boldsymbol{\omega}}_\mathrm{e} - \tilde{\boldsymbol{\omega}}_\mathrm{e}^\mathrm{T}\tilde{\boldsymbol{W}}_\tau^\mathrm{T}\boldsymbol{\xi}(\hat{\boldsymbol{y}}) + \boldsymbol{s}_\tau^\mathrm{T}\boldsymbol{W}_\tau^{*\mathrm{T}}\left[\boldsymbol{\xi}(\boldsymbol{y}) - \boldsymbol{\xi}(\hat{\boldsymbol{y}})\right] \\ & + \boldsymbol{\psi}^\mathrm{T}\dot{\boldsymbol{\psi}} + \vartheta_\tau\mathrm{tr}\left[\tilde{\boldsymbol{W}}_\tau^\mathrm{T}\hat{\boldsymbol{W}}_\tau\right]\end{aligned} \tag{3.143}$$

根据杨氏不等式和引理 3.2，可得

$$\boldsymbol{s}_\tau^\mathrm{T}\boldsymbol{\tau}'_\mathrm{d} \leqslant \iota_1\boldsymbol{s}_\tau^\mathrm{T}\boldsymbol{s}_\tau + \frac{1}{4\iota_1}\boldsymbol{\tau}'^\mathrm{T}_\mathrm{d}\boldsymbol{\tau}'_\mathrm{d} \tag{3.144}$$

$$k_2\boldsymbol{s}_\tau^\mathrm{T}\boldsymbol{\psi} \leqslant \iota_2\boldsymbol{s}_\tau^\mathrm{T}\boldsymbol{s}_\tau + \frac{k_2^2}{4\iota_2}\boldsymbol{\psi}^\mathrm{T}\boldsymbol{\psi} \tag{3.145}$$

$$-k_1\boldsymbol{s}_\tau^\mathrm{T}\tilde{\boldsymbol{\omega}}_\mathrm{e} \leqslant \iota_3\boldsymbol{s}_\tau^\mathrm{T}\boldsymbol{s}_\tau + \frac{k_1^2}{4\iota_3}\bar{\omega}^2 \tag{3.146}$$

$$\boldsymbol{s}_\tau^\mathrm{T}\boldsymbol{W}_\tau^{*\mathrm{T}}\left[\boldsymbol{\xi}(\boldsymbol{y}) - \boldsymbol{\xi}(\hat{\boldsymbol{y}})\right] \leqslant \iota_4\boldsymbol{s}_\tau^\mathrm{T}\boldsymbol{s}_\tau + \frac{1}{4\iota_4}\left\|\boldsymbol{W}_\tau^*\right\|^2\left\|\boldsymbol{\xi}(\boldsymbol{y}) - \boldsymbol{\xi}(\hat{\boldsymbol{y}})\right\|^2 \tag{3.147}$$

将式 (3.144)~式 (3.147) 代入式 (3.143)，可得

$$\begin{aligned}\dot{V}_1 \leqslant & -\left(\alpha_\tau \frac{1+\boldsymbol{\sigma}_\mathrm{e}^\mathrm{T}\boldsymbol{\sigma}_\mathrm{e}}{4} + \frac{\dot{\rho}_\tau}{\rho_\tau}\right)\sum_{i=1}^{3}\frac{\boldsymbol{z}_\tau^\mathrm{T}\boldsymbol{E}_i\boldsymbol{z}_\tau}{1-\boldsymbol{z}_\tau^\mathrm{T}\boldsymbol{E}_i\boldsymbol{z}_\tau} - (k_1 - \iota_1 - \iota_2 - \iota_3 - \iota_4)\boldsymbol{s}_\tau^\mathrm{T}\boldsymbol{s}_\tau \\ & + \boldsymbol{s}_\tau^\mathrm{T}\boldsymbol{\Delta}_\tau + \frac{k_2^2}{4\iota_2}\boldsymbol{\psi}^\mathrm{T}\boldsymbol{\psi} - \tilde{\boldsymbol{\omega}}_\mathrm{e}^\mathrm{T}\tilde{\boldsymbol{W}}_\tau^\mathrm{T}\boldsymbol{\xi}(\hat{\boldsymbol{y}}) + \boldsymbol{\psi}^\mathrm{T}\dot{\boldsymbol{\psi}} + \vartheta_\tau\mathrm{tr}\left[\tilde{\boldsymbol{W}}_\tau^\mathrm{T}\hat{\boldsymbol{W}}_\tau\right] \\ & + \frac{1}{4\iota_1}\boldsymbol{\tau}'^\mathrm{T}_\mathrm{d}\boldsymbol{\tau}'_\mathrm{d} + \frac{k_1^2}{4\iota_3}\bar{\omega}^2 + \frac{1}{4\iota_4}\left\|\boldsymbol{W}_\tau^*\right\|^2\left\|\boldsymbol{\xi}(\boldsymbol{y}) - \boldsymbol{\xi}(\hat{\boldsymbol{y}})\right\|^2\end{aligned} \tag{3.148}$$

将式 (3.136) 代入式 (3.148)，可得

$$\begin{aligned}\dot{V}_1 \leqslant & -\left(\alpha_\tau \frac{1+\boldsymbol{\sigma}_{\mathrm{e}}^{\mathrm{T}} \boldsymbol{\sigma}_{\mathrm{e}}}{4}+\frac{\dot{\rho}_\tau}{\rho_\tau}\right) \sum_{i=1}^3 \frac{\boldsymbol{z}_\tau^{\mathrm{T}} \boldsymbol{E}_i \boldsymbol{z}_\tau}{1-\boldsymbol{z}_\tau^{\mathrm{T}} \boldsymbol{E}_i \boldsymbol{z}_\tau}-\left(k_1-\iota_1-\iota_2-\iota_3-\iota_4\right) \boldsymbol{s}_\tau^{\mathrm{T}} \boldsymbol{s}_\tau \\ & -\left(k_3-\frac{k_2^2}{4 \iota_2}-\frac{1}{2}\right) \boldsymbol{\psi}^{\mathrm{T}} \boldsymbol{\psi}-\operatorname{tr}\left[\tilde{\boldsymbol{W}}_\tau^{\mathrm{T}} \boldsymbol{\xi}(\hat{\boldsymbol{y}}) \tilde{\boldsymbol{\omega}}_{\mathrm{e}}^{\mathrm{T}}\right]+\vartheta_\tau \operatorname{tr}\left[\tilde{\boldsymbol{W}}_\tau^{\mathrm{T}} \hat{\boldsymbol{W}}_\tau\right] \\ & +\frac{1}{4 \iota_1} \boldsymbol{\tau}_{\mathrm{d}}^{\prime \mathrm{T}} \boldsymbol{\tau}_{\mathrm{d}}^{\prime}+\left(\frac{k_1^2}{4 \iota_3}+\frac{1}{2}\right) \bar{\omega}^2+\frac{1}{4 \iota_4}\left\|\boldsymbol{W}_\tau^*\right\|^2\|\boldsymbol{\xi}(\boldsymbol{y})-\boldsymbol{\xi}(\hat{\boldsymbol{y}})\|^2\end{aligned} \tag{3.149}$$

根据杨氏不等式，可得

$$\vartheta_\tau \operatorname{tr}\left[\tilde{\boldsymbol{W}}_\tau^{\mathrm{T}} \hat{\boldsymbol{W}}_\tau\right]=\vartheta_\tau \operatorname{tr}\left[\tilde{\boldsymbol{W}}_\tau^{\mathrm{T}}\left(\boldsymbol{W}_\tau^*-\tilde{\boldsymbol{W}}_\tau\right)\right] \leqslant-\frac{\vartheta_\tau}{2}\left\|\tilde{\boldsymbol{W}}_\tau\right\|^2+\frac{\vartheta_\tau}{2}\left\|\boldsymbol{W}_\tau^*\right\|^2 \tag{3.150}$$

$$-\operatorname{tr}\left[\tilde{\boldsymbol{W}}_\tau^{\mathrm{T}} \boldsymbol{\xi}(\hat{\boldsymbol{y}}) \tilde{\boldsymbol{\omega}}_{\mathrm{e}}^{\mathrm{T}}\right] \leqslant \frac{1}{2}\left\|\tilde{\boldsymbol{W}}_\tau\right\|^2+\frac{1}{2} m^2 \bar{\omega}^2 \tag{3.151}$$

将式 (3.150) 和式 (3.151) 代入式 (3.149)，并结合引理 3.3，可得

$$\dot{V}_1 \leqslant -2\mu_\tau V_1+C_\tau \tag{3.152}$$

其中，μ_τ 和 C_τ 表达式如下：

$$\begin{aligned}\mu_\tau=\min \Bigg\{ & \left(\alpha_\tau \frac{1+\boldsymbol{\sigma}_{\mathrm{e}}^{\mathrm{T}} \boldsymbol{\sigma}_{\mathrm{e}}}{4}+\frac{\dot{\rho}_\tau}{\rho_\tau}\right),\left(k_1-\iota_1-\iota_2-\iota_3-\iota_4\right), \\ & \left(k_3-\frac{k_2^2}{4 \iota_2}-\frac{1}{2}\right),\left(\frac{\vartheta_\tau-1}{\lambda_{\max }\left(\boldsymbol{\Gamma}_\tau^{-1}\right)}\right)\Bigg\}\end{aligned} \tag{3.153}$$

$$\begin{aligned}C_\tau= & \frac{1}{4 \iota_1} \boldsymbol{\tau}_{\mathrm{d}}^{\prime \mathrm{T}} \boldsymbol{\tau}_{\mathrm{d}}^{\prime}+\left(\frac{k_1^2}{4 \iota_3}+\frac{1}{2}\right) \bar{\omega}^2 \\ & +\frac{1}{4 \iota_4}\left\|\boldsymbol{W}_\tau^*\right\|^2\|\boldsymbol{\xi}(\boldsymbol{y})-\boldsymbol{\xi}(\hat{\boldsymbol{y}})\|^2+\frac{1}{2} m^2 \bar{\omega}^2+\frac{\vartheta_\tau}{2}\left\|\boldsymbol{W}_\tau^*\right\|^2\end{aligned} \tag{3.154}$$

由假设 3.3 ~ 假设 3.5 和引理 3.1 ~ 引理 3.2 可知，C_τ 始终是有界的，即存在一个正实数 $\bar{C}_\tau$ 使得 $\|C_\tau\| \leqslant \bar{C}_\tau$ 成立。同时，由式 (3.152) 可知，通过选取合理的控制参数 $(\alpha_\tau, k_1, k_3, \vartheta_\tau)$，可以保证 $\mu_\tau > 0$。因此

$$0 \leqslant V_1(t) \leqslant \frac{\bar{C}_\tau}{2\mu_\tau}+\left(V_1(0)-\frac{\bar{C}_\tau}{2\mu_\tau}\right) \mathrm{e}^{-2\mu_\tau t} \tag{3.155}$$

根据式 (3.138) 和式 (3.155)，可得

$$\|\sigma_{\mathrm{e}i}\| \leqslant \rho_\tau \sqrt{1-\exp\left\{-2\left[\frac{\bar{C}_\tau}{2\mu_\tau}+\left(V_1(0)-\frac{\bar{C}_\tau}{2\mu_\tau}\right) \mathrm{e}^{-2\mu_\tau t}\right]\right\}} \quad (i=1,2,3) \tag{3.156}$$

$$\|\boldsymbol{s}_\tau\| \leqslant \frac{\bar{C}_\tau}{\mu_\tau \lambda_{\min}(\boldsymbol{J}_c)} + \left[\frac{2V_1(0)}{\lambda_{\min}(\boldsymbol{J}_c)} - \frac{\bar{C}_\tau}{\mu_\tau \lambda_{\min}(\boldsymbol{J}_c)}\right] \mathrm{e}^{-2\mu_\tau t} \tag{3.157}$$

由式 (3.156) 和式 (3.157) 可知，闭环相对姿态系统的所有状态是一致最终有界的，并且相对姿态始终 $\boldsymbol{\sigma}_e$ 处于预先设计的有限时间性能函数包络内。

2. 相对位置控制律设计

在设计相对位置控制律之前，先将式 (3.11) 和式 (3.12) 表示的相对位置运动模型转化为

$$\begin{aligned} m_c\ddot{\boldsymbol{\rho}} &= m_c\dot{\boldsymbol{v}} - m_c\boldsymbol{S}\left(\dot{\boldsymbol{\omega}}_e + \dot{\boldsymbol{R}}_t^c\boldsymbol{\omega}_t + \boldsymbol{R}_t^c\dot{\boldsymbol{\omega}}_t\right)\boldsymbol{\rho} - m_c\boldsymbol{S}\left(\boldsymbol{\omega}_e + \boldsymbol{R}_t^c\boldsymbol{\omega}_t\right)\dot{\boldsymbol{\rho}} \\ &= -m_c\boldsymbol{S}\left(\boldsymbol{\omega}_e + \boldsymbol{R}_t^c\boldsymbol{\omega}_t\right)\dot{\boldsymbol{\rho}} - m_c\boldsymbol{S}\left(\dot{\boldsymbol{\omega}}_e + \dot{\boldsymbol{R}}_t^c\boldsymbol{\omega}_t + \boldsymbol{R}_t^c\dot{\boldsymbol{\omega}}_t\right)\boldsymbol{\rho} \\ &\quad - m_c\boldsymbol{S}\left(\boldsymbol{\omega}_e + \boldsymbol{R}_t^c\boldsymbol{\omega}_t\right)\dot{\boldsymbol{\rho}} - m_c\boldsymbol{n}_t + \boldsymbol{f} + \boldsymbol{f}_d \end{aligned} \tag{3.158}$$

根据引理 3.1，设计如下形式的线性高增益观测器：

$$\varrho_f\dot{\boldsymbol{\pi}}_3 = \boldsymbol{\pi}_4 \tag{3.159}$$

$$\varrho_f\dot{\boldsymbol{\pi}}_4 = -\lambda_2\boldsymbol{\pi}_4 - \boldsymbol{\pi}_3 + \boldsymbol{\rho} \tag{3.160}$$

其中，ϱ_f 是一个很小的正实数；λ_2 的选取要使得 $\lambda_2 s + 1$ 是赫尔维茨多项式。

由式 (3.158) 和式 (3.159) 可知，相对线速度 $\dot{\boldsymbol{\rho}}$ 可以通过如下表达式进行估计：

$$\hat{\dot{\boldsymbol{\rho}}} = \frac{\boldsymbol{\pi}_4}{\varrho_f} \tag{3.161}$$

定义相对线速度估计误差为 $\tilde{\dot{\boldsymbol{\rho}}} = \hat{\dot{\boldsymbol{\rho}}} - \dot{\boldsymbol{\rho}}$。由引理 3.1 可知，相对线速度估计误差 $\tilde{\dot{\boldsymbol{\rho}}}$ 始终是有界的，即存在一个正实数 $\bar{\rho}$ 使得 $\left\|\tilde{\dot{\boldsymbol{\rho}}}\right\| \leqslant \bar{\rho}$ 成立。

定义下面的辅助变量：

$$\boldsymbol{s}_f = \dot{\boldsymbol{\rho}} + \alpha_f\boldsymbol{\rho} \tag{3.162}$$

其中，α_f 是一个正实数。

根据式 (3.158)，对式 (3.162) 求导可得

$$\begin{aligned} m_c\dot{\boldsymbol{s}}_f &= m_c\ddot{\boldsymbol{\rho}} + \alpha_f m_c\dot{\boldsymbol{\rho}} \\ &= \boldsymbol{\hbar}_f(\boldsymbol{l}) + \boldsymbol{f} + \boldsymbol{f}_d \end{aligned} \tag{3.163}$$

其中，$\boldsymbol{l} = \left[\boldsymbol{\rho}^T\ \dot{\boldsymbol{\rho}}^T\ \boldsymbol{\omega}_e^T\ \boldsymbol{\omega}_t^T\ \dot{\boldsymbol{\omega}}_t^T\right]^T \in \mathbf{R}^{15}$；$\boldsymbol{\hbar}_f(\boldsymbol{l}) \in \mathbf{R}^3$ 的表达式如下：

$$\begin{aligned} \boldsymbol{\hbar}_f(\boldsymbol{l}) &= -m_c\boldsymbol{S}\left(\boldsymbol{\omega}_e + \boldsymbol{R}_t^c\boldsymbol{\omega}_t\right)\dot{\boldsymbol{\rho}} - m_c\boldsymbol{S}\left(\dot{\boldsymbol{\omega}}_e + \dot{\boldsymbol{R}}_t^c\boldsymbol{\omega}_t + \boldsymbol{R}_t^c\dot{\boldsymbol{\omega}}_t\right)\boldsymbol{\rho} \\ &\quad - m_c\boldsymbol{S}\left(\boldsymbol{\omega}_e + \boldsymbol{R}_t^c\boldsymbol{\omega}_t\right)\dot{\boldsymbol{\rho}} - m_c\boldsymbol{n}_t + \alpha_f m_c\dot{\boldsymbol{\rho}} \end{aligned} \tag{3.164}$$

利用高斯径向基函数神经网络对 $\boldsymbol{\hbar}_{\mathrm{f}}(\boldsymbol{l})$ 进行近似，其表达式为

$$\boldsymbol{\hbar}_{\mathrm{f}}(\boldsymbol{l})=\boldsymbol{W}_{\mathrm{f}}^{*\mathrm{T}}\boldsymbol{\xi}(\boldsymbol{l})+\boldsymbol{\epsilon}_{\mathrm{f}}(\boldsymbol{l}) \tag{3.165}$$

其中，$\boldsymbol{W}_{\mathrm{f}}^{*}\in\mathbf{R}^{m\times 3}$ 表示神经网络的最优权重矩阵；$\boldsymbol{\epsilon}_{\mathrm{f}}(\boldsymbol{l})\in\mathbf{R}^{3}$ 表示神经网络的近似误差矢量。

将式 (3.165) 代入式 (3.163)，可得

$$m_{\mathrm{c}}\dot{\boldsymbol{s}}_{\mathrm{f}}=\boldsymbol{W}_{\mathrm{f}}^{*\mathrm{T}}\boldsymbol{\xi}(\boldsymbol{l})+\boldsymbol{f}+\boldsymbol{f}_{\mathrm{d}}' \tag{3.166}$$

其中，$\boldsymbol{f}_{\mathrm{d}}'=\boldsymbol{f}_{\mathrm{d}}+\boldsymbol{\epsilon}_{\mathrm{f}}(\boldsymbol{l})\in\mathbf{R}^{3}$ 表示复合干扰。

基于上述分析，设计如下形式的相对位置控制律：

$$\boldsymbol{f}=\mathbf{sat}(\boldsymbol{\kappa})=\left[\mathrm{sat}(\kappa_1)\ \ \mathrm{sat}(\kappa_2)\ \ \mathrm{sat}(\kappa_3)\right]^{\mathrm{T}} \tag{3.167}$$

$$\mathrm{sat}(\kappa_i)=\begin{cases}f_{\max}, & \kappa_i>f_{\max}\\ \kappa_i, & -f_{\max}\leqslant\kappa_i\leqslant f_{\max}\\ -f_{\max}, & \kappa_i<-f_{\max}\end{cases}\quad(i=1,2,3) \tag{3.168}$$

$$\boldsymbol{\kappa}=-\frac{1}{\rho_{\mathrm{f}}}\sum_{i=1}^{3}\frac{\boldsymbol{E}_i\boldsymbol{z}_{\mathrm{f}}}{1-\boldsymbol{z}_{\mathrm{f}}^{\mathrm{T}}\boldsymbol{E}_i\boldsymbol{z}_{\mathrm{f}}}-\hat{\boldsymbol{W}}_{\mathrm{f}}^{\mathrm{T}}\boldsymbol{\xi}(\hat{\boldsymbol{l}})-k_4\hat{\boldsymbol{s}}_{\mathrm{f}}+k_5\boldsymbol{\phi} \tag{3.169}$$

其中，$f_{\max}$ 表示跟踪航天器能提供的最大控制力上界；$\hat{\boldsymbol{W}}_{\mathrm{f}}\in\mathbf{R}^{m\times 3}$ 表示对最优权重矩阵 $\boldsymbol{W}_{\mathrm{f}}^{*}$ 的估计值；ρ_{f} 表示针对相对位置系统的预设性能函数；$\boldsymbol{z}_{\mathrm{f}}\in\mathbf{R}^{3}$ 的表达式为 $\boldsymbol{z}_{\mathrm{f}}=\boldsymbol{\rho}/\rho_{\mathrm{f}}$；$\hat{\boldsymbol{s}}_{\mathrm{f}}\in\mathbf{R}^{3}$ 的表达式为 $\hat{\boldsymbol{s}}_{\mathrm{f}}=\hat{\dot{\boldsymbol{\rho}}}+\alpha_{\mathrm{f}}\boldsymbol{\rho}$；$k_4$ 和 k_5 是两个正实数；$\boldsymbol{\phi}\in\mathbf{R}^{3}$ 是一个用于处理输入饱和约束的辅助变量，表达式如下：

$$\dot{\boldsymbol{\phi}}=\begin{cases}-k_6\boldsymbol{\phi}-\dfrac{\left\|\hat{\boldsymbol{s}}_{\mathrm{f}}^{\mathrm{T}}\boldsymbol{\Delta}_{\mathrm{f}}\right\|+\boldsymbol{\Delta}_{\mathrm{f}}^{\mathrm{T}}\boldsymbol{\Delta}_{\mathrm{f}}}{\left\|\boldsymbol{\phi}\right\|^{2}}\boldsymbol{\phi}+\boldsymbol{\Delta}_{\mathrm{f}}, & \left\|\boldsymbol{\phi}\right\|\geqslant\delta\\ 0, & \left\|\boldsymbol{\phi}\right\|<\delta\end{cases} \tag{3.170}$$

其中，k_6 是一个正实数；δ 是一个很小的正实数；$\boldsymbol{\Delta}_{\mathrm{f}}\in\mathbf{R}^{3}$ 的表达式为 $\boldsymbol{\Delta}_{\mathrm{f}}=\boldsymbol{f}-\boldsymbol{\kappa}$。

与此同时，设计如下形式的自适应律：

$$\dot{\hat{\boldsymbol{W}}}_{\mathrm{f}}=\boldsymbol{\Gamma}_{\mathrm{f}}\left[\boldsymbol{\xi}\left(\hat{\boldsymbol{l}}\right)\hat{\boldsymbol{s}}_{\mathrm{f}}^{\mathrm{T}}-\vartheta_{\mathrm{f}}\hat{\boldsymbol{W}}_{\mathrm{f}}\right] \tag{3.171}$$

其中，$\boldsymbol{\Gamma}_{\mathrm{f}}\in\mathbf{R}^{m\times m}$ 是一个对称正定矩阵；ϑ_{f} 是一个正实数。

定理 3.6　针对相对位置运动方程和动力学方程 [即式 (3.11)、式 (3.12)]，在线性高增益观测器 [即式 (3.159)、式 (3.160)]、相对位置控制律 [即式 (3.167)、式 (3.170)] 与自适应律 [即式 (3.171)] 作用下，闭环相对位置系统是一致有界稳定的，且相对位置 $\boldsymbol{\rho}$ 始终处于预先设计的有限时间性能函数 ρ_{f} 包络内。

证明　选取如下形式的李雅普诺夫函数:

$$\begin{aligned}V_2 &= \sum_{i=1}^{3}\frac{1}{2}\ln\frac{1}{1-z_{\mathrm{f}i}^2}+\frac{1}{2}\boldsymbol{s}_{\mathrm{f}}^{\mathrm{T}}m_{\mathrm{c}}\boldsymbol{s}_{\mathrm{f}}+\frac{1}{2}\boldsymbol{\phi}^{\mathrm{T}}\boldsymbol{\phi}+\frac{1}{2}\mathrm{tr}\left[\tilde{\boldsymbol{W}}_{\mathrm{f}}^{\mathrm{T}}\boldsymbol{\Gamma}_{\mathrm{f}}^{-1}\tilde{\boldsymbol{W}}_{\mathrm{f}}\right]\\ &= \sum_{i=1}^{3}\frac{1}{2}\ln\frac{1}{1-\boldsymbol{z}_{\mathrm{f}}^{\mathrm{T}}\boldsymbol{E}_i\boldsymbol{z}_{\mathrm{f}}}+\frac{1}{2}\boldsymbol{s}_{\mathrm{f}}^{\mathrm{T}}m_{\mathrm{c}}\boldsymbol{s}_{\mathrm{f}}+\frac{1}{2}\boldsymbol{\phi}^{\mathrm{T}}\boldsymbol{\phi}+\frac{1}{2}\mathrm{tr}\left[\tilde{\boldsymbol{W}}_{\mathrm{f}}^{\mathrm{T}}\boldsymbol{\Gamma}_{\mathrm{f}}^{-1}\tilde{\boldsymbol{W}}_{\mathrm{f}}\right]\end{aligned} \tag{3.172}$$

其中，$\tilde{\boldsymbol{W}}_{\mathrm{f}}=\boldsymbol{W}_{\mathrm{f}}^{*}-\hat{\boldsymbol{W}}_{\mathrm{f}}$。

对式 (3.172) 求导，可得

$$\dot{V}_2=\sum_{i=1}^{3}\frac{\boldsymbol{z}_{\mathrm{f}}^{\mathrm{T}}\boldsymbol{E}_i\dot{\boldsymbol{z}}_{\mathrm{f}}}{1-\boldsymbol{z}_{\mathrm{f}}^{\mathrm{T}}\boldsymbol{E}_i\boldsymbol{z}_{\mathrm{f}}}+\boldsymbol{s}_{\mathrm{f}}^{\mathrm{T}}m_{\mathrm{c}}\dot{\boldsymbol{s}}_{\mathrm{f}}+\boldsymbol{\phi}^{\mathrm{T}}\dot{\boldsymbol{\phi}}-\mathrm{tr}\left[\tilde{\boldsymbol{W}}_{\mathrm{f}}^{\mathrm{T}}\boldsymbol{\Gamma}_{\mathrm{f}}^{-1}\dot{\hat{\boldsymbol{W}}}_{\mathrm{f}}\right] \tag{3.173}$$

对 $\boldsymbol{z}_{\mathrm{f}}$ 求导，可得

$$\dot{\boldsymbol{z}}_{\mathrm{f}}=\frac{\boldsymbol{s}_{\mathrm{f}}}{\rho_{\mathrm{f}}}-\left(\alpha_{\mathrm{f}}+\frac{\dot{\rho}_{\mathrm{f}}}{\rho_{\mathrm{f}}}\right)\boldsymbol{z}_{\mathrm{f}} \tag{3.174}$$

将式 (3.174) 代入式 (3.173)，可得

$$\begin{aligned}\dot{V}_2 &= \sum_{i=1}^{3}\frac{\boldsymbol{z}_{\mathrm{f}}^{\mathrm{T}}\boldsymbol{E}_i\dot{\boldsymbol{z}}_{\mathrm{f}}}{1-\boldsymbol{z}_{\mathrm{f}}^{\mathrm{T}}\boldsymbol{E}_i\boldsymbol{z}_{\mathrm{f}}}+\boldsymbol{s}_{\mathrm{f}}^{\mathrm{T}}m_{\mathrm{c}}\dot{\boldsymbol{s}}_{\mathrm{f}}+\boldsymbol{\phi}^{\mathrm{T}}\dot{\boldsymbol{\phi}}-\mathrm{tr}\left[\tilde{\boldsymbol{W}}_{\mathrm{f}}^{\mathrm{T}}\boldsymbol{\Gamma}_{\mathrm{f}}^{-1}\dot{\hat{\boldsymbol{W}}}_{\mathrm{f}}\right]\\ &= -\left(\alpha_{\mathrm{f}}+\frac{\dot{\rho}_{\mathrm{f}}}{\rho_{\mathrm{f}}}\right)\sum_{i=1}^{3}\frac{\boldsymbol{z}_{\mathrm{f}}^{\mathrm{T}}\boldsymbol{E}_i\boldsymbol{z}_{\mathrm{f}}}{1-\boldsymbol{z}_{\mathrm{f}}^{\mathrm{T}}\boldsymbol{E}_i\boldsymbol{z}_{\mathrm{f}}}+\frac{1}{\rho_{\mathrm{f}}}\sum_{i=1}^{3}\frac{\boldsymbol{z}_{\mathrm{f}}^{\mathrm{T}}\boldsymbol{E}_i\boldsymbol{s}_{\mathrm{f}}}{1-\boldsymbol{z}_{\mathrm{f}}^{\mathrm{T}}\boldsymbol{E}_i\boldsymbol{z}_{\mathrm{f}}}\\ &\quad+\boldsymbol{s}_{\mathrm{f}}^{\mathrm{T}}m_{\mathrm{c}}\dot{\boldsymbol{s}}_{\mathrm{f}}+\boldsymbol{\phi}^{\mathrm{T}}\dot{\boldsymbol{\phi}}-\mathrm{tr}\left[\tilde{\boldsymbol{W}}_{\mathrm{f}}^{\mathrm{T}}\boldsymbol{\Gamma}_{\mathrm{f}}^{-1}\dot{\hat{\boldsymbol{W}}}_{\mathrm{f}}\right]\\ &= -\left(\alpha_{\mathrm{f}}+\frac{\dot{\rho}_{\mathrm{f}}}{\rho_{\mathrm{f}}}\right)\sum_{i=1}^{3}\frac{\boldsymbol{z}_{\mathrm{f}}^{\mathrm{T}}\boldsymbol{E}_i\boldsymbol{z}_{\mathrm{f}}}{1-\boldsymbol{z}_{\mathrm{f}}^{\mathrm{T}}\boldsymbol{E}_i\boldsymbol{z}_{\mathrm{f}}}\end{aligned} \tag{3.175}$$

将式 (3.166) 代入式 (3.175)，可得

$$\begin{aligned}\dot{V}_2 &= -\left(\alpha_{\mathrm{f}}+\frac{\dot{\rho}_{\mathrm{f}}}{\rho_{\mathrm{f}}}\right)\sum_{i=1}^{3}\frac{\boldsymbol{z}_{\mathrm{f}}^{\mathrm{T}}\boldsymbol{E}_i\boldsymbol{z}_{\mathrm{f}}}{1-\boldsymbol{z}_{\mathrm{f}}^{\mathrm{T}}\boldsymbol{E}_i\boldsymbol{z}_{\mathrm{f}}}\\ &\quad+\boldsymbol{s}_{\mathrm{f}}^{\mathrm{T}}\left\{\boldsymbol{W}_{\mathrm{f}}^{*\mathrm{T}}\boldsymbol{\xi}\left(\hat{\boldsymbol{l}}\right)+\boldsymbol{W}_{\mathrm{f}}^{*\mathrm{T}}\left[\boldsymbol{\xi}\left(\boldsymbol{l}\right)-\boldsymbol{\xi}\left(\hat{\boldsymbol{l}}\right)\right]+\boldsymbol{f}+\boldsymbol{f}_{\mathrm{d}}'+\frac{1}{\rho_{\mathrm{f}}}\sum_{i=1}^{3}\frac{\boldsymbol{E}_i\boldsymbol{z}_{\mathrm{f}}}{1-\boldsymbol{z}_{\mathrm{f}}^{\mathrm{T}}\boldsymbol{E}_i\boldsymbol{z}_{\mathrm{f}}}\right\}\\ &\quad+\boldsymbol{\phi}^{\mathrm{T}}\dot{\boldsymbol{\phi}}-\mathrm{tr}\left[\tilde{\boldsymbol{W}}_{\mathrm{f}}^{\mathrm{T}}\boldsymbol{\Gamma}_{\mathrm{f}}^{-1}\dot{\hat{\boldsymbol{W}}}_{\mathrm{f}}\right]\\ &= -\left(\alpha_{\mathrm{f}}+\frac{\dot{\rho}_{\mathrm{f}}}{\rho_{\mathrm{f}}}\right)\sum_{i=1}^{3}\frac{\boldsymbol{z}_{\mathrm{f}}^{\mathrm{T}}\boldsymbol{E}_i\boldsymbol{z}_{\mathrm{f}}}{1-\boldsymbol{z}_{\mathrm{f}}^{\mathrm{T}}\boldsymbol{E}_i\boldsymbol{z}_{\mathrm{f}}}\end{aligned}$$

$$
\begin{aligned}
&+\boldsymbol{s}_{\mathrm{f}}^{\mathrm{T}}\left[\hat{\boldsymbol{W}}_{\mathrm{f}}^{\mathrm{T}}\boldsymbol{\xi}\left(\hat{\boldsymbol{l}}\right)+\tilde{\boldsymbol{W}}_{\tau}^{\mathrm{T}}\boldsymbol{\xi}\left(\hat{\boldsymbol{l}}\right)+\boldsymbol{f}+\boldsymbol{f}_{\mathrm{d}}'+\frac{1}{\rho_{\mathrm{f}}}\sum_{i=1}^{3}\frac{\boldsymbol{E}_i\boldsymbol{z}_{\mathrm{f}}}{1-\boldsymbol{z}_{\mathrm{f}}^{\mathrm{T}}\boldsymbol{E}_i\boldsymbol{z}_{\mathrm{f}}}\right]\\
&+\boldsymbol{s}_{\mathrm{f}}^{\mathrm{T}}\boldsymbol{W}_{\mathrm{f}}^{*\mathrm{T}}\left[\boldsymbol{\xi}\left(\boldsymbol{l}\right)-\boldsymbol{\xi}\left(\hat{\boldsymbol{l}}\right)\right]+\boldsymbol{\phi}^{\mathrm{T}}\dot{\boldsymbol{\phi}}-\mathrm{tr}\left[\tilde{\boldsymbol{W}}_{\mathrm{f}}^{\mathrm{T}}\boldsymbol{\Gamma}_{\mathrm{f}}^{-1}\dot{\hat{\boldsymbol{W}}}_{\mathrm{f}}\right]
\end{aligned}
\tag{3.176}
$$

将式 (3.167) 和式 (3.171) 代入式 (3.176)，可得

$$
\begin{aligned}
\dot{V}_2=&-\left(\alpha_{\mathrm{f}}+\frac{\dot{\rho}_{\mathrm{f}}}{\rho_{\mathrm{f}}}\right)\sum_{i=1}^{3}\frac{\boldsymbol{z}_{\mathrm{f}}^{\mathrm{T}}\boldsymbol{E}_i\boldsymbol{z}_{\mathrm{f}}}{1-\boldsymbol{z}_{\mathrm{f}}^{\mathrm{T}}\boldsymbol{E}_i\boldsymbol{z}_{\mathrm{f}}}+\boldsymbol{s}_{\mathrm{f}}^{\mathrm{T}}\left(\boldsymbol{\Delta}_{\mathrm{f}}+\boldsymbol{f}_{\mathrm{d}}'-k_4\hat{\boldsymbol{s}}_{\mathrm{f}}+k_5\boldsymbol{\phi}\right)\\
&+\boldsymbol{s}_{\mathrm{f}}^{\mathrm{T}}\tilde{\boldsymbol{W}}_{\mathrm{f}}^{\mathrm{T}}\boldsymbol{\xi}\left(\hat{\boldsymbol{l}}\right)+\boldsymbol{s}_{\mathrm{f}}^{\mathrm{T}}\boldsymbol{W}_{\mathrm{f}}^{*\mathrm{T}}\left[\boldsymbol{\xi}\left(\boldsymbol{l}\right)-\boldsymbol{\xi}\left(\hat{\boldsymbol{l}}\right)\right]+\boldsymbol{\phi}^{\mathrm{T}}\dot{\boldsymbol{\phi}}\\
&-\mathrm{tr}\left[\tilde{\boldsymbol{W}}_{\mathrm{f}}^{\mathrm{T}}\boldsymbol{\xi}\left(\hat{\boldsymbol{l}}\right)\hat{\boldsymbol{s}}_{\mathrm{f}}^{\mathrm{T}}\right]+\vartheta_{\mathrm{f}}\mathrm{tr}\left[\tilde{\boldsymbol{W}}_{\mathrm{f}}^{\mathrm{T}}\hat{\boldsymbol{W}}_{\mathrm{f}}\right]\\
=&-\left(\alpha_{\mathrm{f}}+\frac{\dot{\rho}_{\mathrm{f}}}{\rho_{\mathrm{f}}}\right)\sum_{i=1}^{3}\frac{\boldsymbol{z}_{\mathrm{f}}^{\mathrm{T}}\boldsymbol{E}_i\boldsymbol{z}_{\mathrm{f}}}{1-\boldsymbol{z}_{\mathrm{f}}^{\mathrm{T}}\boldsymbol{E}_i\boldsymbol{z}_{\mathrm{f}}}+\boldsymbol{s}_{\mathrm{f}}^{\mathrm{T}}\boldsymbol{\Delta}_{\mathrm{f}}+\boldsymbol{s}_{\tau}^{\mathrm{T}}\boldsymbol{f}_{\mathrm{d}}'+k_5\boldsymbol{s}_{\mathrm{f}}^{\mathrm{T}}\boldsymbol{\phi}-k_4\boldsymbol{s}_{\mathrm{f}}^{\mathrm{T}}\boldsymbol{s}_{\mathrm{f}}\\
&-k_4\boldsymbol{s}_{\mathrm{f}}^{\mathrm{T}}\tilde{\boldsymbol{\rho}}-\tilde{\boldsymbol{\rho}}^{\mathrm{T}}\tilde{\boldsymbol{W}}_{\mathrm{f}}^{\mathrm{T}}\boldsymbol{\xi}\left(\hat{\boldsymbol{l}}\right)+\boldsymbol{s}_{\mathrm{f}}^{\mathrm{T}}\boldsymbol{W}_{\mathrm{f}}^{*\mathrm{T}}\left[\boldsymbol{\xi}\left(\boldsymbol{l}\right)-\boldsymbol{\xi}\left(\hat{\boldsymbol{l}}\right)\right]+\boldsymbol{\phi}^{\mathrm{T}}\dot{\boldsymbol{\phi}}+\vartheta_{\mathrm{f}}\mathrm{tr}\left[\tilde{\boldsymbol{W}}_{\mathrm{f}}^{\mathrm{T}}\hat{\boldsymbol{W}}_{\mathrm{f}}\right]
\end{aligned}
\tag{3.177}
$$

根据杨氏不等式和引理 3.2，可得

$$
\boldsymbol{s}_{\mathrm{f}}^{\mathrm{T}}\boldsymbol{f}_{\mathrm{d}}'\leqslant\iota_5\boldsymbol{s}_{\mathrm{f}}^{\mathrm{T}}\boldsymbol{s}_{\mathrm{f}}+\frac{1}{4\iota_5}\boldsymbol{f}_{\mathrm{d}}'^{\mathrm{T}}\boldsymbol{f}_{\mathrm{d}}'
\tag{3.178}
$$

$$
k_5\boldsymbol{s}_{\mathrm{f}}^{\mathrm{T}}\boldsymbol{\phi}\leqslant\iota_6\boldsymbol{s}_{\mathrm{f}}^{\mathrm{T}}\boldsymbol{s}_{\mathrm{f}}+\frac{k_5^2}{4\iota_6}\boldsymbol{\phi}^{\mathrm{T}}\boldsymbol{\phi}
\tag{3.179}
$$

$$
-k_4\boldsymbol{s}_{\mathrm{f}}^{\mathrm{T}}\tilde{\boldsymbol{\rho}}\leqslant\iota_7\boldsymbol{s}_{\mathrm{f}}^{\mathrm{T}}\boldsymbol{s}_{\mathrm{f}}+\frac{k_4^2}{4\iota_7}\bar{\rho}^2
\tag{3.180}
$$

$$
\boldsymbol{s}_{\mathrm{f}}^{\mathrm{T}}\boldsymbol{W}_{\mathrm{f}}^{*\mathrm{T}}\left[\boldsymbol{\xi}\left(\boldsymbol{l}\right)-\boldsymbol{\xi}\left(\hat{\boldsymbol{l}}\right)\right]\leqslant\iota_8\boldsymbol{s}_{\mathrm{f}}^{\mathrm{T}}\boldsymbol{s}_{\mathrm{f}}+\frac{1}{4\iota_8}\left\|\boldsymbol{W}_{\mathrm{f}}^{*}\right\|^2\left\|\boldsymbol{\xi}\left(\boldsymbol{l}\right)-\boldsymbol{\xi}\left(\hat{\boldsymbol{l}}\right)\right\|^2
\tag{3.181}
$$

将式 (3.178) ~ 式 (3.181) 代入式 (3.177)，可得

$$
\begin{aligned}
\dot{V}_2\leqslant&-\left(\alpha_{\mathrm{f}}+\frac{\dot{\rho}_{\mathrm{f}}}{\rho_{\mathrm{f}}}\right)\sum_{i=1}^{3}\frac{\boldsymbol{z}_{\mathrm{f}}^{\mathrm{T}}\boldsymbol{E}_i\boldsymbol{z}_{\mathrm{f}}}{1-\boldsymbol{z}_{\mathrm{f}}^{\mathrm{T}}\boldsymbol{E}_i\boldsymbol{z}_{\mathrm{f}}}-\left(k_4-\iota_5-\iota_6-\iota_7-\iota_8\right)\boldsymbol{s}_{\mathrm{f}}^{\mathrm{T}}\boldsymbol{s}_{\mathrm{f}}\\
&-\boldsymbol{s}_{\mathrm{f}}^{\mathrm{T}}\boldsymbol{\Delta}_{\mathrm{f}}+\frac{k_5^2}{4\iota_6}\boldsymbol{\phi}^{\mathrm{T}}\boldsymbol{\phi}-\tilde{\boldsymbol{\rho}}^{\mathrm{T}}\tilde{\boldsymbol{W}}_{\mathrm{f}}^{\mathrm{T}}\boldsymbol{\xi}\left(\hat{\boldsymbol{l}}\right)+\boldsymbol{\phi}^{\mathrm{T}}\dot{\boldsymbol{\phi}}+\vartheta_{\mathrm{f}}\mathrm{tr}\left[\tilde{\boldsymbol{W}}_{\mathrm{f}}^{\mathrm{T}}\hat{\boldsymbol{W}}_{\mathrm{f}}\right]\\
&+\frac{1}{4\iota_5}\boldsymbol{f}_{\mathrm{d}}'^{\mathrm{T}}\boldsymbol{f}_{\mathrm{d}}'+\left(\frac{k_4^2}{4\iota_7}\right)\bar{\rho}^2+\frac{1}{4\iota_8}\left\|\boldsymbol{W}_{\mathrm{f}}^{*}\right\|^2\left\|\boldsymbol{\xi}\left(\boldsymbol{l}\right)-\boldsymbol{\xi}\left(\hat{\boldsymbol{l}}\right)\right\|^2
\end{aligned}
\tag{3.182}
$$

将式 (3.170) 代入式 (3.182)，可得

$$\begin{aligned}\dot{V}_2 \leqslant & -\left(\alpha_{\mathrm{f}}+\frac{\dot{\rho}_{\mathrm{f}}}{\rho_{\mathrm{f}}}\right)\sum_{i=1}^{3}\frac{\boldsymbol{z}_{\mathrm{f}}^{\mathrm{T}}\boldsymbol{E}_i\boldsymbol{z}_{\mathrm{f}}}{1-\boldsymbol{z}_{\mathrm{f}}^{\mathrm{T}}\boldsymbol{E}_i\boldsymbol{z}_{\mathrm{f}}}-\left(k_4-\iota_5-\iota_6-\iota_7-\iota_8\right)\boldsymbol{s}_{\mathrm{f}}^{\mathrm{T}}\boldsymbol{s}_{\mathrm{f}} \\ & -\left(k_6-\frac{k_5^2}{4\iota_6}-\frac{1}{2}\right)\boldsymbol{\phi}^T\boldsymbol{\phi}-\operatorname{tr}\left[\tilde{\boldsymbol{W}}_{\mathrm{f}}^{\mathrm{T}}\boldsymbol{\xi}\left(\hat{\boldsymbol{l}}\right)\tilde{\bar{\boldsymbol{\rho}}}^{\mathrm{T}}\right]+\vartheta_{\mathrm{f}}\operatorname{tr}\left[\tilde{\boldsymbol{W}}_{\mathrm{f}}^{\mathrm{T}}\hat{\boldsymbol{W}}_{\mathrm{f}}\right] \\ & +\frac{1}{4\iota_5}\boldsymbol{f}_{\mathrm{d}}'^{\mathrm{T}}\boldsymbol{f}_{\mathrm{d}}'+\left(\frac{k_4^2}{4\iota_7}+\frac{1}{2}\right)\bar{\rho}^2+\frac{1}{4\iota_8}\left\|\boldsymbol{W}_{\mathrm{f}}^*\right\|^2\left\|\boldsymbol{\xi}\left(\boldsymbol{l}\right)-\boldsymbol{\xi}\left(\hat{\boldsymbol{l}}\right)\right\|^2\end{aligned} \tag{3.183}$$

结合杨氏不等式和引理 3.3，进一步得到如下形式：

$$\dot{V}_2 \leqslant -2\mu_{\mathrm{f}}V_2+C_{\mathrm{f}} \tag{3.184}$$

其中，μ_{f} 和 C_{f} 的表达式为

$$\begin{aligned}&\mu_{\mathrm{f}} \\ &=\min\left\{\left(\alpha_{\mathrm{f}}+\frac{\dot{\rho}_{\mathrm{f}}}{\rho_{\mathrm{f}}}\right),\left(k_4-\iota_5-\iota_6-\iota_7-\iota_8\right),\left(k_6-\frac{k_5^2}{4\iota_6}-\frac{1}{2}\right),\left(\frac{\vartheta_{\mathrm{f}}-1}{\lambda_{\max}\left(\boldsymbol{\Gamma}_{\mathrm{f}}^{-1}\right)}\right)\right\}\end{aligned} \tag{3.185}$$

$$\begin{aligned}C_{\mathrm{f}}= & \frac{1}{4\iota_5}\boldsymbol{f}_{\mathrm{d}}'^{\mathrm{T}}\boldsymbol{f}_{\mathrm{d}}'+\left(\frac{k_4^2}{4\iota_7}+\frac{1}{2}\right)\bar{\rho}^2 \\ & +\frac{1}{4\iota_8}\left\|\boldsymbol{W}_{\mathrm{f}}^*\right\|^2\left\|\boldsymbol{\xi}\left(\boldsymbol{l}\right)-\boldsymbol{\xi}\left(\hat{\boldsymbol{l}}\right)\right\|^2+\frac{1}{2}m^2\bar{\rho}^2+\frac{\vartheta_{\mathrm{f}}}{2}\left\|\boldsymbol{W}_{\mathrm{f}}^*\right\|^2\end{aligned} \tag{3.186}$$

由假设 3.3 ~ 假设 3.5 和引理 3.1、引理 3.2 可知，C_{f} 始终是有界的，即存在正一个实数 $\bar{C}_{\mathrm{f}}$ 使得 $\|C_{\mathrm{f}}\| \leqslant \bar{C}_{\mathrm{f}}$ 成立。同时，由式 (3.183) 可知，通过选取合理的控制参数 $(\alpha_{\mathrm{f}}, k_4, k_6, \vartheta_{\mathrm{f}})$，可以保证 $\mu_{\mathrm{f}} > 0$。因此，由式 (3.184) 可知

$$0 \leqslant V_2\left(t\right) \leqslant \frac{\bar{C}_{\mathrm{f}}}{2\mu_{\mathrm{f}}}+\left(V_2\left(0\right)-\frac{\bar{C}_{\mathrm{f}}}{2\mu_{\mathrm{f}}}\right)\mathrm{e}^{-2\mu_{\mathrm{f}}t} \tag{3.187}$$

根据式 (3.172) 和式 (3.187)，可得

$$\left\|\rho_i\right\| \leqslant \rho_{\mathrm{f}}\sqrt{1-\exp\left\{-2\left[\frac{\bar{C}_{\mathrm{f}}}{2\mu_{\mathrm{f}}}+\left(V_2\left(0\right)-\frac{\bar{C}_{\mathrm{f}}}{2\mu_{\mathrm{f}}}\right)\mathrm{e}^{-2\mu_{\mathrm{f}}t}\right]\right\}}\quad (i=1,2,3) \tag{3.188}$$

$$\left\|\boldsymbol{s}_{\mathrm{f}}\right\| \leqslant \frac{\bar{C}_{\mathrm{f}}}{\mu_{\mathrm{f}}m_{\mathrm{c}}}+\left(\frac{2V_2\left(0\right)}{m_{\mathrm{c}}}-\frac{\bar{C}_{\mathrm{f}}}{\mu_{\mathrm{f}}m_{\mathrm{c}}}\right)\mathrm{e}^{-2\mu_{\mathrm{f}}t} \tag{3.189}$$

由式 (3.188) 和式 (3.189) 可知，闭环相对位置系统的所有状态是一致有界稳定的，并且相对位置始终处于预先设计的有限时间性能函数包络内。

注 3.7　由式 (3.133)~式 (3.137) 和式 (3.167)~式 (3.171) 可知，本小节所设计的输出反馈控制律中只用到了相对姿态和相对位置信息，不依赖精确的模型参数信息，因此具有良好的鲁棒性和自适应性。

注 3.8 现有的有限时间控制律普遍用到了符号函数和分数阶符号函数，导致这些控制律在实际执行过程中会出现颤振问题。本小节所设计的控制律并不需要符号函数，因此更加便于实际执行。除此之外，现有的有限时间控制律只能保证控制系统在有限时间内实现收敛，并不能对系统状态误差的瞬态和稳态性能进行控制。本小节所设计的控制律不仅能够保证系统状态误差在指定的时间达到期望的稳态精度，还能对系统状态误差的瞬态收敛过程进行调控。

3. 仿真验证

本小节通过仿真算例对所设计的控制律的有效性进行验证。仿真中，假定目标运行在一个椭圆轨道上，其轨道要素和 3.1 节中的仿真算例相同。同时，假定目标处于自由翻滚状态，其姿态翻滚运动可以通过修正罗德里格斯参数表示。在仿真过程中，假设目标的初始姿态和初始角速度 (rad/s) 分别为 $\boldsymbol{\sigma}_{\mathrm{t}}(0)=[0\ 0\ 0]^{\mathrm{T}}$ 和 $\boldsymbol{\omega}_{\mathrm{t}}(0)=[0.01\ 0.005\ \ -0.01]^{\mathrm{T}}$。同时，目标的转动惯量矩阵 $\boldsymbol{J}_{\mathrm{t}}$、跟踪航天器的质量 m_{c} 和转动惯量矩阵 $\boldsymbol{J}_{\mathrm{c}}$ 都和 3.1 节相同。此外，假设外界干扰力和干扰力矩也和 3.1 节相同。针对相对姿态运动系统，选取的有限时间预设性能函数为

$$\rho_{\tau}(t)=\begin{cases}\left(\rho_{\tau0}^{\frac{1}{2}}-\dfrac{1}{2}\upsilon_{\tau}t\right)^{2}+\rho_{\tau\infty}, & 0\leqslant t<T_{\tau}\\ \rho_{\tau\infty}, & t\geqslant T_{\tau}\end{cases} \tag{3.190}$$

其中，$\rho_{\tau0}$ 和 $\rho_{\tau\infty}$ 分别设为 $\rho_{\tau0}=0.5$ 和 $\rho_{\tau\infty}=0.005$；预设时间设为 $T_{\tau}=50\mathrm{s}$；υ_{τ} 的表达式为 $\upsilon_{\tau}=2\rho_{\tau0}^{1/2}/T_{\tau}$。同时，针对相对位置运动系统，选取的有限时间预设性能函数为

$$\rho_{\mathrm{f}}(t)=\begin{cases}\left(\rho_{\mathrm{f}0}^{\frac{1}{2}}-\dfrac{1}{2}\upsilon_{\mathrm{f}}t\right)^{2}+\rho_{\mathrm{f}\infty}, & 0\leqslant t<T_{\mathrm{f}}\\ \rho_{\mathrm{f}\infty}, & t\geqslant T_{\mathrm{f}}\end{cases} \tag{3.191}$$

其中，设 $\rho_{\mathrm{f}0}=25$，$\rho_{\mathrm{f}\infty}=0.1$；预设时间设为 $T_{\mathrm{f}}=80\mathrm{s}$，$\upsilon_{\mathrm{f}}$ 的表达式为 $\upsilon_{\mathrm{f}}=2\rho_{\mathrm{f}0}^{1/2}/T_{\mathrm{f}}$。

仿真过程中，相对姿态和相对角速度 (rad/s) 的初值分别设为 $\boldsymbol{\sigma}_{\mathrm{e}}(0)=[-0.3\ 0.2\ 0.3]^{\mathrm{T}}$ 和 $\boldsymbol{\omega}_{\mathrm{e}}(0)=[0.05\ \ -0.02\ \ -0.06]^{\mathrm{T}}$，相对位置 (m) 和相对线速度 (m/s) 的初值分别设为 $\boldsymbol{\rho}(0)=[18\ \ -8\ \ -17]^{\mathrm{T}}$ 和 $\boldsymbol{v}(0)=[0.2\ 0.4\ \ -0.2]^{\mathrm{T}}$。与此同时，线性高增益观测器的初值分别设为 $\boldsymbol{\pi}_1=\boldsymbol{\pi}_2=\boldsymbol{\pi}_3=\boldsymbol{\pi}_4=[0\ 0\ 0]^{\mathrm{T}}$，自适应律的初值设为 $\hat{\boldsymbol{W}}_{\tau}=\hat{\boldsymbol{W}}_{\mathrm{f}}=\boldsymbol{0}_3$。辅助系统的初值设为 $\boldsymbol{\psi}(0)=[10\ 10\ 10]^{\mathrm{T}}$ 和 $\boldsymbol{\phi}(0)=[1000\ 1000\ 1000]^{\mathrm{T}}$。控制参数设为 $k_1=100$，$k_2=1$，$k_3=5$，$\varrho_{\tau}=0.005$，$\alpha_{\tau}=1.5$，$\boldsymbol{\Gamma}_{\tau}=\boldsymbol{I}_3$，$\vartheta_{\tau}=5$，$k_4=1.6\times10^4$，$k_5=1$，$k_6=5$，$\varrho_{\mathrm{f}}=0.005$，$\alpha_{\mathrm{f}}=0.8$，$\boldsymbol{\Gamma}_{\mathrm{f}}=4\boldsymbol{I}_3$，$\vartheta_{\mathrm{f}}=5$。利用径向基函数神经网络对非线性项进行估计，隐藏层的单元个数统一设为 3，即 $m=3$。针对相对姿态运动系统，假设相对姿态和相对角速度

的分布区间分别为 $[-0.4, 0.4]$ 和 $[-0.2, 0.2]$，目标角速度及其导数的分布区间分别为 $[-0.2, 0.2]$ 和 $[-0.005, 0.005]$，因此假设高斯核函数的中心 $\boldsymbol{c}_i$ $(i=1,2,3)$ 平均分布在整个分布区间上，同时高斯径向基函数的带宽 η_i $(i=1,2,3)$ 统一设为 5。针对相对位置系统，假设相对位置和相对线速度的分布区间分别为 $[-15, 15]$ 和 $[-2, 2]$，因此高斯核函数的中心 $\boldsymbol{c}_i$ $(i=1,2,3)$ 平均分布在整个分布区间上，同时高斯径向基函数的带宽 η_i $(i=1,2,3)$ 统一设为 5。

仿真结果如图 3.45 ~ 图 3.53 所示。图 3.45 给出了在相对姿态控制律 (3.133) 作用下的相对姿态变化曲线，从图 3.45 可以看出，在整个自主安全交会对接过程

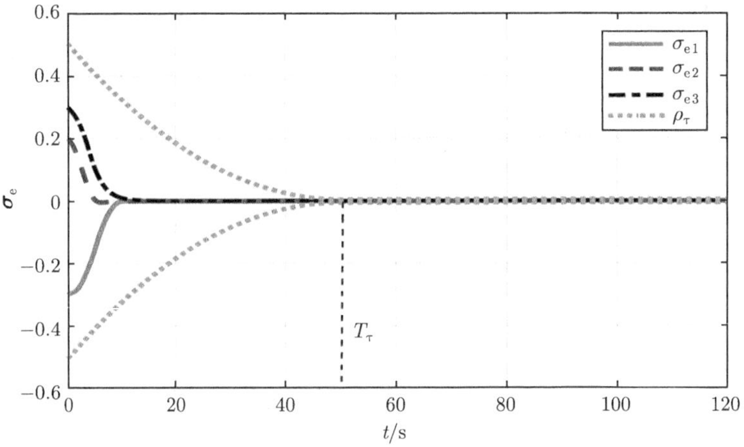

图 3.45 基于径向基函数神经网络的输出反馈自主安全交会对接相对姿态变化曲线

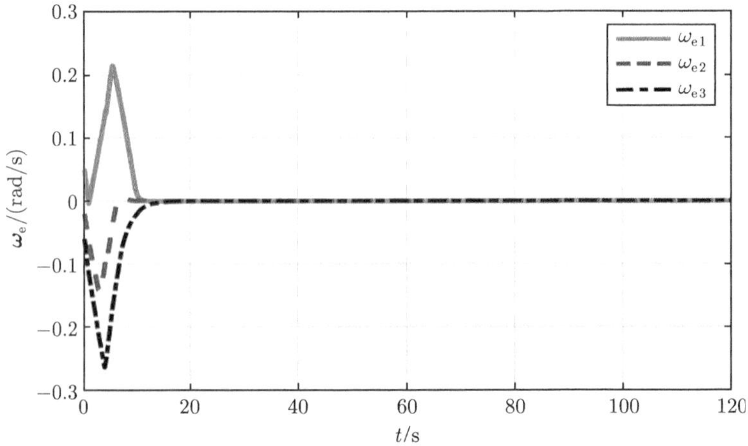

图 3.46 基于径向基函数神经网络的输出反馈自主安全交会对接相对角速度变化曲线

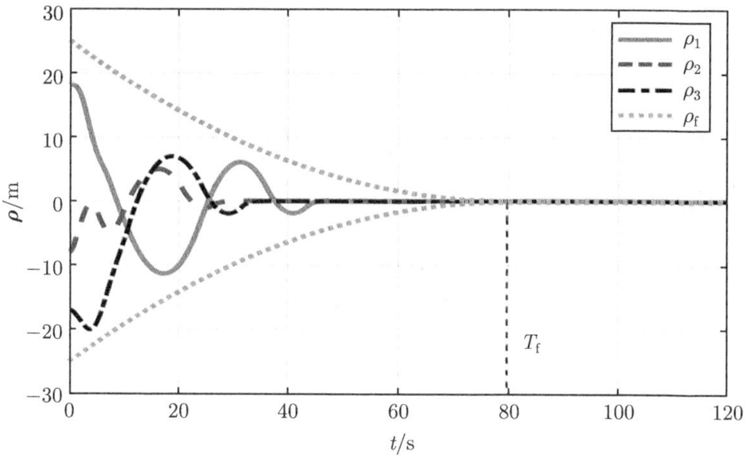

图 3.47　基于径向基函数神经网络的输出反馈自主安全交会对接相对位置变化曲线

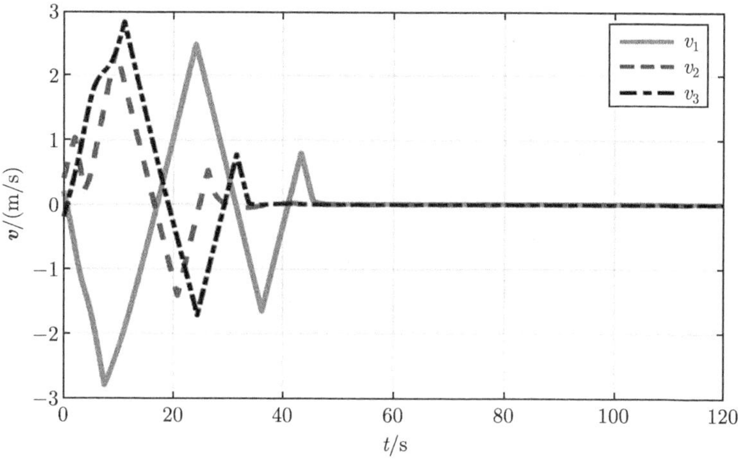

图 3.48　基于径向基函数神经网络的输出反馈自主安全交会对接相对线速度变化曲线

中，相对姿态始终处于预先设计的有限时间性能函数包络内。图 3.46 给出了在相对姿态控制律 (3.133) 作用下的相对角速度变化曲线，很明显，相对角速度在 20s 左右就收敛到原点附近的很小区间内。图 3.47 和图 3.48 分别给出了在相对位置控制律 (3.167) 作用下的相对位置和相对线速度变化曲线，从图 3.47 可以看出，在整个自主安全交会对接过程中相对位置始终处于预先设计的有限时间性能函数包络内，同时从图 3.48 可以看出，相对线速度在 60s 左右收敛到原点附近的很小区间内。根据图 3.45 ~ 图 3.48，基于所设计的输出反馈预设性能控制律，跟踪航天器能够完成对翻滚目标的姿态同步与位置跟踪，从而实现 6 自由度自主安全交会对接控制。与其他控制方法相比，本小节所设计的控制律能够保证跟踪航天器以预先设定的时间和性能实现对相对姿态和相对位置的精确控制。图 3.49 和图 3.50 分别给出了相对角速度和相对线速度的估计误差曲线，可以看出，本小节采用的线性高增益观测器能够以非常快的速度对相对角速度和相对线速度进行在线高精度估计。图 3.51 给出了自适应参数的估计值曲线，从中可以发现自适应参数始终保持有界，并且最终都收敛到原点附近的很小区间内。图 3.52 和图 3.53 分别给出了自主安全交会对接过程中的控制力矩和控制力变化曲线，可以看出，设计的控制律能够确保输入饱和约束在整个自主安全交会对接过程中始终得到满足。

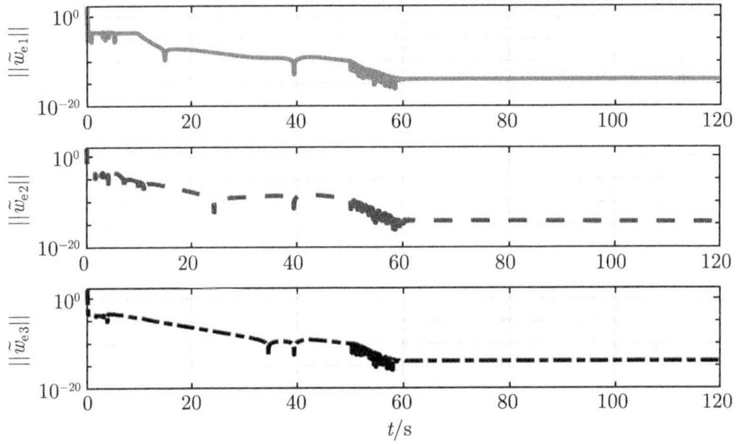

图 3.49　基于径向基函数神经网络的输出反馈自主安全交会对接相对角速度估计误差曲线

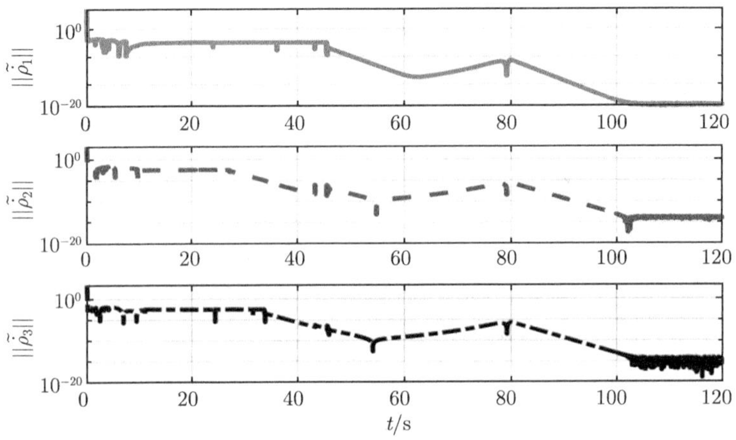

图 3.50　基于径向基函数神经网络的输出反馈自主安全交会对接相对线速度估计误差曲线

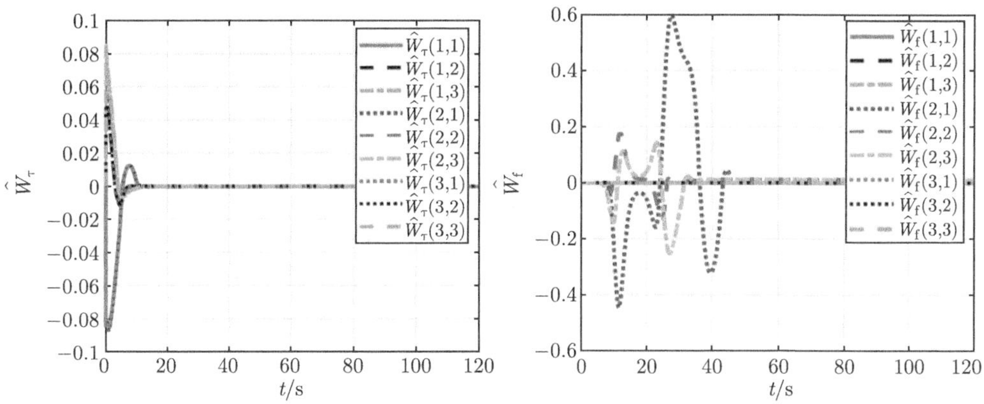

(a) 姿态控制自适应参数估计值　　(b) 位置控制自适应参数估计值

图 3.51　基于径向基函数神经网络的输出反馈自主安全交会对接自适应参数估计值变化曲线(后附彩图)

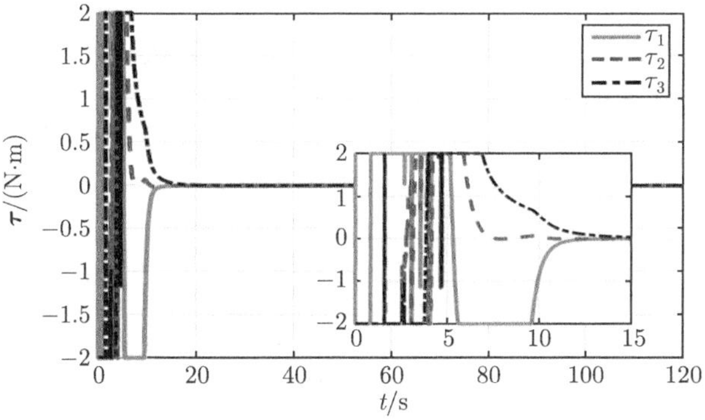

图 3.52　基于径向基函数神经网络的输出反馈自主安全交会对接控制力矩变化曲线

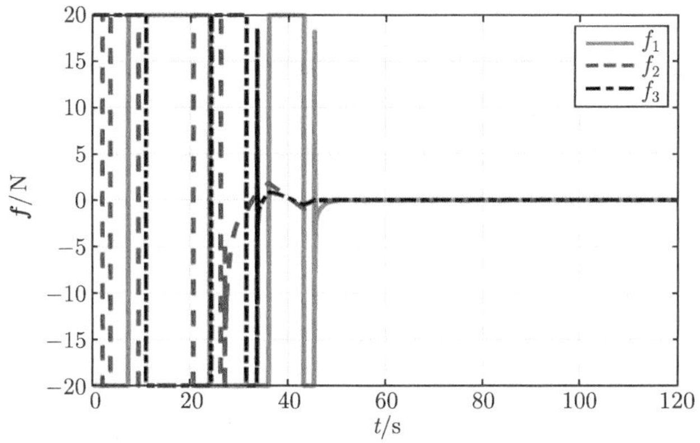

图 3.53　基于径向基函数神经网络的输出反馈自主安全交会对接控制力变化曲线

3.3 多约束条件下的自主安全交会对接控制

在近距离自主安全交会对接过程中，经常会出现多种不同形式的约束 (如输入饱和约束、碰撞规避约束、接近速度约束等)。这些约束按照作用形式通常可以分为两类，一类是与输入相关的约束 (如输入饱和约束)，另一类是与状态相关的约束 (如碰撞规避约束、接近速度约束等)。这些约束中有些是线性的，有些是非线性的，有些是静态的，有些是动态时变的，因此很难进行统一化分析与表征。当多种约束同时存在时，由于它们具有不同的作用机理和表征形式，对控制律的设计提出了极大的挑战。事实上，如何有效处理控制系统中多种不同形式的约束一直都是一个热点问题。此外，3.1 节和 3.2 节的研究中并没有考虑近距离自主安全交会对接过程中的性能指标 (如跟踪误差、燃料消耗等) 优化问题，因此所设计的控制律并不能实现某种性能指标的最优或次优。以燃料消耗为例，在近距离自主安全交会任务中，跟踪航天器携带的燃料总是有限，因此在接近过程中将燃料消耗作为指标进行优化有极为重要的意义。

针对上述分析，本节利用模型预测控制方法对多约束条件下的自主安全交会对接问题进行研究。与其他非线性控制方法 (如滑模控制、自适应控制、H_∞ 控制等) 相比，模型预测控制方法存在以下优势：① 模型预测控制方法能够有效处理控制系统中存在的多种与系统输入和状态相关的约束，适用于求解带约束的控制问题；② 模型预测控制方法能够对性能指标进行在线滚动优化，可以实现性能指标的最优或次优；③ 模型预测控制方法对模型要求不高、鲁棒性强，能够及时弥补并消除各类不确定性和外界干扰带来的影响[30,31]。因此，本节旨在借助模型预测控制方法，综合考虑多种约束条件，为跟踪航天器设计出一条鲁棒安全的自主交会对接轨迹。为了降低在线优化的复杂度，首先对自主安全交会过程中出现的各种约束进行建模与分析，并将它们统一转化为关于系统输入和状态的线性矩阵不等式约束。其次在模型预测控制方法的框架下，构建关于跟踪误差和燃料消耗的二次型性能指标函数，进而将原始的模型预测控制问题转化为一个滚动时域的二次规划问题。最后利用成熟的二次规划求解算法进行求解。

具体来讲，本节首先对研究问题进行阐述，包括对目标翻滚运动分析、约束分析、控制目标的描述。其次给出基于模型预测控制方法的自主安全交会对接控制算法的详细设计步骤。最后通过数值仿真验证所提控制算法的有效性。

3.3.1 问题描述

1. 相对运动模型

为了方便后续控制算法的设计，首先建立在目标当地轨道坐标系 $\mathcal{F}_\mathrm{o}$ 下表示的相对运动模型[32]：

$$\begin{cases}\ddot{x}-2\dot{\vartheta}\dot{y}-\ddot{\vartheta}y-\dot{\vartheta}^2x=-\dfrac{\mu\left(r_{\rm t}+x\right)}{\left[\left(r_{\rm t}+x\right)^2+y^2+z^2\right]^{\frac{3}{2}}}+\dfrac{\mu}{r_{\rm t}^2}+u_1\\ \ddot{y}+2\dot{\vartheta}\dot{x}+\ddot{\vartheta}x-\dot{\vartheta}^2y=-\dfrac{\mu y}{\left[\left(r_{\rm t}+x\right)^2+y^2+z^2\right]^{\frac{3}{2}}}+u_2\\ \ddot{z}=-\dfrac{\mu z}{\left[\left(r_{\rm t}+x\right)^2+y^2+z^2\right]^{\frac{3}{2}}}+u_3\end{cases}\tag{3.192}$$

其中，$[x\ y\ z]^{\rm T}\in\mathbf{R}^3$ 表示跟踪航天器相对于目标的位置矢量在目标航天器当地轨道坐标系 $\mathcal{F}_{\rm o}$ 中的投影；$[u_1\ u_2\ u_3]^{\rm T}\in\mathbf{R}^3$ 表示控制加速度；$r_{\rm t}\in\mathbf{R}$ 表示目标与地球质心之间的连线距离；$\vartheta\in\mathbf{R}$ 表示目标的轨道真近点角。由文献 [32] 可知，$r_{\rm t}$ 和 ϑ 表示目标的在轨运动情况，有

$$\begin{cases}\ddot{r}_{\rm t}=r_{\rm t}\dot{\vartheta}^2-\dfrac{\mu}{r_{\rm t}^2}\\ \ddot{\vartheta}=-2\dfrac{\dot{r}_{\rm t}}{r_{\rm t}}\dot{\vartheta}\end{cases}\tag{3.193}$$

在跟踪航天器近距离逼近目标的过程中，假设目标航天器在圆轨道或近圆轨道上运行，式 (3.192) 可以简化为如下形式的线性 Clohessy-Wiltshire 方程：

$$\begin{cases}\ddot{x}-2n\dot{y}-3n^2x=u_1\\ \ddot{y}+2n\dot{x}=u_2\\ \ddot{z}+n^2z=u_3\end{cases}\tag{3.194}$$

其中，$n=\sqrt{\mu/r_{\rm t}^3}$ 表示目标的轨道角速度。

式 (3.194) 可以进一步表示为如下的状态空间形式：

$$\begin{cases}\dot{\boldsymbol{X}}=\boldsymbol{AX}+\boldsymbol{BU}\\ \boldsymbol{Y}=\boldsymbol{CX}\end{cases}\tag{3.195}$$

其中，$\boldsymbol{X}=[x\ y\ z\ \dot{x}\ \dot{y}\ \dot{z}]^{\rm T}\in\mathbf{R}^6$ 表示系统的状态矢量；$\boldsymbol{U}=[u_1\ u_2\ u_3]^{\rm T}\in\mathbf{R}^3$ 表示控制输入矢量；$\boldsymbol{Y}=[x\ y\ z]^{\rm T}\in\mathbf{R}^3$ 表示系统的输出矢量；矩阵 $\boldsymbol{A}\in\mathbf{R}^{6\times6}$，$\boldsymbol{B}\in\mathbf{R}^{6\times3}$，$\boldsymbol{C}\in\mathbf{R}^{3\times6}$ 的表达式为

$$\boldsymbol{A}=\begin{bmatrix}0&0&0&1&0&0\\0&0&0&0&1&0\\0&0&0&0&0&1\\3n^2&0&0&0&2n&0\\0&0&0&-2n&0&0\\0&0&-n^2&0&0&0\end{bmatrix},\boldsymbol{B}=\begin{bmatrix}0&0&0\\0&0&0\\0&0&0\\1&0&0\\0&1&0\\0&0&1\end{bmatrix}\tag{3.196}$$

$$
\boldsymbol{C}=\left[\begin{array}{cccccc}1 & 0 & 0 & 0 & 0 & 0 \\ 0 & 1 & 0 & 0 & 0 & 0 \\ 0 & 0 & 1 & 0 & 0 & 0\end{array}\right] \tag{3.197}
$$

为了方便模型预测控制算法的设计，需要将式 (3.195) 进行离散化处理，离散后的表达式为

$$
\boldsymbol{X}(k+1)=\boldsymbol{A}_{\mathrm{d}} \boldsymbol{X}(k)+\boldsymbol{B}_{\mathrm{d}} \boldsymbol{U}(k) \tag{3.198}
$$

其中，$\boldsymbol{X}(k) \in \mathbf{R}^{6}$ 和 $\boldsymbol{U}(k) \in \mathbf{R}^{3}$ 分别表示第 k 步采样时刻的系统状态和控制输入；$\boldsymbol{A}_{\mathrm{d}} \in \mathbf{R}^{6 \times 6}$ 和 $\boldsymbol{B}_{\mathrm{d}} \in \mathbf{R}^{6 \times 3}$ 的表达式为

$$
\boldsymbol{A}_{\mathrm{d}}=\mathrm{e}^{\boldsymbol{A} T_{\mathrm{s}}}, \boldsymbol{B}_{\mathrm{d}}=\left(\int_{0}^{T_{\mathrm{s}}} \mathrm{e}^{\boldsymbol{A} \tau} \mathrm{d} \tau\right) \boldsymbol{B} \tag{3.199}
$$

其中，T_{s} 表示采样周期。

2. 目标翻滚运动分析

根据文献[1]，当目标处于自由翻滚运动状态时，其姿态翻滚运动通常可以表示为

$$
\boldsymbol{J}_{\mathrm{t}} \dot{\boldsymbol{\omega}}_{\mathrm{t}}=-S\left(\boldsymbol{\omega}_{\mathrm{t}}\right) \boldsymbol{J}_{\mathrm{t}} \boldsymbol{\omega}_{\mathrm{t}} \tag{3.200}
$$

其中，$\boldsymbol{J}_{\mathrm{t}} \in \mathbf{R}^{3 \times 3}$ 表示目标的转动惯量矩阵；$\boldsymbol{\omega}_{\mathrm{t}}=\left[\omega_{\mathrm{t} 1}\ \omega_{\mathrm{t} 2}\ \omega_{\mathrm{t} 3}\right] \in \mathbf{R}$ 表示目标相对于地心惯性坐标系的角速度。当目标本体坐标系 $\mathcal{F}_{\mathrm{t}}$ 的各个坐标轴都与通过目标质心的转动惯量主轴重合时，转动惯量矩阵可以简化为 $\boldsymbol{J}_{\mathrm{t}}=\operatorname{diag}\left(J_{\mathrm{t} 11}, J_{\mathrm{t} 22}, J_{\mathrm{t} 33}\right)$，此时非对角线元素都退化为零。这种情况下，式 (3.200) 可以转化为

$$
\left\{\begin{array}{l}\dot{\omega}_{\mathrm{t} 1}=\left[\left(J_{\mathrm{t} 22}-J_{\mathrm{t} 33}\right) / J_{\mathrm{t} 11}\right] \omega_{\mathrm{t} 2} \omega_{\mathrm{t} 3} \\ \dot{\omega}_{\mathrm{t} 2}=\left[\left(J_{\mathrm{t} 33}-J_{\mathrm{t} 11}\right) / J_{\mathrm{t} 22}\right] \omega_{\mathrm{t} 1} \omega_{\mathrm{t} 3} \\ \dot{\omega}_{\mathrm{t} 3}=\left[\left(J_{\mathrm{t} 11}-J_{\mathrm{t} 22}\right) / J_{\mathrm{t} 33}\right] \omega_{\mathrm{t} 1} \omega_{\mathrm{t} 2}\end{array}\right. \tag{3.201}
$$

由文献 [33] 可知，目前在轨运行的很多卫星具有轴对称特性。因此，从实际角度出发，假设目标航天器是一个轴对称的细长体，即 $J_{\mathrm{t} 22}=J_{\mathrm{t} 33}=J_{\text {const }}$ 且满足 $J_{\text {const }}>J_{\mathrm{t} 11}$。于是，式 (3.201) 可以进一步简化为

$$
\left\{\begin{array}{l}\dot{\omega}_{\mathrm{t} 1}=0 \\ \dot{\omega}_{\mathrm{t} 2}=\Omega_{\mathrm{n}} \omega_{\mathrm{t} 3} \\ \dot{\omega}_{\mathrm{t} 3}=-\Omega_{\mathrm{n}} \omega_{\mathrm{t} 2}\end{array}\right. \tag{3.202}
$$

其中，Ω_{n} 的表达式为 $\Omega_{\mathrm{n}}=\left(1-J_{\mathrm{t} 11} / J_{\text {const }}\right) \omega_{\mathrm{t} 1}$。这种情况下，目标航天器的角动量 $\boldsymbol{H} \in \mathbf{R}^{3}$、角速度 $\boldsymbol{\omega}_{\mathrm{t}}$ 和本体系 $O_{\mathrm{t}} \hat{i}_{\mathrm{t}}$ 轴始终处于同一平面内，并且它们之间

的夹角始终保持不变，如图 3.54 所示。不失一般性，假设角动量 $\boldsymbol{H}$ 与地心惯性坐标系 $O_\mathrm{i}\hat{i}_\mathrm{i}$ 轴重合，同时按照 1-3-1 欧拉角转动顺序 (ψ,θ,φ) 将地心惯性坐标系变换到目标本体坐标系。于是，由式 (3.202) 可得

$$\begin{cases} \dot{\varphi} = \omega_\mathrm{p} \\ \dot{\theta} = 0 \\ \dot{\psi} = \Omega_\mathrm{n} \end{cases} \tag{3.203}$$

其中，$\omega_\mathrm{p} = \|\boldsymbol{H}\|/J_\mathrm{const}$。根据式 (3.203)，可以得到目标姿态翻滚运动的解析表达式：

$$\begin{cases} \varphi = \varphi_0 + \omega_\mathrm{p} t \\ \theta = \arccos\left(\dfrac{J_{t11}\omega_{t1}}{\|\boldsymbol{H}\|}\right) \\ \psi = \psi_0 + \Omega_\mathrm{n} t \end{cases} \tag{3.204}$$

其中，φ_0 和 ψ_0 表示初始姿态角。于是，从地心惯性坐标系到目标本体坐标系的姿态旋转矩阵可以表示为

$$\boldsymbol{R}_\mathrm{i}^\mathrm{t} = \begin{bmatrix} 1 & 0 & 0 \\ 0 & \cos\psi & \sin\psi \\ 0 & -\sin\psi & \cos\psi \end{bmatrix} \begin{bmatrix} \cos\theta & \sin\theta & 0 \\ -\sin\theta & \cos\theta & 0 \\ 0 & 0 & 1 \end{bmatrix} \begin{bmatrix} 1 & 0 & 0 \\ 0 & \cos\varphi & \sin\varphi \\ 0 & -\sin\varphi & \cos\varphi \end{bmatrix} \tag{3.205}$$

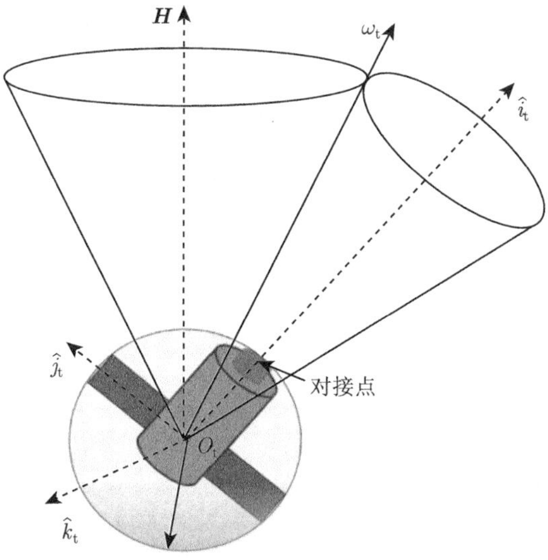

图 3.54　目标的翻滚运动示意图

3. 约束分析

本小节主要考虑近距离自主安全交会对接过程中普遍出现的三种约束，即输入饱和约束、碰撞规避约束和接近速度约束。首先对这三种约束进行建模分析，其次将它们统一转化为关于系统输入和系统状态的线性矩阵不等式约束。

1）输入饱和约束

实际空间操作中，跟踪航天器的执行器输入总是有界的，即存在输入饱和约束。根据现有文献，输入饱和约束通常表示为

$$\|\boldsymbol{U}\|_{\infty} \leqslant u_{\max} \tag{3.206}$$

其中，$u_{\max}$ 表示跟踪航天器所能提供的控制输入上界。

式 (3.206) 可以转化为如下形式的线性矩阵不等式约束：

$$\begin{bmatrix} \boldsymbol{I}_3 \\ -\boldsymbol{I}_3 \end{bmatrix} \boldsymbol{U} \leqslant \boldsymbol{U}_{\max} \tag{3.207}$$

其中，$\boldsymbol{U}_{\max} = [u_{\max} \ \cdots \ u_{\max}]^{\mathrm{T}} \in \mathbf{R}^6$。

2) 碰撞规避约束

为了确保整个自主安全交会对接过程的安全性，必须考虑跟踪航天器和翻滚目标之间的碰撞规避约束。根据文献[34]，处理碰撞规避约束的常用方法是在目标周围建立一个禁飞区，进而确保跟踪航天器在接近目标的过程中不要穿越禁飞区。一般来说，禁飞区的形状与翻滚目标的几何外形紧密相关，因此很难进行精准描述。因此，现有很多文献通常利用一些凸面体近似描述近距离自主安全交会对接过程中的禁飞区，如球体、椭球体、立方体等[34,35]。为了方便起见，本小节利用一个围绕目标的三维球体表示禁飞区，其表达式为

$$d = -\left(x^2 + y^2 + z^2\right) + r_{\mathrm{s}}^2 \leqslant 0 \tag{3.208}$$

其中，r_{s} 表示安全半径。

式 (3.208) 是一个二次型的非线性不等式约束，不利于后续模型预测控制方法的求解。因此，为了降低后续控制方法求解的复杂度，将式 (3.208) 在期望对接点 $\boldsymbol{\rho}_{\mathrm{d}} = [x_{\mathrm{d}} \ y_{\mathrm{d}} \ z_{\mathrm{d}}]^{\mathrm{T}} \in \mathbf{R}^3$ 处进行泰勒级数展开，其表达式为

$$\begin{aligned} d = {} & d|_{\boldsymbol{\rho}_{\mathrm{d}}} + \left.\frac{\partial d}{\partial x}\right|_{\boldsymbol{\rho}_{\mathrm{d}}} (x - x_{\mathrm{d}}) + \left.\frac{\partial d}{\partial y}\right|_{\boldsymbol{\rho}_{\mathrm{d}}} (y - y_{\mathrm{d}}) + \left.\frac{\partial d}{\partial z}\right|_{\boldsymbol{\rho}_{\mathrm{d}}} (z - z_{\mathrm{d}}) \\ & + \left.\frac{\partial^2 d}{\partial x^2}\right|_{\boldsymbol{\rho}_{\mathrm{d}}} (x - x_{\mathrm{d}})^2 + \left.\frac{\partial^2 d}{\partial y^2}\right|_{\boldsymbol{\rho}_{\mathrm{d}}} (y - y_{\mathrm{d}})^2 + \left.\frac{\partial^2 d}{\partial z^2}\right|_{\boldsymbol{\rho}_{\mathrm{d}}} (z - z_{\mathrm{d}})^2 \end{aligned} \tag{3.209}$$

根据式 (3.209),在不失有效性的前提下,将初始的非线性碰撞规避约束 (3.208) 近似转化为如下形式的线性不等式约束:

$$-[x_{\mathrm{d}}\ y_{\mathrm{d}}\ z_{\mathrm{d}}]\begin{bmatrix} x \\ y \\ z \end{bmatrix} \leqslant -r_{\mathrm{s}}^2 \tag{3.210}$$

注 3.9　本小节通过泰勒级数展开将原始的非线性不等式约束 (3.209) 近似转化为线性不等式约束 (3.210)。式 (3.210) 的物理意义是跟踪航天器在接近翻滚目标过程中始终处于过期望对接点 $\boldsymbol{\rho}_{\mathrm{d}}$ 切平面的一侧，如图 3.55 所示。同原始非线性碰撞规避约束相比，线性化后的约束在描述碰撞规避约束时保守性增强，但极大地降低了后续求解的复杂度。

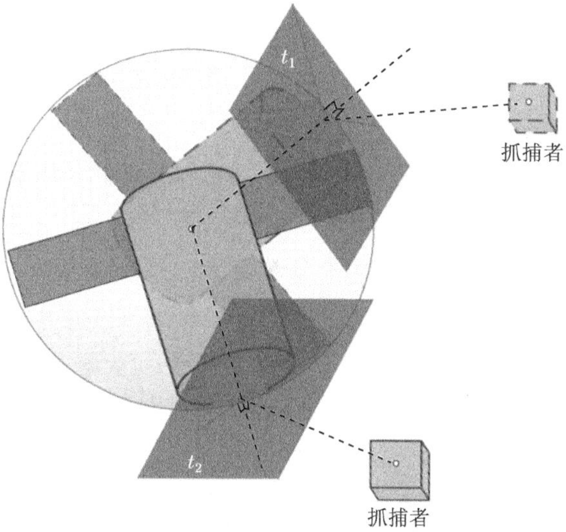

图 3.55　碰撞规避约束示意图

3) 接近速度约束

在近距离自主安全交会对接过程中，通常还需要对跟踪航天器的接近速度进行限制。这是由于当接近过程中出现某些突发情况 (如执行器故障、传感器失效等) 时，跟踪航天器需要采取一些应急措施，如迅速改变接近轨迹避免和目标发生碰撞。此时，如果接近速度过大，那么跟踪航天器来不及做出调整，从而可能导致与目标发生碰撞。接近速度约束通常可以表示为

$$\begin{cases} |\dot{x}| \leqslant \dot{x}_{\max} \\ |\dot{y}| \leqslant \dot{y}_{\max} \\ |\dot{z}| \leqslant \dot{z}_{\max} \end{cases} \tag{3.211}$$

其中，$\dot{x}_{\max}$、$\dot{y}_{\max}$ 和 $\dot{z}_{\max}$ 分别表示沿 $\{x, y, z\}$ 方向的最大允许速度。式 (3.174) 可以转化为如下形式的线性矩阵不等式：

$$\begin{bmatrix} \boldsymbol{I}_3 \\ -\boldsymbol{I}_3 \end{bmatrix} \begin{bmatrix} \dot{x} \\ \dot{y} \\ \dot{z} \end{bmatrix} \leqslant \boldsymbol{V}_{\max} \tag{3.212}$$

其中，$\boldsymbol{V}_{\max} \in \mathbf{R}^6$ 的表达式为 $\boldsymbol{V}_{\max} = [\dot{x}_{\max}\ \dot{y}_{\max}\ \dot{z}_{\max}\ \dot{x}_{\max}\ \dot{y}_{\max}\ \dot{z}_{\max}]^{\mathrm{T}}$。

基于上述分析，本小节的控制目标是设计一种基于模型预测控制方法的自主安全交会对接控制算法，从而使跟踪航天器能够在满足上述三种约束的条件下以期望对接速度实现对期望对接点的跟踪。根据文献[36]和[37]，期望对接点和期望对接速度可以表示为

$$\boldsymbol{\rho}_{\mathrm{d}} = \boldsymbol{R}_{\mathrm{t}}^{\mathrm{o}} \boldsymbol{r}_{\mathrm{d}} \tag{3.213}$$

$$\boldsymbol{v}_{\mathrm{d}} = (\boldsymbol{R}_{\mathrm{t}}^{\mathrm{o}} \boldsymbol{\omega}_{\mathrm{t}} - \boldsymbol{\omega}_{\mathrm{o}})\, \boldsymbol{S}\, (\boldsymbol{R}_{\mathrm{t}}^{\mathrm{o}} \boldsymbol{r}_{\mathrm{d}}) \tag{3.214}$$

其中，$\boldsymbol{r}_{\mathrm{d}} \in \mathbf{R}^3$ 表示期望对接点在目标航天器本体坐标系 $\mathcal{F}_{\mathrm{t}}$ 中的投影；$\boldsymbol{\omega}_{\mathrm{o}} \in \mathbf{R}^3$ 的表达式为 $\boldsymbol{\omega}_{\mathrm{o}} = [0\ 0\ n_{\mathrm{t}}]^{\mathrm{T}}$；$\boldsymbol{R}_{\mathrm{t}}^{\mathrm{o}} \in \mathbf{R}^{3\times 3}$ 表示由目标航天器本体坐标系 $\mathcal{F}_{\mathrm{t}}$ 到目标航天器当地轨道坐标系 $\mathcal{F}_{\mathrm{o}}$ 的姿态旋转矩阵。

3.3.2　基于模型预测控制方法的自主安全交会对接控制

模型预测控制是一种有限时域的滚动优化控制方法，基本原理如图 3.56 所示。模型预测控制方法主要包括以下三部分[38,39]：① 预测模型。预测模型的作用在于能够根据系统当前的状态测量信息对系统未来的动态进行预测；② 滚动优化。传统的最优控制理论只需进行一次全局优化，而模型预测控制则需要在每一个采样时刻都进行一次有限时域优化，即有限时域滚动优化；③ 反馈校正。在得到下一个控制时域内的控制序列后，只需将第一个控制量作用于系统。然后

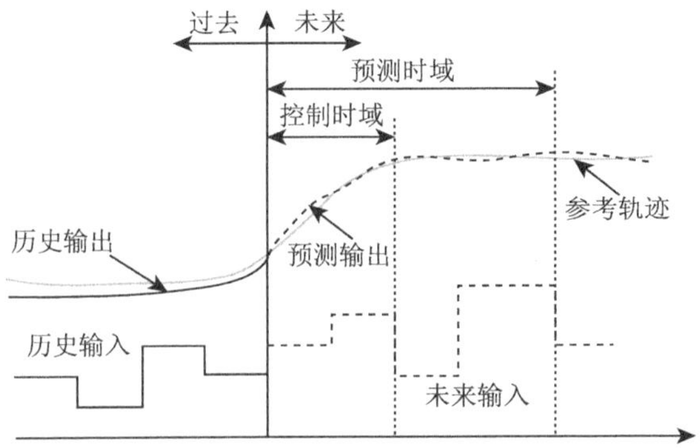

图 3.56　模型预测控制方法的基本原理示意图

在下一时刻，根据系统当前的实际输出重新进行预测和优化，可以有效抑制模型不确定性和外界干扰的影响。

1. 状态与输出预测

令 $\boldsymbol{X}(k+m|k)\in\mathbf{R}^6$ 和 $\boldsymbol{U}(k+m|k)\in\mathbf{R}^3$ 分别表示在第 k 个时刻对未来第 $(k+m)$ 个时刻系统状态和控制输入的预测。在此基础上，定义如下变量集合：

$$\boldsymbol{X}_{\mathrm{s}}(k)=\left[\boldsymbol{X}^{\mathrm{T}}(k+1|k)\ \boldsymbol{X}^{\mathrm{T}}(k+2|k)\ \cdots\ \boldsymbol{X}^{\mathrm{T}}(k+N_{\mathrm{p}}|k)\right]^{\mathrm{T}}\in\mathbf{R}^{6N_{\mathrm{p}}} \tag{3.215}$$

$$\boldsymbol{U}_{\mathrm{s}}(k)=\left[\boldsymbol{U}^{\mathrm{T}}(k|k)\ \boldsymbol{U}^{\mathrm{T}}(k+1|k)\ \cdots\ \boldsymbol{U}^{\mathrm{T}}(k+N_{\mathrm{c}}-1|k)\right]^{\mathrm{T}}\in\mathbf{R}^{3N_{\mathrm{c}}} \tag{3.216}$$

$$\boldsymbol{Y}_{\mathrm{s}}(k)=\left[\boldsymbol{Y}^{\mathrm{T}}(k+1|k)\ \boldsymbol{Y}^{\mathrm{T}}(k+2|k)\ \cdots\ \boldsymbol{Y}^{\mathrm{T}}(k+N_{\mathrm{p}}|k)\right]^{\mathrm{T}}\in\mathbf{R}^{3N_{\mathrm{p}}} \tag{3.217}$$

其中，N_{p} 表示状态预测步长；N_{c} 表示输入预测步长，且满足 $N_{\mathrm{c}}\leqslant N_{\mathrm{p}}$。

根据式 (3.198) 可得

$$\begin{aligned}
&\boldsymbol{X}(k+1|k)=\boldsymbol{A}_{\mathrm{d}}\boldsymbol{X}(k)+\boldsymbol{B}_{\mathrm{d}}\boldsymbol{U}(k)\\
&\boldsymbol{X}(k+2|k)=\boldsymbol{A}_{\mathrm{d}}^2\boldsymbol{X}(k)+\boldsymbol{A}_{\mathrm{d}}\boldsymbol{B}_{\mathrm{d}}\boldsymbol{U}(k)+\boldsymbol{B}_{\mathrm{d}}\boldsymbol{U}(k+1|k)\\
&\boldsymbol{X}(k+3|k)=\boldsymbol{A}_{\mathrm{d}}^3\boldsymbol{X}(k)+\boldsymbol{A}_{\mathrm{d}}^2\boldsymbol{B}_{\mathrm{d}}\boldsymbol{U}(k)+\boldsymbol{A}_{\mathrm{d}}\boldsymbol{B}_{\mathrm{d}}\boldsymbol{U}(k+1|k)+\boldsymbol{B}_{\mathrm{d}}\boldsymbol{U}(k+2|k)\\
&\qquad\qquad\vdots\\
&\boldsymbol{X}(k+N_{\mathrm{p}}|k)=\boldsymbol{A}_{\mathrm{d}}^{N_{\mathrm{p}}}\boldsymbol{X}(k)+\boldsymbol{A}_{\mathrm{d}}^{N_{\mathrm{p}}-1}\boldsymbol{B}_{\mathrm{d}}\boldsymbol{U}(k)+\boldsymbol{A}_{\mathrm{d}}^{N_{\mathrm{p}}-N_{\mathrm{c}}}\boldsymbol{B}_{\mathrm{d}}\boldsymbol{U}(k+N_{\mathrm{c}}-1|k)
\end{aligned} \tag{3.218}$$

式 (3.218) 也可写为

$$\boldsymbol{X}_{\mathrm{s}}(k)=\boldsymbol{A}_{\mathrm{s}}\boldsymbol{X}(k)+\boldsymbol{B}_{\mathrm{s}}\boldsymbol{U}_{\mathrm{s}}(k) \tag{3.219}$$

$$\boldsymbol{Y}_{\mathrm{s}}(k)=\boldsymbol{C}_{\mathrm{s}}\boldsymbol{X}_{\mathrm{s}}(k) \tag{3.220}$$

其中，$\boldsymbol{A}_{\mathrm{s}}\in\mathbf{R}^{6N_{\mathrm{p}}\times 6}$，$\boldsymbol{B}_{\mathrm{s}}\in\mathbf{R}^{6N_{\mathrm{p}}\times 3N_{\mathrm{c}}}$ 和 $\boldsymbol{C}_{\mathrm{s}}\in\mathbf{R}^{3N_{\mathrm{p}}\times 6N_{\mathrm{p}}}$ 的表达式如下：

$$\boldsymbol{A}_{\mathrm{s}}=\begin{bmatrix}\boldsymbol{A}_{\mathrm{d}}\\ \boldsymbol{A}_{\mathrm{d}}^2\\ \boldsymbol{A}_{\mathrm{d}}^3\\ \vdots\\ \boldsymbol{A}_{\mathrm{d}}^{N_{\mathrm{p}}}\end{bmatrix},\quad \boldsymbol{B}_{\mathrm{s}}=\begin{bmatrix}\boldsymbol{B}_{\mathrm{d}} & 0 & 0 & \cdots & 0\\ \boldsymbol{A}_{\mathrm{d}}\boldsymbol{B}_{\mathrm{d}} & \boldsymbol{B}_{\mathrm{d}} & 0 & \cdots & 0\\ \boldsymbol{A}_{\mathrm{d}}^2\boldsymbol{B}_{\mathrm{d}} & \boldsymbol{A}_{\mathrm{d}}\boldsymbol{B}_{\mathrm{d}} & \boldsymbol{B}_{\mathrm{d}} & \cdots & 0\\ \vdots & \vdots & \vdots & & \vdots\\ \boldsymbol{A}_{\mathrm{d}}^{N_{\mathrm{p}}-1}\boldsymbol{B}_{\mathrm{d}} & \boldsymbol{A}_{\mathrm{d}}^{N_{\mathrm{p}}-2}\boldsymbol{B}_{\mathrm{d}} & \boldsymbol{A}_{\mathrm{d}}^{N_{\mathrm{p}}-3}\boldsymbol{B}_{\mathrm{d}} & \cdots & \boldsymbol{A}_{\mathrm{d}}^{N_{\mathrm{p}}-N_{\mathrm{c}}}\boldsymbol{B}_{\mathrm{d}}\end{bmatrix} \tag{3.221}$$

$$\boldsymbol{C}_{\mathrm{s}}=\boldsymbol{I}_{N_{\mathrm{p}}}\otimes\boldsymbol{C} \tag{3.222}$$

其中，$\otimes$ 表示克罗内克积运算。

2. 性能指标函数

本小节的首要目标是控制跟踪航天器实现对期望对接点的跟踪，因此所设计的性能指标函数中必须包含关于跟踪误差的正定项。同时，为了减小接近过程中的燃料消耗，性能指标函数还应该包含关于控制输入的正定项。基于上述分析，选取如下形式的二次型性能指标函数：

$$\begin{aligned}\Gamma(k)=&\sum_{i=1}^{N_{\mathrm{p}}}\left[\boldsymbol{Y}(k+i|k)-\boldsymbol{\rho}_{\mathrm{d}}(k+i|k)\right]^{\mathrm{T}}\boldsymbol{Q}_i\left[\boldsymbol{Y}(k+i|k)-\boldsymbol{\rho}_{\mathrm{d}}(k+i|k)\right]\\&+\sum_{j=0}^{N_{\mathrm{c}}-1}\boldsymbol{U}^{\mathrm{T}}(k+i)\boldsymbol{R}_j\boldsymbol{U}(k+i)\end{aligned}\tag{3.223}$$

其中，$\boldsymbol{Q}_i\in\mathbf{R}^{3\times 3}$ $(i=1,2,\cdots,N_{\mathrm{p}})$ 表示正定状态权重矩阵；$\boldsymbol{R}_j\in\mathbf{R}^{3\times 3}$ $(j=0,1,\cdots,N_{\mathrm{c}}-1)$ 表示正定控制权重矩阵。

根据式 (3.219) 和式 (3.220)，式 (3.223) 可以进一步转化为

$$\begin{aligned}&\Gamma(k)\\=&\left[\boldsymbol{Y}_{\mathrm{s}}(k)-\bar{\boldsymbol{\rho}}_{\mathrm{d}}(k)\right]^{\mathrm{T}}\boldsymbol{Q}\left[\boldsymbol{Y}_{\mathrm{s}}(k)-\bar{\boldsymbol{\rho}}_{\mathrm{d}}(k)\right]+\boldsymbol{U}_{\mathrm{s}}(k)^{\mathrm{T}}\boldsymbol{R}\boldsymbol{U}_{\mathrm{s}}(k)\\=&\left[\boldsymbol{C}_{\mathrm{s}}\boldsymbol{A}_{\mathrm{s}}\boldsymbol{X}(k)+\boldsymbol{C}_{\mathrm{s}}\boldsymbol{B}_{\mathrm{s}}\boldsymbol{U}_{\mathrm{s}}(k)-\bar{\boldsymbol{\rho}}_{\mathrm{d}}(k)\right]^{\mathrm{T}}\boldsymbol{Q}\left[\boldsymbol{C}_{\mathrm{s}}\boldsymbol{A}_{\mathrm{s}}\boldsymbol{X}(k)+\boldsymbol{C}_{\mathrm{s}}\boldsymbol{B}_{\mathrm{s}}\boldsymbol{U}_{\mathrm{s}}(k)-\bar{\boldsymbol{\rho}}_{\mathrm{d}}(k)\right]\\&+\boldsymbol{U}_{\mathrm{s}}(k)^{\mathrm{T}}\boldsymbol{R}\boldsymbol{U}_{\mathrm{s}}(k)\end{aligned}\tag{3.224}$$

其中，$\boldsymbol{Q}=\operatorname{diag}\left(Q_1,Q_2,\cdots,Q_{N_{\mathrm{p}}}\right)\in\mathbf{R}^{3N_{\mathrm{p}}\times 3N_{\mathrm{p}}}$，$\boldsymbol{R}=\operatorname{diag}\left(R_0,R_1,\cdots,R_{N_{\mathrm{c}}-1}\right)\in\mathbf{R}^{3N_{\mathrm{c}}\times 3N_{\mathrm{c}}}$；$\bar{\boldsymbol{\rho}}_{\mathrm{d}}(k)\in\mathbf{R}^{3N_{\mathrm{p}}}$ 的表达式为

$$\bar{\boldsymbol{\rho}}_{\mathrm{d}}(k)=\left[\boldsymbol{\rho}_{\mathrm{d}}^{\mathrm{T}}(k+1)\ \boldsymbol{\rho}_{\mathrm{d}}^{\mathrm{T}}(k+2)\ \cdots\ \boldsymbol{\rho}_{\mathrm{d}}^{\mathrm{T}}(k+N_{\mathrm{p}})\right]^{\mathrm{T}}\tag{3.225}$$

定义如下的辅助变量：

$$\boldsymbol{M}(k)=\boldsymbol{C}_{\mathrm{s}}\boldsymbol{A}_{\mathrm{s}}\boldsymbol{X}(k)-\bar{\boldsymbol{\rho}}_{\mathrm{d}}(k)\tag{3.226}$$

将式 (3.226) 代入式 (3.225)，可得

$$\begin{aligned}\Gamma(k)=&\left[\boldsymbol{M}(k)+\boldsymbol{C}_{\mathrm{s}}\boldsymbol{B}_{\mathrm{s}}\boldsymbol{U}_{\mathrm{s}}(k)\right]^{\mathrm{T}}\boldsymbol{Q}\left[\boldsymbol{M}(k)+\boldsymbol{C}_{\mathrm{s}}\boldsymbol{B}_{\mathrm{s}}\boldsymbol{U}_{\mathrm{s}}(k)\right]\\&+\boldsymbol{U}_{\mathrm{s}}(k)^{\mathrm{T}}\boldsymbol{R}\boldsymbol{U}_{\mathrm{s}}(k)\\=&\ \mathrm{const}+2\boldsymbol{M}_{\mathrm{s}}^{\mathrm{T}}(k)\boldsymbol{Q}\boldsymbol{C}_{\mathrm{s}}\boldsymbol{B}_{\mathrm{s}}\boldsymbol{U}_{\mathrm{s}}(k)+\boldsymbol{U}_{\mathrm{s}}^{\mathrm{T}}(k)\boldsymbol{W}\boldsymbol{U}_{\mathrm{s}}(k)\end{aligned}\tag{3.227}$$

其中，$\mathrm{const}=\boldsymbol{M}(k)^{\mathrm{T}}\boldsymbol{Q}\boldsymbol{M}(k)$，$\boldsymbol{W}=\boldsymbol{B}_{\mathrm{s}}^{\mathrm{T}}\boldsymbol{C}_{\mathrm{s}}^{\mathrm{T}}\boldsymbol{Q}\boldsymbol{C}_{\mathrm{s}}\boldsymbol{B}_{\mathrm{s}}+\boldsymbol{R}$。

3. 线性不等式约束

为了方便后续控制算法的求解，本小节将对上述三种约束进行统一化表征。在输入预测时域内，式 (3.207) 表示的输入饱和约束可以转化为如下形式的线性矩阵不等式约束：

$$\begin{bmatrix} \boldsymbol{I}_{3N_\mathrm{c}} \\ -\boldsymbol{I}_{3N_\mathrm{c}} \end{bmatrix} \boldsymbol{U}_\mathrm{s}(k) \leqslant \bar{\boldsymbol{U}} \tag{3.228}$$

其中，$\bar{\boldsymbol{U}} = [u_{\max} \ \cdots \ u_{\max}]^\mathrm{T} \in \mathbf{R}^{6N_\mathrm{c}}$。

在状态预测时域内，式 (3.210) 表示的碰撞规避约束可以转化为如下形式的线性矩阵不等式约束：

$$\boldsymbol{A}_\mathrm{cac}\boldsymbol{Y}_\mathrm{s}(k) \leqslant \boldsymbol{B}_\mathrm{cac} \tag{3.229}$$

其中，$\boldsymbol{A}_\mathrm{cac} \in \mathbf{R}^{N_\mathrm{p}\times 3N_\mathrm{p}}$ 和 $\boldsymbol{B}_\mathrm{cac} \in \mathbf{R}^{N_\mathrm{p}}$ 的表达式为

$$\boldsymbol{A}_\mathrm{cac} = -\begin{bmatrix} \boldsymbol{\rho}_\mathrm{d}^\mathrm{T}(k+1) & & & \\ & \boldsymbol{\rho}_\mathrm{d}^\mathrm{T}(k+2) & & \\ & & \ddots & \\ & & & \boldsymbol{\rho}_\mathrm{d}^\mathrm{T}(k+N_\mathrm{p}) \end{bmatrix} \tag{3.230}$$

$$\boldsymbol{B}_\mathrm{cac} = \begin{bmatrix} -r_\mathrm{s}^2 & -r_\mathrm{s}^2 & \cdots & -r_\mathrm{s}^2 \end{bmatrix}^\mathrm{T} \tag{3.231}$$

将式 (3.219) 和式 (3.220) 代入式 (3.229)，可得

$$\boldsymbol{A}_\mathrm{cac}\left[\boldsymbol{C}_\mathrm{s}\boldsymbol{A}_\mathrm{s}\boldsymbol{X}(k) + \boldsymbol{C}_\mathrm{s}\boldsymbol{B}_\mathrm{s}\boldsymbol{U}_\mathrm{s}(k)\right] \leqslant \boldsymbol{B}_\mathrm{cac} \tag{3.232}$$

由式 (3.232) 可得

$$\boldsymbol{A}_\mathrm{cac}\boldsymbol{C}_\mathrm{s}\boldsymbol{B}_\mathrm{s}\boldsymbol{U}_\mathrm{s}(k) \leqslant \boldsymbol{B}_\mathrm{cac} - \boldsymbol{A}_\mathrm{cac}\boldsymbol{C}_\mathrm{s}\boldsymbol{A}_\mathrm{s}\boldsymbol{X}(k) \tag{3.233}$$

在状态预测时域内，式 (3.212) 表示的接近速度约束可以转化为如下形式的线性矩阵不等式约束：

$$\boldsymbol{D}_\mathrm{s}\boldsymbol{X}_\mathrm{s}(k) \leqslant \bar{\boldsymbol{V}}_{\max} \tag{3.234}$$

其中，$\boldsymbol{D}_\mathrm{s} \in \mathbf{R}^{6N_\mathrm{p}\times 6N_\mathrm{p}}$ 和 $\bar{\boldsymbol{V}}_{\max} \in \mathbf{R}^{6N_\mathrm{p}}$ 的表达式为

$$\boldsymbol{D}_\mathrm{s} = \begin{bmatrix} \boldsymbol{TD} & & & \\ & \boldsymbol{TD} & & \\ & & \ddots & \\ & & & \boldsymbol{TD} \end{bmatrix}, \quad \bar{\boldsymbol{V}}_{\max} = \begin{bmatrix} V_{\max} \\ V_{\max} \\ \vdots \\ V_{\max} \end{bmatrix} \tag{3.235}$$

$$\boldsymbol{T}=\begin{bmatrix}\boldsymbol{I}_3\\-\boldsymbol{I}_3\end{bmatrix},\quad \boldsymbol{D}=\begin{bmatrix}0&0&0&1&0&0\\0&0&0&0&1&0\\0&0&0&0&0&1\end{bmatrix} \tag{3.236}$$

将式 (3.219) 代入式 (3.234)，可得

$$\boldsymbol{D}_{\mathrm{s}}\left[\boldsymbol{A}_{\mathrm{s}}\boldsymbol{X}(k)+\boldsymbol{B}_{\mathrm{s}}\boldsymbol{U}_{\mathrm{s}}(k)\right]\leqslant\bar{\boldsymbol{V}}_{\max} \tag{3.237}$$

由式 (3.237) 可得

$$\boldsymbol{D}_{\mathrm{s}}\boldsymbol{B}_{\mathrm{s}}\boldsymbol{U}_{\mathrm{s}}(k)\leqslant\bar{\boldsymbol{V}}_{\max}-\boldsymbol{D}_{\mathrm{s}}\boldsymbol{A}_{\mathrm{s}}\boldsymbol{X}(k) \tag{3.238}$$

于是，式 (3.228)、式 (3.234) 和式 (3.238) 可以统一表示为如下形式的线性矩阵不等式：

$$\boldsymbol{G}\boldsymbol{U}_{\mathrm{s}}(k)\leqslant\boldsymbol{\varPi} \tag{3.239}$$

其中，$\boldsymbol{G}\in\mathbf{R}^{13N_{\mathrm{p}}\times3N_{\mathrm{c}}}$ 和 $\boldsymbol{\varPi}\in\mathbf{R}^{13N_{\mathrm{p}}}$ 的表达式分别为

$$\boldsymbol{G}=\begin{bmatrix}\boldsymbol{I}_{3N_{\mathrm{c}}}\\-\boldsymbol{I}_{3N_{\mathrm{c}}}\\\boldsymbol{A}_{\mathrm{cac}}\boldsymbol{C}_{\mathrm{s}}\boldsymbol{B}_{\mathrm{s}}\\\boldsymbol{D}_{\mathrm{s}}\boldsymbol{B}_{\mathrm{s}}\end{bmatrix},\quad \boldsymbol{\varPi}=\begin{bmatrix}\bar{\boldsymbol{U}}\\\boldsymbol{B}_{\mathrm{cac}}-\boldsymbol{A}_{\mathrm{cac}}\boldsymbol{C}_{\mathrm{s}}\boldsymbol{A}_{\mathrm{s}}\boldsymbol{X}(k)\\\bar{\boldsymbol{V}}_{\max}-\boldsymbol{D}_{\mathrm{s}}\boldsymbol{A}_{\mathrm{s}}\boldsymbol{X}(k)\end{bmatrix} \tag{3.240}$$

基于上述分析，原始的模型预测控制问题可表示为如下形式的有限时域优化问题：

$$\begin{aligned}&\min_{\boldsymbol{U}_{\mathrm{s}}(k)}\varGamma(k)=\mathrm{const}+2\boldsymbol{M}_{\mathrm{s}}^{\mathrm{T}}(k)\boldsymbol{Q}\boldsymbol{C}_{\mathrm{s}}\boldsymbol{B}_{\mathrm{s}}\boldsymbol{U}_{\mathrm{s}}(k)+\boldsymbol{U}_{\mathrm{s}}^{\mathrm{T}}(k)\boldsymbol{W}\boldsymbol{U}_{\mathrm{s}}(k)\\&\mathrm{s.t.}\\&\begin{cases}\boldsymbol{X}_{\mathrm{s}}(k)=\boldsymbol{A}_{\mathrm{s}}\boldsymbol{X}(k)+\boldsymbol{B}_{\mathrm{s}}\boldsymbol{U}_{\mathrm{s}}(k)\\\boldsymbol{Y}_{\mathrm{s}}(k)=\boldsymbol{C}_{\mathrm{s}}\boldsymbol{X}_{\mathrm{s}}(k)\\\boldsymbol{G}\boldsymbol{U}_{\mathrm{s}}(k)\leqslant\boldsymbol{\varPi}\end{cases}\end{aligned} \tag{3.241}$$

式 (3.241) 是一个典型的二次规划问题。针对二次规划问题，目前已经形成了一些成熟有效的求解算法，如拉格朗日法、内点法等。因此，式 (3.241) 可以很方便地利用已有的算法进行求解，求解得到最优的控制序列 $\boldsymbol{U}_{\mathrm{s}}(k)$ 后，只将第一个控制输入作用于控制系统。在下一时刻根据系统的实际输出重新求解式 (3.241) 表示的二次规划问题，进而形成有限时域滚动优化。控制算法结构图如图 3.57 所示。

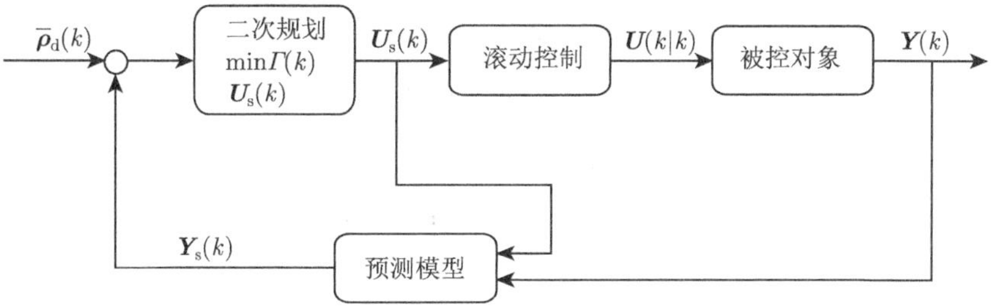

图 3.57　控制算法结构图

3.3.3　仿真验证

本小节通过三组仿真算例验证所设计的控制算法的有效性。算例一假定在整个自主安全交会对接过程中目标处于静止状态，并针对该情况进行仿真验证。算例二假设在交会对接过程中目标处于自由翻滚状态，并针对该情况进行仿真验证。算例三考虑非线性相对运动模型、外界干扰和测量误差的影响，对所设计控制算法的鲁棒性进行仿真验证。仿真中，目标的轨道参数和初始姿态如表 3.2 所示。假定采样周期 T_s 为 0.1s，状态预测时域 N_p 设为 30，输入预测时域 N_c 设为 10。相对位置 (m) 和相对线速度 (m/s) 的初值分别设为 $[15\ 10\ \ -8]^T$ 和 $[0\ 0\ 0]^T$。同时，跟踪航天器能提供最大控制输入设为 $u_{\max} = 0.25\text{m/s}^2$。最大允许接近速度 $\dot{x}_{\max} = \dot{y}_{\max} = \dot{z}_{\max} = 0.5\text{m/s}$。状态权重矩阵和控制权重矩阵分别设为 $\boldsymbol{Q} = 5\boldsymbol{I}_{3N_p}$ 和 $\boldsymbol{R} = \boldsymbol{I}_{3N_c}$。

表 3.2　目标的轨道参数和初始姿态

轨道要素	取值
半长轴/km	7178
偏心率	0.002
轨道倾角/(°)	60
转动惯量/(kg·m²)	diag(60, 100, 100)
安全半径/m	1
初始角/(°)	0
升交点赤经/(°)	30
近地点幅角/(°)	0
真近点角/(°)	0
对接点/m	$[1\ 0\ 0]^T$
章动角/(°)	60
初始角/(°)	0

1. 自主接近静止目标

假设跟踪航天器在近距离接近目标的过程中目标始终处于静止状态，即角动量 $\boldsymbol{H}$ 等于零。仿真结果如图 3.58 ~ 图 3.62 所示。图 3.58 给出了自主安全交会对接过程中位置跟踪误差的变化曲线，图 3.59 给出了自主安全交会对接过程中速度跟踪误差的变化曲线，从中可以看出，位置跟踪误差和速度跟踪误差在 35s 左右都收敛到原点，意味着跟踪航天器实现了对期望对接点的跟踪。图 3.60 给出了相对线速度的变化曲线，从中可以看出，跟踪航天器在整个自主安全交会对接过程中始终满足接近速度约束，进一步分析可知，接近速度在 35s 后趋向于零，这是由于目标处于静止状态，期望速度也近似为零。图 3.61 给出了自主安全交会对接过程中跟踪航天器和目标之间的相对距离的变化曲线，可以看出，跟踪航天器和目标之间始终保持足够的安全距离，因此在整个自主安全交会对接过程中两者不会发生碰撞。图 3.62 给出了自主安全交会对接过程中控制输入的变化曲线，可以看出，预先设定的输入饱和约束在整个接近过程中始终满足。进一步分析图 3.62 可知，控制输入分别在 18s、20s 和 30s 左右出现了三次剧烈波动。这是由于在这

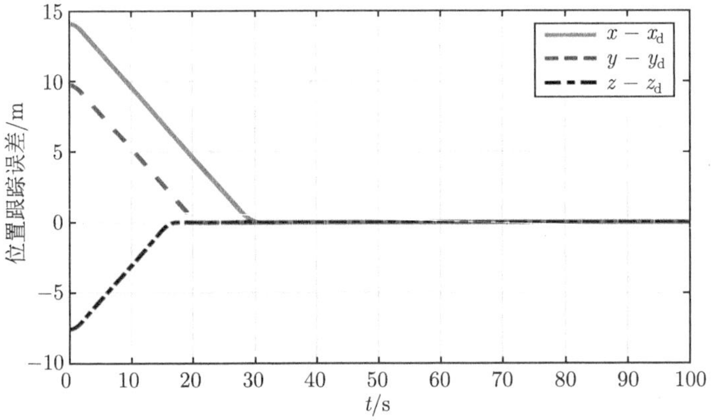

图 3.58　基于模型预测控制方法的静止目标自主安全交会对接位置跟踪误差变化曲线

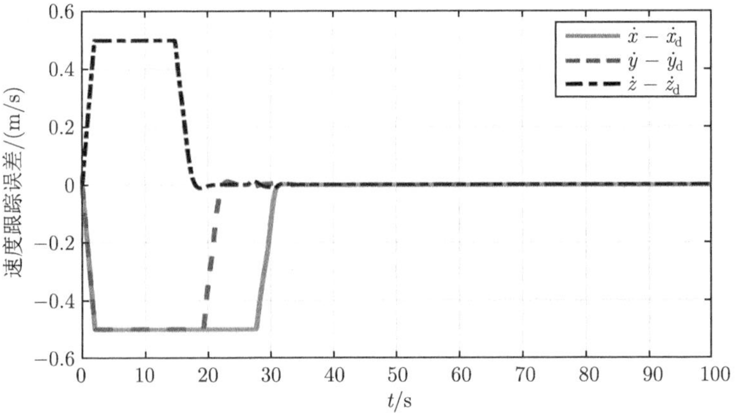

图 3.59　基于模型预测控制方法的静止目标自主安全交会对接速度跟踪误差变化曲线

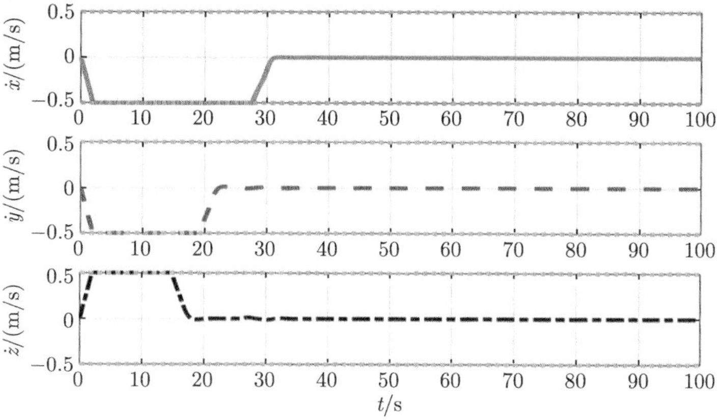

图 3.60　基于模型预测控制方法的静止目标自主安全交会对接相对线速度变化曲线

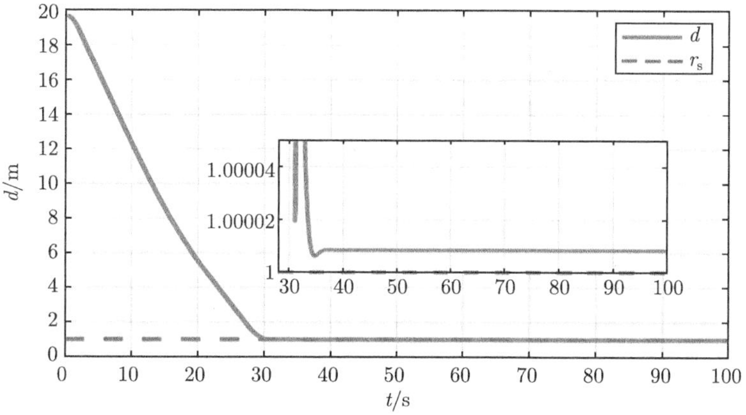

图 3.61　基于模型预测控制方法的静止目标自主安全交会对接相对距离变化曲线

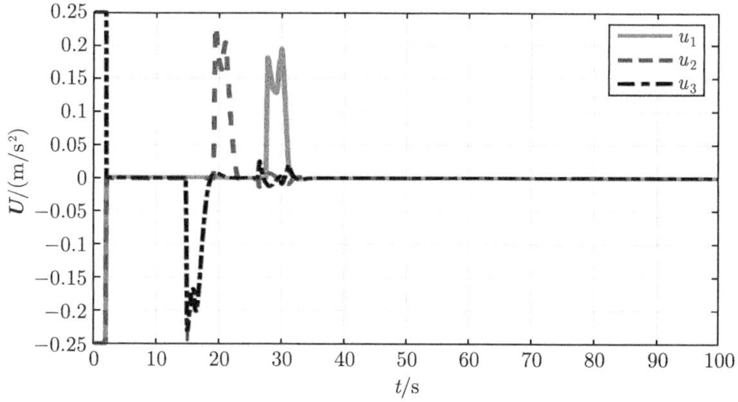

图 3.62　基于模型预测控制方法的静止目标自主安全交会对接控制输入变化曲线

三个时刻，跟踪航天器沿三个方向都已经非常接近期望对接点 (图 3.58)，需要施加控制力迅速降低接近速度 (图 3.59 和图 3.60)，从而避免违反碰撞规避约束。由图 3.58 ~ 图 3.62 可知，当目标处于静止状态时，所设计的控制算法能够使跟踪航天器在 35s 左右以期望的对接速度实现对期望对接点的跟踪，同时确保上述所有约束始终得到满足。

2. 自主接近翻滚目标

假设跟踪航天器在接近目标的过程中目标处于翻滚运动状态。仿真过程中，假设目标角动量 $\boldsymbol{H}$ 的模值为 10，即 $\|\boldsymbol{H}\| = 10$。仿真结果如图 3.63 ~ 图 3.67 所示。图 3.63 给出了自主安全交会对接过程中位置跟踪误差的变化曲线。图 3.64 给出自

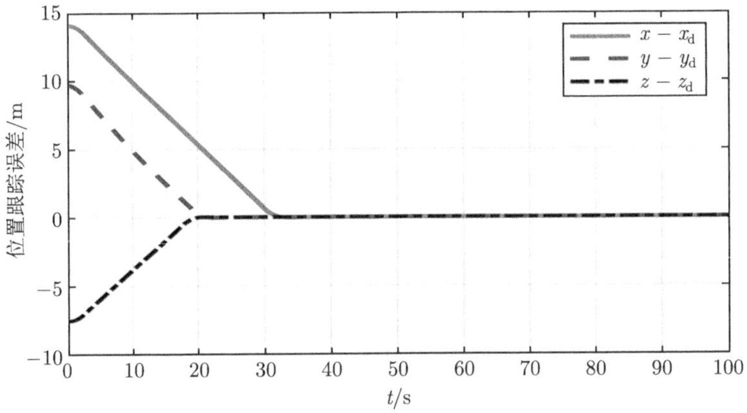

图 3.63　基于模型预测控制方法的翻滚目标自主安全交会对接位置跟踪误差变化曲线

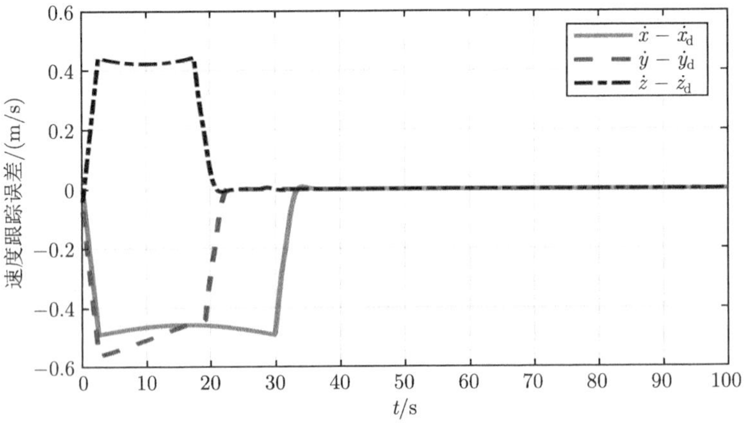

图 3.64　基于模型预测控制方法的翻滚目标自主安全交会对接速度跟踪误差变化曲线

主安全交会对接过程中速度跟踪误差的变化曲线。从图 3.63 和图 3.64 可以看出，当目标处于自由翻滚运动时，所设计的控制算法能够保证跟踪航天器在 40s 左右实现对期望对接点的跟踪。图 3.65 给出了自主安全交会对接过程中相对线速度的变化曲线，从中可以看出预先设定的接近速度约束始终得到满足。进一步分析图 3.65 可知，相对线速度并不会趋向于零，这是由于目标处于动态翻滚状态，期望对接点也在动态变化。图 3.66 给出了自主安全交会对接过程中跟踪航天器和目标之间相对距离的变化曲线，从图中可以看出，整个任务执行过程中两者之间的相对距离始终大于预先设定的安全半径，因此跟踪航天器和目标不会发生碰撞。图 3.67 给出了自主安全交会对接过程中控制输入的变化曲线。从图 3.67 可以看出，在整个自主安全交会过程中输入饱和约束始终满足。

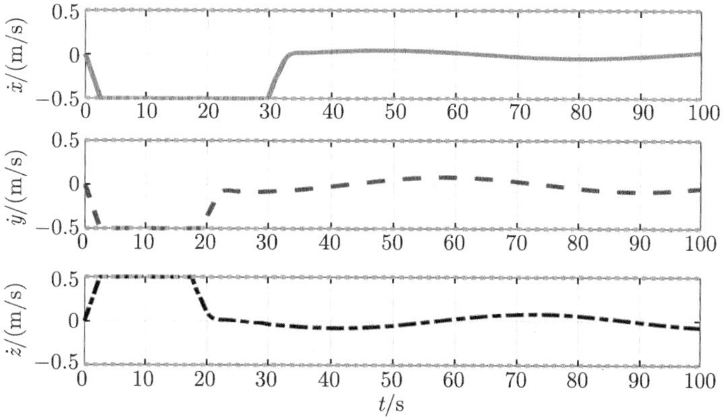

图 3.65　基于模型预测控制方法的翻滚目标自主安全交会对接相对线速度变化曲线

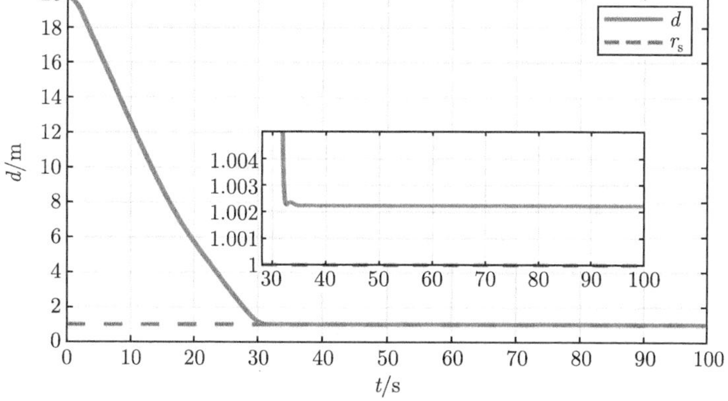

图 3.66　基于模型预测控制方法的翻滚目标自主安全交会对接相对距离变化曲线

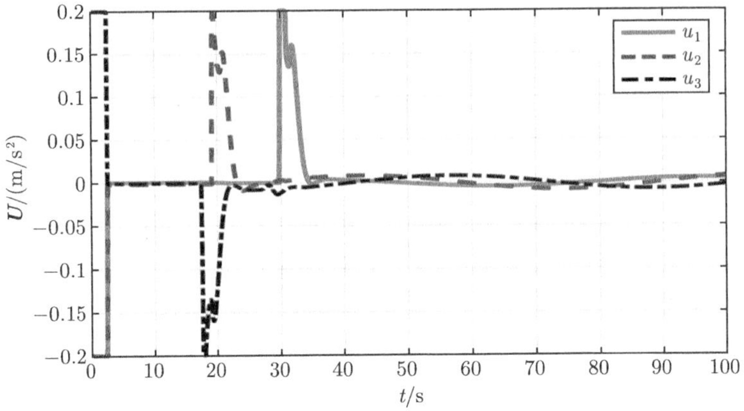

图 3.67 基于模型预测控制方法的翻滚目标自主安全交会对接控制输入变化曲线

3. 鲁棒性分析

在上面两个仿真算例中，忽略了模型线性化误差、外界干扰和测量噪声的影响，因此不足以完全反映实际的交会对接环境。本小节旨在对所设计的控制算法的鲁棒性进行分析。仿真过程中，将每一步求解得到的第一个控制量作用到式 (3.192) 表示的非线性相对运动模型中，同时引入如式 (3.242) 表示的外界干扰影响。除此之外，在仿真过程中，假设跟踪航天器得到的期望对接点信息包含了测量噪声，测量噪声设为高斯白噪声，方差为 $3\times10^{-3}\mathrm{m}\,(3\sigma)$。假设外界干扰力效应 $(\mathrm{m/s^2})$ 为

$$\boldsymbol{f}_{\mathrm{d}}=\begin{bmatrix}1+\sin(nt)\\1.8+\sin(nt+\pi/3)\\-1+\cos(nt)\end{bmatrix}\times10^{-3}\tag{3.242}$$

仿真结果如图 3.68 ~ 图 3.72 所示。图 3.68 和图 3.69 分别给出了自主安全交会对接过程中位置跟踪误差和速度跟踪误差的变化曲线，可以看出，所设计的控制算法能够使跟踪航天器在 40s 左右实现对期望对接点的跟踪。图 3.70 给出了相对线速度的变化曲线，从中可以看出在整个自主安全交会对接过程中接近速度约束始终满足。图 3.71 给出了跟踪航天器和目标之间相对距离的变化曲线，可以看出，两者之间的相对距离始终大于安全半径，因此在整个自主安全交会对接过程中跟踪航天器和目标之间不会发生碰撞。图 3.72 给出了自主安全交会控制输入的变化曲线，可以看出，在整个自主安全交会对接过程中输入饱和约束始终得到满足。进一步分析图 3.68 ~ 图 3.72 可知，由于采用了有限时域滚动优化的思想，所设计的控制算法能够有效处理模型误差和测量误差，表现出较强的鲁棒性，且具有良好的实际应用前景。

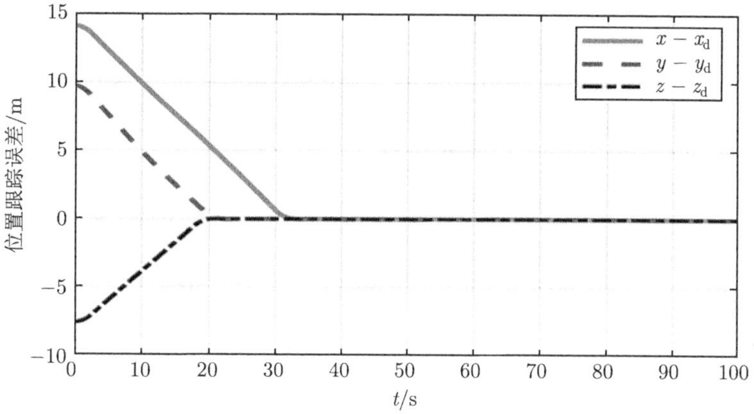

图 3.68　考虑外界干扰的模型预测方法自主安全交会对接位置跟踪误差变化曲线

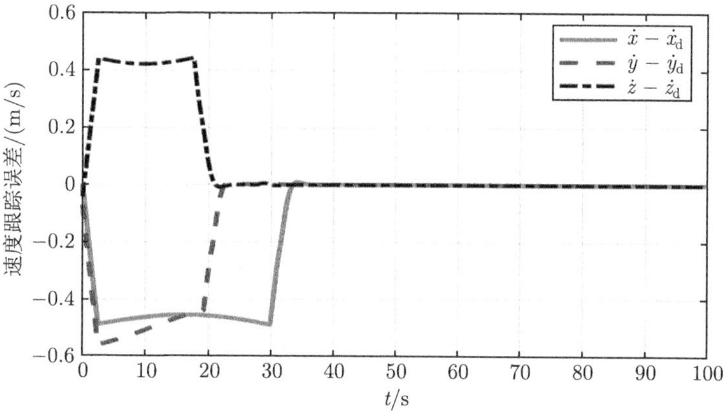

图 3.69　考虑外界干扰的模型预测方法自主安全交会对接速度跟踪误差变化曲线

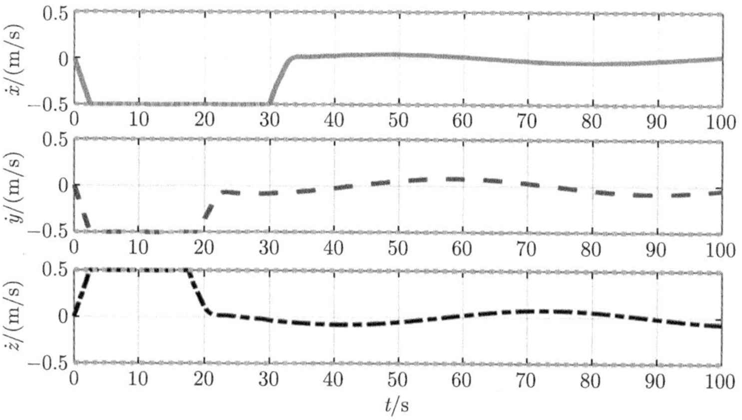

图 3.70　考虑外界干扰的模型预测方法自主安全交会相对线速度变化曲线

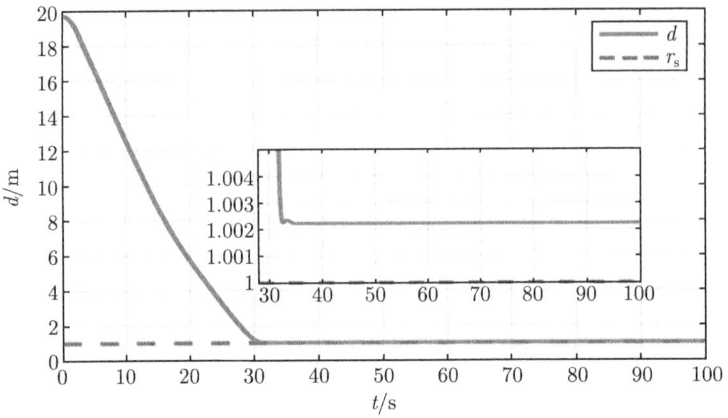

图 3.71　考虑外界干扰的模型预测方法自主安全交会相对距离变化曲线

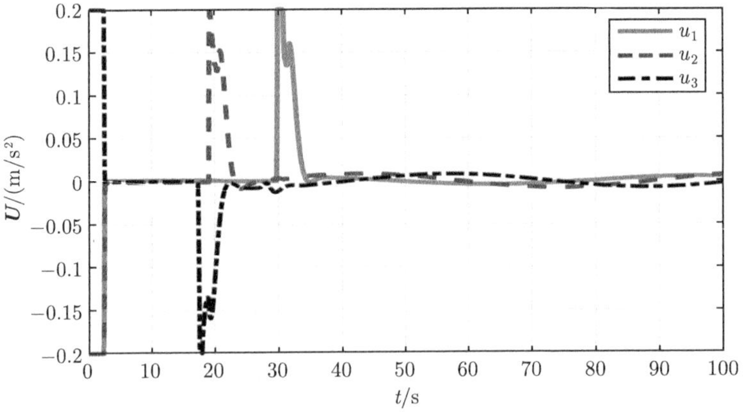

图 3.72　考虑外界干扰的模型预测方法自主安全交会控制输入变化曲线

参 考 文 献

[1] SCHAUB H, JUNKINS J L. Analytical Mechanics of Space Systems[M]. New York: AIAA Education Series, 2007.

[2] ZHANG F, DUAN G R. Integrated translational and rotational finite-time maneuver of a rigid spacecraft with actuator misalignment[J]. IET Control Theory and Applications, 2012, 6(9): 1192-1203.

[3] LI Q, YUAN J, ZHANG B, et al. Artificial potential field based robust adaptive control for spacecraft rendezvous and docking under motion constraint[J]. ISA Transactions, 2019, 95: 173-184.

[4] LI Q, YUAN J, ZHANG B, et al. Disturbance observer based control for spacecraft proximity operations with path constraint[J]. Aerospace Scienceand Technology, 2018, 79: 154-163.

[5] GE S S, CUI Y J. New potential functions for mobile robot path planning[J]. IEEE Transactions on Robotics and Automation, 2000, 16(5): 615-620.

[6] 苏建敏, 董云峰. 利用人工势函数法的卫星电磁编队控制 [J]. 北京航空航天大学学报, 2012, 38(2): 213-217.

[7] KAWANO I, MOKUNO M, KASAI T, et al. Result of autonomous rendezvous docking experiment of engineering test satellite-Ⅶ[J]. Journal of Spacecraft and Rockets, 2001, 38(1): 105-111.

[8] DO K D. Synchronization motion tracking control of multiple underactuated ships with collision avoidance[J]. IEEE Transactions on Industrial Electronics, 2016, 63(5): 2976-2989.

[9] LI Q, YUAN J, ZHANG B. Extended state observer based output control for spacecraft rendezvous and docking with actuator saturation[J]. ISA Transactions,2019, 88: 37-49.

[10] ZHANG K, DUAN G R. Output-feedback super-twisting control for line-of-sight angles tracking of non-cooperative target spacecraft [J]. ISA Transactions, 2019, 94: 17-27.

[11] AN-MIN Z, DE RUITER A H, DEV KUMAR K. Disturbance observer-based attitude control for spacecraft with input MRS[J]. IEEE Transactions on Aerospace and Electronic Systems, 2018, 55(1): 384-396.

[12] LI Q, ZHANG B, YUAN J, et al. Potential function based robust safety control for spacecraft rendezvous and proximity operations under path constraint[J]. Advances in Space Research, 2018, 62(9): 2586-2598.

[13] SUN L, HUO W. Adaptive robust control with L2-gain performance for autonomous spacecraft proximity maneuvers[J]. Journal of Spacecraft and Rockets, 2016, 53(2): 249-257.

[14] LOZANO-LEAL R. Robust adaptive regulation without persistent excitation[J]. IEEE Transactions on Automatic Control, 1989, 34(12): 1260-1267.

[15] NARENDRA K S, ANNASWAMY A M. Persistent excitation in adaptive systems[J]. International Journal of Control, 1987, 45(1): 127-160.

[16] SHAO X, LIU N, LIU J, et al. Model-assisted extended state observer and dynamic surface control-based trajectory tracking for quadrotors via output-feedback mechanism[J]. International Journal of Robust and Nonlinear Control, 2018, 28(1): 1-20.

[17] HUANG Y, JIA Y. Output feedback robust H_∞ control for spacecraft rendezvous system subject to input saturation: A gain scheduled approach[J]. Journal of the Franklin Institute, 2019, 356(7): 3899-3921.

[18] YIN Z, LUO J, WEI C. Novel adaptive saturated attitude tracking control of rigid spacecraft with guaranteed transient and steady-state performance[J]. Journal of Aerospace Engineering, 2018, 31(5): 1-12.

[19] ZHENG Z, FEROSKHAN M. Path following of a surface vessel with prescribed performance in the presence of input saturation and external disturbances[J]. IEEE/ASME Transactions on Mechatronics, 2017, 22(6): 2564-2575.

[20] HORNIK K. Approximation capabilities of multilayer feedforward networks[J]. Neural Networks, 1991, 4(2): 251-257.

[21] WEI C, LUO J, DAI H, et al. Learning-based adaptive prescribed performance control of postcapture space robot-target combination without inertia identifications[J]. Acta Astronautica, 2018, 146: 228-242.

[22] LI Q, YUAN J, WANG H. Sliding mode control for autonomous spacecraft rendezvous with collision avoidance[J]. Acta Astronautica, 2018, 151: 743-751.

[23] YAN H, TAN S, XIE Y. Integrated translational and rotational control for the final approach phase of rendezvous and docking[J]. Asian Journal of Control, 2018, 20(5): 1-12.

[24] LIU Y, HUANG P, ZHANG F, et al. Distributed formation control using artificial potentials and neural network for constrained multiagent systems[J]. IEEE Transactions on Control Systems Technology, 2018, 28(2): 697-704.

[25] HORNIK K. Approximation capabilities of multilayer feedforward networks[J]. Neural Networks, 1991, 4(2): 251-257.

[26] LIU Y, JING Y W. Practical finite-time almost disturbance decoupling strategy for uncertain nonlinear systems[J]. Nonlinear Dynamics, 2019, 95: 117-128.

[27] GE S S, HANG C C, LEE T H, et al. Stable Adaptive Neural Network Control[M]. New York: Springer Science and Business Media, 2002.

[28] ZHENG Z, HUANG Y, XIE L, et al. Adaptive trajectory tracking control of a fully actuated surface vessel with asymmetrically constrained input and output[J]. IEEE Transactions on Control Systems Technology, 2017, 26(5): 1851-1859.
[29] HU Q, SHAO X, CHEN W H. Robust fault-tolerant tracking control for spacecraft proximity operations using time-varying sliding mode[J]. IEEE Transactions on Aerospace and Electronic Systems, 2018, 54(1): 2-17.
[30] BIEGLER, LORENZ T. Assessment and future directions of nonlinear model predictive control[J]. Lecture Notes in Control & Information Sciences, 2007, 35(3): 299-315.
[31] MUSKE K R, RAWLINGS J B. Model predictive control with linear models[J]. Aiche Journal, 1993, 39(2): 262-287.
[32] SUBBARAO K, WELSH S J. Nonlinear control of motion synchronization for satellite proximity operations[J]. Journal of Guidance Control and Dynamics, 2008, 31(5): 1284-1293.
[33] CAUBET A, BIGGS J D. An inverse dynamics approach to the guidance of spacecraft in close proximity of tumbling debris[C] . 66th International Astronautical Congress, Jerusalem, 2015: 1-10.
[34] CAO L, QIAO D, XU J. Suboptimal artificial potential function sliding mode control for spacecraft rendezvous with obstacle avoidance[J]. Acta Astronautica, 2018, 143: 133-146.
[35] WU G Q, SONG S M, SUN J G. Adaptive dynamic surface control for spacecraft terminal safe approach with input saturation based on tracking differentiator[J]. International Journal of Control, Automation and Systems, 2018, 16(3): 1129-1141.
[36] BOYARKO G, YAKIMENKO O, ROMANO M. Optimal rendezvous trajectories of a controlled spacecraft and a tumbling object[J]. Journal of Guidance Control and Dynamics, 2011, 34(4): 1239-1252.
[37] LI Q, YUAN J, ZHANG B, et al. Model predictive control for autonomous rendezvous and docking with a tumbling target[J]. Aerospace Science and Technology, 2017, 69: 700-711.
[38] 赵国荣, 盖俊峰, 胡正高, 等. 非线性模型预测控制的研究进展 [J]. 海军航空工程学院学报, 2014(3): 201-208.
[39] MAGNI L, NICOLAO G D, SCATTOLINI R. Output feedback and tracking of nonlinear systems with model predictive control[J]. Automatica, 2001, 37(10): 1601-1607.

第 4 章　外形–运动自适应的空间非合作目标多指包络抓捕

空间非合作目标主要包括太空中残留的火箭末级、失效卫星、航天器任务抛弃物、航天器解体和碰撞衍生物等[1]。通常，这类目标的几何外形复杂多样且不具有专门的抓捕对接口，惯性参数和运动参数等信息存在不确定性甚至未知，运动规律也较为复杂。空间非合作目标的这些特性造成了抓捕过程中，抓捕机构和抓捕对象之间存在高动态相对运动，使得难以确定固定抓捕点，因此空间非合作目标在轨抓捕难度很大[2,3]。

针对空间非合作目标的抓捕方法，已经进行了大量的研究，提出了机械臂固定点抓捕、绳系机器人抓捕和柔性机构抓捕等方法[4]。本章借鉴多指包络抓捕的思想，利用多指机构在目标物体周围形成一个“包围圈”，以限制目标物体的运动[5]。采用此方法对空间非合作目标进行抓捕，不仅对空间非合作目标的几何外形具有更好的适应性，还可以提升抓捕的鲁棒性。相比于传统的抓捕方法，这种方法不需要考虑接触等力学特性，放松了抓捕中对控制的要求[6,7]。具体而言，本章提出一种适用于空间非合作目标的“主–从”式多指包络算法，不仅具有处理运动目标的能力，而且可在包络构型搜索过程中简化系统自由度进而提升计算效率，快速搜索到一条有效的空间非合作目标多指包络抓捕路径。

4.1　空间非合作目标多指包络抓捕问题描述

多指包络抓捕是以多指手为抓捕执行机构，利用手指和手掌在待抓捕目标物体周围构建一个几何约束，约束目标物体的运动防止目标物体逃脱。多指包络抓捕仅通过控制多指手的位置来完成，不需要考虑接触和力等机械特性，放松了操作过程中对多指手的控制，使得能够相对简单且快速实施多指包络抓捕[8,9]。关于多指包络抓捕的研究主要是解决以下两个问题：一是给定具体的多指手和待抓捕目标物体，寻找满足可以约束目标物体运动的包络构型；二是给定多指手和待抓捕目标物体的某一特定构型，判断其是否可以约束目标物体的运动。

基于包络抓捕的思想，孙冲等[10] 提出了一种具有鲁棒性的外包络抓捕方法和抓捕路径优化方案。韩亮亮等[11] 提出了一种基于仿章鱼充气软体机器人的碎片捕获装置。然而，多指机构自身高自由度的问题和目标的动态性问题，使得多指机构的包络算法设计还存在诸多难题[5]。

包络问题是由 Kuperberg 提出的，他将包络问题描述为寻找包络点的构型使得多边形目标物体不能任意远离其初始位置[12]。随后，Rimon 和 Blake 将包络概念引入到机器人领域，并提出了光滑平面物体的两指包络算法[13]。从此，包络问题成为机器人领域的一个热门研究，并相继提出了针对平面目标物体的两指/三指包络算法。两指包络是最简单的包络形式，适用于凹目标抓捕[14,15]。针对凸目标物体，两指机构无法提供封闭的包络构型。由于存在冗余自由度，三指机构可用于包络凸目标，但是其包络构型设计相较两指机构更为复杂，相关研究人员通常采用固定某些自由度的方法来简化三指包络问题[16,17]。手指数量增加会导致计算量增加，超过三指的多指包络鲜有研究[5]。但是，对于具有复杂外形的平面物体和空间物体实施抓捕，则需要更多数量的手指[18]。

在上述研究中，目标物体都是静态的，而空间非合作目标通常是动态的，目前关于动态物体包络的研究较少。在已有的文献中，Wang 等[19,20] 和 Wan 等[21] 研究了多机器人对运动目标的包络。与此类似，文献[22]和[23]研究了多个机器人对动态物体的追捕问题。但是，多指机构不同于多机器人群体，其各个手指不是独立的，会受到多指机构的结构约束。Wan 等[24] 和孙冲等[25] 针对平面多指包络问题，设计了相应的包络算法，但不适用于三维物体的包络。因此，需要设计符合多指机构自身特性的动态物体包络算法。

针对上述提到的多指包络中需要解决的问题，本章提出一种“主–从”式多指包络算法。

4.2　多指机构

4.2.1　多指机构结构模型

如图 4.1 所示，多指机构由手掌和 n 个手指组成，每个手指由 m 个连杆和旋转关节组成。受手掌尺寸和关节允许转动范围等结构约束，多指机构的各个手指间存在内在约束，并作为一个整体工作。

首先，多指机构各个手指基关节间的相对位置矢量是确定的。具体而言，如果给定第 i 个手指的基关节位置 $\boldsymbol{P}_{\mathrm{j}}^{i}$，那么第 j 个手指的基关节位置 $\boldsymbol{P}_{\mathrm{j}}^{j}$ 可以表示为

$$\boldsymbol{P}_{\mathrm{j}}^{j} = \boldsymbol{P}_{\mathrm{j}}^{i} + \boldsymbol{\delta}_{ij}\ (i, j = 1, 2, \cdots, n; i \neq j) \tag{4.1}$$

其中，$\boldsymbol{\delta}_{ij}$ 是由多指机构自身决定的第 i 个手指的基关节位置 $\boldsymbol{P}_{\mathrm{j}}^{i}$ 和第 j 个手指的基关节位置 $\boldsymbol{P}_{\mathrm{j}}^{j}$ 之间的相对位置矢量。

其次，对于第 i 个手指的具体构型 $\boldsymbol{C}_i$，由自身的关节角 $\boldsymbol{\theta}_i = [\theta_{i,1}\ \theta_{i,2}\ \cdots\ \theta_{i,m}]^{\mathrm{T}}$ 决定：

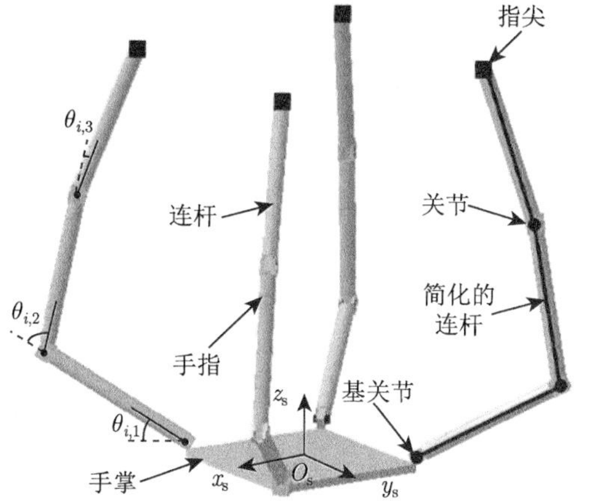

图 4.1　多指机构示意图

$$\boldsymbol{C}_i = f(\boldsymbol{\theta}_i) = f(\theta_{i,1}, \theta_{i,2}, \cdots, \theta_{i,m}) \ (i = 1, 2, \cdots, n) \tag{4.2}$$

其中，$f(\boldsymbol{\theta}_i)$ 表示描述 $\boldsymbol{C}_i$ 与 $\boldsymbol{\theta}_i$ 间关系的函数。手指的关节角是有界的，即 $\theta_{i,k} \in [\theta_{i,k}^{\mathrm{l}} \ \theta_{i,k}^{\mathrm{u}}]$ $(k = 1, 2, \cdots, m)$。$\theta_{i,k}^{\mathrm{l}}$ 和 $\theta_{i,k}^{\mathrm{u}}$ 分别为第 i 个手指的第 k 个关节允许转动角度的下界和上界。

4.2.2　空间非合作目标包络条件

空间非合作目标包络条件，是指当多指机构将空间非合作目标约束到某一范围内时，多指机构和空间非合作目标之间应当满足的约束条件。多指机构有效包络住空间非合作目标意味着空间非合作目标不能从多指机构的约束中逃离，具体来说，不能从多指机构相邻手指的间隙和各个手指的指尖间隙中逃离。不失一般性，将多指机构各个手指的连杆和关节分别简化为线段和点 (图 4.1 中的黑色线段和圆点)。

首先，计算第 i 个手指和第 $(i{+}1)$ 个手指连杆间的距离。如图 4.2(a) 所示，由第 i 个手指和第 $(i+1)$ 个手指的第 k 个连杆组成的图形为空间四边形 $\boldsymbol{J}_{i,k}\boldsymbol{J}_{i,k+1}\boldsymbol{J}_{i+1,k+1}\boldsymbol{J}_{i+1,k}$ $(i = 1, 2, \cdots, n; \boldsymbol{J}_{n+1,k} = \boldsymbol{J}_{1,k}; k = 1, 2, \cdots, m; \boldsymbol{J}_{m+1,\mathrm{e}} = \boldsymbol{J}_{i,\mathrm{e}}$ 表示指尖)。如果 $\boldsymbol{J}_{i,k}\boldsymbol{J}_{i,k+1}\boldsymbol{J}_{i+1,k+1}\boldsymbol{J}_{i+1,k}$ 对边间的距离小于目标相应的特征长度 l_{cl}，目标则不能从第 i 个手指和第 $(i+1)$ 个手指的间隙中逃离：

$$\max_{\{\boldsymbol{\theta}_i, \boldsymbol{\theta}_{i+1}\}} (d_{i\to i+1,k} d_{i,k\to k+1}) < l_{\mathrm{cl}} \ (i = 1, 2, \cdots, n; \ k = 1, 2, \cdots, m-1) \tag{4.3}$$

其中，$d_{i\to i+1,k}$ 表示线段 $\boldsymbol{J}_{i,k}\boldsymbol{J}_{i,k+1}$ 和线段 $\boldsymbol{J}_{i+1,k}\boldsymbol{J}_{i+1,k+1}$ 之间的距离；$d_{i,k\to k+1}$ 表示线段 $\boldsymbol{J}_{i,k}\boldsymbol{J}_{i+1,k}$ 和线段 $\boldsymbol{J}_{i,k+1}\boldsymbol{J}_{i+1,k+1}$ 之间的距离。

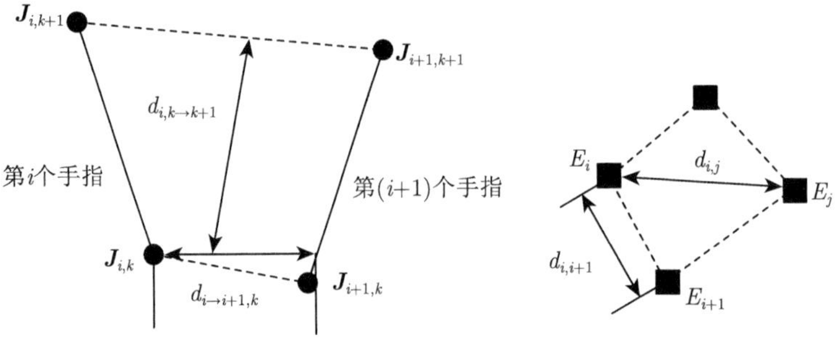

图 4.2　空间非合作目标包络条件推导示意图

其次，计算各个手指指尖的距离。如图 4.2 (b) 所示，多指机构各个手指的指尖形成了一个空间 n 边形，第 i 个手指的指尖 $\boldsymbol{J}_{i,\mathrm{e}}$ 和第 j 个手指的指尖 $\boldsymbol{J}_{j,\mathrm{e}}$ $(i,j=1,2,\cdots,n;i\neq j)$ 的距离 $d_{i,j}$ 为

$$d_{i,j}=d(\boldsymbol{J}_{i,\mathrm{e}},\boldsymbol{J}_{j,\mathrm{e}})=\left(\sum_{i=1}^{3}|x_i-x_j|^p\right)^{1/p}\quad(i,j=1,2,\cdots,n;\ i\neq j)\tag{4.4}$$

其中，$d(\cdot,\cdot)$ 表示计算空间中任意两点间距离的函数，一般采用欧几里得距离，此时 $p=2$。为了保证目标不从指尖的间隙中逃离，应满足：

$$\max_{\boldsymbol{\Theta}}\left(\{d_{i,j}\}\right)<l_{\mathrm{cl}}\ (i,j=1,2,\cdots,n;\ i\neq j)\tag{4.5}$$

最后，结合式 (4.3) 和式 (4.4)，运动物体包络条件可以表示为

$$g(\boldsymbol{\Theta})=\max\left(d_{i,i\to i+1},d_{i,k\to k+1},\{d_{i,j}\}\right)-l_{\mathrm{cl}}<0\tag{4.6}$$

其中，$i,j=1,2,\cdots,n(i\neq j)$；$k=1,2,\cdots,m-1$。

注 4.1　特别的，当包络问题可以简化为二维平面包络时 (空间非合作目标为扁平型)，多指机构的各个手指可以简化为点手指，即用指尖表示。此时，多指机构可以用一系列存在位置约束的点表示 (如图 4.1 中的指尖)。进一步的，包络条件可以只用式 (4.5) 描述。

4.3 “主–从” 式多指包络算法设计

为解决多指机构对空间非合作目标实施包络抓捕时存在的多指机构高自由度和待包络物体具有动态性的问题，本节提出一种 “主–从” 式包络算法。总体思想：首先将多指机构的手指划分为一根主手指和其余从手指，并控制主手指的基关节

与包络点之间的运动同步；其次调整主手指的关节角使得主手指的构型与包络边尽可能匹配；再次根据多指机构的结构模型确定其余从手指的构型；最后根据包络条件选择能够约束空间非合作目标运动的有效包络构型。

注 4.2　主手指 $\boldsymbol{C}_z(z \in \{1,2,\cdots,n\})$ 的选取是随机的。如图 4.3 所示，包络边 $\boldsymbol{b}_{\mathrm{l}}$ 是目标某一表面上连接该表面上对边中点的一条线段；包络点集 $\boldsymbol{C}_{\mathrm{b}}$ 选取为包络边的任一端点 $\boldsymbol{P}_{\mathrm{b}}^{\mathrm{l}}$ 或 $\boldsymbol{P}_{\mathrm{b}}^{\mathrm{u}}$ 附近一定裕度 ε_{b} 内相对于目标静止的所有点的集合，其中包络点 $\boldsymbol{P}_{\mathrm{b}} \in \boldsymbol{C}_{\mathrm{b}}$ 的选取是随机的，如式 (4.7) 所示。为方便起见，将包络边、包络裕度、包络点集和包络点统称为包络元素。

$$\boldsymbol{C}_{\mathrm{b}} = \left\{ \boldsymbol{P}_{\mathrm{b}} \middle| \left\| \boldsymbol{P}_{\mathrm{b}} - \boldsymbol{P}_{\mathrm{b}}^{i} \right\| \leqslant \varepsilon_{\mathrm{b}} \right\} (i = \mathrm{l}, \mathrm{u}) \tag{4.7}$$

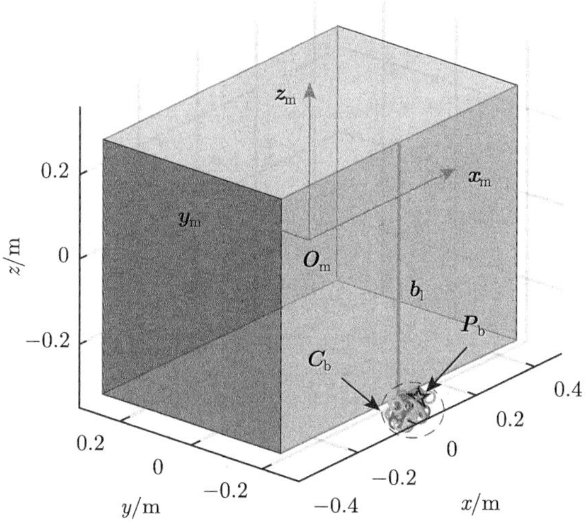

图 4.3　包络元素示意图

在设计具体的包络算法之前，假定多指机构具有如底座之类的支撑部件，可以提供多指机构所需的控制力和控制力矩。

4.3.1　包络点追踪

为了方便对空间非合作目标实施包络，应先实现多指机构与空间非合作目标之间的运动同步，具体为多指机构和空间非合作目标之间的姿态运动同步、主手指的基关节和包络点之间的平移运动同步。虽然空间非合作目标的运动参数和惯性参数等通常未知或含有不确定性，但是已有大量研究来确定这些参数[26]，故本小节假设空间非合作目标物体的运动参数和惯性参数已知。

关于两航天器之间的相对姿态运动同步控制算法，相关学者已经进行了大量研究，提出了如滑膜控制算法[27] 等成熟算法。因此，可以直接假设在实施包络时多指机构有能力实现与空间非合作目标之间的姿态运动同步，并将其作为实施包络操作的初始条件。

其次，主手指的基关节追踪包络点。给定初始位置 $\boldsymbol{r}_{\mathrm{m0}}=[x_{\mathrm{m0}}\ y_{\mathrm{m0}}\ z_{\mathrm{m0}}]^{\mathrm{T}}$、初始线速度 $\boldsymbol{v}_{\mathrm{m0}}=[v_{x\mathrm{m0}}\ v_{y\mathrm{m0}}\ v_{z\mathrm{m0}}]^{\mathrm{T}}$ 和线加速度 $\boldsymbol{a}_{\mathrm{ml}}=\dot{\boldsymbol{v}}_{\mathrm{m}}=[a_{\mathrm{ml}x}\ a_{\mathrm{ml}y}\ a_{\mathrm{ml}z}]^{\mathrm{T}}$，那么包络点 $\boldsymbol{P}_{\mathrm{b}}$ 的运动学方程可以表示为

$$\begin{cases}\ddot{\boldsymbol{r}}_{\mathrm{b}}(t)=\ddot{\boldsymbol{r}}_{\mathrm{m}}(t)\\ \dot{\boldsymbol{r}}_{\mathrm{b}}(t)=\dot{\boldsymbol{r}}_{\mathrm{m}}(t)=\dot{\boldsymbol{r}}_{\mathrm{m0}}+\displaystyle\int_{t_0}^{t}\ddot{\boldsymbol{r}}_{\mathrm{m}}(t)\mathrm{d}t\\ \boldsymbol{r}_{\mathrm{b}}(t)=\boldsymbol{r}_{\mathrm{m}}(t)+\boldsymbol{P}_{\mathrm{b}}^{\mathrm{g}}(t)=\boldsymbol{r}_{\mathrm{m0}}+\displaystyle\int_{t_0}^{t}\dot{\boldsymbol{r}}_{\mathrm{m}}(t)\mathrm{d}t+\boldsymbol{T}_{\mathrm{m}}^{\mathrm{g}}\boldsymbol{P}_{\mathrm{b}}^{\mathrm{m}}\end{cases}\tag{4.8}$$

其中，$\boldsymbol{r}_{\mathrm{b}}(t)$ 和 $\boldsymbol{r}_{\mathrm{m}}(t)$ 分别表示包络点和空间非合作目标物体质心运动轨迹；$\boldsymbol{P}_{\mathrm{b}}^{\mathrm{g}}(t)$ 和 $\boldsymbol{P}_{\mathrm{b}}^{\mathrm{m}}$ 分别表示包络点在参考坐标系 $O_{\mathrm{g}}x_{\mathrm{g}}y_{\mathrm{g}}z_{\mathrm{g}}$ 和目标连体坐标系 $O_{\mathrm{m}}x_{\mathrm{m}}y_{\mathrm{m}}z_{\mathrm{m}}$ 中的坐标；t_0 和 t 分别表示初始时刻和任意时刻；$\boldsymbol{T}_{\mathrm{m}}^{\mathrm{g}}$ 表示由 $O_{\mathrm{m}}x_{\mathrm{m}}y_{\mathrm{m}}z_{\mathrm{m}}$ 到 $O_{\mathrm{g}}x_{\mathrm{g}}y_{\mathrm{g}}z_{\mathrm{g}}$ 的坐标变换矩阵，由目标物体的姿态四元数 $\boldsymbol{q}_{\mathrm{m}}=[q_{\mathrm{m1}}\ q_{\mathrm{m2}}\ q_{\mathrm{m3}}\ q_{\mathrm{m4}}]^{\mathrm{T}}$ 决定：

$$\boldsymbol{T}_{\mathrm{m}}^{\mathrm{g}}=\left(q_{\mathrm{m4}}^2-\hat{\boldsymbol{q}}_{\mathrm{m}}^{\mathrm{T}}\hat{\boldsymbol{q}}_{\mathrm{m}}\right)\boldsymbol{I}_{3\times3}+2\hat{\boldsymbol{q}}_{\mathrm{m}}\hat{q}_{\mathrm{m}}^{\mathrm{T}}-2q_{\mathrm{m4}}\boldsymbol{\Omega}(\hat{\boldsymbol{q}}_{\mathrm{m}})\tag{4.9}$$

其中，$\boldsymbol{\Omega}(\hat{\boldsymbol{q}}_{\mathrm{m}})$ 表示由 $\hat{\boldsymbol{q}}_{\mathrm{m}}=[q_{\mathrm{m1}}\ q_{\mathrm{m2}}\ q_{\mathrm{m3}}]^{\mathrm{T}}$ 决定的反对称矩阵，表达式为 $\boldsymbol{\Omega}(\hat{\boldsymbol{q}}_{\mathrm{m}})=\begin{bmatrix}0 & -q_{\mathrm{m3}} & q_{\mathrm{m2}}\\ q_{\mathrm{m3}} & 0 & -q_{\mathrm{m1}}\\ -q_{\mathrm{m2}} & q_{\mathrm{m1}} & 0\end{bmatrix}$。

最后，给定空间非合作目标物体的初始姿态 $\boldsymbol{q}_{\mathrm{m0}}=[q_{\mathrm{m10}}\ q_{\mathrm{m20}}\ q_{\mathrm{m30}}\ q_{\mathrm{m40}}]^{\mathrm{T}}=[\hat{\boldsymbol{q}}_{\mathrm{m0}}\ q_{\mathrm{m40}}]^{\mathrm{T}}$、初始角速度 $\boldsymbol{\omega}_{\mathrm{m0}}=[\omega_{x\mathrm{m0}}\ \omega_{y\mathrm{m0}}\ \omega_{z\mathrm{m0}}]^{\mathrm{T}}$ 和角加速度 $\boldsymbol{a}_{\mathrm{mj}}=\dot{\boldsymbol{\omega}}_{\mathrm{m}}=[a_{\mathrm{mj}x}\ a_{\mathrm{mj}y}\ a_{\mathrm{mj}z}]^{\mathrm{T}}$，可以得到每一时刻的姿态 $\boldsymbol{q}_{\mathrm{m}}$：

$$\begin{cases}\boldsymbol{\omega}_{\mathrm{m}}(t)=\boldsymbol{\omega}_{\mathrm{m0}}+\displaystyle\int_{t_0}^{t}\boldsymbol{a}_{\mathrm{mj}}\mathrm{d}t\\ \hat{\boldsymbol{q}}_{\mathrm{m}}(t)=\hat{\boldsymbol{q}}_{\mathrm{m0}}+\displaystyle\int_{t_0}^{t}\frac{1}{2}\left[q_{\mathrm{m4}}\boldsymbol{\omega}_{\mathrm{m}}+\boldsymbol{\Omega}(\hat{\boldsymbol{q}}_{\mathrm{m}})\boldsymbol{\omega}_{\mathrm{m}}\right]\mathrm{d}t\\ q_{\mathrm{m4}}=q_{\mathrm{m40}}+\displaystyle\int_{t_0}^{t}\frac{1}{2}\hat{\boldsymbol{q}}_{\mathrm{m}}^{\mathrm{T}}\boldsymbol{\omega}_{\mathrm{m}}\mathrm{d}t\end{cases}\tag{4.10}$$

设 $\boldsymbol{P}_{\mathrm{j}}^{z}$ 和 $\boldsymbol{P}_{\mathrm{b}}$ 间的位置误差、速度误差和加速度误差分别为 $\boldsymbol{x}_{\mathrm{e1}}$、$\boldsymbol{x}_{\mathrm{e2}}$ 和 $\dot{\boldsymbol{x}}_{\mathrm{e2}}$，那么

$$\begin{cases}\boldsymbol{x}_{\mathrm{e1}}(t)=\boldsymbol{r}_{\mathrm{j}}^{z}(t)-\boldsymbol{r}_{\mathrm{b}}(t)\\ \boldsymbol{x}_{\mathrm{e2}}(t)=\dot{\boldsymbol{r}}_{\mathrm{j}}^{z}(t)-\dot{\boldsymbol{r}}_{\mathrm{b}}(t)\\ \dot{\boldsymbol{x}}_{\mathrm{e2}}(t)=\ddot{\boldsymbol{r}}_{\mathrm{j}}^{z}(t)-\ddot{\boldsymbol{r}}_{\mathrm{b}}(t)=\boldsymbol{u}_{\mathrm{d}}(t)\end{cases}\tag{4.11}$$

其中，$\boldsymbol{r}_{\mathrm{j}}^{z}$ 和 $\boldsymbol{r}_{\mathrm{b}}$ 分别表示主手指基关节和包络点的位置矢量；$\dot{\boldsymbol{r}}_{\mathrm{j}}^{z}$ 和 $\dot{\boldsymbol{r}}_{\mathrm{b}}$ 分别表示主手指基关节和包络点的速度矢量；$\ddot{\boldsymbol{r}}_{\mathrm{j}}^{z}$ 和 $\ddot{\boldsymbol{r}}_{\mathrm{b}}$ 分别表示主手指基关节和包络点的加速度矢量；$\boldsymbol{u}_{\mathrm{d}}(t)$ 表示主手指的控制加速度。

式 (4.11) 是典型的二阶微分系统，根据文献[28]，如果 $\boldsymbol{u}_{\mathrm{d}}(t)$ 满足式 (4.12)，则式 (4.11) 可以在 $t \to t_{\mathrm{b}}$ 时，$\boldsymbol{x}_{\mathrm{e}1} \to \boldsymbol{0}$、$\boldsymbol{x}_{\mathrm{e}2} \to \boldsymbol{0}$ 及 $\dot{\boldsymbol{x}}_{\mathrm{e}2} \to \boldsymbol{0}$。其中，$k_1 > 0$，$k_2 > 0$，$0 < \alpha < 1$；$\mathrm{sign}(x)$ 是符号函数，具体表达式见式 (4.13)。

$$\boldsymbol{u}_{\mathrm{d}}(t) = -k_1 \mathrm{sign}(\boldsymbol{x}_{\mathrm{e}1}) \left|\boldsymbol{x}_{\mathrm{e}1}\right|^{\frac{\alpha}{2-\alpha}} - k_2 \mathrm{sign}(\boldsymbol{x}_{\mathrm{e}2}) \left|\boldsymbol{x}_{\mathrm{e}2}\right|^{\alpha} \tag{4.12}$$

$$\mathrm{sign}(x) = \begin{cases} 1, & x > 0 \\ 0, & x = 0 \\ -1, & x < 0 \end{cases} \tag{4.13}$$

注 4.3　在包络点追踪的整个过程中，需要满足多指机构和空间非合作目标物体间不发生碰撞的安全性要求。为此，将每一时刻多指机构 $O_{\mathrm{d}}(t)$ 和空间非合作目标物体 $O_{\mathrm{m}}(t)$ 均不能存在交集作为约束来保证两者之间不发生碰撞，即

$$O_{\mathrm{d}}(t) \cap O_{\mathrm{m}}(t) = \varnothing \tag{4.14}$$

式 (4.14) 根据空间非合作目标与多指机构之间的相对几何位置关系来进行碰撞检测，即通过实时检测空间非合作目标所占的空间与多指机构所占的空间是否有交集来进行判断。具体而言，如果空间非合作目标所占的空间与多指机构所占的空间没有交集，则空间非合作目标与多指机构不会发生碰撞，是安全的；反之，如果空间非合作目标所占的空间与多指机构所占的空间有交集，则说明空间非合作目标和多指机构发生了相互穿插的现象，这显然不符合实际情况，属于发生碰撞的情形。式 (4.14) 简单明了地表示了空间非合作目标与多指机构之间不发生碰撞的安全约束。

4.3.2　包络边匹配

如图 4.4 所示，主手指和包络边之间存在很多可能的匹配构型，引入单向距离 $D(\boldsymbol{C}_z, \boldsymbol{b}_{\mathrm{l}})$ 衡量主手指 $\boldsymbol{C}_z$ 和包络边 $\boldsymbol{b}_{\mathrm{l}}$ 匹配的相似度[29]：

$$D(\boldsymbol{C}_z, \boldsymbol{b}_{\mathrm{l}}) = \frac{1}{\|\boldsymbol{C}_z\|} \left[\sum_{i=1}^{m} \left(D(\boldsymbol{c}_{z,i\sim i+1}, \boldsymbol{b}_{\mathrm{l}}) \cdot \|\boldsymbol{c}_{z,i\sim i+1}\| \right) \right] \tag{4.15}$$

其中，$\|\boldsymbol{C}_z\|$ 和 $\|\boldsymbol{c}_{z,i\sim i+1}\|$ 分别表示 $\boldsymbol{C}_z$ 的总长度和主手指的第 i 个连杆 $\boldsymbol{c}_{z,i\sim i+1}$ 的长度；m 表示 $\boldsymbol{C}_z$ 的连杆个数；$D(\boldsymbol{c}_{z,i\sim i+1}, \boldsymbol{b}_{\mathrm{l}})$ 表示 $\boldsymbol{c}_{z,i\sim i+1}$ 到 $\boldsymbol{b}_{\mathrm{l}}$ 的单向距离，计算方式为

$$D(\boldsymbol{c}_{z,i\sim i+1}, \boldsymbol{b}_{\mathrm{l}}) = \frac{1}{\|\boldsymbol{c}_{z,i\sim i+1}\|} \left[\int_{\boldsymbol{p} \in \boldsymbol{c}_{z,i\sim i+1}} D_{\mathrm{d}}(\boldsymbol{p}, \boldsymbol{b}_{\mathrm{l}}) \mathrm{d}\boldsymbol{p} \right] \tag{4.16}$$

其中，$D_{\mathrm{d}}(\boldsymbol{p},\boldsymbol{b}_{\mathrm{l}})$ 表示 $\boldsymbol{c}_{z,i\sim i+1}$ 上任意一点到 $\boldsymbol{b}_{\mathrm{l}}$ 的最短距离：

$$D_{\mathrm{d}}(\boldsymbol{p},\boldsymbol{b}_{\mathrm{l}})=\min_{\boldsymbol{q}\in b_{\mathrm{l}}} D_{\mathrm{Euclid}}(\boldsymbol{p},\boldsymbol{q}) \tag{4.17}$$

其中，欧几里得距离 $D_{\mathrm{Euclid}}(\boldsymbol{p},\boldsymbol{q})=\|\boldsymbol{p}-\boldsymbol{q}\|$。

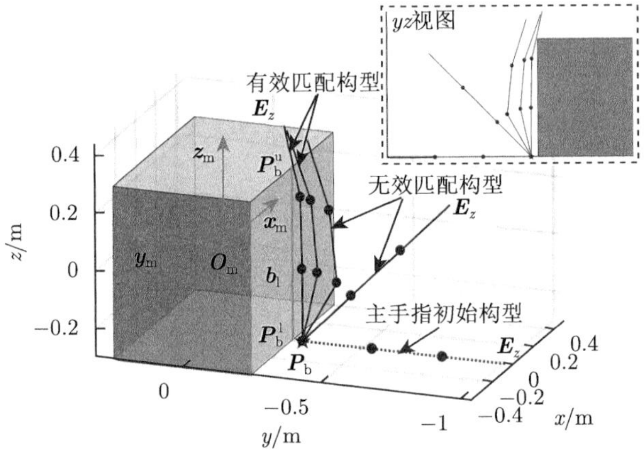

图 4.4 包络边可能匹配构型示意图

此时，包络边匹配问题可以转化为寻找使得 $\boldsymbol{C}_z$ 与 $\boldsymbol{b}_{\mathrm{l}}$ 间单向距离最小的主手指关节角 $\boldsymbol{\theta}_z$：

$$\begin{aligned}&\min_{\boldsymbol{\theta}_z} D(\boldsymbol{C}_z,\boldsymbol{b}_{\mathrm{l}})\\&\text{s.t.}\begin{cases}\theta_{z,i}\geqslant\theta_{z,i}^{\mathrm{l}}(i=1,2,\cdots,m)\\\theta_{z,i}\leqslant\theta_{z,i}^{\mathrm{u}}(i=1,2,\cdots,m)\\O_{\mathrm{d}}\cap O_{\mathrm{m}}=\varnothing\\\boldsymbol{P}_{\mathrm{b}}^{\mathrm{u}}\cdot y<\boldsymbol{E}_z\cdot y\\\boldsymbol{P}_{\mathrm{b}}^{\mathrm{u}}\cdot z<\boldsymbol{E}_z\cdot z\end{cases}\end{aligned} \tag{4.18}$$

其中，$\theta_{z,i}^{\mathrm{l}}$ 和 $\theta_{z,i}^{\mathrm{u}}$ 分别表示 $\boldsymbol{C}_z$ 第 i 个关节转动角度的下界和上界；$O_{\mathrm{d}}\cap O_{\mathrm{m}}=\varnothing$ 保证了包络边匹配过程中多指机构和空间非合作目标物体不发生碰撞；$\boldsymbol{P}_{\mathrm{b}}^{\mathrm{u}}\cdot y<\boldsymbol{E}_z\cdot y$ 和 $\boldsymbol{P}_{\mathrm{b}}^{\mathrm{u}}\cdot z<\boldsymbol{E}_z\cdot z$ 由包络条件决定。

考虑到求解最优化问题 (4.18) 的过程中不仅需要实时进行碰撞规避，还希望计算效率尽可能高，因此本小节采用快速搜索随机树法进行求解。快速搜索随机树法是机器人路径规划领域中一个重要的方法，在机器人规划领域，尤其是高维环境 (如机械臂) 的规划中，占有重要中位置，是一种基于采样的规划方法。如图 4.5 所示，首先，通过快速搜索随机树法随机搜索有效匹配构型，但并不是每个有效匹配构型都会被添加到搜索路径中，只有当前有效匹配构型对应的单向距离比上一个有效匹配构型对应的单向距离小时，才会被添加，这保证了快速搜索随机树法朝着单向距离越来越小的方向进行搜索；其次，由于最优匹配构型对应的主手指关节角值未知，而传统快速搜索随机树法中目标点是给定的，在图 4.5 所示的最优包络边匹配构型搜索算法中，以快速搜索随机树法搜索到的相邻两个有效匹配构型对应的单向距离的差值作为算法是否终止的判断条件；最后，当单向距离收敛到一个稳定值不再变化时，说明找到了使得主手指与包络边最大限度相似的主手指关节角取值。虽然快速搜索随机树法搜索每个有效匹配构型的过程是随机的，但是通过搜索方向和算法终止的判断条件保证了优化目标的收敛性，即通过随机搜索找到了最好的解。

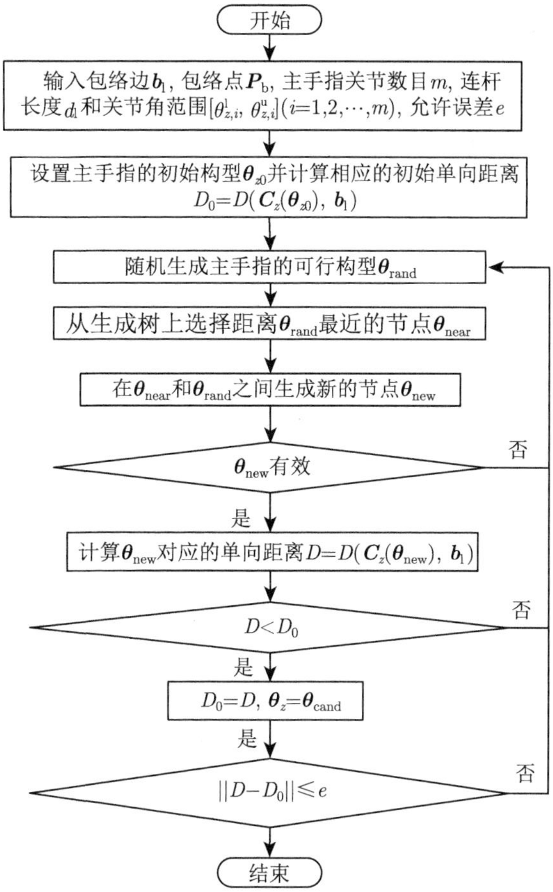

图 4.5　最优包络边匹配构型搜索算法框图

4.3.3　从手指构型确定

确定了 $\boldsymbol{C}_z$ 的构型后，可以利用多指机构模型确定其余从手指的构型。首先，根据式 (4.1)，确定任意一个从手指 $\boldsymbol{C}_i(i=1,2,\cdots,n;i\neq z)$ 的基关节位置 $\boldsymbol{P}^i_{\rm j}$：

$$\boldsymbol{P}_{\mathrm{j}}^{i} = \boldsymbol{P}_{\mathrm{j}}^{z} + \boldsymbol{\delta}_{iz} \ (i \neq z,\ i = 1, 2, \cdots n, z \in \{1, 2, \cdots, n\}) \tag{4.19}$$

然后，根据式 (4.2)，确定 $\boldsymbol{C}_i$ 的可能构型：

$$\boldsymbol{C}_i = f(\boldsymbol{\theta}_i) = \{\boldsymbol{P}_{\mathrm{j}}^{i}, \boldsymbol{P}_{i}^{2}, \cdots, \boldsymbol{P}_{i}^{m}, \boldsymbol{P}_{i}^{\mathrm{e}}\} \tag{4.20}$$

其中，$\boldsymbol{P}_i^k (k = 2, 3, \cdots, m)$ 和 $\boldsymbol{P}_i^{\mathrm{e}}$ 分别表示第 i 个手指的第 k 个关节和指尖的位置。

注 4.4 在 $\boldsymbol{C}_i$ 构型的确定过程中，除了满足每个关节角要在允许的范围内，即 $\theta_{i,k} \in [\theta_{i,k}^{\mathrm{l}}\ \theta_{i,k}^{\mathrm{u}}](k = 1, 2, \cdots, m)$；还要满足不能与目标物体发生碰撞的安全性要求，即 $O_{\mathrm{d}} \cap O_{\mathrm{m}} = \varnothing$。

4.3.4 有效包络构型确定

一旦主手指和所有从手指的构型确定，便可确定多指机构的构型 $\boldsymbol{C}_{\mathrm{d}}$：

$$\boldsymbol{C}_{\mathrm{d}} = \{\boldsymbol{C}_z, \{\boldsymbol{C}_i\}\} \ \ (i \neq z, i = 1, 2, \cdots, n, z \in \{1, 2, \cdots, n\}) \tag{4.21}$$

一方面，每个从手指具有很多个可能构型，造成了 $\boldsymbol{C}_{\mathrm{d}}$ 中的元素通常不唯一；另一方面，在确定多指机构构型时，没有考虑包络条件，$\boldsymbol{C}_{\mathrm{d}}$ 中的某些构型极有可能不能包络住目标物体。因此，需要利用式 (4.6) 所示的包络条件，从 $\boldsymbol{C}_{\mathrm{d}}$ 中选择一个能够成功包络住目标物体的有效包络构型 $\boldsymbol{C}_{\mathrm{d}}^{\mathrm{f}}$。

本小节所提的“主–从”式的多指机构包络算法，不仅具有处理运动目标的能力，而且在包络构型搜索过程中简化了系统自由度进而提升了计算效率，因此可以实现对空间非合作目标的快速有效包络。

注 4.5 在进行包络算法设计时，是以三维包络为例进行的，所设计的算法同样适用于二维平面包络。此时，包络点追踪时需要实现的是多指机构和目标物体之间的姿态运动同步，以及主手指的指尖与包络点的平动运动同步；在确定从手指构型时，只需要考虑如式 (4.22) 所示的各个手指指尖间的相对容许距离即可：

$$d_{\mathrm{e\,min}}^{iz} \leqslant \|\boldsymbol{J}_{i,\mathrm{e}} - \boldsymbol{J}_{i,z}\| \leqslant d_{\mathrm{e\,max}}^{iz}(i \neq z,\ i = 1, 2, \cdots, n, z \in \{1, 2, \cdots, n\}) \tag{4.22}$$

其中，$d_{\mathrm{e\,min}}^{iz}$ 和 $d_{\mathrm{e\,max}}^{iz}$ 分别表示第 i 个手指的指尖 $\boldsymbol{J}_{i,\mathrm{e}}$ 和主手指指尖 $\boldsymbol{J}_{z,\mathrm{e}}$ 间的最大和最小容许距离。需要指出的是，各个指尖相对主手指的方位是其基关节相对主手指基关节的位置决定的。此外，考虑到二维包络时各个手指的指尖均要与待包络的物体处于同一平面内，因此，在不失一般性的条件下，在二维平面包络时假设各个手指的关节角一样。

4.4 仿真验证

为了验证所设计算法的有效性，采用图 4.1 所示的四指三关节的多指机构，分别对可以简化为二维的扁平型空间非合作目标和一般性三维空间非合作目标进

行包络抓捕的仿真验证。设多指机构的手掌的底面为边长 $s=0.6\text{m}$ 的正方形，且正方形的每个顶点处均连接一个手指。此外，假设所采用的多指机构的每个手指和每个手指的连杆都一样。假设连杆长度 $\|\boldsymbol{c}_{i,j}\|=0.25\text{m}(i=1,2,\cdots,n;j=1,2,\cdots,m)$，关节角转动范围为 $\theta_{i,j}\in[-180°,180°](i=1,2,\cdots,n;j=1,2,\cdots,m)$。此外，假设主手指的编号为 1。多指机构的具体结构关系如图 4.6 所示。

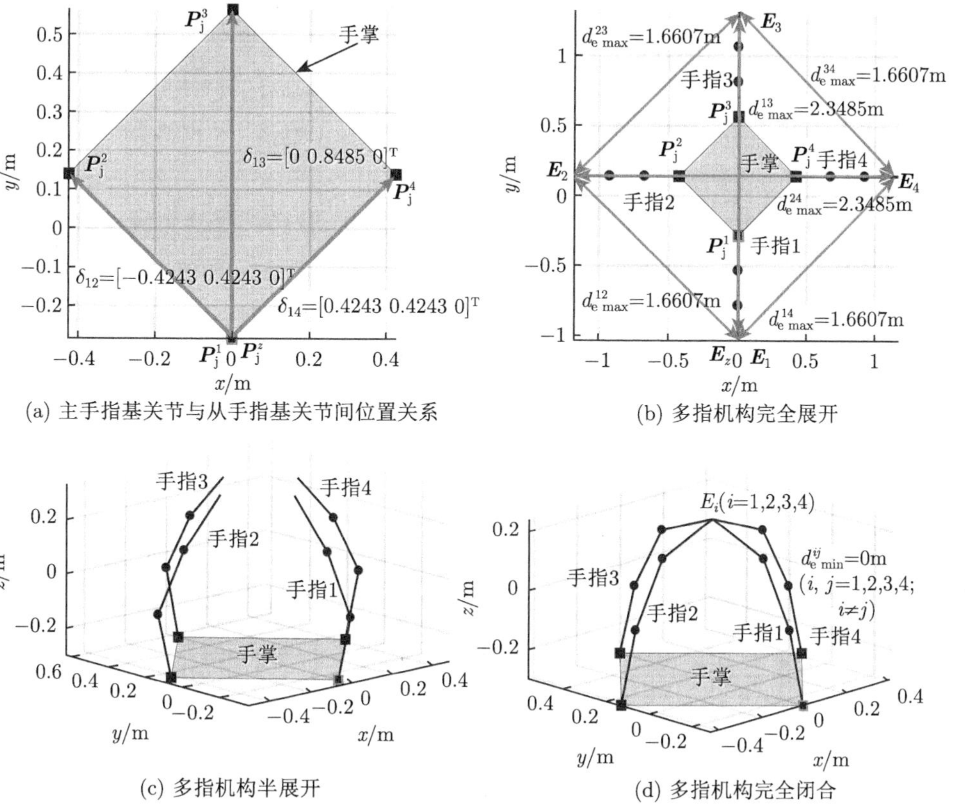

(a) 主手指基关节与从手指基关节间位置关系

(b) 多指机构完全展开

(c) 多指机构半展开

(d) 多指机构完全闭合

图 4.6　多指机构的具体结构关系图 (以四指三关节的多指机构为例)

4.4.1　扁平型空间非合作目标多指包络抓捕

扁平型空间非合作目标包络问题可以简化为二维平面物体包络问题，即可以将多指机构简化为由指尖表示的点手指。如图 4.6 所示，当多指机构完全展开时，各个手指的指尖距离 $d_{\mathrm{e}}^{ij}(i,j=1,2,3,4;i\neq j)$ 最大；当多指机构完全闭合时，d_{e}^{ij} 最小。各指尖距离的容许范围见表 4.1。

设待包络的扁平型空间非合作目标可以简化为边长为 0.4m 的正五边形，初始时刻 $t_0=0\text{s}$，相应的仿真参数见表 4.2，相应的包络元素见图 4.7，随机选择包络

表 4.1　各指尖距离的容许范围

手指编号	手指编号	最大距离/m	最小距离/m
1	2	1.6607	0
	3	2.3485	0
	4	1.6607	0
2	3	1.6607	0
	4	2.3485	0
3	4	1.6607	0

点位置 (m) 为 $\boldsymbol{P}_{\rm b}^m = [0.0065\ -0.3969\ 0]^{\rm T}$。经计算，主手指基关节和包络点间的初始相对位置误差 (m) 为 $\boldsymbol{x}_{\rm e10} = [-5.6595\ -7.7959\ 0]^{\rm T}$、初始相对速度误差 (m/s) 为 $\boldsymbol{x}_{\rm e20} = [-0.5\ \ -1\ 0]^{\rm T}$。进一步，设期望在时刻 $t_{\rm b} = 150{\rm s}$ 实现包络点追踪。

表 4.2　仿真参数

参数类别	具体参数	扁平型空间非合作目标	一般性三维空间非合作目标
初始时刻目标参数	质心位置/m, $\boldsymbol{r}_{\rm m0}$	$[0\ 0\ 0]^{\rm T}$	$[0\ 0\ 0]^{\rm T}$
	线速度/(m/s), $\boldsymbol{v}_{\rm m0}$	$[0.5\ 1\ 0]^{\rm T}$	$[-0.6\ 1\ 0.5]^{\rm T}$
	线加速度 (m/s^2), $\boldsymbol{a}_{\rm ml}$	$[0.1\ 0.1\ 0]^{\rm T}$	$[0.1\ 0.1\ 0.1]^{\rm T}$
	姿态四元数, $\boldsymbol{q}_{\rm m0}$	$[0\ 0\ 0.5\ 0.866]^{\rm T}$	$[0\ 0\ 0.5\ 0.866]^{\rm T}$
	角速度 [(°)/s], $\boldsymbol{\omega}_{\rm m0}$	$[0\ 0\ 2]^{\rm T}$	$[-1\ 1\ 2]^{\rm T}$
	角加速度 [(°)/s^2], $\boldsymbol{a}_{\rm mj}$	$[0\ 0\ 0.5]^{\rm T}$	$[0.3\ 0.4\ 0.5]^{\rm T}$
初始时刻多指机构参数	转动惯量/(kg·m^2), $\boldsymbol{J}_{\rm d}$	diag(20, 18, 25)	diag(20, 18, 25)
	主手指位置/m，$\boldsymbol{r}_{\rm b0}$	$[-6\ -8\ 0]^{\rm T}$	$[7\ -10\ 12]^{\rm T}$
	线速度/(m/s), $\boldsymbol{v}_{\rm b0}$	$[0\ 0\ 0]^{\rm T}$	$[0\ 0\ 0]^{\rm T}$
	姿态四元数, $\boldsymbol{q}_{\rm b0}$	$[0\ 0\ 0\ 1]^{\rm T}$	$[0\ 0\ 0\ 1]^{\rm T}$
	角速度 [(°)/s], $\boldsymbol{\omega}_{\rm d0}$	$[0\ 0\ 0]^{\rm T}$	$[0\ 0\ 0]^{\rm T}$
控制参数		$k_1 = 0.6,\ k_2 = 0.5,\ \alpha = 0.8$	$k_1 = 0.6,\ k_2 = 0.5,\ \alpha = 0.8$

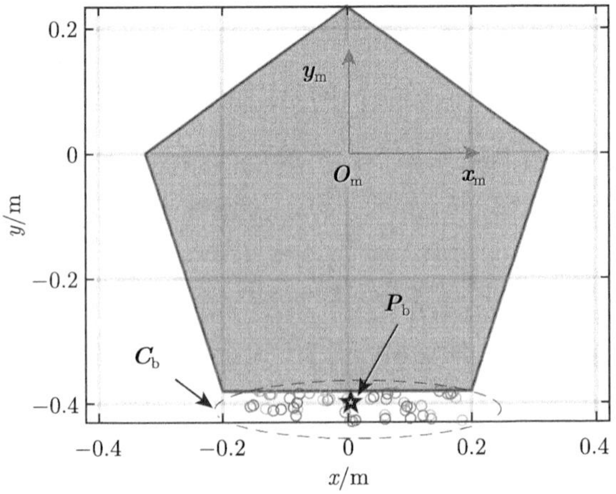

图 4.7　包络正五边形时的包络元素

图 4.8 展示了包络点追踪结果，可以看出在 $t = 120{\rm s} < t_{\rm b}$ 时，实现了多指机

构与空间非合作目标物体之间的运动同步，说明所设计的包络点追踪算法满足要求。在 t_{b} 时刻，主手指的指尖位置 (m) 为 $\boldsymbol{P}_{\mathrm{b}}^{\mathrm{e}}=[1204.1031\ 1278.9314\ 0]^{\mathrm{T}}$。

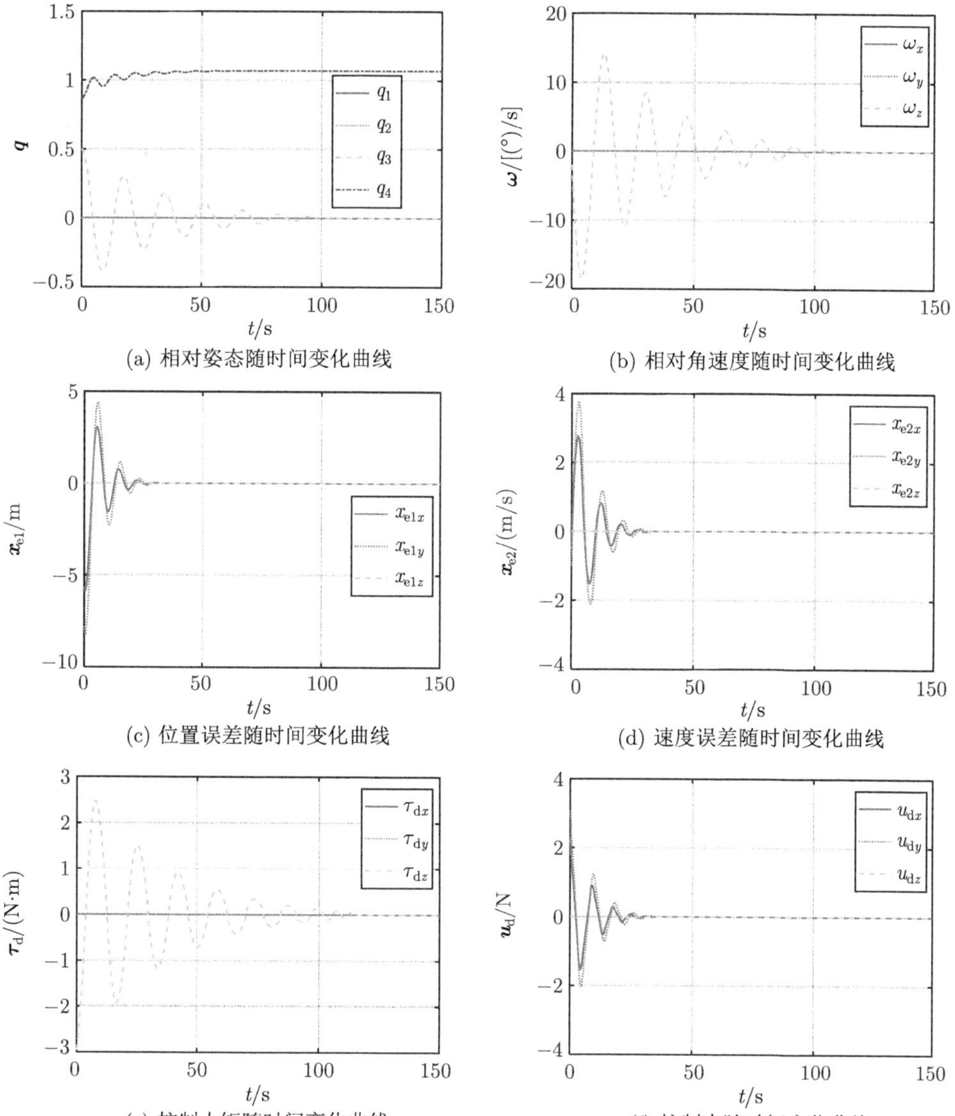

(a) 相对姿态随时间变化曲线　(b) 相对角速度随时间变化曲线

(c) 位置误差随时间变化曲线　(d) 速度误差随时间变化曲线

(e) 控制力矩随时间变化曲线　(f) 控制力随时间变化曲线

图 4.8　包络正五边形时包络点追踪结果随时间变化图

根据多指机构各个手指的指尖距离约束，可以得到多指机构的可能构型 (图 4.9)。如图 4.9 (a) ~ (c) 所示，并非所有的多指机构构型都是有效包络构型。进一步，利用包络条件，从多指机构的可能构型中随机选择一个有效包络构

型 [图 4.9 (d)]，此时，相邻手指的指尖距离为 0.4816m，小于目标的特征长度 0.6472m，故满足包络条件。

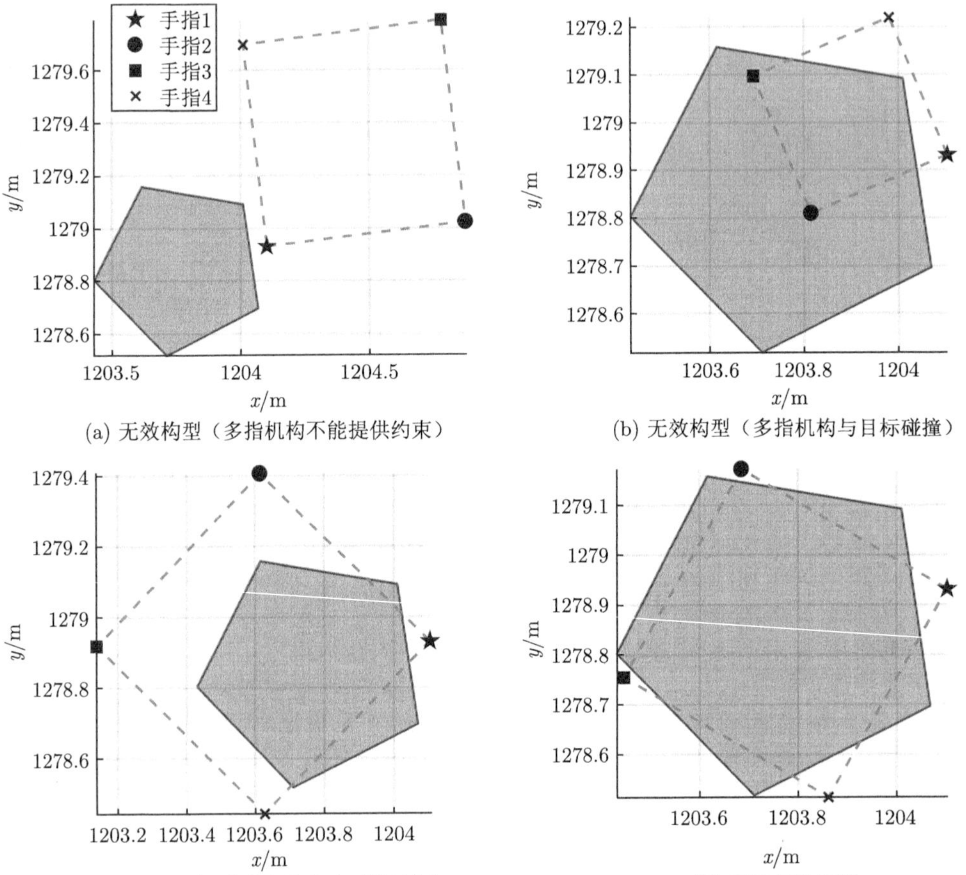

图 4.9　包络正五边形时的多指机构的可能构型

4.4.2　一般性三维空间非合作目标多指包络抓捕

以图 4.3 所示的长方体为例，进行一般性三维空间非合作目标的包络。设长方体的长、宽、高分别为 0.8m、0.5m、0.6m。仿真参数见表 4.2，相应的包络元素如图 4.4 所示，随机选择包络点位置 (m) 为 $\boldsymbol{P}_{\mathrm{b}}^{m}=[0\ -0.2851\ -0.3014]^{\mathrm{T}}$。此时，主手指基关节和包络点间的初始相对位置误差 (m) 为 $\boldsymbol{x}_{\mathrm{e10}}=[-5.6595\ \ -7.7959\ 0]^{\mathrm{T}}$、初始相对速度误差 (m/s) 为 $\boldsymbol{x}_{\mathrm{e20}}=[0.6\ \ -1\ \ -0.5]^{\mathrm{T}}$。同样地，设期望在时刻 $t_{\mathrm{b}}=150\mathrm{s}$ 实现包络点追踪。

图 4.10 展示了包络点追踪结果，可以看出在 $t=120\mathrm{s}<t_{\mathrm{b}}$ 时，实现了多指

机构与目标物体之间的运动同步，说明所设计的包络点追踪算法满足要求。在 $t_{\rm b}$ 时刻，主手指的指尖位置 (m) 为 $\boldsymbol{P}_{\rm b}^{\rm e}=[1038.8803\ 1278.3562\ 1203.7434]^{\rm T}$。

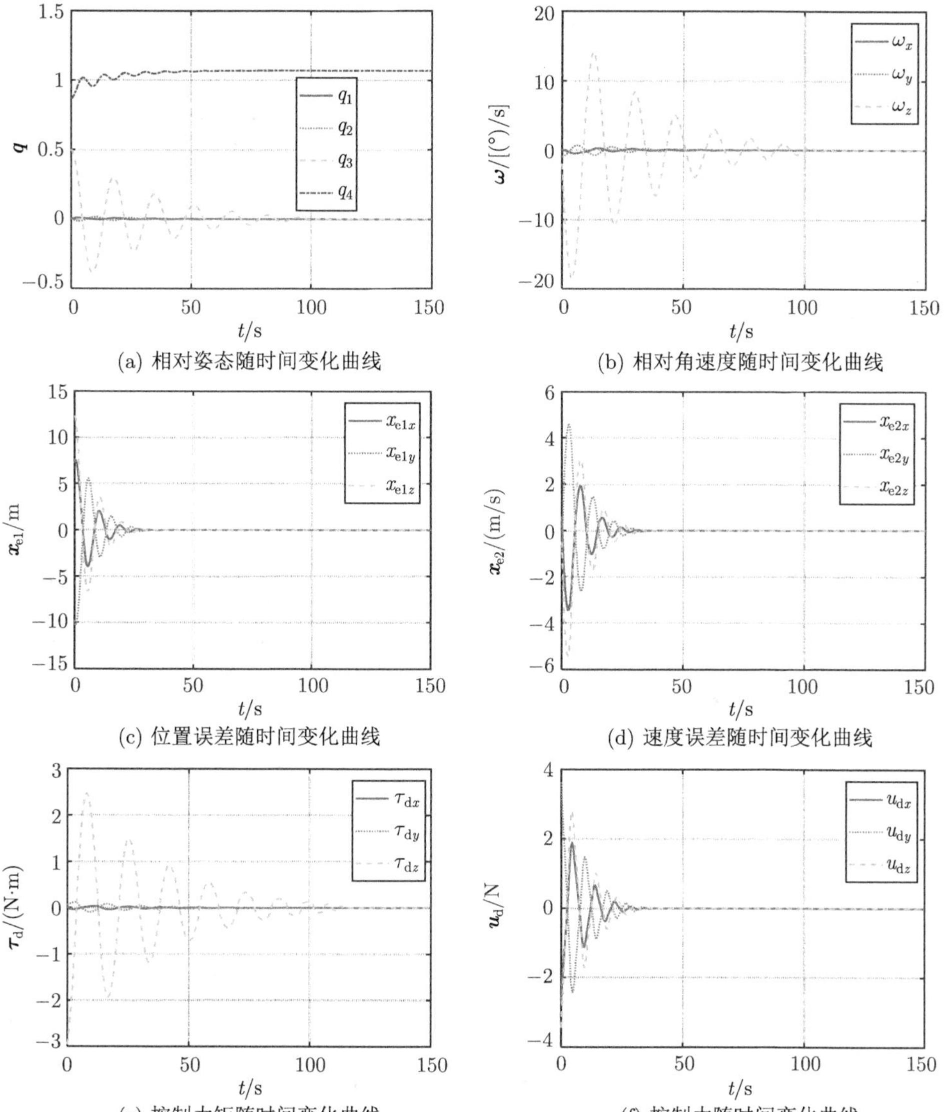

(a) 相对姿态随时间变化曲线　(b) 相对角速度随时间变化曲线

(c) 位置误差随时间变化曲线　(d) 速度误差随时间变化曲线

(e) 控制力矩随时间变化曲线　(f) 控制力随时间变化曲线

图 4.10　包络长方体时的包络点追踪结果随时间变化图

图 4.11(a) 展示了 $D(\boldsymbol{C}_z,\boldsymbol{b}_1)$ 收敛过程 $D(\boldsymbol{C}_z,\boldsymbol{b}_1)\to 0.0361\text{m}$，且当 $D(\boldsymbol{C}_z,\boldsymbol{b}_1)$ 最小时主手指关节角 (°) 取值为 $\boldsymbol{\theta}_z=[-90\ \ -4.906\ \ -2.5848]^{\rm T}$。主手指的最优构型如图 4.11(b) 所示。图 4.12 展示了多指机构的一种有效包络构型，相应的各

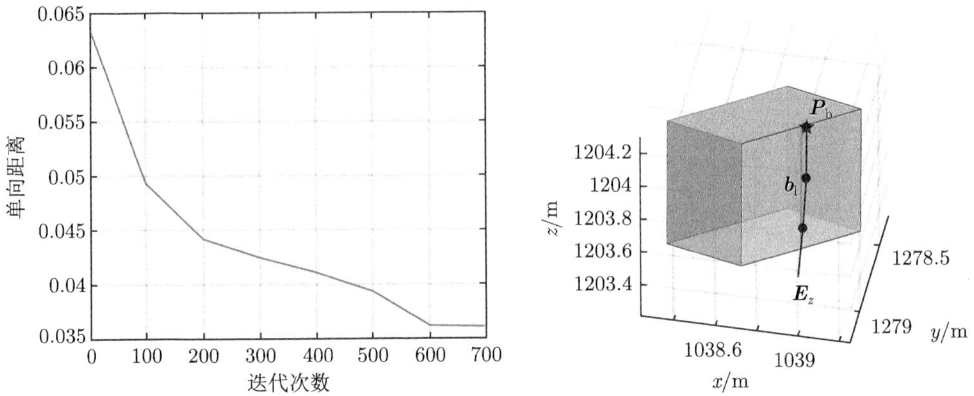

(a) 主手指与包络边间单向距离随迭代次数的收敛过程　　(b) 主手指与包络边最优匹配时的构型

图 4.11　包络边匹配结果

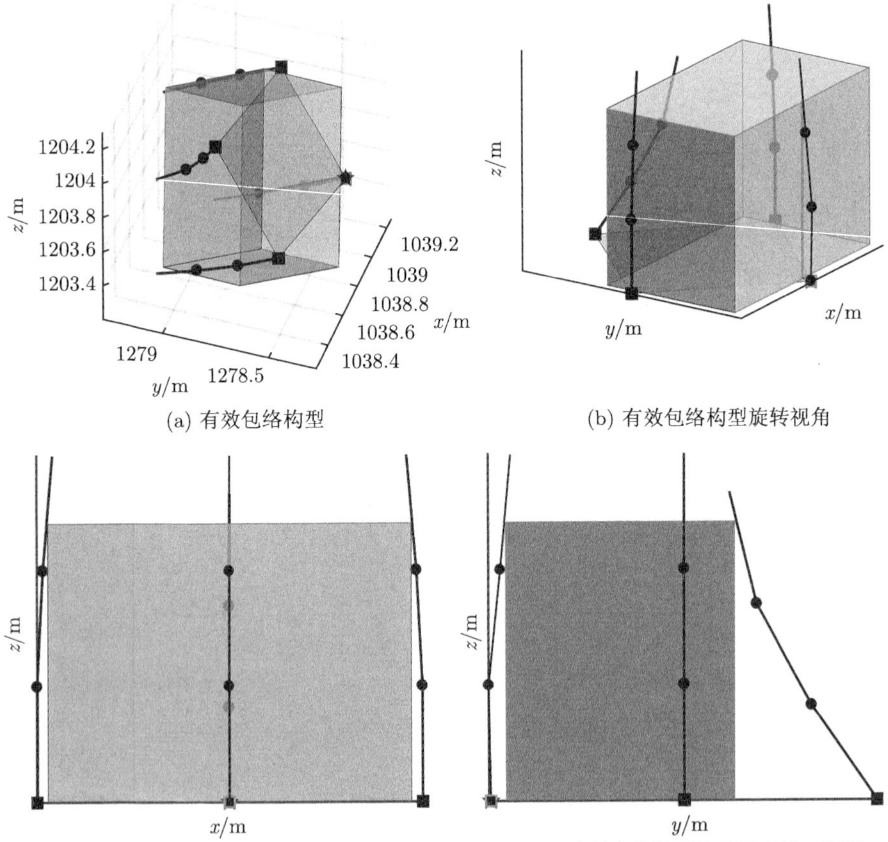

(a) 有效包络构型　　(b) 有效包络构型旋转视角

(c) 有效包络构型旋转视角的xz视图　　(d) 有效包络构型旋转视角的yz视图

图 4.12　包络长方体时的多指机构有效包络构型

个手指的关节角 (°) 取值为 $\boldsymbol{\theta}_1 = \boldsymbol{\theta}_z$、$\boldsymbol{\theta}_2 = [-90\ \ -3\ \ -2]^{\mathrm{T}}$、$\boldsymbol{\theta}_3 = [-125\ 6\ 15]^{\mathrm{T}}$ 和 $\boldsymbol{\theta}_4 = [-90\ \ -3\ \ -2]^{\mathrm{T}}$。

通过以上两个仿真案例可以得出，所设计的算法对可以简化为二维平面物体的扁平型空间非合作目标多指包络抓捕问题和一般性三维空间非合作目标多指包络抓捕问题均适用，能够高效得到一条有效的空间非合作目标多指包络抓捕路径。

参考文献

[1] 路勇, 刘晓光, 周宇, 等. 空间翻滚非合作目标消旋技术发展综述[J]. 航空学报, 2018, 39(1): 33-45.

[2] 张福海, 付宜利, 王树国. 惯性参数不确定的自由漂浮空间机器人自适应控制研究[J]. 航空学报, 2012, 33(12): 2347-2354.

[3] FLORES A A, MA O, PHAM K, et al. A review of space robotics technologies for on-orbit servicing[J]. Progress in Aerospace Sciences, 2014, 68(8): 1-26.

[4] 崔乃刚, 王平, 郭继峰, 等. 空间在轨服务技术发展综述 [J]. 宇航学报, 2007, 28(4): 805-811.

[5] MAKITA S, WAN W. A survey of robotic caging and its applications[J]. Advanced Robotics, 2017, 31(19-20): 1071-1085.

[6] 魏承, 赵阳, 田浩. 空间机器人捕获漂浮目标的抓取控制 [J]. 航空学报, 2010, 31(3): 632-637.

[7] 徐文福, 孟得山, 徐超, 等. 自由漂浮空间机器人捕获目标的协调控制 [J]. 机器人, 2013, 35(5): 559-567.

[8] SHIMOGA K B. Robot grasp synthesis algorithms: A survey[J]. International Journal of Robotics Research, 1996, 15(3): 230-266.

[9] BICCHI A, KUMAR V. Robotic grasping and contact: A review[C]. International Conference on Robotics and Automation, San Francisco, 2000: 348-353.

[10] 孙冲, 袁建平, 万文娅, 等. 自由翻滚故障卫星外包络抓捕及抓捕路径优化 [J]. 航空学报, 2018, 39(11): 322192-1-322192-10.

[11] 韩亮亮, 杨健, 赵颖, 等. 基于仿章鱼软体机器人空间碎片柔性自适应捕获装置的设想 [J]. 载人航天, 2017, 23(4): 469-472.

[12] KUPERBERG W. Problems on polytopes and convex sets[C]. Proceedings of DIMACS: Workshop on Polytopes, Piscataway, 1990: 1-10.

[13] RIMON E, BLAKE A. Caging planar bodies by one-parameter two-fingered gripping systems[J]. International Journal of Robotics Research, 1999, 18(3): 299-318.

[14] VAHEDI M，STAPPEN F V D. Caging plygons with two and three fingers[J]. International Journal of Robotics Research, 2008, 47(27): 1308-1324.

[15] PIPATTANASOMPORN P, SUDSANG A. Two-finger caging of concave polygon[C]. International Conference on Robotics and Automation, Orlando, 2006: 2137-2142.

[16] PONCE J, BURDICK J, RIMON E. Computing the immobilizing three-finger grasps of planar objects[C]. 2nd Workshop on Computational Kinematics, Boston, 1995: 281-300.

[17] DAVIDSON C, BLAKE A. Caging planar objects with a three-finger one-parameter gripper[C]. International Conference on Robotics and Automation, Leuven, 1998: 2722-2727.

[18] PIPATTANASOMPORN P, SUDSANG A. Two-finger caging of nonconvex polytopes[J]. IEEE Transactions on Robotics, 2011, 27(2): 324-333.

[19] WANG Z D, HIRATA Y, KOSUGE K. Dynamic object closure by multiple mobile robots and random caging formation testing[C]. International Conference on Intelligent Robots and Systems, Beijing, 2006: 3675-3681.

[20] WANG Z D, MATSUMOTO H, HIRATA Y, et al. A path planning method for dynamic object closure by using random caging formation testing[C]. International Conference on Intelligent Robots and Systems, Saint Louis, 2009: 5923-5929.

[21] WAN W, SHI B, WANG Z, et al. Multirobot object transport via robust caging[J]. IEEE Transactions on Systems, Man, and Cybernetics: Systems, 2017, 50(1): 270-280.

[22] 周浦城, 洪炳镕, 王月海. 动态环境下多机器人合作追捕研究[J]. 机器人, 2005, 27(4): 289-295.

[23] 付光远, 李源. 多移动机器人动态联盟围捕策略[J]. 计算机应用, 2019, 39: 1-7.

[24] WAN W Y, SUN C, YUAN J P. The caging configuration design and optimization for planar moving objects using multi-fingered mechanism[J]. Advanced Robotics, 2019, 33(18): 1-19.

[25] 孙冲, 万文娅, 崔尧, 等. 扁平体空间非合作目标多指外包络抓捕构型设计[J]. 中国空间科学技术, 2019, 39(6): 8-20.

[26] 孙俊, 张世杰, 马也, 等. 空间非合作目标惯性参数的 Adaline 网络辨识方法[J]. 航空学报, 2016, 37(9): 2799-2808.

[27] LI Q, YUAN J, SUN C. Robust fault-tolerant saturated control for spacecraft proximity operations with actuator saturation and faults[J]. Advances in Space Research, 2019, 63(5): 1541-1553.

[28] BHAT S, BERNSTEIN D S. Finite-time stability of homogeneous systems[C]. American Control Conference, Albuquerque, 1997: 2513-2514.

[29] LIN B, SU J. One way distance: For shape based similarity search of moving object trajectories[J]. Geoinformatica, 2008, 12(2): 117-142.

第 5 章　液磁混合悬浮等效微重力实验平台及地面实验

微重力地面实验是验证航天器在轨操控技术的重要手段。近年来，随着空间碎片清理、航天器在轨加注、空间非合作目标交会对接等复杂空间任务的提出，迫切需要能够实现长时间、大范围、精确可控的地面微重力环境验证这些技术。国内外研究人员对地面微重力环境构建问题进行了大量的研究。已有的微重力效应构建方法主要分为两类，第一类方法是微重力环境仿真方法，包括零重力航天飞机和落塔实现地面微重力效应；第二类方法是微重力效应仿真方法，包括气浮平台悬浮微重力方法、绳吊微重力方法和中性浮力微重力方法。零重力飞机通过短时间俯冲飞行，使被测对象在该阶段实现微重力环境飞行。目前已有的零重力环境测试飞机包括 IL-76MGK(俄罗斯)、KC-135(美国)、C-9(美国)、Caravelle(法国)、A-300(法国)、MU-300(日本) 等。零重力飞机能够提供 10~30s 的短期微重力环境，而且价格昂贵[1-3]。落塔方法是通过物体的自由降落实现微重力，著名的德国不莱梅落塔高度为 146m，能提供 $10^{-6}g$ 的微重力环境，维持时间约为 4.74s。中国科学院国家微重力实验室落塔高 100m，能够提供 $10^{-5}g$ 的微重力环境 3.5s。这些落塔能够提供高精度的微重力环境，然而保持时间较短[3]。与上述几种方法不同，气浮平台悬浮微重力方法能够提供长时间的微重力环境。该方法通过调整气浮力，使其与被测物重力平衡，从而实现微重力环境。然而，气浮平台仅能够在纵方向上实现几微米的高度悬浮，因此只能实现平面运动的微重力效应，无法实现 6 自由度的微重力环境[4-7]。绳吊微重力方法可用于实现三维微重力效应模拟，该方法通过吊绳产生的拉力与被测对象的重力匹配，从而实现微重力环境构建，该方法可实现长时间微重力环境，常用于空间机器人在微重力环境下的任务验证。然而其缺点在于，能够提供的微重力环境为静态微重力环境，无法实现动态微重力环境的测试[8,9]。中性浮力微重力方法是通过在实验对象上添加浮块，使得整体浮块抵消整体重力，从而悬浮在水中使其模拟空间微重力环境。中性浮力水池可以实现长时间、大范围、6 自由度无约束的连续运动。麻省理工学院、马里兰大学均有中性浮力水池可提供微重力地面实验。然而被测对象在中性浮力水池运动过程中无法避免水阻力的影响。另外，中性浮力水池能够提供的微重力水平主要通过调节浮块匹配重力来保证，因此微重力效应无法在线调节，而且配平过程较为复杂，当更换测量对象时，需要对其重新配平。

由此可知，上述方法均无法实现长时间、大范围、高精度微重力效应环境构建。针对该问题，本章介绍一种液磁混合悬浮等效微重力效应模拟平台，通过精确控制被测对象在微重力环境中受到的电磁力大小调节被测物体的微重力水平，从而为被测实验体提供长时间、大范围、高精度的微重力等效环境。本章首先提出液磁混合地面微重力等效环境构建方法，介绍地面微重力效应模拟平台的硬件和软件系统。其次，分析地面实验中水阻力对微重力效应模拟平台的影响，并提出采用自抗扰控制方法实时在线补偿实验体在平台运动过程中受到的水阻力。最后，研究应用液磁混合微重力环境平台验证航天器近距离交互对接的控制方法。本章的结构如下，5.1 节介绍液磁混合悬浮的基本原理；5.2 节介绍地面液磁混合悬浮微重力模拟平台；5.3 节介绍基于液磁混合微重力平台的单航天器交会对接实验研究。

5.1 液磁混合悬浮的基本原理

对空间微重力效应进行地面模拟，实质是如何克服物体重力。严格意义上讲，只有实现克服物体每个分子的重力，才能真正模拟空间微重力环境效应，如失重飞机实验环境、落塔实验环境，但其应用领域受限，不适宜进行长时间实验。因此，出现了整体重力配平方法，从整体效应上看，物体所受重力被其他力平衡，表现出微重力效应状态，但是对组成物体的每一个质量元和每个分子来说，并非如此。

混合悬浮微重力效应地面模拟方法的基本原理是基于液体浮力，并结合某些非接触力特性，形成混合悬浮力共同作用于物体上，达到完全克服物体重力的效果，从而实现空间微重力等效效应。在模拟混合悬浮微重力过程中，液体浮力占总悬浮力的大部分，而非接触悬浮力只占小部分，但它却弥补了液体浮力精度不足和可控性的不足。

目前，可选用的非接触悬浮方法包括：气流悬浮 (气浮台)、电磁悬浮、声悬浮、静电悬浮、光悬浮、粒子束悬浮等，其中气流悬浮、电磁悬浮、静电悬浮、声悬浮技术比较成熟。在构建混合悬浮系统时，本节综合考虑了多方面因素，最终选择电磁悬浮作为辅助的非接触悬浮力。

1. 液体浮力

液体浮力是指一种状态，当物体处于液体中时，若物体的密度与液体的密度相同，则物体可在液体中任意一点悬浮。液体浮力模拟方法也称为中性浮力平衡重力方法，即利用液体对物体的浮力抵消物体的重力，使物体处于中性悬浮状态。实验过程中将试件 (包括航天器实物或实验模型) 或者受训航天员浸没在水中，利用精确调整配重或漂浮体，使其所受的浮力与重力相同，平衡于水中任何点，以实现模拟微重力环境效应的目的。这种方法并没有消除重力对于物体及其组织的作用，因此，不同于真实的失重环境，只是对失重效应的模拟。中性浮力实验环境可以提供足够大的无约束三维实验空间，且模拟微重力时间 (作业) 不受限制，可供长时间连续实验，是唯一可与轨道上的航天器/航天员同步进行空间活动、操作演示的微重力效应模拟环境[10-13]。

但在实际操作过程中，中性浮力存在预配平时间长、实时操作性低、可控性差、配重精确度不足等难以解决的困难。在实践中，液磁微重力环境中实验体 (空间主航天器) 控制存在许多技术挑战，如未知的外部扰动、模型不确定性。其中，水的黏性阻力模型十分复杂，难以精确建模，严重影响机器人的控制精度甚至系统的稳定性，需要通过控制器设计来补偿水阻力。

2. 电磁悬浮

1842 年，Earnshaw 提出了磁悬浮的概念，在此之后，经过近 100 年的发展，电磁悬浮已经成功应用在人们的日常生活中，如磁悬浮列车、磁悬浮地球仪，也在一些试验中得到了成功应用。电磁悬浮是通过一定方式形成电磁场，对处于其中的特殊物质产生电磁力，并通过对电磁力的控制使物体悬浮起来。根据实现方式不同，可以将其分为常导电磁悬浮、超导电磁悬浮、电磁–永磁混合悬浮等。常导电磁悬浮采用由常规金属导线绕制而成的电磁铁作为工作磁体，将其通以电流，产生磁场，从而对铁磁材料产生吸引力。当电磁力足以平衡物体的重力时，物体将悬浮在空中。这种悬浮状态本质不稳定，任何微小的扰动都可能使物体掉下或被吸向磁体。为获得稳定悬浮状态，需要根据悬浮高度的微小变化实时调节线圈的电流以控制吸引力的大小。常导电磁悬浮是悬浮技术中最常用的一种形式，需要引入主动控制系统以维持稳定悬浮，与电磁铁相对的吸引物必须是导磁体，可以实现稳定悬浮。超导电磁悬浮采用具有零电阻的超导线圈绕制而成的电磁铁作为工作磁体，不仅从原理上克服了常导电磁悬浮的发热和能耗问题，还极大的提高了能量利用率，更重要的是超导线圈可毫无阻挡地让强电流通过，从而产生超强的磁场。超导电磁悬浮主要采用斥力悬浮，具体来讲是使被悬浮体与另一个导体之间发生相对运动，产生感应电流，这一感应电流产生的磁场与原磁场极性相反，从而获得斥力，使被悬浮体悬浮起来。由于采用了斥力，超导电磁悬浮系统是自稳定的，无需主动控制，也无需沉重的铁芯，线圈中的能量损耗很少。但其不足之处在于超导电磁悬浮对环境的要求更高 (环境温度要达到超导体的临界温度)，这是制约超导应用的一个瓶颈。

电磁–永磁混合悬浮是近年来兴起的一种新的电磁悬浮技术，是在常导电磁悬浮的基础上，通过采用永磁铁等新材料及与其对应的新结构，形成的一种电磁悬浮技术。电磁–永磁混合悬浮主要是将永磁铁等材料嵌入常规电磁铁中，利用永磁铁本身的储能，克服部分做功，以减小系统的总耗能和功率损耗，并使系统易于小型化，利于和其他系统集成。

电磁悬浮的基本原理和计算方法可以在相关文献中查阅[14]。电磁力系统本身是一个不确定性、非线性的不稳定系统，因此在外界干扰存在的情况下，不具有悬浮的稳定性，必须对其进行控制。目前，已有较多可用于控制电磁悬浮系统的鲁棒控制方法。具体的，非线性控制方法，如滑膜控制；线性控制方法，如 H2、混合 H2/H、H/综合控制和 Q 参数化控制等，都可以控制悬浮物达到稳定 [15,16]。从力的大小和可控性方面，电磁力可以作为混合悬浮的可控非接触力源。

3. *液磁混合悬浮*

基于电磁和液浮的混合悬浮系统，结合了液浮系统与电磁悬浮系统的优缺点。主要优点体现在：

(1) 在模拟的微重力环境下，可以提供足够大的三维实验空间，可供大型试件在 6 自由度下长时间、无限制地连续实验，可与轨道上的航天器同步进行空间活动、操作演示。

(2) 微重力水平较高。相对于中性浮力模拟的微重力水平，通过电磁力对剩余重力的精确配平，可以提高微重力模拟的水平。若电磁力大小控制精度可达 1%，则相对于中性浮力模拟的微重力水平，混合悬浮模拟的微重力水平可以提高两个量级。

(3) 可在线调控微重力状态。利用液体浮力进行粗配平后，剩余重力可以通过电磁力来配平，根据具体实验要求实时调整电压和电流，改变电磁力大小，实现实验过程中微重力状态的在线调控。

(4) 可实现试件高度的稳定和任意改变。利用可变电磁力，可实现实验过程中试件高度的任意调节和稳定悬浮，有利于执行长时间的操作实验和演示。

当然，这种悬浮方式也存在部分缺点，有待进一步解决，主要包括：

(1) 试件的受力环境复杂。浮力是一种表面力，不能从力学本质上进行失重效应的模拟。电磁力虽然是一种体积力，但只作用于磁性材料的每一个分子上，且具有很强的非线性特性。另外试件还会受到流体动力和干扰力，因此混合悬浮环境中试件的受力比较复杂。

(2) 液体介质特性引起的干扰是影响实验结果逼真度的主要因素。在混合悬浮系统中，虽然可以用液体浮力与电磁力共同克服试件的重力，但实验环境中仍存在液体阻力和流场扰动，影响实验效果，降低实验的逼真度。为了减小液体阻力影响，应尽量放慢试件运动速度，这相当于附加了实验限制条件，也会影响实验结果。

(3) 对试件的制备提出了约束条件。为了产生所需的电磁力，要求试件用铁磁性材料制作或者在恰当的位置安装铁磁性材料，这势必会导致试件与原型的结构不同。另外，为了保障实验的顺利进行，还要求试件必须具有良好的水密性，所用电子器件和测量传感器能够在电磁场中正常运行，这也对试件的研制提出了特殊要求。

5.2　地面液磁混合悬浮等效微重力效应模拟实验平台

如图 5.1 所示，地面液磁混合悬浮微重力模拟平台主要包括五个子系统：液浮系统、电磁系统、测量系统、支持保障系统和实验体系统。其中，液浮系统进行重力的粗配平，电磁系统对剩余重力进行精确配平，液浮系统和电磁系统共同为实验体创造微重力环境，测量系统提供实验过程所需的参数并进行数据记录，支持保障系统为整个实验过程和实验系统的正常运行提供安全保障。实验体系统作为实验主体，基于任务需求，执行实验过程，实现实验设计。下面将逐一介绍每个子系统。

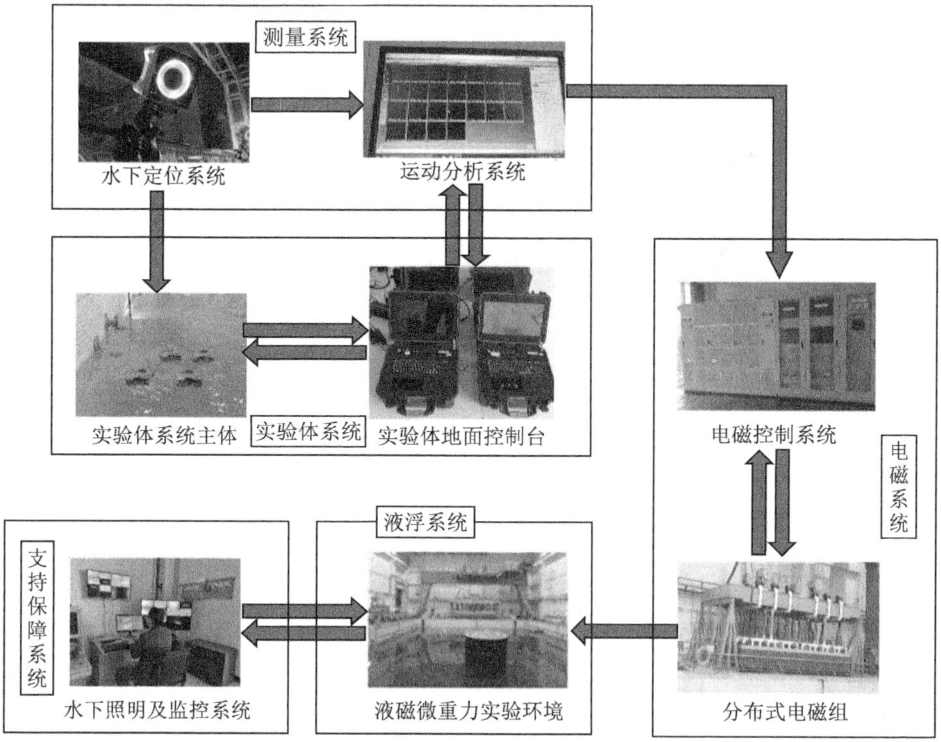

图 5.1　地面液磁混合悬浮微重力模拟平台

5.2.1　液浮系统

在液磁混合悬浮微重力效应模拟系统中，液浮系统 (水池) 是基础设施，如图 5.2 所示，包括液体装置系统、水系统、浮力配置系统等子系统。

液体装置系统即水池为实验提供了所需空间，其大小为 22m×24m×9m。为了便于观察，水池四周壁上设有多个观察孔，采用有机玻璃密封。四壁上还设有支架、水泥柱、人员扶梯等附属设施。

水系统用于保证水池用水的质量，包括整套的供水、水循环和水的净化处理设施。

浮力配置系统用于实现中性浮力状态，通过增加漂浮器或配重块对实验体进行配平，使试件的排水质量和自身质量尽可能相同。

图 5.2　液浮系统

5.2.2　电磁系统

电磁系统的作用主要是进行剩余重力的精确配平。根据电磁力产生原理，电磁系统主要包括产生电磁场的电磁线圈，可在电磁场中受到电磁力作用的电磁线圈、永磁体或者铁磁性物体，电磁场控制系统，AC-DC 电源系统和绝缘系统等，如图 5.3 所示。

将样品线圈/永磁铁安装在实验模型上，与实验模型一起处于混合悬浮力场中，或者直接使用导磁材料制成铁磁性实验模型。不论采用哪种形式，当实验模型处于电磁场中时，都会受到电磁力的作用。因此，它们和电磁线圈 (阵) 共同构成了电磁场。

电磁场控制系统通过控制通入电磁线圈的电流，改变电磁场特性，从而改变作用在实验模型上的电磁力。在电磁系统中，电磁力矩可以根据视觉定位系统 (visual positioning system, VPS) 的测量信息实时调整。26 行 × 26 列的分布式电磁线圈能够抵消残余的重力。液体浮力和电磁系统可使微重力水平达到 $10^{-4}g$。

电源系统可为电磁线圈提供所需的直流电压和电流，以产生稳恒磁场，保证

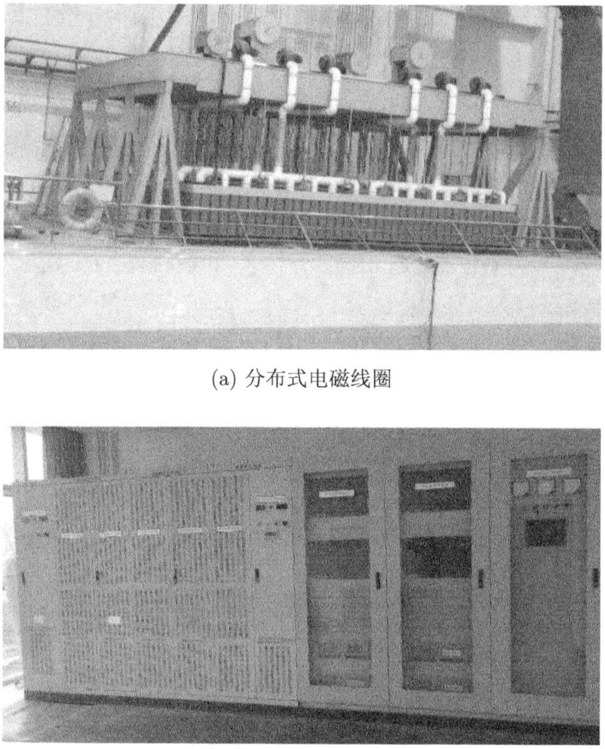

(a) 分布式电磁线圈

(b) 电磁场控制系统

图 5.3　电磁系统

实验模型的稳定悬浮。当外界输入为交流电时，需要通过交直流转换电源将交流电转换成直流电。绝缘系统保证电磁系统自身与外界绝缘，不会发生漏电、短路等现象，保证系统的正常运行。

5.2.3　测量系统

测量系统主要由 VPS 和惯性测量单元 (inertial measurement unit, IMU) 组成。VPS 和 IMU 共同使用，测量实验体的位置、速度和姿态信息。测量系统的工作原理图如图 5.4 所示。

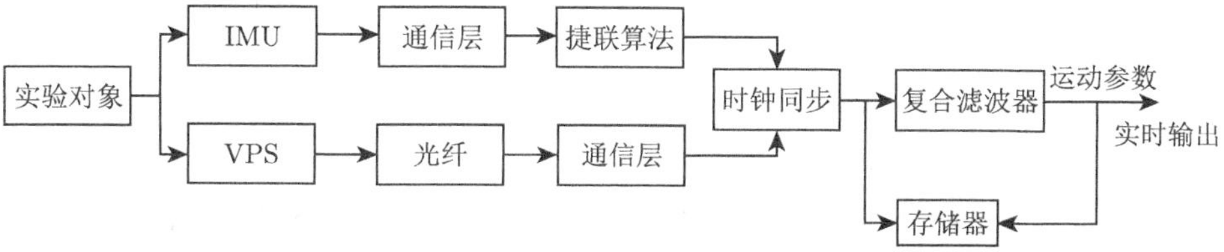

图 5.4　测量系统的工作原理图

IMU 常配置在运动目标，即实验体系统主体上，用于测量目标三轴姿态角 (或角速率) 和加速度。一般情况下，一个 IMU 包含三个单轴的加速度计和三个单轴的陀螺，加速度计检测物体在载体坐标系统三个坐标轴方向上的加速度信号，陀螺检测载体相对于导航坐标系的角速度信号，测量物体在三维空间中的角速度和加速度，并以此解算出物体的姿态。

VPS 配置在目标所在的运动空间 (即液浮系统) 中，用于目标运动情况的获取和跟踪。本实验平台选用了 Qualisys 外围测量系统作为 VPS，Qualisys 外围测量系统由高速摄像系统和运动采集分析软件，以及相应的专业校准装置、供电设备和水下电缆组成。通过快速而精确地对运动物体上标记点进行捕捉和分析，从而获取物体在实验过程中的运动情况，并且能实时输出数据被其他程序获取，进而达到实时反馈控制的效果。为了便于标记点的捕捉与跟踪，通常采用在运动物体上人工配置反光球等标记点的方式，如图 5.5 所示。

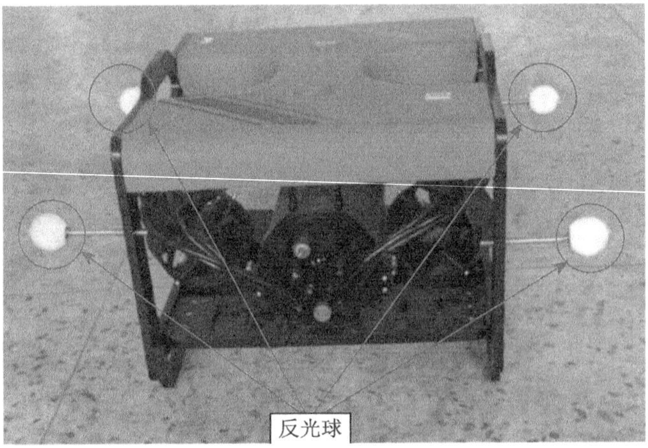

图 5.5　运动物体上的反光球标记配置

高速摄像系统由环布于水池中的 26 套专用水下运动捕捉摄像机组成，用于实时采集被测物体上的标记点，各个镜头采集获得相应的 2D 平面数据。为实现实验区域的无缝测量覆盖，根据摄像机的视场范围，通过几何空间计算，对 26 个摄像机分两层进行了布设：第一层，位于 0.5m 深度，共布置 10 个摄像机；第二层，位于 6.5m 深度，共布置 16 个摄像机。

图 5.6 为运动采集分析软件 Qualisys Track Manager 软件界面，用于对高速摄像系统进行调整和控制，并接收高速摄像系统采集到的反光标记点信息。当标记点被 2 台或 2 台以上镜头拍摄到时，通过运动采集分析软件实时计算得出三维空间 6 自由度数据。

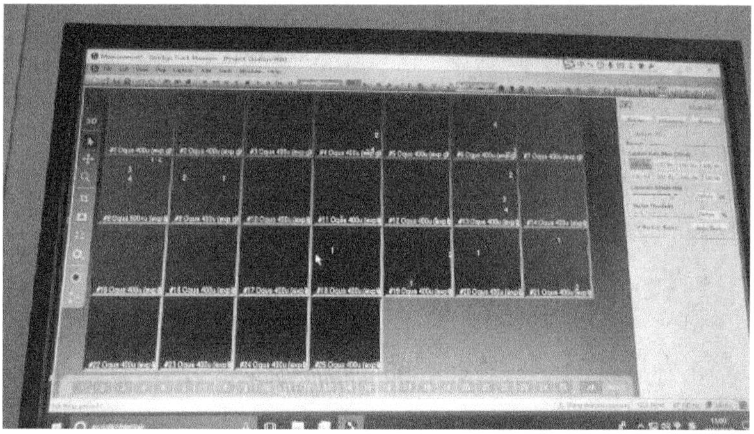

图 5.6　Qualisys Track Manager 软件界面

系统标定的目的是为测量系统建立一个三维空间的基准坐标系 $Oxyz$，从而可以测量目标物在测量区域内的 6 自由度数据。

系统标定设备包括 L 形框架和 T 形框架。其中，L 形框架上配置有 4 个反光球，构成一个平面，用于代表坐标系 $Oxyz$ 的某一坐标面。T 形框架在两端配有标记用反光球，两球心相距 601.4mm (精度为 0.1mm)。通过在水池中拖曳校准 T 形杆，并尽量覆盖实验所要的区域，可以确定测量系统 x、y、z 方向的坐标，对测量系统进行空间精确度调整。

5.2.4　支持保障系统

支持保障系统属于实验系统的附属设施，是顺利实施实验所需的保障设备。其包括用于对较重的物体进行移动、吊起或放入水中等的起重机和航吊系统，用于对实验水池、实验模型和整个实验过程进行监视的水下照明和监控系统，以及实验过程中在测试室、水下、控制室之间进行联系的通信设施；还包括对整个实验过程进行控制、对实验过程中的各个环节进行协调和指挥的中央控制系统及应对突发事件 (如突然停电、漏电、短路、着火等) 的安全保障系统。

水下照明及监控系统如图 5.7 所示，主要由水下照明系统、水下监控系统，以及相应的水下电缆、安装支架等组成。该系统主要用于水池水下场景监控，完成水下摄像和记录，并反馈给综合显控系统供工作人员监视实验运行，工作人员通过综合显控系统完成水下设备的开关控制、监视信息的采集和处理。系统具备视频输出与外部控制信号输入功能，可根据必要情况配合进行监视系统的组网工作，为实现对整个水下实验场地、实验环境和实验过程的实时动态监视提供条件。

水下照明系统用于满足系统水下远距离、大范围、高强度照明使用需求，主要由 18 个 SXZDD-Ⅷ 型水下照明灯和配套的水下防水电缆、接插件等组成。

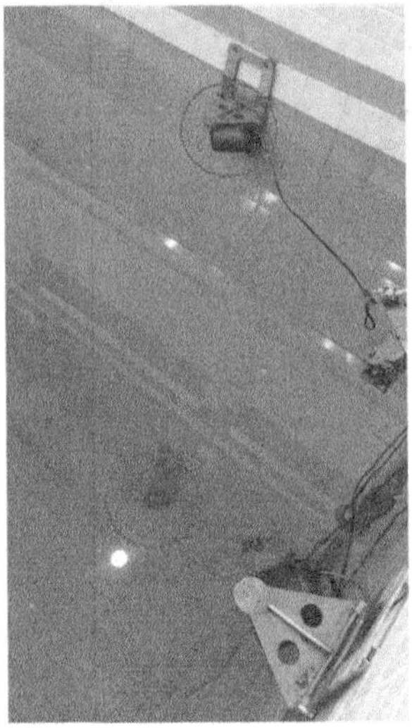

(a) 水下照明灯

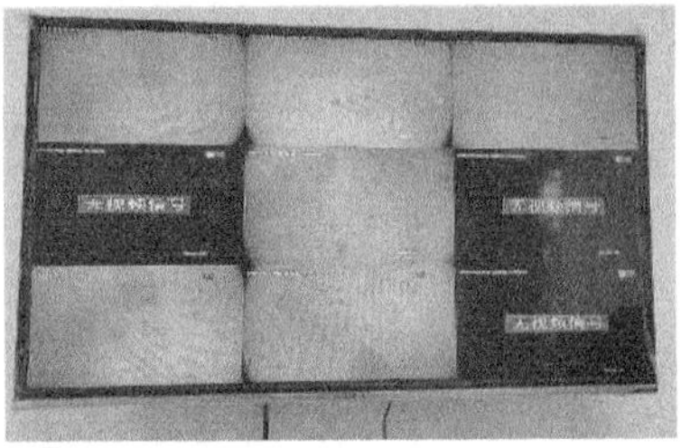

(b) 监控系统

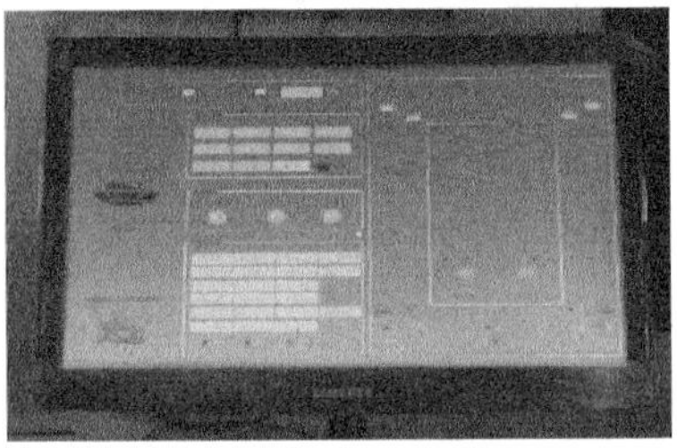

(c) 照明控制系统

图 5.7　水下照明及监控系统

水下照明灯壳体采用铝合金水密结构 (灯罩)，光源采用大功率高亮 LED 光源，色温为 6000K，光通量可达 10000lm。灯体加装强化球面散射镜片，光效高、体积小、照明范围广，且可抗一定的冲击与碰撞。

水下监控系统由 10 台 SXDS-108 水下摄像机、配套的水下电缆、安装支架等组成。水下摄像机对水池水下试验目标等进行直接拍摄，其获取的图像数据是系统的核心需求。本系统选用的 SXDS-108 水下摄像机为高清广角水下摄像机，最低照度为 0.02lx/F2.0，水下视场角为 90° (水平)，水池水下可视距离大于 14m。水下摄像机拍摄速度为 25 帧/秒，可满足一般水下试验的观测需求。

将水下照明系统和水下监控系统的控制和显示部分集成到一个综合显控系统 (综合显控柜)。综合显控系统由综合显控软件、键盘、鼠标、工控机、电源模块、控制电路、UPS 电源、液晶显示器等组成，并集成到一个控制机柜中，便于系统的综合显示控制。综合显控系统主要完成整个水下照明及场景监视系统的功能控制和检测，为水下摄像机和水下照明灯提供电源及控制信号，开关水下摄像机和水下照明灯，从水下摄像机获取水下视频图像，对水下视频图像进行采集、显示和记录，并对整个系统进行实时监控，以确保系统正常工作。

5.2.5　实验体系统

液磁混合悬浮微重力等效地面系统可构建一个用于模拟空间操控的微重力环境，在此基础上，通过设计实验体系统在液磁混合悬浮微重力等效地面试验系统中的运动，可以模拟并验证空间服务航天器和目标航天器空间操控相关技术。

实验体系统主要由实验体系统主体 (下位机) 和地面控制台 (上位机)，以及相应的控制系统和通信系统组成。

实验体系统主体作为卫星模拟机器人，一般挂载有动力模块、能源模块、导航模块、通信模块等主要器件。自身携带的推进器可作为动力模块以满足机动需求；能源模块通常选用蓄电池；导航模块一般包括 IMU 和为 VPS 提供标识的灯光面板或反光球；整个主体可以通过通信模块与上位机进行交互，进行信息反馈并接受控制信号。基于不同的功能需求，实验体系统主体也可能额外配置其他相应的功能模块。

地面控制台 (上位机) 位于水池外部，上位机内部包含电脑主机、显示器、光端机和通信模块等，用以实时接受和处理水池内下位机传输的信息数据，并对下位机实时加以控制。

通信系统负责下位机、上位机、液磁微重力平台之间的通信和交互。其中，下位机与上位机通过一条光纤进行通信，而 VPS 与上位机则通过标准的串行端口通信。通信系统原理图如图 5.8 所示。

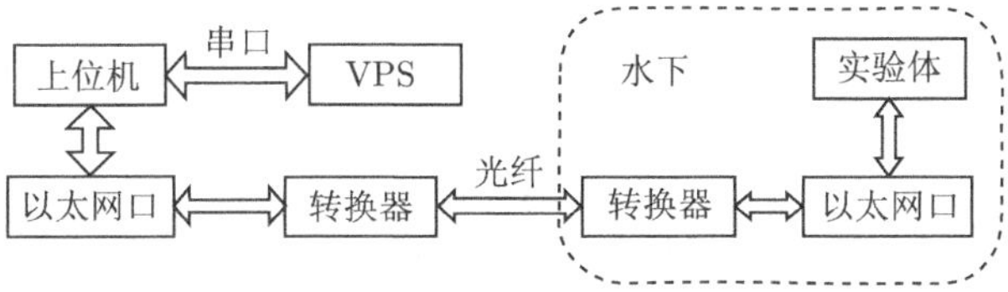

图 5.8　通信系统原理图

实验体系统的控制系统一般存在于 2 个子系统中：上位机和下位机。上位机系统利用 VPS 和 IMU 采集到的信息，计算出最终的导航控制信息，并将控制指令发送到下位机系统。下位机系统根据上位机系统发出的指令，驱动螺旋桨使实验体沿预定姿态与轨迹运行。

目前，在本实验平台中，现有的实验体系统如下。

1. 空间目标实验体系统

空间目标实验体系统如图 5.9 所示，包括水下实验体系统主体 (水下机器人) 和上位机主机 (地面控制台)，以及相应的控制软件和水下电缆。水下机器人主体挂载有推进器单元、电池单元、IMU 导航单元、光端机通信单元、磁铁单元、VPS 信标球等主要器件。自身携带的推进器可以为其提供动力。整个主体通过地面上的控制软件进行控制。

地面控制台内部包含电脑主机、显示器、光端机和通信模块等。电脑主机中安装有控制软件系统。控制软件主要用来控制实验体的运动，同时可以操作 IMU、电源阵列等的挂载配件。电缆用来连接水下机器人和地面控制台，将信号传输给实验体系统，同时将各种传感器信息从机器人传输至地面。

(a) 实验体系统主体(水下机器人)　　(b) 上位机主机(地面控制台)

图 5.9　空间目标实验体系统

2. 空间服务航天器模拟系统

图 5.10 为空间服务航天器模拟系统，由多台实验体系统主体遥控无人潜水器 (remote operated vehicle, ROV) 和地面控制台 (上位机)，以及相应的控制软件和水下电缆组成。可用于模拟空间服务航天器编队构成，对空间目标的观测等空间服务任务。ROV 挂载有推进器单元、电池单元、IMU、通信单元、摄像单元、VPS 信标球等主要器件。ROV 作为卫星模拟机器人，自身携带的推进器可

图 5.10　空间服务航天器模拟系统

以为其提供动力，IMU 可以测定自身的姿态信息，VPS 信标球可以服务于外围测量系统的捕捉和跟踪，摄像单元可以进行水下图像采集。整个主体通过光纤水下电缆由上位机上安装的控制软件进行控制，并实时向上位机反馈 IMU 测量信息和影像数据。

5.3　基于液磁混合微重力平台的单航天器交会对接实验

在实践中，液磁混合微重力环境中的实验体 (空间主航天器) 控制存在许多技术挑战，如未知的外部扰动、模型不确定性等。其中，水的黏性阻力模型十分复杂，难以精确建模，严重影响机器人的控制精度甚至系统的稳定性。传统的 PID 控制方法具有设计简单等特点，但其控制精度往往较低，难以得到满意的控制性能。自适应控制方法则需要精确的物理模型，由于液磁微重力机器人的模型存在诸多不确定性，该方法难以适用。自抗扰控制方法在处理未知扰动、模型不确定性、水的黏性阻力等方面具有很强的优势[17]。该方法利用扩张状态观测器可以将未知的扰动、水的阻力等信息估计出来，并设计复合控制器补偿实验体 (主航天器) 在运动过程中受到的水阻力，保证液磁微重力机器人的稳定性，并提高系统的控制精度。

5.3.1　控制系统模型

在惯性坐标系统 $Ox_ny_nz_n$ 中，$\tilde{x}$、$\tilde{y}$ 和 $\tilde{z}$ 分别为实验体的位置信息；$\boldsymbol{\Theta} \triangleq [\tilde{\phi}\ \tilde{\theta}\ \tilde{\varphi}]^{\mathrm{T}}$ 为实验体的姿态信息，其中，$\tilde{\phi}$ 为横滚角、$\tilde{\theta}$ 为俯仰角、$\tilde{\varphi}$ 为偏航角。为了描述方便，令 $\boldsymbol{\eta} \triangleq [\tilde{x}\ \tilde{y}\ \tilde{z}\ \tilde{\phi}\ \tilde{\theta}\ \tilde{\varphi}]^{\mathrm{T}}$。另外，在实验体体坐标系 $Ox_by_bz_b$ 下，实验体的广义线速度为 $\boldsymbol{v} \triangleq [\tilde{u}\ \tilde{v}\ \tilde{w}\ \tilde{p}\ \tilde{q}\ \tilde{r}]^{\mathrm{T}}$，其中，$\tilde{u}$、$\tilde{v}$、$\tilde{w}$ 为线速度投影，$\tilde{p}$、$\tilde{q}$、$\tilde{r}$ 为角速度的投影。中性浮力机器人 (ranger neutral buoyancy vehicle, RNBV) 的动态方程为

$$\boldsymbol{M}_{\eta}(\boldsymbol{\eta})\ddot{\boldsymbol{\eta}} + \boldsymbol{C}_{\eta}(\boldsymbol{\eta},\boldsymbol{v})\dot{\boldsymbol{\eta}} + D_{\eta}(\boldsymbol{\eta},\boldsymbol{v})\dot{\boldsymbol{\eta}} + g_{\eta}(\boldsymbol{\eta}) = \boldsymbol{J}^{-\mathrm{T}}(\boldsymbol{\eta})\boldsymbol{\tau} \tag{5.1}$$

其中，

$$\begin{cases} \boldsymbol{M}_{\eta}(\boldsymbol{\eta}) \triangleq \boldsymbol{J}^{-\mathrm{T}}(\boldsymbol{\eta})\boldsymbol{M}\boldsymbol{J}^{-1}(\boldsymbol{\eta}) \\ \boldsymbol{C}_{\eta}(\boldsymbol{\eta},\boldsymbol{v}) \triangleq \boldsymbol{J}^{-\mathrm{T}}(\boldsymbol{\eta})[\boldsymbol{C}(\boldsymbol{v}) - \boldsymbol{M}\boldsymbol{J}^{-1}(\boldsymbol{\eta})\dot{\boldsymbol{J}}(\boldsymbol{\eta})]\boldsymbol{J}^{-1}(\boldsymbol{\eta}) \\ D_{\eta}(\boldsymbol{\eta},\boldsymbol{v}) \triangleq \boldsymbol{J}^{-\mathrm{T}}(\boldsymbol{\eta})D(\boldsymbol{v})\boldsymbol{J}^{-1}(\boldsymbol{\eta}) \\ g_{\eta}(\boldsymbol{\eta}) \triangleq \boldsymbol{J}^{-\mathrm{T}}(\boldsymbol{\eta})g(\boldsymbol{\eta}) \end{cases} \tag{5.2}$$

$\boldsymbol{M}$ 是实验体的惯性质量矩阵；$D(\boldsymbol{v})$ 是黏性阻力；$\boldsymbol{C}(\boldsymbol{v})$ 是实验体的科里奥利力矩阵；$g(\boldsymbol{\eta})$ 是负浮力系数；$\boldsymbol{\tau}$ 是实验体的控制输入力矩；$\boldsymbol{J}(\boldsymbol{\eta})$ 是动力学系数矩阵。

令

$$\left\{\begin{array}{l} \boldsymbol{x}_1=\boldsymbol{\eta}, \boldsymbol{x}_2=\dot{\boldsymbol{\eta}}, \boldsymbol{u}=\boldsymbol{\tau},\ \ \boldsymbol{b}_t=\boldsymbol{M}_\eta^{-1}(\boldsymbol{\eta}) \boldsymbol{J}^{-\mathrm{T}}(\boldsymbol{\eta}) \\ d(\boldsymbol{x}_1, \boldsymbol{x}_2)=-\boldsymbol{M}_\eta^{-1}(\boldsymbol{\eta})[\boldsymbol{C}_\eta(\boldsymbol{\eta}, \boldsymbol{v}) \dot{\boldsymbol{\eta}}+D_\eta(\boldsymbol{\eta}, \boldsymbol{v}) \dot{\boldsymbol{\eta}}+g_\eta(\boldsymbol{\eta})] \end{array}\right. \tag{5.3}$$

根据 delta 算子定义[18]，连续系统模型可以在 delta 域内表示为

$$\left\{\begin{array}{l} \delta \boldsymbol{x}_1(t_k)=\boldsymbol{x}_2(t_k)+O(T_{\mathrm{s}}) \\ \delta \boldsymbol{x}_2(t_k)=\boldsymbol{b}_t \boldsymbol{u}(t_k)+\boldsymbol{d}(t_k)+O(T_{\mathrm{s}}) \end{array}\right. \tag{5.4}$$

注意到 delta 算子主要用于快速采样的离散系统，因此，$O(T_{\mathrm{s}})$ 趋近于 0，可以省略[19]。另外，式 (5.4) 中的 $\delta \boldsymbol{x}_2(t_k)$ 可以表示为

$$\delta \boldsymbol{x}_2(t_k)=\boldsymbol{b} \boldsymbol{u}(t_k)+(\boldsymbol{b}_t-\boldsymbol{b}) \boldsymbol{u}(t_k)+\boldsymbol{d}(t_k) \tag{5.5}$$

其中，$\boldsymbol{b}$ 为对角矩阵；$(\boldsymbol{b}_t-\boldsymbol{b})\boldsymbol{u}(t_k)$ 可以被认为是新的干扰项。令 $(\boldsymbol{b}_t-\boldsymbol{b})\boldsymbol{u}(t_k)+\boldsymbol{d}(t_k)$ 作为系统中的总干扰，进而有

$$\left\{\begin{array}{l} \delta \boldsymbol{x}_1(t_k)=\boldsymbol{x}_2(t_k) \\ \delta \boldsymbol{x}_2(t_k)=\boldsymbol{b} \boldsymbol{u}(t_k)+\boldsymbol{f}(t_k) \end{array}\right. \tag{5.6}$$

其中，调整参数 $\boldsymbol{b}$ 越接近 $\boldsymbol{b}_t$，扩张状态观测器的性能越好[20]。

5.3.2　自抗扰控制器设计

在本小节中，将基于扩张状态观测器 (extended state observer, ESO) 的自抗扰控制 (active disturbance rejection control, ADRC) 算法用于解决系统中的跟踪控制问题。图 5.11 展示了 ADRC 算法原理图。显然，ESO 与反馈控制回路相互关联，两者构成一个级联系统。

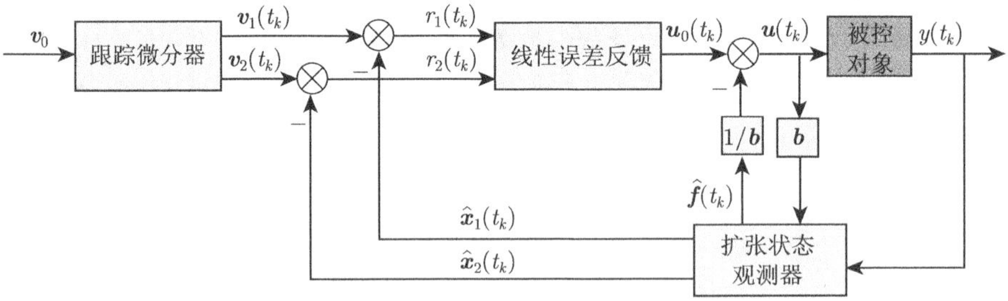

图 5.11　ADRC 算法原理图

1. delta 域跟踪微分器设计

跟踪微分器 (tracking differentiator, TD) 主要是用来安排信号的过渡过程。令 $\boldsymbol{v}_0$ 为给定信号，$\boldsymbol{v}_1(t_k)$ 为 $\boldsymbol{v}_0$ 的输出跟踪信号，$\boldsymbol{v}_2(t_k)$ 为 $\boldsymbol{v}_1(t_k)$ 的微分信号。delta 域 TD 设计如下：

$$\begin{cases} \delta \boldsymbol{v}_1(t_k) = \boldsymbol{v}_2(t_k) \\ \delta \boldsymbol{v}_2(t_k) = F_{\text{han}}(\boldsymbol{v}_1(t_k) - \boldsymbol{v}_0, \boldsymbol{v}_2(t_k), \boldsymbol{r}_0, \boldsymbol{h}_0) \end{cases} \tag{5.7}$$

其中，$\boldsymbol{r}_0 \in \mathbf{R}^6$ 和 $\boldsymbol{h}_0 \in \mathbf{R}^6$ 是待调参数。F_{han} 定义如下：

$$F_{\text{han}}(\boldsymbol{v}_1(t_k) - \boldsymbol{v}_0, \boldsymbol{v}_2(t_k), \boldsymbol{r}_0, \boldsymbol{h}_0) \triangleq \text{col}_6\{f_{\text{han}}(v_{1i}(t_k) - v_{0i}, v_{2i}(t_k), r_{0i}, h_{0i})\} \tag{5.8}$$

其中，$v_{1i}(t_k)$、v_{0i}、$v_{2i}(t_k)$、r_{0i} 和 h_{0i} 分别是向量 $\boldsymbol{v}_1(t_k)$、$\boldsymbol{v}_0$、$\boldsymbol{v}_2(t_k)$、$\boldsymbol{r}_0$ 和 $\boldsymbol{h}_0$ 中的第 i 个元素。f_{han} 定义如下：

$$f_{\text{han}} \triangleq \begin{cases} -r_{0i}\text{sign}(a), & |a| > d \\ r_{0i}\dfrac{a}{d}, & |a| \leqslant d \end{cases} \tag{5.9}$$

其中，

$$\begin{cases} d \triangleq r_{0i}h_{0i}, d_0 \triangleq h_{0i}d \\ a \triangleq \begin{cases} v_{2i}(t_k) + \dfrac{a_0 - d}{2}\text{sign}(d_1), |d_1| > d_0 \\ v_{2i}(t_k) + \dfrac{d_1}{h}, |d_1| \leqslant d_0 \end{cases} \end{cases} \tag{5.10}$$

在 TD 中，F_{han} 是 $\boldsymbol{v}_2(t_k)$ 的微分。一般来说，在实际系统中，F_{han} 是一个范数有界的函数。根据 delta 算子定义，当 $T_{\text{s}} \to 0$ 时，不难看出 delta 域 TD 趋向于连续域 TD[21]。

2. 控制器设计

在本小节，将设计一个 delta 域内基于 ESO 的复合控制器，使得闭环系统能够跟踪参考信号。TD 与 ESO 之间的误差信号定义如下：

$$\begin{cases} r_1(t_k) = \boldsymbol{v}_1(t_k) - \hat{\boldsymbol{x}}_1(t_k) \\ r_2(t_k) = \boldsymbol{v}_2(t_k) - \hat{\boldsymbol{x}}_2(t_k) \end{cases} \tag{5.11}$$

基于 ESO 的复合控制器为

$$\boldsymbol{u}(t_k) = \boldsymbol{\kappa}_1 r_1(t_k) + \boldsymbol{\kappa}_2 r_2(t_k) - \boldsymbol{b}^{-1}\hat{\boldsymbol{f}}(t_k) \tag{5.12}$$

其中，前馈项 $\boldsymbol{b}^{-1}\hat{\boldsymbol{f}}(t_k)$ 可用来弥补系统中的非线性项 $\boldsymbol{f}(t_k)$。$\boldsymbol{\kappa}_1 \triangleq \text{diag}\{\kappa_{11}, \kappa_{12}, \cdots, \kappa_{16}\}$ 和 $\boldsymbol{\kappa}_2 \triangleq \text{diag}\{\kappa_{21}, \kappa_{22}, \cdots, \kappa_{26}\}$ 为控制器的增益矩阵。

5.3.3 实验验证

在本小节中，将实施中性浮力器的位置和姿态跟踪控制实验。表 5.1 中给出了系统参数。

表 5.1 系统参数

参数	值	参数	值
采样周期/ms	1	单个螺旋桨最大驱动力矩/ N	80
速度/kn	1.5	单个螺旋桨最大功率/W	190
实验体体积/mm^3	864×778×864	电池容量/AH	60×2
质量/kg	90	水池大小/m^3	2.5×2.5×1.5

注：电池输出电压为 60V。

实验在水下 750mm 处进行，其中浮力达到了实验体重力的 101%。同时，分布式电磁系统抵消剩余的 1%重力。微重力水平由安装在实验体中 z 轴方向上的加速度器测得。测量精度达到了 5×10^{-5}，微重力水平达到了 $10^{-4}g$。在本次实验中，主要采用沿 Ox_n 与 Oy_n 方向的螺旋桨来稳定 $\tilde{\phi}$ 和 $\tilde{\theta}$。实验体期望的运动轨迹为

$$\begin{cases} \tilde{x}_0 = -0.01t_k + 1.8 \\ \tilde{y}_0 = -0.01t_k + 1.8 \\ \tilde{\phi}_0 = 0, \tilde{\theta}_0 = 0 \end{cases} \tag{5.13}$$

本小节中，由于重力已经被浮力和电磁系统抵消了，沿 Oz_n 方向上的推力并未使用，而且相应参数设置为 0。实验结果如图 5.12 所示，其中，$v_{\tilde{x}}$ 表示 TD 沿 x 轴方向上的输出；$\tilde{x}$ 表示实验体的实际位置；$\hat{x}$ 表示 ESO 的估计值。符号 $\tilde{y}$、$\hat{y}$ 和 $v_{\tilde{y}}$ 以相似的方式命名。图 5.12 (a) 中的突变峰值为测量噪声，可忽略不计。从图 5.12 中可以看出，观测器能准确地观测系统的状态，实际的系统状态能很好地跟踪给定的期望值，且观测误差与系统的状态跟踪误差均能达到 10^{-1}cm，保证了系统的控制精度。

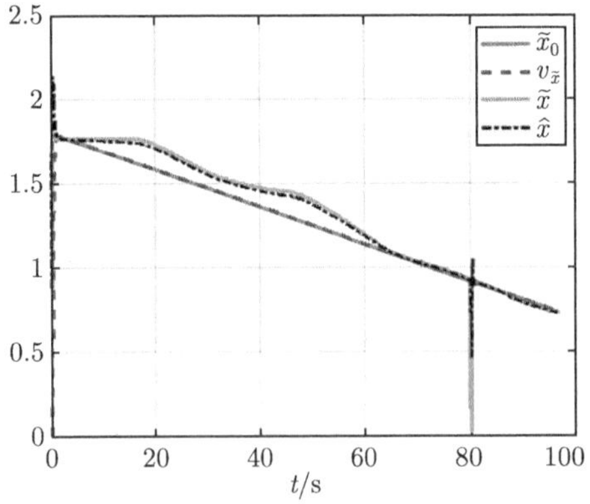

(a) 状态$\tilde{x}$

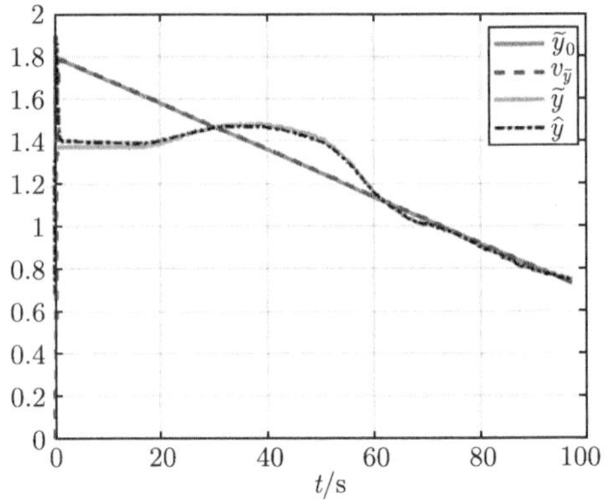

(b) 状态$\tilde{y}$

图 5.12 实验结果 (后附彩图)

参 考 文 献

[1] CHAPPELL S P, NORCROSS J R, CLOWERS K G. Final report of the integrated parabolic flight test: Effects of varying gravity, center of gravity, and mass on the movement biomechanics and operator compensation of ambulation and exploration tasks[R]. NASA Report No.TP-2010-21637, 2010.

[2] DI S M, QIAN A R, QU L N, et al. Graviresponses of osteocytes under altered gravity[J]. Advances in Space Research, 2011, 48(6): 1161-1166.

[3] MARTIN P. Review of NASA′s microgravity flight services[R]. NASA Report No. IG-10-015, 2010.

[4] VODEL W, KOCH H, NIETZSCHE S, et al. Testing Einstein′s equivalence principle at Bremen Drop Tower using LTS SQUID technique[J]. IEEE Transactions on Applied Superconductivity, 2002, 11(1): 1379-1382.

[5] 朱战霞, 袁建平, 等. 航天器操作的微重力环境构建 [M]. 北京: 中国宇航出版社, 2013.

[6] UMETANI Y, YOSHIDA K. Experimental study on two-dimensional free-flying robot satellite model[J]. Proceedings of the NASA Conference on Space Telerobotics, 1989, 5: 215-224.

[7] VISWANATHAN S P, SANYAL A, HOLGUIN L. Dynamics and control of a six degrees of freedom ground simulator for autonomous rendezvous and proximity operation of spacecraft[C]. AIAA Guidance, Navigation, and Control Conference, Minneapolis, 2012: 1-19.

[8] SATO Y, EJIRI A, IIDA Y, et al. Micro-G emulation system using constant-tension suspension for a space manipulator[C]. IEEE International Conference on Robotics and Automation, Sacramento, 1991: 1893-1900.

[9] BROWN H, SOLO S. A novel gravity compensation system for space robot[C]. ASCE Specialty Conference on Robotics for Challenging Environments, Albuquerque, 2000: 250-258.

[10] 蒋奇英, 方群. 航天器中性浮力实验模型外形设计与仿真 [J]. 西北工业大学学报, 2011, 29(5): 751-756.

[11] 柯受全. 卫星环境工程和模拟试验 (下) [M]. 北京: 中国宇航出版社, 1996.

[12] 成致祥. 中性浮力微重力环境模拟技术 [J]. 航天器环境工程, 2000(1): 1-6.

[13] 王奇, 陈金明. 美国的中性浮力模拟器及其应用 [J]. 航天器环境工程, 2003, 20(3): 53-59.

[14] 吴百诗. 大学物理学 (中册)[M]. 北京: 高等教育出版社, 2004.

[15] 江浩, 连级三. 单磁铁悬浮系统的动态模型与控制 [J]. 西南交通大学学报, 1992(1): 59-67.

[16] JOO S J, SEO J H. Design and analysis of the nonlinear feedback linearizing control for an electromagnetic suspension system[J]. IEEE Transactions on Control Systems Technology, 1997, 5(1): 135-144.

[17] CHANG K, MA D, LI T, et al. Active disturbance rejection and predictive control strategy for a quadrotor helicopter[J]. IET Control Theory and Applications, 2016, 10(17): 2213-2222.

[18] YANG H, XIA P, SHI P, et al. Analysis and Synthesis of Delta Operator System[M]. New York: Springer, 2012.

[19] CHANG J L. Applying discrete-time proportional integral observers for state and disturbance estimations[J]. IEEE Transactions on Automatic Control, 2006, 51(5): 814-818.

[20] LI Q, WU J. Auto-disturbance rejection control and its application to DC-DC converter[J]. Transactions of China Electrotechnical Society, 2005, 20: 83-88.

[21] ZHAO L, YANG Y, XIA Y, et al. Active disturbance rejection position control for a magnetic rodless pneumatic cylinder[J]. IEEE Transactions on Industrial Electronics, 2015, 62(9): 5838-5846.

彩　图

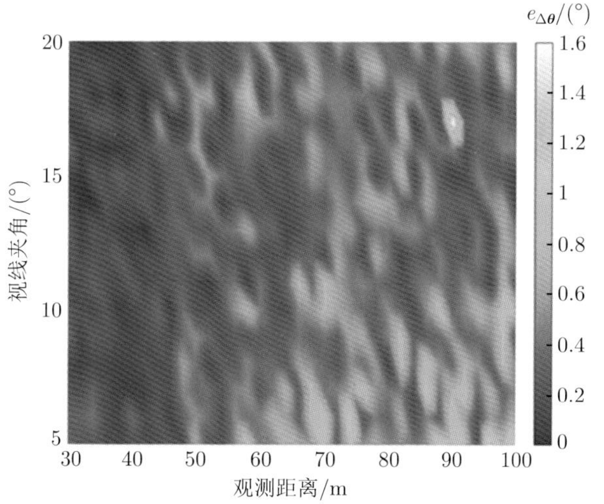

图 1.34　基于双视点协同观测的姿态角解算误差

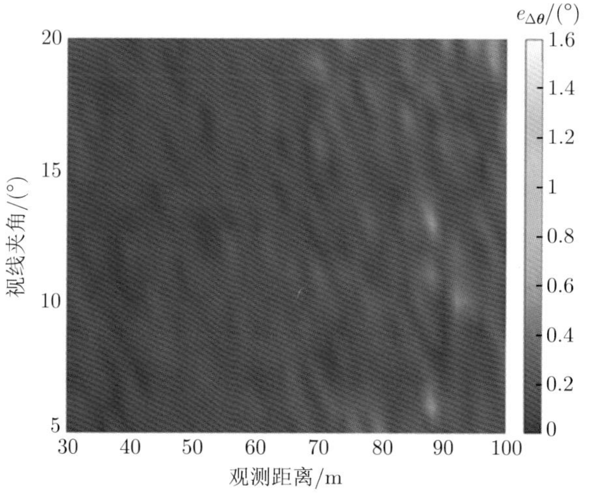

图 1.35　基于三视点协同观测的姿态角解算误差

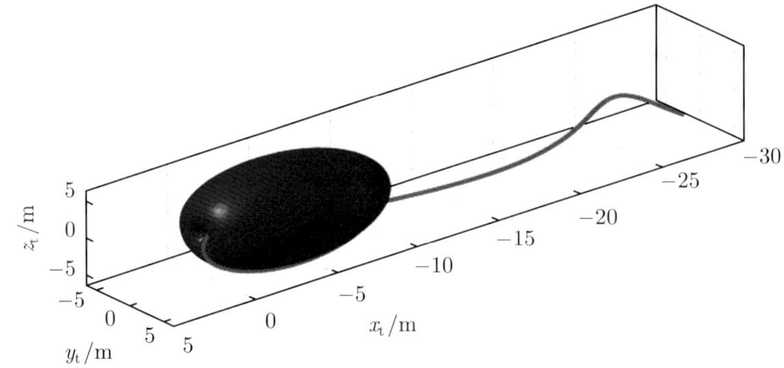

图 3.14　模型参数已知情况下考虑碰撞规避约束的自主安全交会对接目标本体系下的三维交会对接轨迹

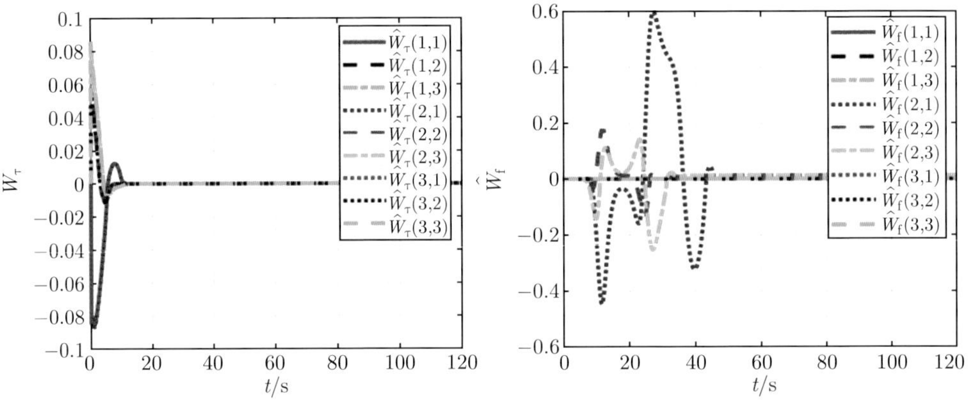

(a) 姿态控制自适应参数估计值　　(b) 位置控制自适应参数估计值

图 3.51　基于径向基函数神经网络的输出反馈自主安全交会对接自适应参数估计值变化曲线

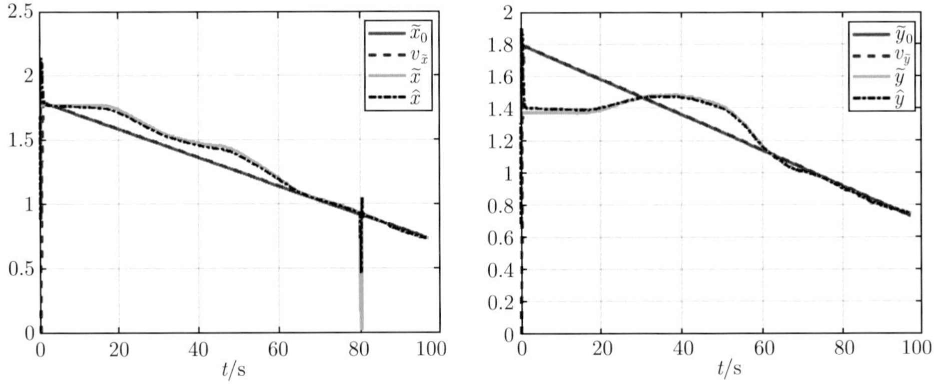

(a) 状态$\tilde{x}$　　(b) 状态$\tilde{y}$

图 5.12　实验结果